IDW (Hrsg.)

Nachhaltigkeit richtig umsetzen

Fachinformationen für die unternehmerische Praxis, Beratung und Prüfung

2., vollständig aktualisierte Auflage

IDW
IDW VERLAG GMBH

Das Thema Nachhaltigkeit liegt uns am Herzen:

MIX
Papier aus verantwortungsvollen Quellen
FSC
www.fsc.org
FSC® C019821

Klimaneutral
Druckprodukt
ClimatePartner.com/12325-2212-1001

Hinweis: Bei den enthaltenen bereits separat veröffentlichten Bestandteilen (z.B. Positionspapiere, WPg-Artikel etc.) können Nummerierung und Seitenzahl von dem Original abweichen, da die Elemente in der hier vorliegenden Publikation thematisch strukturiert und in den Gesamtkontext eingeordnet wurden. Textliche Veränderungen wurden nicht vorgenommen.

2., vollständig aktualisierte Auflage

Die IDW Verlag GmbH ist ein Unternehmen des IDW.

Satz: Reemers Publishing Services GmbH, Krefeld
Druck und Bindung: C.H.Beck, Nördlingen
KN 12070/0

Der in diesem Werk verwendete Begriff „Wirtschaftsprüfer“ umfasst sowohl Wirtschaftsprüfer und Wirtschaftsprüferinnen als auch Wirtschaftsprüfungsgesellschaften. Er umfasst bei Prüfungen, die von genossenschaftlichen Prüfungsverbänden oder von Prüfungsstellen der Sparkassen- und Giroverbände sowie von vereidigten Buchprüfern, vereidigten Buchprüferinnen und Buchprüfungsgesellschaften durchgeführt werden dürfen, auch diese.

ISBN 978-3-8021-2772-0

Bibliografische Information der Deutschen Bibliothek
Die Deutsche Bibliothek verzeichnet diese Publikation in der Deutschen Nationalbibliografie; detaillierte bibliografische Daten sind im Internet über http://www.d-nb.de abrufbar.

Coverfoto: www.adobestock.com/GregBrave

www.idw-verlag.de

Geleitwort

Die Transformation von Wirtschaft und Gesellschaft mit dem Ziel eines nachhaltigen Umgangs mit den Ressourcen unseres Planeten schreitet trotz vielfältiger Krisen voran. Alle Lebensbereiche werden davon berührt. Dies gilt vor allem auch für Unternehmen aller Größen, Branchen und Rechtsformen. Gesetzgeber und Regulatoren haben die Kapitalmärkte als wesentlichen Schlüssel der nachhaltigen Transformation erkannt. Ansatzpunkt ist ein breiteres Spektrum verschiedenster Stakeholder: Neben die unmittelbaren Eigen- und Fremdkapitalgeber treten zunehmend auch solche Gruppen, die als Mitarbeiter, Konsumenten, Teil von Lieferketten etc. ebenfalls in Unternehmen „investieren", sei es in Form von Arbeitskraft, Vertrauen oder der körperlichen Gesundheit. Die „Investitionsentscheidungen" dieser Stakeholder nehmen so unmittelbar Einfluss auf den wirtschaftlichen Erfolg der Unternehmen. Und Stakeholder benötigen zur Fundierung ihrer Entscheidungen entsprechende Unternehmensinformationen.

Die gesetzgeberischen Maßnahmen – insbesondere auf der europäischen Ebene – haben bereits eine erhebliche Dichte erreicht. Dies ist allerdings nur Teil einer schnell fortschreitenden Entwicklung. In den nächsten Jahren sind wesentliche weitere Maßnahmen zu erwarten, die die Finanzierung unternehmerischer Aktivitäten (Sustainable Finance), deren Organisation (Corporate Governance) sowie die Berichterstattung über deren Erfolg (Nachhaltigkeitsberichterstattung, Integrated Reporting) betreffen. Vorstand und Aufsichtsrat – und Wirtschaftsprüfer – sind gut beraten, sich proaktiv mit diesen Entwicklungen zu beschäftigen. Zusätzliches Know-how, etwa für die Einrichtung neuer Systeme und Prozesse sowie deren Prüfung, muss rechtzeitig aufgebaut und fortentwickelt werden.

Das IDW hat die Entwicklungen im Bereich der Nachhaltigkeit von Beginn an als strategisches Projekt verstanden und intensiv begleitet. Herausgekommen ist dabei eine Vielzahl von Veröffentlichungen, die gerade der proaktiven Positionierung der Unternehmen und der Wirtschaftsprüfer dienen sollen. In der Rückschau sind wir selbst erstaunt, welche Fülle an Material dabei in letzter Zeit entstanden ist. Der vorliegende Band soll Ihnen, liebe Leserinnen und Leser, eine systematische Erschließung dieses Wissensfundus ermöglichen. Alle Abschnitte wurden für diese Neuauflage vollständig überarbeitet und um die jüngsten Entwicklungen aktualisiert.

Unser besonderer Dank gilt Frau WP StB Katharina Völker-Lehmkuhl, die die strukturierte Aufbereitung und Aktualisierung der verschiedenen Materialien übernommen hat. Selbstverständlich werden wir auch weiterhin die Entwicklungen intensiv begleiten und zusammen mit unseren Fachgremien praktische Hilfen und Lösungen erarbeiten.

Düsseldorf, im November 2022

Melanie Sack

Institut der Wirtschaftsprüfer in Deutschland e.V.

Vorwort

Klimaschutz beziehungsweise Nachhaltigkeit waren den allgemeinen Erwartungen entsprechend wohl auf dem besten Weg, die vorherrschenden Themen der vergangenen Jahre zu sein – wären sie nicht in jüngerer Zeit von der Corona-Pandemie, dem Ukraine-Krieg und der Energiekrise in den Hintergrund gedrängt worden.

Betrachtet man es jedoch genau, so sind zumindest die Themenfelder Corona und Energiekrise eng mit dem Thema Nachhaltigkeit verknüpft, denn beide können, jedenfalls anteilig, als direkte Folge von unzureichendem nachhaltigem Denken und Handeln betrachtet werden. Das Virus ist vom Wildtier auf den Menschen übergesprungen, da der Mensch den Tieren seit Langem zu nahe kommt. Durch Brandrodungen des Regenwalds, bei denen klimaschädliches CO_2 freigesetzt wird, geraten die dort lebenden Tierarten in Bedrängnis und weichen ihrerseits in die Lebensräume der Menschen aus. Warnungen von Wissenschaftlern vor aufgrund mangelnden Schutzes der Regenwälder drohenden Pandemien blieben lange ungehört, sodass die globale Gesellschaft nun unter Verletzlichkeiten leidet, die sie durch ihr Handeln selbst zu verantworten hat.[1]

Der Zusammenhang zwischen der Energiekrise und dem Thema Nachhaltigkeit liegt noch mehr auf der Hand: Die starke Abhängigkeit von den fossilen Energieträgern Erdgas und Erdöl aus Russland hat Deutschland und auch andere EU-Staaten im Herbst 2022 in eine von der Mehrheit nicht vorhergesehenen Energiekrise mit massiven Auswirkungen auf die Gesamtwirtschaft gebracht. Der Ausbau von erneuerbaren Energien als Energieträger der Zukunft hingegen wurde in der Vergangenheit unter anderem durch den mangelnden Trassenausbau, strenge Abstandsregelungen für Windräder oder die Höchstgrenzen für private Photovoltaikanlagen zu zögerlich vorangebracht.

Als Argument gegen Umwelt- und Naturschutzmaßnahmen wurden regelmäßig die damit verbundenen Kosten genannt. Experten halten schon lange dagegen, dass nachhaltiges wirtschaftliches Handeln zumindest langfristig die ökonomisch erfolgreichere Alternative ist. An den aktuellen Entwicklungen lässt sich ablesen, dass die Folgen fehlenden Umwelt- und Naturschutzes deutlich höhere Kosten als die Schutzmaßnahmen selbst verursachen können. Neben den immensen wirtschaftlichen Schäden haben Pandemie und Energiekrise uns aufgezeigt, wie unsere Welt in kürzester Zeit vollkommen verändert werden kann. Unser freiheitliches Lebensmodell wurde durch Corona quasi über Nacht auf den Kopf gestellt. Die Energiekrise führt auch bisher krisenfeste Unternehmen und Privatpersonen mittleren Einkommens in ernste bis existenzbedrohende wirtschaftliche Krisen.

1 Vgl. Adams, Tim: Epidemics and Society by Frank M Snowden review – illuminating and persuasive, Buchbesprechung auf theguardian.com, zuletzt abgerufen am 12.10.2022.

Ebenso wie Corona haben die Dürresommer der letzten Jahre uns exemplarisch verdeutlicht, dass die Warnungen der Wissenschaftler vor dem Klimawandel beziehungsweise vor Pandemien ernst zu nehmen sind. Wirtschaftliches Handeln sollte daher künftig stets ein *nachhaltiges* wirtschaftliches Handeln sein, bei dem im marktwirtschaftlichen Rahmen wirtschaftlicher Erfolg, sozialer Zusammenhalt, der Schutz der natürlichen Lebensgrundlagen und globale Verantwortung als gleichermaßen wichtig anerkannt werden. Dabei ist ein langfristig tragfähiges Gleichgewicht anzustreben, durch das diese Ziele bestmöglich erreicht und das Wohl des Einzelnen und der Gesellschaft gesteigert werden.[2]

Das Institut der Wirtschaftsprüfer e.V. (IDW) hat durch die Herausgabe von entsprechenden Beiträgen, Positionspapieren, Prüfungshinweisen und Fachbüchern einen beachtlichen Beitrag zur Umsetzung von nachhaltigen Entwicklungen in der Wirtschaft geleistet. Wir haben ausgewählte Veröffentlichungen des IDW zusammengetragen, um dem Berufsstand hier einen umfassenden diesbezüglichen Überblick zu präsentieren. Im Vergleich zur ersten Auflage haben wir zahlreiche Neuveröffentlichungen der letzten beiden Jahre hinzugenommen und einige ältere Beiträge ersetzt.

Heiligenhaus, im November 2022 — Katharina Völker-Lehmkuhl

---

2 Nachhaltiges Handeln in der Wirtschaft – Chancen und Perspektiven, Staatssekretärsausschuss für nachhaltige Entwicklung, Beschluss vom 19.10.2015, verfügbar auf der Website der Bundesregierung unter bundesregierung.de, zuletzt abgerufen am 12.10.2022.

Inhaltsverzeichnis

Autorenverzeichnis

Mario Beck, Hamburg

Kai Michael Beckmann, Hamburg

Jens Berger, Frankfurt a. M.

WP StB Nils Borcherding, Hamburg

Tanja Castor, Ludwigshafen

WP StB CPA Hendrik Fink, München

WP Alexander Glöckner, Frankfurt a. M.

WP Dr. Jan-Hendrik Gnändiger, Köln

WP StB Volker Hartke, Münster

WPin StB Ina Herder, Eschborn

WP StB Georg Lanfermann, Berlin

Anne Meldau, Frankfurt a. M.

Sascha Meng, Mannheim

WP Yvonne C. Meyer, Eschborn

WP StB Dr. Christian Orth, Stuttgart

Anja Redenz, Düsseldorf

Dr. Christian Reisinger, Berlin

WP StB Nicole Richter, München

Dr. Lothar Rieth, Karlsruhe

WP StB Nina Schäfer, Düsseldorf

StB Dr. Matthias Schmidt, Düsseldorf

Dr. Martin W. Schönberger, Frankfurt a. M.

York Schwertschlag, Hamburg

Janina Seufert, Hamburg

WP StB Dr. Daniel P. Siegel, Düsseldorf

WP StB Ellen Simon-Heckroth, Hamburg

WP StB Prof. Dr. Bernd Stibi, Geldern

WP StB Katharina Völker-Lehmkuhl, Heiligenhaus

WP Hans-Georg Welz, Eschborn

WP Timo Wiegand, Mannheim

WP StB Dr. Holger Wirtz, Duisburg

Kapitel 1: Nachhaltigkeit: Game Changer für Wirtschaft und Berufsstand?

Das Thema Nachhaltigkeit ist – trotz anderer fast alles beherrschender Krisen – mittlerweile in den Fokus der Öffentlichkeit und des Berufsstands der Wirtschaftsprüfer gerückt. Am 11.01.2019 hatte die EU-Kommission den sogenannten „Green Deal" mit folgenden sehr ambitionierten Zielen vorgestellt:[1]

- Klimaneutralität Europas bis 2050
- Ankurbelung der Wirtschaft durch umweltfreundliche Technologien
- Schaffung einer nachhaltigen Industrie
- Schaffung eines nachhaltigen Verkehrs
- Eindämmung der Umweltverschmutzung

Am 29.07.2022 trat in allen Mitgliedsstaaten der Europäischen Union das europäische Klimaschutzgesetz in Kraft., wodurch das Ziel der klimaneutralen EU bis 2050 gesetzlich kodifiziert ist. Des Weiteren ist nun verbindlich festgelegt, dass die Netto-Treibhausgasemissionen bis 2030 flächendeckend um mindestens 55 % im Vergleich zu 1990 gesenkt werden sollen. Insgesamt verfolgt das Klimaschutzgesetz den Zweck, einen rechtsverbindlichen Rahmen für die besagten Ziele und somit auch einen Anreiz für Investitionen zu schaffen. Es betrifft alle Bereiche der Wirtschaft[2]:

- **Energie**: Der Energiesektor, der für über 75 % der Treibhausgasemissionen der EU verantwortlich ist, soll dekarbonisiert werden. Dafür ist der Ausstieg aus beziehungsweise die Verminderung der Stromerzeugung auf Basis fossiler Brennstoffe wie Stein- und Braunkohle, Erdgas oder Erdöl notwendig. Klimaneutral ist dagegen die Stromerzeugung aus erneuerbaren Energien wie Solarkraft, Windenergie oder Wasserkraft. Auch die Kernenergie gilt als klimaneutral, wird aber aufgrund der weitestgehend ungeklärten Frage der Endlagerung der atomaren Reststoffe sowie angesichts des Risikos von Störfällen oder Terroranschlägen kritisch gesehen.
- **Immobilien**: Ungefähr 40 % des europäischen Energieverbrauchs entfallen auf den Gebäudebestand. Durch energetische Sanierungen und Renovierungen sollen Energieverbrauch und -kosten gesenkt werden.
- **Industrie**: Die Industrie soll bezüglich Innovationen und in ihrer weltweiten Rolle als Treiber einer grünen Wirtschaft unterstützt werden. Bisher verwendet die Industrie nur zu 12 % recycelte Materialien. Dies ist erheblich zu steigern.

---

1 Zu aktuellen Maßnahmen der EU siehe Website der Europäischen Union unter ec.europa.eu, Suchbegriff: Green Deal Aktuelle Maßnahmen der EU, zuletzt abgerufen am 16.10.2022.

2 Was ist der europäische Grüne Deal?, https://ec.europa.eu/info/strategy/priorities-2019-2024/european-green-deal_de, zuletzt abgerufen am 16.10.2022 (im Folgenden: Was ist der europäische Grüne Deal?).

- **Verkehr**: Der Verkehr ist in Europa für 25 % aller Emissionen verantwortlich, die durch die Einführung umweltfreundlicherer und auch kostengünstigerer Formen des privaten und öffentlichen Verkehrs zu einem erheblichen Anteil eingespart werden sollen.

Der Green Deal ist aus Sicht der EU-Kommission alternativlos. Würde er nicht umgesetzt, hätte dies gravierende Folgen:[3]

- Die Umweltverschmutzung würde weiter zunehmen. Bereits heute sind 400.000 vorzeitige Todesfälle jährlich auf Luftverschmutzung zurückzuführen.
- Hitze und Dürre führen alljährlich zu 90.000 Todesfällen infolge extremer Hitzewellen. Ein globaler Temperaturanstieg um 5 °C würde zu weiteren Migrationsbewegungen und infolgedessen allein in der EU zu 660.000 zusätzlichen Asylanträgen jährlich führen. Bei einer Erwärmung um 4,3 °C sind 16 % der Tierarten vom Aussterben bedroht.
- Die Verteilung des Wassers würde sich katastrophal verschlechtern. In Südeuropa würde 40 % weniger Wasser zur Verfügung stehen. Überschwemmungen im Bereich von Flüssen würden jährlich 500.000 Menschen betreffen, in den Meeresküstenregionen pro Jahr sogar 2,2 Millionen.
- Auch die Wirtschaft würde massiv leiden: Der Klimawandel könnte bis 2050 zu einem Anstieg der Lebensmittelpreise um 20 % führen. 50 Millionen Menschen könnten weltweit gezwungen werden, ihre Wohnorte aufgrund von Überschwemmungen aufzugeben. Die wirtschaftlichen Kosten hitzebedingter vorzeitiger Sterblichkeit könnten sich auf 40 Milliarden Euro jährlich belaufen. Ein Anstieg der Durchschnittstemperatur um 3 °C würde für die Wirtschaft schätzungsweise Verluste in Höhe von 190 Milliarden Euro jährlich mit sich bringen.

Klimawandel

Der Klimawandel hat bereits begonnen. Das Jahr 2020 war das zweitwärmste Jahr seit Beginn der Wetteraufzeichnungen, die globale mittlere Temperatur lag ungefähr 1,2 °C über der des vorindustriellen Vergleichszeitraums[4] und 0,01 °C über der globalen mittleren Temperatur des bislang wärmsten Jahres 2016. Die Temperaturanstiege verliefen regional unterschiedlich: In den Regionen nördlich des Polarkreises lagen sie um das Doppelte über dem globalen Durchschnitt, in Nordsibirien kam es sogar zu ausgedehnten Waldbränden und Temperaturen von über 30 °C. Forschungsarbeiten zeigen, dass das Eintreten derartiger Hitzewellen in Nordsibirien mittlerweile schon um das

[3] Was geschieht, wenn wir nicht handeln, https://ec.europa.eu/info/publications/factsheets-european-green-deal_de, abgerufen am 16.10.2022 (im Folgenden: Was geschieht, wenn wir nicht handeln).

[4] Gemeint sind die Jahre 1880 bis 1900.

600-Fache wahrscheinlicher ist als vor der Industrialisierung.[5] Auch die Wetterbilanz für das vergangene Jahr 2021 bestätigt den Trend der globalen Erwärmung. Es sei das elfte zu warme Jahr in Folge gewesen, heißt es im Klimastatusbericht des Deutschen Wetterdienstes (DWD).[6]

Knapp 10.000 Menschen kamen 2021 bei Naturkatastrophen ums Leben. Naturkatastrophen richteten rund um den Globus 2021 erheblich höhere Schäden als in den beiden Vorjahren an. Stürme, Hochwasser, Waldbrände oder Erdbeben zerstörten Werte in Höhe von rund 280 Mrd. US-Dollar. Im Jahr zuvor hatten die Schäden 210 Mrd. US-Dollar betragen.[7] Auch wenn die Veränderungen der letzten Jahre schwankend waren, lässt sich unter dem Strich eine eindeutige Tendenz der Zunahme von durch Naturkatastrophen verursachten Schäden beobachten. Besonders hohe Schäden richteten Stürme und Hurrikans an, Hurrikan Ida war mit 65 Mrd. US-Dollar Gesamtschäden die teuerste Naturkatastrophe des Jahres 2021.[8] Die Ursachenforschung bezüglich der Zunahme von heftigen Hurrikans gestaltet sich komplex, jedoch gilt der Klimawandel, wenn nicht als einzige, so doch zumindest als eine der Ursachen. Dass auch Deutschland durch Extremwetterereignisse gefährdet ist, zeigte sich im Sommer 2021 besonders deutlich mit den verheerenden Überschwemmungen in Nordrhein-Westfalen und Rheinland-Pfalz. Allein im Ahrtal kamen dabei über 130 Menschen ums Leben, große Teile der Infrastruktur wurden in den Hochwassergebieten zerstört.

Die EU-Kommission weist darauf hin, dass jede weitere Verzögerung die notwendigen Maßnahmen zum Klimaschutz schwieriger und kostspieliger werden lässt.[9] Sie ruft daher zum sofortigen Handeln auf und fordert von den einzelnen Mitgliedsstaaten entsprechende Initiativen. Um jene Menschen, Unternehmen und Regionen, die am stärksten mit dem Übergang zu einer umweltfreundlichen Wirtschaft zu kämpfen haben, mit finanzieller und technischer Hilfe zu unterstützen, stellt die EU-Kommission mindestens 100 Milliarden Euro bereit.

[5] Hurrikane, Kältewellen, Tornados: Wetterkatastrophen in USA dominieren Naturkatastrophen-Schadenstatistik 2021, siehe Website der Münchner Rückversicherung unter munichre.com, Stichwort: Naturkatastrophen-Bilanz 2021, abgerufen am 15.10.2022 (im Folgenden: Hurrikane, Kältewellen, Tornados: Wetterkatastrophen in USA dominieren Naturkatastrophen-Schadenstatistik 2021).

[6] Online abrufbar (als PDF) auf dwd.de, zuletzt abgerufen am 15.10.2022.

[7] Vgl. Hurrikane, Kältewellen, Tornados: Wetterkatastrophen in USA dominieren Naturkatastrophen-Schadenstatistik 2021.

[8] Vgl. Hurrikane, Kältewellen, Tornados: Wetterkatastrophen in USA dominieren Naturkatastrophen-Schadenstatistik 2021.

[9] Vgl. Was geschieht, wenn wir nicht handeln.

Die Theorie der freien Güter

Dass in der Wirtschaft ein Umdenken gefragt ist, wird von immer mehr Wissenschaftlern, der Öffentlichkeit, der Politik und von Unternehmen wahrgenommen. Noch vor wenigen Jahrzehnten wurden Luft, Gewässer, Urwälder und Sonne in der Wissenschaft als freie Güter bezeichnet, die weder knapp noch mit einem Preisschild versehen sind und dieser Sichtweise entsprechend unbegrenzt und ohne jede Gegenleistung verbraucht werden dürfen. Die Verwendung freier Güter führte – abgesehen von etwaigen Kosten für Abbau, Transport oder Ähnliches – dementsprechend zu keinen Aufwendungen.

Teilweise hat die Theorie der freien Güter auch heute noch Gültigkeit, zum Beispiel bezüglich der Nutzung der Sonnenenergie. Luft jedoch, genau wie auch Meer- und Flusswasser sind heute nicht mehr als freie Güter anzusehen, sondern sehr wohl mit Aufwendungen verknüpft. So haben die Abgase aus Kraftwerken, Fabriken und Kraftfahrzeugen mittlerweile zu erheblichen lokalen und globalen Problemen mit Luftverschmutzung geführt. War der Dieselmotor über Jahrzehnte das Flaggschiff der deutschen Automobilindustrie, hat man inzwischen festgestellt, dass die durch Dieselfahrzeuge freigesetzten Stickstoffdioxide ein nicht unerhebliches Risiko für Erkrankungen der Atemwege und des Herz-Kreislaufsystems darstellen.

Die Wassermengen in Flüssen und Ozeanen wirken auf den Menschen so groß, dass man lange davon ausging, das Hineinleiten von Abwässern oder anderen Substanzen würde ohne Konsequenzen bleiben. Heute aber wissen wir, welch gravierende, teils gar verheerende Wirkung selbst scheinbar „kleine" Verschmutzungen haben können. So wurde beispielsweise in Fischen, Walen und anderen Meeresbewohnern Mikroplastik gefunden, das unter anderem aus Wasch- und Pflegemitteln[10] beziehungsweise dem Abwasser von Haushaltswaschmaschinen stammt.[11] Der Abrieb von Auto- oder LKW-Reifen auf den Straßen gelangt als Mikroplastik in das Grundwasser. Die jeweils einzelnen Mengen mögen marginal erscheinen – in der Summe bündeln sie sich zu einer massiven globalen Problematik[12], zumal Mikroplastik auch im Trinkwasser nachgewiesen wurde.

Die Abholzung des Regenwalds wurde über viele Jahre nicht als ernsthafte Bedrohung wahrgenommen und der Regenwald von vielen Menschen als freies Gut angesehen. Zwar wurde die Einfuhr von Tropenhölzern aus illegaler Regenwaldrodung in der EU 2013 unter Strafe gestellt, die Wirksamkeit dieser Regelung ist aber nicht in allen Mitgliedsstaaten belegt – zumal die Verwendung der besagten Hölzer in Druckerzeugnissen weiterhin legal ist. Neben dem widerstandsfähigen und teilweise sehr begehrten Tropenholz ist Palmöl eine weitere Triebfeder für umfangreiche (Brand-)Rodungen. Das

[10] Die Zusätze sorgen beispielsweise für Glitzereffekte in Duschgels oder Bodylotions.

[11] Durch die Rotation der Waschtrommel entsteht Abrieb der synthetischen Bekleidungsstoffe, der mit dem Abwasser in die Kanalisation gelangt. Da der Abrieb für die verwendeten Filter zu fein ist, gelangt er letztendlich ins Meer.

[12] Vgl. Völker-Lehmkuhl/Reisinger: Wegweiser Nachhaltigkeit.

süßliche Öl von klarer, heller Farbe findet aufgrund seiner geringen Produktionskosten in der Lebensmittelproduktion umfangreiche Verwendung, sei es in Margarine, Schokolade, Müsli oder Brotaufstrichen. Auch die Kosmetik- und sogar die Aluminiumindustrie setzen Palmöl ein. Palmölpflanzen werden in Plantagen auf ehemaligem Regenwaldgebiet angebaut. Es ist grundsätzlich davon auszugehen, dass es kein wirklich nachhaltig angebautes Palmöl gibt.[13]

Für das Weltklima sind die Regenwälder sehr wichtig. Die vorsätzlich herbeigeführten Brände zum Zweck ihrer Rodung sind eine ökologische Katastrophe, die nicht grundlos auf der Agenda des G7-Gipfels im August 2019 stand. Durch die Brandrodungen werden viele Tier- und Pflanzenarten ausgerottet. Das in den Bäumen und Pflanzen gebundene Kohlendioxid (CO_2) wird in die Atmosphäre freigesetzt. Auf den abgeholzten Waldflächen kann kaum mehr CO_2 aus der Luft gebunden werden. Der Umfang des Regenwalds als „grüne Lunge" der Erde sinkt bedrohlich. Es ist davon auszugehen, dass ungefähr 15 % des Klimawandels durch die Rodung der Regenwälder verursacht werden. Betrachtet man die Kosten des Klimawandels, so wird deutlich, dass der Regenwald keineswegs ein „freies Gut", für das „keine Aufwendungen" anfallen, darstellt.

Über viele Jahre herrschte die Annahme vor, dass die Freisetzung von CO_2 in die Atmosphäre keine nachteiligen Folgen hat: Insofern es sich um ein in der Natur häufig vorkommendes Gas handelt, sah man in der Freisetzung von CO_2 durch die Verbrennung von fossilen Brennstoffen wie Kohle, Öl und Gas kein Umweltrisiko. Heute weiß man, dass die Menschheit zu viel CO_2 freigesetzt und hierdurch den Treibhauseffekt verursacht hat.

Weitere Handlungsfelder

Neben dem Klimaschutz gibt es zahlreiche weitere Handlungsfelder auf dem Gebiet des nachhaltigen Wirtschaftens. Als Beispiel sei hier Mica genannt, ein natürliches Mineral und Bestandteil vieler Kosmetikprodukte wie Puder, Rouge oder Lidschatten, da es diesen – aber auch Lippenstiften und Nagellack – ihren besonderen Schimmer verleiht. Hübsch verpackt dienen die Kosmetika dem schönen Erscheinungsbild. Gedanken an die Abbaubedingungen ihres Inhaltsstoffes Mica – in illegalen, stickigen und unzureichend gesicherten Minen, ohne Licht, unter Lebensgefahr für Arbeiter im Erwachsenen- und Kindesalter – kommen dabei schon allein aus Unkenntnis aufseiten der Verbraucher kaum auf. Doch rund 90 % der indischen Mica-Produktion stammen aus illegalen Minen, in denen jeden Monat ein Dutzend Menschen sterben. Papiere von legal gewonnenem Mica werden bei Bedarf auch für das illegal geförderte verwendet.[14]

[13] Vgl. Völker-Lehmkuhl/Reisinger: Wegweiser Nachhaltigkeit.

[14] Vgl. https://www.gemeinsam-fuer-afrika.de/kinderarbeit-in-kosmetik/ (mit weiteren Quellen), zuletzt abgerufen am 15.10.2022.

Wer auf Mica, aber nicht auf ein strahlendes Äußeres verzichten möchte, hat es derzeit schwer, Alternativen zu finden. Auch Produkte der Naturkosmetik enthalten Mica. Tierversuche für kosmetische Produkte sind seit 2009 in der EU grundsätzlich verboten – das Leid von Menschen im Dienst der Schönheit wohlhabenderer Mitmenschen wird hingegen bis dato vernachlässigt. Möchten Unternehmen wirklich nachhaltige Kosmetik anbieten und Auditoren dies bescheinigen, darf die Frage der Mica-Herkunft nicht ausgeblendet werden. Anstelle von Mica kann für Glitzereffekte in der Kosmetik Aluminium oder Mikroplastik verwendet werden, doch beides ist ökologisch bedenklich. Aluminium hat einen sehr hohen CO_2-Fußabdruck und steht unter dem Verdacht, krebserregend zu sein. Mikroplastik gerät mit dem Abwasser in die Meere und wird über die Nahrungskette von den Meerestieren aufgenommen.

Noch schöner als Mica schimmern Gold und Diamanten. Auch bei ihrem Abbau herrschen katastrophale Arbeitsbedingungen, häufig unter Einsatz von Kinderarbeit. Leonardo DiCaprio, der seine Berühmtheit seit vielen Jahren nutzt, um sich für Nachhaltigkeit einzusetzen, hat dies schon 2006 in seinem Spielfilm „Blood Diamond" thematisiert, der eine bemerkenswerte Gratwanderung zwischen Hollywood-Drama und umweltpolitischem Aufklärungsfilm unternimmt.

Außer in Minen und Steinbrüchen oder Kleiderfabriken gibt es auch in der Landwirtschaft Kinderarbeit, beispielsweise auf Baumwoll-, Bananen-, Tabak-, Kaffee- oder Kakao-Plantagen. Bei der Bananenernte müssen die Kinder auf hohe Leitern steigen, um die Bananenstauden mit scharfen Messern abzutrennen, bei der Schädlingsbekämpfung mit Pestiziden mitwirken oder die Raupen einzeln von den Bananenblättern ablesen. Die auf den Kakao-Plantagen arbeitenden Kinder sind oft so arm, dass sie niemals Gelegenheit haben, die aus dem Kakao hergestellte Schokolade zu kosten. Sie können sich gar nicht vorstellen, wie Schokolade schmeckt.

Es mutet ironisch an, dass es sich wie bei der Kosmetik auch bei der Kakao-Ernte u. Ä. m. noch nicht mal um essentielle Grundbedürfnisse dreht, sondern allein um Annehmlichkeiten für den wohlhabenderen Teil der Menschheit. Bei der beschriebenen Kinderarbeit geht es auch nicht um „harmlosere" Dinge wie Mithilfe im Haushalt, Babysitten oder Austragen von Zeitungen nach der Schule, sondern um Tätigkeiten, die gefährlich, ausbeuterisch und/oder erzwungen sind, die die körperliche und/oder seelische Entwicklung von Kindern schädigen und/oder Kinder vom Schulbesuch abhalten. Weltweit leisten 152 Millionen 5- bis 17-Jährige verbotene Kinderarbeit – dies ist ein Anteil von 5 % aller Kinder –, in Afrika sind es mit 72 Millionen sogar ganze 20 %. Weitere 62 Millionen arbeitende Kinder leben in Asien und im Pazifikraum.[15] Sklaverei, Prostitution,

[15] Arbeit statt spielen: Wenn Kinder keine Kindheit haben, Publikation auf der Website von Brot für die Welt unter brot-fuer-die-welt.de, zuletzt abgerufen am 12.10.2022 (im Folgenden: Arbeit statt spielen: Wenn Kinder keine Kindheit haben).

Kinderpornografie, Einsätze als Kindersoldaten oder Drogenkuriere schädigen das körperliche, geistige, soziale und moralische Kindeswohl.

Hiergegen muss die Wirtschaft auf indirektem Wege tätig werden. Die Hauptursache für Kinderarbeit ist Armut. In Ländern wie Indien, wo mehr als ein Fünftel der Bevölkerung unter der Armutsgrenze von unter 1,90 US-Dollar pro Tag leben muss,[16] sehen sich Eltern gezwungen, ihre Kinder arbeiten zu lassen, anstatt ihnen den Schulbesuch zu ermöglichen.

Fairer Handel

Der Schlüssel für eine nachhaltige Entwicklung ist in diesem Zusammenhang daher die Armutsbekämpfung.[17] Eine Möglichkeit zur Verminderung beziehungsweise Vermeidung von Kinderarbeit sind fair gehandelte Produkte. Fairer Handel bedeutet: kontrollierter Handel, bei dem die Erzeuger Mindestpreise erzielen und so ein höheres und verlässlicheres Einkommen haben. Zwangsarbeit und Kinderarbeit sind im Fairtrade-System verboten.

Auch den Frauen kommt fairer Handel zugute, die Stärkung ihrer wirtschaftlichen und sozialen Unabhängigkeit trägt nachweislich zur allgemeinen Verbesserung der wirtschaftlichen Verhältnisse ganzer Gemeinschaften bei. Die in Europa zu zahlenden Preisaufschläge für Fairtrade-Produkte von Rosen und Bananen über Tee, Kaffee, Müsli und Eiscreme bis hin zu Schuhen und Schokolade sind relativ gering, insbesondere seitdem Fairtrade-Produkte in großen Supermärkten und bei Discountern, teilweise sogar als Eigenmarken, erhältlich sind. Der Verbraucher ist durchaus bereit, zu Fairtrade-Produkten zu greifen, sofern er auf ein überzeugendes Angebot stößt. Hier ist die Wirtschaft vom Lebensmittelproduzenten über Groß- und Einzelhandel bis hin zu Finanzgebern und Beratern aufgerufen, den fairen Handel zu fördern.

Ob Luft, Wasser, Regenwälder oder Menschenrechte: Keinesfalls handelt es sich hierbei um freie Güter. Dem Wirtschaftswissenschaftler stellt sich daher die Frage, ob und wie diese Güter zu bepreisen sind. Eine Studie der Universität Augsburg hat berechnet, dass die Einpreisung aller Folgekosten von Stickstoffdüngung, Energieerzeugung und übrigen Treibhausgas-Emissionen zu Preisaufschlägen von bis zu 196 % führen würde.[18]

---

16 Vgl. https://www.caritas-international.de/hilfeweltweit/asien/indien/armut-indien-zahlen, zuletzt abgerufen am 12.10.2022.

17 Vgl. Arbeit statt spielen: Wenn Kinder keine Kindheit haben.

18 Studie Universität Augsburg (2018): „How much is the dish?" – Was kosten Lebensmittel wirklich?, als PDF online verfügbar, z. B. unter schweisfurth-stiftung.de, zuletzt abgerufen am 16.10.2022.

Emissionshandel

Ein Modell der Einpreisung externer Kosten wird seit 2005 von der EU in die Praxis umgesetzt. Unternehmen aus dem Bereich der Energieerzeugung, Industrieunternehmen mit hohen CO_2-Emissionen und die Flugverkehrsunternehmen müssen am sogenannten EU-Emissionshandel teilnehmen und für jede Tonne emittiertes CO_2 ein Emissionsrecht abgeben. Während die Emissionsrechte anfangs kostenlos an die Unternehmen ausgeteilt wurden, sind sie heute im Wesentlichen gegen Entgelt zu kaufen. Somit sind die Emissionen von CO_2 bepreist, und die Luft stellt diesbezüglich kein freies Gut mehr dar. 2021 wurde eine CO_2-Bepreisung für Wärme und Verkehr eingeführt.

Neben Wirtschaft, Politik und Gesellschaft sind die Finanzmärkte ein wesentlicher Treiber in Sachen Nachhaltigkeit. Unternehmen, die auf „Green Finance" setzen, öffnen sich für neue Investorenkreise und erweitern dadurch ihre Finanzierungsbasis. Potenzielle Investoren sind vorhanden: Sowohl institutionelle Anleger wie Pensionskassen, Kommunen, Länder oder Stiftungen als auch private Anleger suchen gezielt nach Investments, die ökologisch und sozial nachhaltig sind. Green Finance kann zu einer Imageverbesserung führen und die Attraktivität eines Unternehmens für Neu- und Bestandskunden, Kapitalgeber oder potenzielle Mitarbeiter steigern. Dies wiederum kann bei der Suche nach Fachkräften der Generation Y der entscheidende Pluspunkt sein.

Die Erfahrungen der letzten Jahre zeigen, dass ein erfolgreiches Nachhaltigkeitsmanagement kein Nischenthema, sondern integraler Bestandteil von Unternehmensprozessen sein sollte. Eine wirklich nachhaltige Unternehmensführung erfordert die Identifizierung und Bewertung aller Auswirkungen der Unternehmenstätigkeit auf Umwelt und Soziales. Unternehmen, die ihre Geschäftsprozesse nicht sorgfältig auf ESG-Risiken[19] prüfen, sondern versuchen, sich mit kleineren, marketingwirksamen Aktionen ein grünes Image zu verschaffen, laufen Gefahr, in die Greenwashing-Falle zu tappen. Wird in der Öffentlichkeit bekannt, dass ein Produkt oder eine Dienstleistung in Wirklichkeit weit weniger umweltfreundlich oder verantwortungsbewusst ist als behauptet, kann dies zu einen erheblichen Reputationsschaden führen.[20]

Tu Gutes und rede darüber

Nachhaltigkeitskommunikation ist fast so wichtig wie Nachhaltigkeit selbst. Die Unternehmensberichterstattung für große kapitalmarktorientierte Unternehmen, große Kreditinstitute und große Versicherungsunternehmen mit mehr als 500 Arbeitnehmern ist seit dem Geschäftsjahr 2017 verpflichtend um eine nichtfinanzielle Erklärung zu ergänzen. Darin sind Mindestangaben zu den Umwelt-, Sozial- und Arbeitnehmerbelangen, zur Achtung der Menschenrechte und zur Bekämpfung von Korruption und Bestechung zu

[19] ESG (Environment, Social, Governance) bezeichnet die drei zentralen Faktoren der Nachhaltigkeit und wird hauptsächlich im Bereich des Finanzwesens verwendet.

[20] Vgl. Völker-Lehmkuhl/Reisinger: Wegweiser Nachhaltigkeit (mit weiteren Ausführungen zum Greenwashing).

machen. Relevant sind dabei nicht nur die inländischen Betriebsstätten. Vielmehr wird erwartet, dass die globalen Auswirkungen des Unternehmensgeschehens – sowohl in den eigenen als auch in fremden Betriebsstätten sowie entlang der Lieferkette – in der Berichterstattung berücksichtigt werden. Während die Menschenrechte in inländischen Betriebsstätten im Regelfall gewahrt sind und Korruption in Deutschland eine untergeordnete Rolle spielt, sieht es diesbezüglich beispielsweise an den Produktionsstätten in Entwicklungsländern häufig deutlich schlechter aus. Hier kann die Bewusstseinsbildung einen ersten Schritt zur Verbesserung der Verhältnisse darstellen.

Neben den Unternehmen, die aufgrund gesetzlicher Vorgaben über ihre nichtfinanziellen Belange berichten, gibt es eine Reihe von Unternehmen, die sich auf freiwilliger Basis im kleineren oder größeren Umfang besonderes nachhaltig verhalten und hierüber Nachhaltigkeitsberichte veröffentlichen. Darüber hinaus steht infolge der Überarbeitung der Corporate Sustainability Reporting Directive (CSRD) allein in Deutschland eine Ausweitung des Anwenderkreises von rund 500 auf rund 15.000 Unternehmen zu erwarten.[21] Am 10. November 2022 hat das Europäische Parlament der neuen CSRD-Richtlinie zugestimmt. Der deutsche Gesetzgeber muss diese nun zeitnah umsetzen, da die neuen Berichtspflichten in ihrer ersten Stufe ab dem Geschäftsjahr 2024 gelten sollen. Bis 2028 ist die vollständige Umsetzung geplant. Die EU-Kommission wird entsprechende Prüfungsstandards herausgeben. Die Prüfung solcher Berichte durch unabhängige Wirtschaftsprüfer stellt eine neue Herausforderung für den Berufsstand dar.

Im vorliegenden Buch wird das Thema Nachhaltigkeit – auch ESG, CSR oder Sustainability genannt – sowohl anhand bereits veröffentlichter als auch anhand extra für diesen Band verfasster Beiträge aufbereitet. Es ist als Ergänzung zum ebenfalls im IDW Verlag erschienenen Band „Wegweiser Nachhaltigkeit"[22] zu verstehen. Während der Wegweiser systematisch die Grundlagen der Nachhaltigkeit, der Nachhaltigkeitsberichterstattung und der Nachhaltigkeitskommunikation sowie die Prüfung von Berichten aus dem Bereich der Nachhaltigkeit erläutert, bietet dieser Band den Raum, einzelne Aspekte des großen Themas Nachhaltigkeit tiefer zu beleuchten.

WP StB Katharina Völker-Lehmkuhl, Heiligenhaus

[21] Vgl. https://www.consilium.europa.eu/en/press/press-releases/2022/06/21/new-rules-on-sustainability-disclosure-provisional-agreement-between-council-and-european-parliament, zuletzt abgerufen am 15.10.2022.

[22] Vgl. Völker-Lehmkuhl/Reisinger: Wegweiser Nachhaltigkeit.

1.1 Die 17 Nachhaltigkeitsziele – Agenda 2030

Der Begriff Nachhaltigkeit stammt aus der Forstwirtschaft. Es bezeichnet einen pfleglichen Umgang mit der Natur und ihren Rohstoffen, indem man dem Wald nicht mehr Holz entnimmt als nachwächst.[1]

Die aktuelle Nachhaltigkeitsdiskussion nahm 1983 mit der Einberufung der Brundtland-Kommission durch die Vereinten Nationen ihren Anfang. 1992 folgte die Umweltkonferenz in Rio de Janeiro, auf der fünf wegweisende Schriften verabschiedet wurden:[2]

- Rio-Erklärung über Umwelt und Entwicklung
- Klimarahmenkonvention
- Biodiversitätskonvention
- Walddeklaration
- Agenda 21

Im September 2015 wurde auf einem Gipfel der Vereinten Nationen mit der Agenda 2030[3] die Nachfolgeagenda der Agenda 2021 von allen Mitgliedsstaaten verabschiedet. Sie umfasst 17 Nachhaltigkeitsziele, deren Zusammenhänge sich wiederum in den fünf Kernthemen Mensch, Planet, Wohlstand, Frieden und Partnerschaft (People, Planet, Prosperity, Peace, Partnership) ausdrücken.

Abb. 1 Die 17 Ziele der Agenda 2030 [Quelle: BMZ (2017)][4]

1 Das Konzept stammt von Hans Carl von Corlowitz aus dem Jahr 1713, vgl. ausführlicher Völker-Lehmkuhl/Reisinger: Wegweiser Nachhaltigkeit.

2 Vgl. ausführlich Völker-Lehmkuhl/Reisinger: Wegweiser Nachhaltigkeit.

3 Vgl. Transformation unserer Welt: die Agenda 2030 für nachhaltige Entwicklung, Resolution der Generalversammlung, verabschiedet am 25. September 2015, als PDF verfügbar auf der Website der United Nations unter un.org, abgerufen am 08.01.2021.

4 Aus der Agenda 2030 für nachhaltige Entwicklung, Stand März 2017, online verfügbar auf der Website des Bundesministeriums für wirtschaftliche Zusammenarbeit und Entwicklung, abgerufen am 08.01.2021 [hier und im Folgenden: BMZ (2017)].

Unter den 17 Nachhaltigkeitszielen ist Folgendes zu verstehen:

Nr.	**Ziel**	**Erläuterung**	**Beispiel**
1	Keine Armut	Die weltweite Beseitigung der Armut ist die größte Herausforderung und ein wichtiges Ziel für nachhaltige Entwicklung.	Der Anschluss an Bewässerungssysteme führt in Entwicklungsländern nicht nur zu besseren Erträgen in der Landwirtschaft, sondern ermöglicht Kindern eine bessere Schulbildung, wenn sie weniger Zeit für die Wasserversorgung der Familien aufwenden müssen.
2	Kein Hunger	Hunger verletzt nicht nur die Menschenwürde, sondern ist eine der Hauptursachen für Flucht, Vertreibung, Hoffnungslosigkeit und Gewalt. Angestrebt werden die Beendigung des Hungers bis 2030 (einschließlich aller Folgen der Mangelernährung), die Verdopplung der landwirtschaftlichen Produktivität und die Schaffung von Auffangsystemen für Krisenzeiten.	Entwicklungsprojekte fördern Kleinbauern und -bäuerinnen bei der nachhaltigen Nutzung von Wasser und Böden, die ihre wichtigsten natürlichen Lebensgrundlagen darstellen, da eine produktive und umweltschonende Landwirtschaft die Armut vermindert und die Entwicklung vorantreibt.
3	Gesundheit und Wohlergehen	Täglich sterben weltweit neben ca. 16.000 Kleinkinder auch viele ältere Kinder und Erwachsene an Krankheiten, die in Industrieländern keine ernsthafte Gefahr mehr darstellen. Die Förderung der Gesundheit ist ein Gebot der Menschlichkeit und Bestandteil verantwortlicher Führung.	Zur Verbesserung von Ausbildung, Ausrüstung und Aufklärung im Gesundheitsweisen findet in den Entwicklungsländern ein Austausch mit europäischen Fachleuten statt.
4	Hochwertige Bildung	Bildung ermöglicht es den Menschen, politische, soziale, kulturelle und wirtschaftliche Herausforderungen zu meistern.	Europäische Fachleute leisten in den Entwicklungsländern Unterstützung bei der Beantragung von internationalen Fördermitteln und stellen sicher, dass die Gelder form- und firstgemäß beantragt werden. So ermöglichen sie vielen Kindern eine Schulausbildung.
5	Geschlechtergleichheit	Gleiche Rechte, Pflichten, Chancen und Macht für Männer und Frauen sind vielerorts noch keine Realität. Ziel ist es, zu erreichen, dass gleichgestellte Frauen sich an allen Entscheidungen beteiligen können, die ihr Leben beeinflussen, und ermächtigt werden, Führungspositionen auf allen Ebenen des politischen, ökonomischen und öffentlichen Lebens zu übernehmen.	Qualifizierte Schul- und Berufsausbildung ermöglicht Mädchen und Frauen die Übernahme von Verantwortung.

Nr.	Ziel	Erläuterung	Beispiel
6	Sauberes Wasser und Sanitäreinrichtungen	Sauberes Wasser ist Lebengrundlage, unentbehrlich für Haushalt, Landwirtschaft und Industrie. 10 % der Menschen haben keinen Zugang zu sauberem Trinkwasser, 32 % keine angemessene sanitäre Basisversorgung.	Öffentliche Wasserzapfsäulen mit Münzeinwurf stellen der Bevölkerung in Entwicklungsländern sauberes Wasser zu tragbaren Preisen zur Verfügung. Korrupten Wasserhändlern wird das Handwerk gelegt, der Gesundheitszustand der Bevölkerung verbessert sich.
7	Bezahlbare und saubere Energie	Energie ist die Grundlage für Entwicklung. Aus Klimaschutzgründen müssen die Energieeffizienz und der Anteil der erneuerbaren Energien erhöht werden.	Zinsgünstige Darlehen, z.B. aus Deutschland, fördern den Ausbau der Solarenergie in Afrika.
8	Menschenwürdige Arbeit und Wirtschaftswachstum	Menschenwürdige Arbeitsplätze in ausreichender Anzahl fördern das Wirtschaftswachstum.	Staatlich geförderte Entwicklungspartnerschaften ermöglichen deutschen Unternehmen Ausbildungs- und Qualifizierungsmaßnahmen an ihren Produktionsstandorten in Entwicklungsländern.
9	Industrie, Innovation und Infrastruktur	Die Infrastruktur in vielen ländlichen Regionen in Entwicklungsländern ist hinsichtlich Transportwegen und Energieversorgung unzureichend. Schwierige und teure Transporte erschweren den Zugang zu Absatzmärkten und somit die Entwicklung.	Während der alljährlichen Regenzeit waren viele Straßen in Laos über sechs Monate lang unpassierbar. Dank eines Förderprogramms zum Straßenbau hat sich die Situation für 140.000 Einheimische deutlich verbessert.
10	Weniger Ungleichheiten	Die wachsende soziale und wirtschaftliche Ungleichheit zwischen den Staaten führt zu Konflikten und ist eine wesentliche Fluchtursache.	Die Ausbildung von Menschen im Bereich landwirtschaftliche Produktion verschafft ihnen ein Auskommen und verhindert das Aufkeimen von Konflikten.
11	Nachhaltige Städte und Gemeinden	Die Urbanisierung, d.h. der Anteil der Menschen, die in Städten wohnen, schreitet unaufhaltsam voran, sie stieg weltweit von 30 % im Jahr 1950 auf heute 50 % und wird 2050 bei 80 % liegen. Die Lebensbedingungen in den Städten sind teilweise stark verbesserungswürdig, der Energieverbrauch ist enorm.	Zinsverbilligte Darlehen, z.B. aus Deutschland, fördern energieeffiziente Wohnungsbauprojekte.

Nr.	Ziel	Erläuterung	Beispiel
12	Nachhaltige/r Konsum und Produktion	Eine ressourcenschonende Wirtschafts- und Lebensweise erfordert eine Umstellung der Konsumgewohnheiten und Produktionstechniken nach international gültigen Arbeits-, Gesundheits- und Umweltschutzregelungen.	In Europa angebotene Kleidungsstücke haben eine lange internationale Lieferkette. Die Arbeitsbedingungen in den Entwicklungsländern sind oft katastrophal. Bündnisse zwischen Textilwirtschaft, Gewerkschaften, Verbrauchern und Politik können transparente Lieferketten schaffen und somit für existenzsichernde Löhne, Gesundheits- und Brandschutz an den Produktionsstandorten und die Einhaltung von Sozialstandards sorgen.
13	Maßnahmen zum Klimaschutz	Der Klimawandel ist ein globales Problem, das alle Lebens- und Wirtschaftsbereiche betrifft.	Durch die Ausbildung von Rangers zur Bewachung und Verteidigung von Wäldern wird die illegale Abholzung und Brandrodung verhindert, der Lebensraum von Pflanzen und Tieren gewahrt und der Wald als wichtiger Kohlenstoffspeicher geschützt. Dabei entstehen Arbeitsplätze für Männer und Frauen, im Rahmen angegliederter Projekte auch Schulen und Krankenhäuser.
14	Leben unter Wasser	Ozeane, Meere und Meeresressourcen sind zu erhalten und nachhaltig zu nutzen.	Im Rahmen internationaler Projekte werden Meeresschutzgebiete eingerichtet. Sie schaffen Lebensräume für bedrohte Tierarten sowie Arbeitsplätze, die den Menschen eine legale Tätigkeit anstelle der Wilderei ermöglichen.
15	Leben an Land	Erhalt von Ökosystemen und Wäldern sowie Bekämpfung von Wüstenbildung und Bodenverschlechterung zum Schutz der Biodiversität.	Aus- und Weiterbildungsangebote für Forstbehörden dienen dem Schutz von Wäldern und auch dem Klimaschutz.
16	Frieden, Gerechtigkeit und starke Institutionen	Friedliche, inklusive Gesellschaften mit Zugang zur Justiz und effektiven, rechenschaftspflichtigen Institutionen sichern weltweit Frieden und Stabilität, die ihrerseits unabdingbar für die nachhaltige Entwicklung sind.	Maßnahmen zum Wiederaufbau von ehemaligen Kriegsgebieten sorgen für Stabilität und beseitigen Fluchtursachen.
17	Partnerschaften zur Erreichung der Ziele	Die Ziele der Agenda 2030 können durch globale Partnerschaften erreicht werden.	Durch globale Impfprogramme können Krankheiten wirkungsvoll bekämpft werden.

Tab. 1 Erläuterung der 17 Ziele der Agenda 2030 [basierend auf BMZ (2017)]

Die 17 Sustainable Development Goals (kurz SDGs) haben sich nicht nur wesentlich verbindlicher als das vorausgegangene Konzept der Millennium Development Goals, sondern auch bereits nach kurzer Zeit zum weltweit führenden normativen und analytischen Bezugsrahmen für die Ausarbeitung konkreter Nachhaltigkeitsstrategien entwickelt.

Doch während in Fachkreisen in Bezug auf Nachhaltigkeitskonzepte und -vorhaben große Fortschritte gemacht wurden, kamen die entsprechenden Themen in breiten Schichten der Bevölkerung nur langsam an.

Folgende wesentliche Entwicklungen sind zu nennen:

Die Umweltbewegung der 1970er und 1980er Jahre hatte sich im Wesentlichen auf Forderungen zum Atomausstieg bezogen, der schließlich im Jahr 2011 – nach der Reaktorkatastrophe in Fukushima – per Gesetz dekretiert wurde, mit dem Ergebnis, dass bis 2022 alle deutschen Atomreaktoren abgeschaltet werden sollen.

1992 wurde in Rio de Janeiro die Klimarahmenkonvention der Vereinten Nationen verabschiedet. Trotz regelmäßiger Vertragsstaatenkonferenzen, der Verabschiedung des Kyoto-Protokolls und des Pariser Abkommens standen sich lange und teilweise unerbittlich die Fraktionen der Klimaschützer und Klimaskeptiker gegenüber. Das wandelte sich in den letzten Jahren mit einigen ungewöhnlich heißen Sommern und für unsere Breitengrade bislang unbekannten Dürreperioden. Heute erkennt die Mehrheit der Deutschen die Realität des Klimawandels an und fürchtet seine Folgen. Ein konsequenter Klimaschutz lässt – von Ausnahmen abgesehen – immer noch auf sich warten.

Das mittlerweile von 189 der 197 Vertragsparteien anerkannte Pariser Abkommen sieht die Begrenzung der anthropogenen globalen Erwärmung auf möglichst 1,5 °C, auf jeden Fall deutlich unter 2 °C, gegenüber vorindustriellen Werten vor.

Nachhaltigkeitsaspekte und -terminologie

Nachhaltigkeit umfasst die drei Dimensionen Ökonomie, Ökologie und Soziales und wird meist in Form eines Dreiecks dargestellt, um die Abhängigkeit der einzelnen Dimensionen voneinander zu verdeutlichen (siehe **Abb. 2**).[5]

[5] Vgl. Online-Lexikon der Nachhaltigkeit unter nachhaltigkeit.info, Begriff „Drei-Säulen-Modell“, zuletzt abgerufen am 08.10.2022.

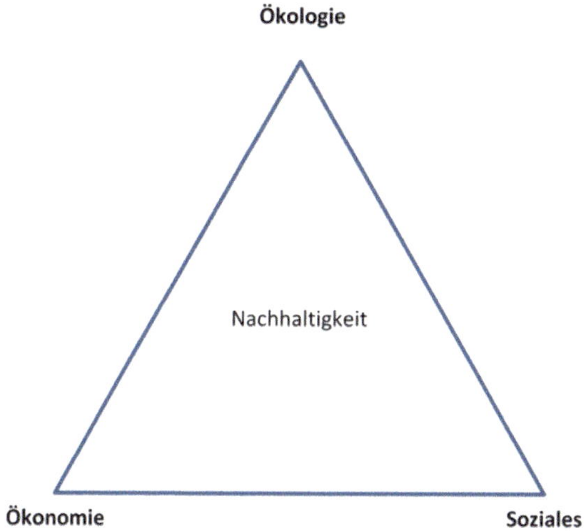

Abb. 2 Dimensionen der Nachhaltigkeit nach dem Drei-Säulen-Modell

Neben dem Terminus Nachhaltigkeit gibt es eine Reihe von verwandten Begriffen, die teilweise synonym verwendet werden. Einer der am häufigsten verwendeten Begriffe ist Corporate Social Responsibility (CSR) beziehungsweise Corporate Responsibility (CR).[6]

Das CSR-Konzept kommt ursprünglich aus den USA und unterscheidet sich vom Begriff der Nachhaltigkeit insofern, als CSR sich weniger auf das Kerngeschäft bezieht als die Nachhaltigkeit. In der Praxis ist diese Unterscheidung jedoch hinfällig, da die Begriffe Nachhaltigkeit und CSR weitgehend synonym verwendet werden. Auch die Funktionsbeschreibungen in Unternehmen wie Nachhaltigkeitsbeauftragte/r und C(S)R Manager können weitgehend als Synonyme betrachtet werden.

Aus dem Bereich der Finanzmärkte kommt der Ausdruck ESG, der die Aspekte Environment (Umwelt), Social (Gesellschaft) und Governance (Unternehmensführung) umfasst. In der Praxis bevorzugt man den Ausdruck ESG im Bereich Green Finance, aber auch als Synonym für das Kürzel C(S)R oder für Nachhaltigkeit beziehungsweise (in der englischen Übersetzung) Sustainability.

WP StB Katharina Völker-Lehmkuhl, Heiligenhaus

[6] Im Kern bezeichnen beide Begriffe – Corporate Responsibility und Corporate Social Responsibility – das Gleiche, allerdings herrscht insbesondere im kontinentaleuropäischen Raum die Tendenz vor, den Zusatz „Social" wegzulassen, um deutlich zu machen, dass die Verantwortung von Unternehmen (noch) mehr als die sozialen Komponenten – also z. B. auch ökologische Aspekte – mit einschließt; vgl. Praum, S. 41.

1.2 Nachhaltigkeit: Bedeutung für den Berufsstand

1.2.1 Zukunft der nichtfinanziellen Berichterstattung und deren Prüfung

Die EU-Kommission befasst sich aktuell mit der Überarbeitung der CSR-Richtlinie. Zugleich zeichnen sich durch die angekündigte Zusammenarbeit bzw. gar Fusion bedeutsamer NGO sowie mit der Initiative der IFRS-Foundation wichtige Entscheidungen für ein globales Standardsetting im Bereich der nichtfinanziellen Berichterstattung ab. Weitere Schritte werden für die nächsten Monate erwartet. Im Vorfeld hat das IDW im November 2020 seine Empfehlungen zur Zukunft der nichtfinanziellen Berichterstattung veröffentlicht, die sich wie folgt zusammenfassen lassen (federführend: IDW Ausschuss Trendwatch, IDW Steering Committee Sustainability und der IDW Arbeitskreis Nachhaltigkeitsberichterstattung):

1. Die unternehmens- und länderübergreifende Vergleichbarkeit der CSR-Berichterstattung muss verbessert werden. Dazu bedarf es einheitlicher und hinreichend konkreter Standards. Die Entwicklung solcher Standards sollte unter dem Dach der IFRS-Foundation durch ein eigenes Board neben dem IASB erfolgen. Die gegenwärtigen europäischen Aktivitäten könnten später als Blaupause in einer globalen Lösung aufgehen.
2. Die weitergehende Integration von finanziellen und nichtfinanziellen Informationen ist zu fördern. Als längerfristiges Ziel ist dies v.a. durch die Monetarisierung der nichtfinanziellen Aspekte erreichbar. Diesen Ansatz verfolgt auch die Value Balancing Alliance.
3. Die nichtfinanziellen Informationen dienen wie die Finanzberichterstattung der Unterstützung der Stakeholder bei der Entscheidungsfindung über die Allokation von Kapital. Zur Stärkung des Vertrauens in nichtfinanzielle Informationen sollten diese ebenfalls mit hinreichender Sicherheit geprüft werden.
4. Eine moderate und schrittweise Ausdehnung der CSR-Berichterstattung auf nichtkapitalmarktorientierte Unternehmen ist zu erwägen. Dabei ist auf die „Anschlussfähigkeit" an nationale Bilanzierungsvorschrift en zu achten. Diese Kernmaßnahmen werden sicher auch von Beginn an die Diskussionen in diesem Jahr bestimmen.

1.2.2 Sustainable Finance als Teil der nachhaltigen Transformation – Auswirkungen auf Kreditinstitute

Bereits 2018 hatte die EU-Kommission den ersten Aktionsplan zur Finanzierung nachhaltigen Wachstums vorgelegt und die Maßnahmen seitdem weiter konkretisiert. Entsprechende EU-Rechtsakte sollen sicherstellen, dass Finanzströme in nachhaltige Aktivitäten geleitet werden, Nachhaltigkeitsaspekte stärker in der Governance verankert werden und die Transparenz gefördert wird. Kreditinstitute spielen bei der nachhaltigen Transformation der Wirtschaft eine bedeutsame Rolle. Zu deren Herausforderungen hat sich das IDW im Oktober 2020 positioniert (federführend: IDW Bankenfachausschuss). Die wesentlichen Aussagen werden im Folgenden zusammengefasst:

1. Die nachhaltige Transformation berührt die Geschäftsstrategie und Governance der Institute. Regulatoren (BaFin, EZB) veröffentlichen dazu entsprechende Erwartungshaltungen. Berührt sind u.a. die Produktstrategie, das interne Kontrollsystem und die Kreditprozesse. Es ist zu erwarten, dass die aufsichtsrechtlichen Pflichten des Abschlussprüfers um Vorgaben zur Überwachung der Einhaltung von ESG-Aspekten erweitert werden.
2. Dem Risikomanagement kommt eine zentrale Rolle zu. Es ist davon auszugehen, dass Institute bestehende Risikoanalyse- bzw. Risikoklassifizierungsverfahren zur Beurteilung ihrer Vertragspartner prüfen und ggf. um Nachhaltigkeitsaspekte ergänzen bzw. neue Verfahren einrichten werden.
3. Die Berücksichtigung von Nachhaltigkeitsrisiken wird in der Unternehmensberichterstattung und u.a. bei der Bewertung von Finanzinstrumenten nach HGB und IFRS eine zunehmend bedeutsame Rolle spielen. Bewertungsverfahren sind im Hinblick auf geeignete Bewertungsmodelle unter Einbeziehung von messbaren ESG-Parametern fortzuentwickeln. Die Umstellung von Bewertungssystemen auf eine ggf. stärkere Berücksichtigung von bilanziellen Risiken durch ESG-Entwicklungen ist indes abhängig von der Verfügbarkeit objektiver, d.h. belastbarer Daten zu ESG-Risiken, was gegenwärtig nicht unproblematisch ist.
4. Die EU-Kommission sieht auch neue Transparenzpflichten außerhalb des Geschäftsberichts vor. Hierzu bestehen derzeit zahlreiche Anwendungsfragen. Relevant sind belastbare Informationen. Prüfungen unabhängiger Wirtschaftsprüfer können Informationsasymmetrien abbauen und das Vertrauen der Öffentlichkeit in neue nichtfinanzielle Informationen stärken.
5. Die Institute werden durch neue Rechtsakte verpflichtet, die Nachhaltigkeitspräferenzen der Kunden in der Anlageberatung und Vermögensverwaltung abzufragen. Dies macht Anpassungen im Vertrieb erforderlich.
6. Die Auswirkungen für Kreditinstitute werden flankiert von europäischen Maßnahmen zur Abgrenzung nachhaltiger Investments (Taxonomie) bzw. Ausgabe von Green Bonds.

1.2.3 Green Bonds

Schon seit längerer Zeit werden mit steigendem Volumen Instrumente ausgereicht, die das Label „Green Bond“ tragen und deren Mittel in nachhaltige Aktivitäten fließen sollen. Die Emission der grünen Anleihen orientiert sich in der Regel an den Vorgaben von sog. Green Bond Standards, deren Anforderungen bis heute zu vielen Auslegungsfragen führen. Solche Unklarheiten verstärken die Sorge einer verlässlichen Klassifizierung von Finanzprodukten als „grün“ und erhöhen das Risiko, das Emittenten „Greenwashing“ betreiben könnten. Auch die im Zusammenhang mit der Emission von Green Bonds durchgeführten Arbeiten externer Prüfer weisen eine hohe Heterogenität auf. Daran beteiligt sind häufig Institutionen außerhalb des Berufsstands der Wirtschaftsprüfer. Das Vorgehen dieser NGO wird zunehmend hinterfragt. Die Heterogenität auf Emittenten- und Prüferseite soll künftig durch einen EU Green Bond Standard beseitigt werden. Die Neuerungen und deren Bedeutung für den Berufsstand werden zurzeit analysiert und sollen in Kürze veröffentlicht werden (federführend: IDW Arbeitsgruppe Grüne Investments). Für den Berufsstand relevante Bestätigungsleistungen ergeben sich in allen Stadien eines Green Bond: Von der Prüfung/ Verifizierung des unternehmensindividuellen Rahmenwerkes zur Emission von Green Bonds (preissuance), über die Mittelverwendung bis hin zur Prüfung der Auswirkungen der Projekte (postissuance).

1.2.4 Bilanzierung „grüner Investments“

Die Vielschichtigkeit und das Volumen „grüner Investments“ lassen zunehmend Fragen zur Bilanzierung solcher Finanzinstrumente beim Emittenten und Investor (HGB, IFRS) aufkommen. Eine besondere Herausfordwerung stellt die Klassifizierung grüner Produkte beim Investor nach IFRS 9 dar. Die Klassifizierung bestimmt dann wiederum die Folgebilanzierung. Beim Emittenten stellt sich vor allem die Frage, ob ein grünes Investment als Eigen- oder Fremdkapital qualifiziert und ob ggf. ein eingebettetes Derivat vorliegt. Auch diese Thematik wird aktuell diskutiert. Entsprechende Vorschläge wird das IDW voraussichtlich noch im ersten Quartal veröffentlichen (federführend: IDW Arbeitskreis Finanzinstrumente nach IFRS).

1.2.5 Fazit

Die dargestellten Entwicklungsstränge werden die Arbeit des IDW in diesem Jahr und darüber hinaus umfassend beschäftigen. Zentrale Fragen werden hinzukommen, etwa nach einer nachhaltigen Corporate Governance und nach der Verantwortung für nachhaltige Lieferketten. Auch diese Aktivitäten wird das IDW für den Berufsstand und im Sinne unserer Verantwortung gegenüber der Gesellschaft intensiv begleiten.

WP StB Dr. Daniel P. Siegel, Düsseldorf

WP StB Prof. Dr. Bernd Stibi, Geldern

(Quelle: IDW Life, Heft 01/2021, Seite 8 ff.)

1.3 CSRD – ein neues Berichtsregime für Nachhaltigkeitsinformationen

Das Europäische Parlament hat am 10. November 2022 der Corporate Sustainability Reporting Directive (CSRD) zugestimmt. Damit ist ein zentraler Bestandteil des Aktionsplans der Europäischen Union (EU) für Sustainable Finance auf der Zielgeraden. Mit dem Aktionsplan will die EU Kapitalflüsse in nachhaltige Investitionen umlenken und den eigenen Vorsatz der Klimaneutralität bis 2050 erreichen.

Nach der Veröffentlichung der Richtlinie im Amtsblatt der EU haben die Mitgliedsstaaten 18 Monate Zeit, die CSRD in nationales Recht umzusetzen. Für die betroffenen Unternehmen ist eine gestaffelte Erstanwendung ab dem 1. Januar 2024 vorgesehen.

1.3.1 Berichterstattung über Nachhaltigkeitsaspekte

1.3.1.1 Ausweitung des Anwendungsbereichs

Die CSRD erweitert den Kreis der betroffenen Unternehmen deutlich im Vergleich zum Anwendungsbereich der Non-Financial Reporting Directive (NFRD). Schätzungen des Deutschen Rechnungslegungs Standards Committee e.V. (DRSC) gehen davon aus, dass sich die Zahl der berichtspflichtigen Unternehmen in Deutschland von ca. 500 auf etwa 15.000 erhöhen könnte. Konkret soll der Anwendungsbereich der CSRD folgende Unternehmen umfassen:

- große Unternehmen sowie alle Mutterunternehmen von großen Konzernen;
- kapitalmarktorientierte kleine und mittelgroße Unternehmen (KMU) mit Ausnahme von Kleinstunternehmen;
- Unternehmen außerhalb der EU, deren Wertpapiere an einem organisierten Markt in der EU gehandelt werden;
- Unternehmen außerhalb der EU mit einem EU-Nettoumsatz von mindestens 150 Millionen Euro in den letzten beiden Geschäftsjahren und mindestens einem großen oder kapitalmarktorientierten Tochterunternehmen oder einer Zweigniederlassung mit einem EU-Nettoumsatz von mindestens 40 Millionen Euro;
- bestimmte Kreditinstitute und Versicherungsunternehmen.

Die Größenklassen orientieren sich dabei an den Vorgaben der Bilanzrichtlinie.

Zudem wird die CSRD auch für bestimmte Unternehmen des öffentlichen Sektors zumindest mittelbar bedeutsame Auswirkungen mit sich bringen. Darauf hat das IDW mit seinem Schreiben an die Finanzministerien der Länder vom 8. September 2022 hingewiesen.

1.3.1.2 Befreiungsmöglichkeiten

Im Gegensatz zu den bislang geltenden Befreiungsmöglichkeiten für die Nachhaltigkeitsberichterstattung werden sich große kapitalmarktorientierte (Tochter-)Unternehmen künftig nicht mehr befreien können. Auch dann nicht, wenn ein übergeordnetes Mutterunternehmen eine entsprechende Nachhaltigkeitsberichterstattung veröffentlicht.

1.3.1.3 Europäische Berichterstattungsstandards

Inhaltlich konkretisiert die CSRD die bestehenden Informationsanforderungen und weitet die berichtspflichtigen Inhalte aus. Hierzu entwickelt die European Financial Reporting Advisory Group (EFRAG) entsprechende Nachhaltigkeitsberichterstattungsstandards – die European Sustainability Reporting Standards (ESRS). Um doppelte Berichtspflichten zu vermeiden, sollen in den ESRS die Arbeiten globaler Standardsetter (der International Sustainability Standards Board (ISSB) wird in diesem Zusammenhang explizit genannt) berücksichtigt werden. Das IDW hat hierzu am 7. Oktober 2022 das Schreiben „Nur eine verlässliche und akzeptierte Nachhaltigkeitsberichterstattung schafft Vertrauen in die angestrebte Transformation“ verfasst.

Am 29. April 2022 hat die EFRAG 13 ESRS-Entwürfe veröffentlicht. Sie umfassen zwei übergeordnete Standards, fünf Standards zu Umweltaspekten, vier Standards zu sozialen Aspekten sowie zwei Standards zu Governance-Themen. Mitte November 2022 hat die EFRAG die ESRS finalisiert. Die mittlerweile im Umfang deutlich reduzierten Standards werden im nächsten Schritt geprüft und mit relevanten Stakeholdern, z. B. den europäischen Aufsichtsbehörden, abgestimmt. Anschließend will die EU-Kommission die ESRS bis zum 30. Juni 2023 als ersten Satz im Wege delegierter Rechtsakte verabschieden. Der zweite Satz soll bis zum 30. Juni 2024 in Kraft treten. Er soll u. a. sektorspezifische Angabepflichten sowie gesonderte ESRS für KMU umfassen.

1.3.1.4 Verortung der Berichterstattung im Lagebericht

Die Nachhaltigkeitsberichterstattung muss künftig zwingend in einem gesonderten Abschnitt im (Konzern-)Lagebericht erfolgen. Das bisherige Wahlrecht zur Verortung entfällt somit. Auch eine integrierte Berichterstattung wird durch die klare Vorgabe eines gesonderten Abschnitts erschwert werden.

1.3.1.5 Elektronisches Tagging

Unternehmen müssen die Informationen im Nachhaltigkeitsbericht elektronisch auszeichnen (sogenanntes Tagging). Damit diese Auszeichnung eine sinnvolle Vergleichbarkeit ermöglicht, soll eine entsprechende Taxonomie entwickelt werden.

1.3.1.6 Schrittweise Erstanwendung

Vorgesehen ist eine gestaffelte Erstanwendung bis 2028 für Geschäftsjahre, die am oder nach dem 1. Januar 2024 beginnen. Unternehmen, die bereits zur nichtfinanziellen Berichterstattung gemäß NFRD verpflichtet sind, müssen die Berichtspflichten zuerst erfüllen.

1.3.2 Prüfungspflicht

1.3.2.1 Erfordernis einer Prüfung mit begrenzter Sicherheit

Die CSRD sieht zunächst eine inhaltliche Prüfungspflicht der Nachhaltigkeitsberichterstattung mit begrenzter Sicherheit (limited assurance) und ab dem Jahr 2028 möglicherweise mit hinreichender Sicherheit (reasonable assurance) vor. Ob die Prüfungspflicht auf hinreichende Sicherheit ausgedehnt wird, hängt auch von einer durchzuführenden Erhebung durch die EU-Kommission ab, ob diese für Unternehmen und Prüfer vollumfänglich umsetzbar ist. Der Prüfungsumfang erstreckt sich dabei neben der Berichterstattung gemäß ESRS auch auf den Prozess zur Identifizierung der zu berichtenden Informationen, das elektronische Tagging und auf die Anforderungen gemäß Artikel 8 der Taxonomie-Verordnung.

1.3.2.2 Auswahl des Prüfers

Die Prüfung der Nachhaltigkeitsberichterstattung kann von einem unabhängigen, gemäß EU-Vorgaben akkreditierten Prüfdienstleister erbracht werden. Das ist in erster Linie der gesetzliche Abschlussprüfer. Allerdings räumt die CSRD den Mitgliedstaaten ein Wahlrecht ein, auch einer anderen Prüfungsgesellschaft (als dem Abschlussprüfer) zu gestatten, die Prüfung der Nachhaltigkeitsberichterstattung zu übernehmen. Ein weiteres Mitgliedstaatenwahlrecht ermöglicht es, dass auch ein unabhängiger Prüfungsdienstleister (Independent Assurance Services Provider, IASP) die Prüfung der Nachhaltigkeitsberichterstattung übernehmen kann.

Prüfungsgesellschaften selbst müssen zudem mindestens einen sogenannten Key Sustainability Partner (KSP) benennen, der auch einer der Key Audit Partner sein kann. Der KSP soll die Prüfungsqualität, die Unabhängigkeit und die notwendige Kompetenz sicherstellen.

1.3.2.3 Prüfungsstandards

Die Prüfung ist grundsätzlich gemäß den Prüfungsstandards durchzuführen, die künftig von der EU-Kommission im Wege delegierter Rechtsakte voraussichtlich verabschiedet werden. Standards zur Erlangung begrenzter Prüfungssicherheit sollen vor dem 1. Oktober 2026 und Standards zur Erlangung hinreichender Prüfungssicherheit spätestens bis zum 1. Oktober 2028 verabschiedet werden. Sofern bis zur erstmaligen Anwendung noch keine europäischen Prüfungsstandards existieren, sollen nationale Prüfungsstandards herangezogen werden.

1.3.2.4 Anforderungen an die Ausbildung

Um die Bestätigungsleistung im Rahmen der Prüfung der Nachhaltigkeitsberichterstattung vornehmen zu dürfen, müssen Prüfer künftig zusätzliche Ausbildungs- und Qualifikationsanforderungen erfüllen. Dazu gehört eine mindestens achtmonatige praktische Erfahrung in der Prüfung von Nachhaltigkeitsberichten oder anderen nachhaltigkeitsbezogenen Dienstleistungen, wobei Übergangsregelungen vorgesehen sind. Zudem müssen sich die Prüfer kontinuierlich fortbilden, um ihre Kenntnisse und Fähigkeiten zur Prüfung von Nachhaltigkeitsinformationen auf einem ausreichend hohen Stand zu halten.

Jens Berger

(Quelle: IDW Life, Heft 12/2022, Seite 1111 ff.)

Kapitel 2: EU als treibende Kraft

Die 17 Nachhaltigkeitsziele der UN[1], die Ziele des Pariser Klimaschutzabkommens sowie die übrigen ökologischen und sozialen Ziele im Sinne der Nachhaltigkeit können nach Auffassung der EU-Kommission nur mit Hilfe umfangreicher Investitionen in den Wandel der Wirtschaft erreicht werden.[2] Der Finanzierungsbedarf wird auf 180 Milliarden Euro jährlich geschätzt. Auch wenn künftig ein Viertel des EU-Haushalts für den Klimaschutz eingesetzt werden soll, genügt dies nicht, um die Ziele des Green Deal zu erreichen. Erforderlich sind private Investitionen in grüne Projekte. Um diese zu fördern und um die negativen Auswirkungen des Klimawandels auf Wirtschaft und Finanzmärkte zu vermindern, soll ein nachhaltiges Finanzwesen dafür sorgen, dass Nachhaltigkeitsaspekte bei Finanzentscheidungen künftig berücksichtigt und auf diese Weise sowohl mehr klimaneutrale, energie- und ressourceneffiziente als auch mehr kreislauforientierte Projekte auf den Weg gebracht werden. Wenngleich sich das vermehrte Auftreten von Unwettern nicht mehr verhindern lässt, so sollen durch die stärkere Berücksichtigung von Nachhaltigkeitsaspekten bei Investitionsentscheidungen doch zumindest die wirtschaftlichen Auswirkungen von wetterbedingten Schäden verringert werden. Auf diese Weise wird Sustainability zum „kritischen Erfolgsfaktor".

Die EU-Kommission sieht in einem nachhaltigen Finanzwesen einen starken Treiber der nachhaltigen Entwicklung. Der Umbau der Wirtschaft in eine klimaneutrale Ökonomie erfordert weltweite Kooperationen. Daher hat es sich die EU-Kommission zum Ziel gesetzt, die verschiedenen Initiativen in den einzelnen Ländern zusammenzubringen beziehungsweise aufeinander abzustimmen, um grenzüberschreitende kompatible Märkte für nachhaltige Finanzen zu schaffen und Synergien zu nutzen. Investoren steht so eine breitere Auswahl an Projekten und nachhaltigen Finanzprodukten zur Verfügung. Unternehmen können sich neue Finanzierungsquellen für globale Finanzmärkte erschließen.

Die drei Säulen der Finanzierung nachhaltigen Wachstums

Der Aktionsplan der EU-Kommission zur Finanzierung nachhaltigen Wachstums steht auf drei Säulen:

1. **EU-Taxonomie**: Die EU möchte ein einheitliches EU-Klassifikationssystem für umweltverträgliche Tätigkeiten schaffen, damit anhand harmonisierter EU-Kriterien festgestellt werden kann, ob eine wirtschaftliche Tätigkeit ökologisch nachhaltig ist. Anhand dieser Klassifikationen können Bereiche identifiziert werden, in denen nachhaltige Investitionen besonders wirksam werden. Eine Investition wird als umweltverträglich bezeichnet, wenn sie zu einem der folgenden sechs Ziele beiträgt:

[1] Vgl. Kapitel 1, Abschnitt 1.1.

[2] Der Aktionsplan Finanzierung nachhaltigen Wachstums kann online eigesehen werden, z. B. unter eur-lex.europa.eu, abgerufen am 13.01.2021.

   1. Klimaschutz
   2. Anpassung an den Klimawandel
   3. Nachhaltige Nutzung von Wasserressourcen
   4. Kreislaufwirtschaft
   5. Verhütung von Verschmutzung
   6. Gesundes Ökosystem

2. **Investorenpflichten**: Vermögensverwalter und institutionelle Anleger sollen verpflichtet werden, Kriterien der Nachhaltigkeit in die Investitionsabläufe einzubeziehen. Des Weiteren sollen die Offenlegungsvorschriften verschärft werden.

3. **Referenzwerte für CO_2-arme Investitionen**: Es werden zwei neue Kategorien von Referenzwerten geschaffen:
   1. Referenzwert für Investitionen, der die Umstellung auf eine CO_2-arme Wirtschaft fördern soll, also eine dekarbonisierte Version von Standard-Indizes
   2. Referenzwert für auf die Klimaziele von Paris ausgerichtete Investitionen nur für Unternehmen, die das 1,5-Grad-Ziel von Paris verfolgen

Grüne Finanzprodukte sollen künftig durch EU-Normen und EU-Kennzeichen kenntlich gemacht und die Nachhaltigkeit in das Risikomanagement einbezogen werden. Eine technische Beratung durch europäische Aufsichtsbehörden soll die Einbeziehung von Nachhaltigkeitsrisiken in finanzielle Entscheidungen fördern.

Die deutsche Finanzaufsicht BaFin hatte bereits im Dezember 2019 ein umfangreiches „Merkblatt zum Umgang mit Nachhaltigkeitsrisiken“ herausgegeben.[3]

Die europäische Zentralbank (EZB) legt ihrerseits in einem Leitfaden[4] dar, wie Klima- und Umweltrisiken im derzeitigen Aufsichtsrahmen sicher und umsichtig gesteuert werden können. Der EZB-Leitfaden bietet eine Arbeitshilfe für Kreditinstitute zur Berücksichtigung von Klima- und Umweltrisiken und zur Festlegung und Umsetzung der Geschäftsstrategie sowie ihrer Rahmenwerke für Governance und Risikomanagement. Des Weiteren gibt der Leitfaden vor, inwieweit die EZB von den Instituten erhöhte Transparenz durch eine verbesserte Offenlegung von Informationen zu Klima- und Umweltthemen erwartet. Der Leitfaden ist für die Institute jedoch nicht verpflichtend. Er soll vielmehr eine Grundlage für den aufsichtlichen Dialog darstellen, in dessen Rahmen die EZB ihre Erwartungen mit den Instituten im Hinblick auf etwaige Abweichungen ihrer Verfahren besprechen wird.

WP StB Katharina Völker-Lehmkuhl, Heiligenhaus

3 BaFin (2019): Merkblatt zum Umgang mit Nachhaltigkeitsrisiken, https://www.bafin.de/SharedDocs/Downloads/DE/Merkblatt/dl_mb_Nachhaltigkeitsrisiken.html, abgerufen am 16.02.2021.

4 EZB-Leitfaden zu Klima- und Umweltrisiken, Erwartungen der Aufsicht in Bezug auf Risikomanagement und Offenlegungen (Mai 2020), als PDF verfügbar unter bankingsupervision.europa.eu/home, Suchbegriff: Leitfaden zu Klima- und Umweltrisiken, abgerufen am 13.01.2021.

2.1 Green and more: Sustainable-Finance-Taxonomie der EU – Ein wichtiger Schritt zur Fortentwicklung der Unternehmensbericht-erstattung

Von WP StB Dr. Matthias Schmidt

Die EU verfügt mit ihrer Sustainable-Finance-Taxonomie über ein Regelwerk zur Klassifizierung von klimaschützenden Geschäftsaktivitäten und Finanzprodukten. Die damit einhergehenden neuen Berichtspflichten für Unternehmen sind geeignet, die Aussagekraft der nichtfinanziellen Berichterstattung erheblich zu erhöhen. Sie werden relevant für den Kapitalmarkt sein und erfordern eine frühzeitige und intensive Befassung in den Unternehmen.

2.1.1 Neue Berichtspflicht

Unternehmen, die zur nichtfinanziellen Berichterstattung nach §§ 289b ff. bzw. §§ 315b f. HGB verpflichtet sind, werden für das Geschäftsjahr 2021 in der nichtfinanziellen Berichterstattung den Anteil ihrer nach der europäischen Sustainable-Finance-Taxonomie als „ökologisch nachhaltig" anzusehenden Umsatzerlöse, Investitionsausgaben (Capital Expenditures – Capex) und Betriebsausgaben (Operational Expenditures – Opex) angeben müssen (Art. 8 Abs. 2 der EU-Taxonomie-VO). Die Angaben sind vom Aufsichtsrat nach § 171 AktG inhaltlich zu prüfen. Zu beachten ist, dass die EU-CSR-Richtlinie derzeit überarbeitet wird und mit einer deutlichen Ausweitung des Kreises berichtspflichtiger Unternehmen zu rechnen ist, die dann künftig (voraussichtlich ab Geschäftsjahr 2023) ebenfalls die Angaben nach der Taxonomie- Verordnung machen müssten.

2.1.2 Hintergrund

Mit dem Ziel, bis zum Jahr 2050 der erste klimaneutrale Kontinent zu sein, hat die EU-Kommission ein ganzes Bündel an Maßnahmen vorgesehen.[1] Einen Baustein bildet dabei die Sustainable-Finance-Taxonomie zur eindeutigen Bestimmung „ökologisch nachhaltiger" Geschäftsaktivitäten und Finanzprodukte, die im Zeitablauf um weitere Umweltziele sowie soziale Ziele ergänzt werden soll. Die EU-Kommission verfolgt sechs Umweltziele:

1. Klimaschutz,
2. Anpassung an den Klimawandel,
3. nachhaltige Wassernutzung,
4. Übergang zur Kreislaufwirtschaft,
5. Minimierung der Umweltverschmutzung und
6. Schutz von Biodiversität und Ökosystemen.

[1] Vgl. https://econsense.de (Abruf: 01.12.2020).

Bislang liegen konkrete Kriterien nur für die beiden ersten Umweltziele vor.

Geschäftsaktivitäten sind „ökologisch nachhaltig", wenn sie

1. einen wesentlichen Beitrag zur Erreichung eines der EU-Umweltziele leisten („substantial contribution"),
2. die Erreichung der fünf weiteren EU-Umweltziele nicht erheblich beeinträchtigen („do not significant harm" – DNSH) und
3. Mindestvorschriften für Arbeitssicherheit und Menschenrechte einhalten (Minimum Social Safeguards).

Die Taxonomie-bezogenen Angaben der realwirtschaftlichen Unternehmen in deren nichtfinanzieller Berichterstattung bilden die Grundlage der eigenen Berichtspflichten von Finanzinstituten. Durch die Angabe des Anteils von ökologisch nachhaltigen Anlagen (Finanzinstitute) bzw. Umsatzerlösen und Investitionen (Realwirtschaft) soll die Gefahr von Greenwashing erheblich vermindert werden, da eindeutig klar wird, welchen Beitrag die jeweiligen Unternehmen zur Erreichung der sechs Umweltziele leisten. Die Taxonomie betrifft Unternehmen auf strategischer und operativer Ebene. Finanzielle und nichtfinanzielle Informationen werden durch die Angabepflichten von ökologisch nachhaltigen Umsatzerlösen, Capex und Opex erstmalig zwingend miteinander verknüpft.

Es ist davon auszugehen, dass die mit der neuen Berichtspflicht erreichte Verknüpfung von nichtfinanziellen und finanziellen Informationen eine wichtige Fortentwicklung der Rechenschaftslegung von Unternehmen ist und sehr relevant für die Berichtsadressaten sein dürfte: Bislang stand die (handelsrechtliche) nichtfinanzielle Berichterstattung oft neben der finanziellen Rechnungslegung (in Lagebericht und Abschluss). Häufig folgte sie keinem roten Faden, die Angaben blieben vor allem qualitativ und hatten zum Teil eher den Charakter von Absichtsbekundungen oder Policy Statements. Durch die Taxonomie-Berichtspflichten wird eine Verknüpfung mit dem Abschluss zwingend: Die Ernsthaftigkeit des nachhaltigen Engagements wird vor allem durch die Angaben zu „ökologisch nachhaltigen" Anteilen an Umsatz und Capex für die außenstehenden Berichtsadressaten (vor allem Investoren, aber auch weitere Adressaten) nachvollziehbar. Die berichteten Kennzahlen sind im Zeitablauf und auch zwischen Unternehmen unterschiedlicher Branchen vergleichbar. Eine Herausforderung für die Unternehmenspraxis ist indes, dass nicht für alle Branchen Kriterien vorliegen. Für viele Branchen werden vor allem die künftig zu entwickelnden Kriterien zu den vier weiteren EU-Umweltzielen einschlägig sein.

2.1.3 Relevanz für Investoren

Die empirische Forschung zeigt, dass Unternehmen mit guter ESG-Performance besser performen als solche mit schlechter ESG-Performance.[2] Vor diesem Hintergrund sind Investoren an Unternehmen mit (sehr) guter oder (sehr) schlechter ESG-Performance interessiert: an den guten, weil von diesen Out- Performance zu erwarten ist, und an den schlechten, um dort (massiv) auf Veränderungen hinzuwirken und so von der Wertsteigerung unmittelbar zu profitieren (aktivistische Investoren). Die unmittelbare Verknüpfung von nichtfinanziellen und finanziellen Zahlen im Rahmen der Taxonomie-Berichterstattung erhöht die Transparenz über die tatsächliche ESG-Performance und macht diese auch über unterschiedliche Branchen hinweg vergleichbar. Die Taxonomie wird Grundlage für eine Vielzahl von Finanzprodukten sein, beispielsweise für Green Bonds. Denkbar sind Investitionskriterien (etwa für ETF), beispielsweise:

- „Anteil ökologisch nachhaltiger Umsatzerlöse größer als 50 Prozent" für heutige ESG-Out-Performer oder
- „Anteil ökologisch nachhaltiger Umsatzerlöse kleiner als 10 Prozent und Anteil ökologisch nachhaltigen Capex größer als 70 Prozent" für künftige ESG-Out- Performer.

Ferner kann die Mittelvergabe aus dem EU Recovery Plan oder sonstiger öffentlicher Fördermittel an die Taxonomie- Konformität der Projekte geknüpft werden; auch kann die Erfüllung bestimmter Schwellenwerte eine Bedingung oder zumindest ein Kriterium in Ausschreibungen sein.

2.1.4 Auswirkungen auf die nichtfinanzielle Berichterstattung

Heute sind in der handelsrechtlichen nichtfinanziellen Berichterstattung Angaben zu Umwelt-, Arbeitnehmer- und Sozialbelangen, zur Achtung der Menschenrechte sowie zur Bekämpfung von Korruption und Bestechung zu machen. Die Berichterstattung erfolgt häufig ohne roten Faden, sodass die wirtschaftliche Relevanz bzw. die Relevanz für das Geschäftsmodell bzw. die künftige Entwicklung des Unternehmens nicht immer deutlich wird.

Künftig könnte die Taxonomie-Berichterstattung zum Ausgangspunkt der nichtfinanziellen Berichterstattung werden, analog beispielsweise zur GuV, die aggregiert das einschlägige Zahlenwerk enthält, das in der Folge in einem Anhang ausführlich erläutert wird. Dementsprechend wären dort die folgenden Angaben zu machen:

- Vorgehen zur Ermittlung der Anteile von Umsatzerlösen, Capex, Opex (einschließlich ggf. des Erfordernisses und der Begründung von Schätzungen samt Annahmen);

[2] Vgl. Friede/Busch/Bassen, ESG and Financial Performance: Aggregated Evidence from more than 2000 empirical Studies (www.researchgate.net; Abruf: 01.12.2020).

- Ansatz zur Ermittlung der Substantial Contribution (wesentlicher bzw. bedeutsamer Beitrag) zu einem Umweltziel und zur DNSH-Einschätzung hinsichtlich der weiteren Umweltziele (jeweils einschließlich ggf. des Erfordernisses und der Begründung von Schätzungen samt Annahmen), ggf. unterschieden nach Alt- und Neuprojekten;
- Einhaltung der Minimum Safeguards (Mindestschutz).

Auf diese Weise würde den bereits bislang nach § 289c HGB zu machenden Angaben in Teilen eine konkretere Struktur gegeben:

- Substantial-Contribution-Angaben und DNSH-Angaben würden den Bereich Umweltbelange abdecken.
- Minimum-Safeguards-Angaben würden die Bereiche Arbeitnehmerbelange, Sozialbelange, Achtung der Menschenrechte sowie Bekämpfung von Korruption und Bestechung abdecken.

2.1.5 Umsetzung im Unternehmen

Eine frühzeitige Zusammenarbeit der Bereiche Rechnungswesen, Controlling, Nachhaltigkeit, Umweltschutz und Arbeitsschutz erscheint zwingend. Gegebenenfalls wären auch Compliance, Einkauf und Produktion einzubeziehen.

Das Vorgehen wäre beispielsweise wie folgt:

- Identifizierung der relevanten Geschäftsaktivitäten des Unternehmens;
- Analyse, welche Aktivitäten einen bedeutsamen Beitrag zum Klimaschutz bzw. zur Anpassung an den Klimawandel leisten („substantial contribution");
- für diese Aktivitäten: Prüfung, ob die Erreichung der vier weiteren Umweltziele signifikant beeinträchtigt wird („do not significant harm");
- für die dann verbleibenden Aktivitäten: Prüfung, ob Mindestschutz für Arbeitnehmer- und Menschenrechte eingehalten wird;
- Analyse, inwieweit die entsprechenden Angaben (Umsatzerlöse, Capex, Opex) systemseitig ermittelt werden können;
- Implementierung einer Logik zur automatischen Erfassung ökologisch nachhaltiger Umsatzerlöse, Capex und Opex.

Dabei sollten auch aktuelle Gesetzgebungsverfahren auf nationaler und auf EU-Ebene mitverfolgt werden, beispielsweise das deutsche Eckpunktepapier zum Lieferkettengesetz.[3]

3 Vgl. https://die-korrespondenten.de (Abruf: 01.12.2020).

2.1.6 Fazit

Insgesamt ist zu beobachten, dass nichtfinanzielle Angaben für Investoren mittlerweile ebenso relevant sind wie finanzielle Angaben: Während finanzielle Angaben häufig eher bestätigenden Charakter haben, versprechen sich Investoren aus nichtfinanziellen Angaben Rückschlüsse auf die Zukunftsfähigkeit des Geschäftsmodells. Daher ist eine ebenso intensive unternehmensseitige Befassung mit der Umsetzung neuer Berichtspflichten erforderlich. Es ist davon auszugehen, dass auch die Berichtsvorgaben hinsichtlich Konkretisierungsgrad deutlich weiterentwickelt werden und vergleichbar detailliert und anspruchsvoll werden dürften wie beispielsweise die IFRS. Die Taxonomie- Berichtspflichten sind beschlossen, eine Umsetzung der Verordnung in deutsches Recht ist anders als bei EURichtlinien nicht erforderlich. Derzeit werden nur noch die Details (delegierte Rechtsakte zu Kriterien und Berichterstattung) ausgearbeitet. Diese Berichtspflichten vollständig und richtig umzusetzen, erfordert eine frühzeitige und intensive Befassung seitens der Unternehmen. Gleichzeitig können sie die Relevanz und Aussagekraft der nichtfinanziellen Berichterstattung deutlich erhöhen.

(Quelle: Die Wirtschaftsprüfung, Heft 24/2020, Seite 1495 ff. (Reihe „Green and more"))

2.2 Green and more: Die EU-Taxonomie – (weit) mehr als drei Kennzahlen

Von WPin StBin Nina Schäfer und Dr. Martin W. Schönberger[1]

Mit ihrem Artikel 8 ergänzt die Taxonomie-Verordnung der EU die nichtfinanzielle Berichterstattung um neue Inhalte. Unternehmen der Realwirtschaft müssen bereits im Jahr 2022 berichten, zu welchem Anteil ihre Umsatzerlöse, Investitions- und (bestimmte) Betriebsausgaben als ökologisch nachhaltig zu qualifizieren sind. Der aktuelle Abschlussbericht der ESMA enthält richtungsweisende Ansätze zur Ermittlung dieser Kennzahlen. Deren Umsetzung wirft jedoch noch gewichtige Fragen auf.

2.2.1 Ziele der neuen Berichtspflichten nach Art. 8 Abs. 2 der Taxonomie-Verordnung

Die EU-Taxonomie ist ein zentraler Baustein der europäischen Klima- und Umweltpolitik, um die Transparenz über die Nachhaltigkeit im Finanzsektor zu erhöhen. Sie dient dem Ziel, Kapitalflüsse in nachhaltige Investitionen zu lenken, indem sie ein gemeinsames Verständnis über die ökologische Nachhaltigkeit von Wirtschaftstätigkeiten schafft. Einigkeit darüber besteht indes (noch) nicht; exemplarisch sei hier nur die umstrittene Nutzung von Nuklearenergie und Erdgas genannt.

Artikel 8 der unmittelbar geltenden Taxonomie-Verordnung[2] legt jenen Unternehmen, die zur nichtfinanziellen Berichterstattung nach §§ 289bff. bzw. §§ 315bf. HGB verpflichtet sind, unmittelbar neue Transparenzpflichten auf. Unternehmen der Realwirtschaft müssen künftig drei Nachhaltigkeitskennzahlen angeben: den Anteil der als ökologisch nachhaltig einzustufenden („grünen“) Umsatzerlöse, Investitionsausgaben (CapEx) und Betriebsausgaben[3] (OpEx). Mit den neuen Angaben soll eine gewisse Standardisierung der heterogenen Nachhaltigkeitsberichterstattung als Basis für künftige Investitionsentscheidungen erreicht werden.

2.2.2 Empfehlungen der ESMA

Die neuen Berichtspflichten nach Art. 8 der Taxonomie-Verordnung sollen bereits für alle ab dem 01.01.2022 veröffentlichten nichtfinanziellen Berichte gelten. Die EU-Kommission wird Inhalt, Darstellung und Methodik der neuen Angaben in einem delegierten Rechtsakt konkretisieren, der bis zum Juni 2021 erwartet wird. Dem Aufruf der Kommission folgend hat die ESMA Empfehlungen[4] zur Ausgestaltung dieses delegierten

1 Die Autoren geben ihre persönliche Auffassung wieder.
2 Es wird keine Transformation in deutsches Recht erfolgen.
3 Dieser Begriff ist nicht mit dem steuerlichen Begriff der Betriebsausgaben gleichzusetzen.
4 ESMA, Final Report, Advice on Article 8 of the Taxonomy Regulation (ESMA30-379-471), 26.02.2021 (www.esma.europa.eu; Abruf: 27.04.2021).

Rechtsakts für Unternehmen der Realwirtschaft erarbeitet und jüngst veröffentlicht. Die ESMA-Empfehlungen haben daher richtungsweisende Bedeutung für die künftige EU-Gesetzgebung.

Auf der Basis dieser Empfehlungen müssen Unternehmen damit rechnen, einen detaillierten quantitativen Aufriss der drei Kennzahlen pro Umweltziel und pro Wirtschaftstätigkeit zu liefern. Dazu sind die Wirtschaftstätigkeiten danach zu unterteilen, ob die Anforderungen der Taxonomie an die ökologische Nachhaltigkeit u.a. mit Blick auf die Kriterien „substantial contribution", „do no significant harm" und „minimum social safeguards" erfüllt werden oder nicht. Dadurch wird nicht nur der ökologisch nachhaltige Anteil der Umsatzerlöse/CapEx/OpEx offengelegt, sondern es wird auch derjenige Anteil transparent gemacht, der die Vorgaben der Taxonomie letztlich nicht erreicht. Die ESMA empfiehlt die Offenlegung dieser Informationen in einer standardisierten Tabelle, unterstützt durch umfangreiche qualitative Informationen zur Ermittlung und Entwicklung der Kennzahlen. Berichtsumfang und -tiefe werden somit deutlich über die in der Verordnung genannten drei Kennzahlen hinausgehen.

Grundsätzlich sind die drei Kennzahlen auf der Basis der dem Abschluss zugrunde liegenden Rechnungslegungsgrundsätze zu ermitteln (IFRS bzw. HGB). Das bedeutet z.B. für die Umsatzerlöse den Rückgriff auf den nach IAS 1.82(a) auszuweisenden Posten und für CapEx auf die Zugänge zu Sachanlagen und immateriellen Vermögenswerten[5]. Dies trägt wesentlich zur Verknüpfung von finanziellen und nichtfinanziellen Informationen bei. Doch trotz Rückgriffs auf etablierte Rechnungslegungsgrundsätze ergibt sich zum Teil ein erheblicher Konkretisierungsbedarf bei allen drei Kennzahlen. Dieser ist im Sinne der Transparenzziele durch den delegierten Rechtsakt zu Art. 8 der Taxonomie-Verordnung zu schließen, damit Ermessensentscheidungen begrenzt werden und eine vergleichbare, relevante Berichterstattung ermöglicht wird.

2.2.3 Konkretisierungen erforderlich

Entscheidend für die unternehmensübergreifende Vergleichbarkeit der Kennzahlen wird es sein, den Unternehmen Leitlinien zur Zuordnung von Umsatzerlösen, CapEx und OpEx zu ihren Aktivitäten zur Verfügung zu stellen. Anhand dieser Allokation ist zu ermitteln, welche Aktivitäten von der Taxonomie abgedeckt sind und damit in Frage kommen, taxonomiekonforme Umsatzerlöse/CapEx/OpEx zu generieren.

Hinsichtlich der Umsatzerlös-Kennzahl ist nach den ESMA-Empfehlungen davon auszugehen, dass lediglich auf „externe" Umsatzerlöse abzustellen ist, konzerninterne Umsatzerlöse also zu eliminieren sind. Im Fall hochintegrierter Konzerne bedeutet dies, dass vorgelagerte Wertschöpfungsstufen nicht in die Kennzahl einfließen, selbst wenn sie

[5] Zu Details vgl. ESMA, a.a.O. (Fn. 4), S. 112f.

Taxonomie-konforme Aktivitäten enthalten (etwa wenn ein grünes Vorprodukt in ein Produkt einfließt, das nicht von der Taxonomie umfasst wird). Hier könnte in Betracht kommen, freiwillig über grüne Umsatzerlöse auf Segmentebene zu berichten, damit der Beitrag dieser Aktivitäten zu den Zielen der Taxonomie sichtbar wird. Gleichermaßen problematisch ist dies für Unternehmen, die zwar Teil der Lieferkette eines letztlich Taxonomie-konformen Produkts sind, selbst aber unmittelbar keine von der Taxonomie umfasste Tätigkeit ausführen. Die Diskussion über die Ausweitung der Taxonomie auf komplette Wertschöpfungsketten (derzeit wird in der Regel nur auf einzelne Produkte oder Prozesse abgestellt) ist aber noch nicht abgeschlossen.

Ähnliche Implikationen ergeben sich im Fall von CapEx, der strategisch bedeutsamsten Kennzahl der Taxonomie. Letztlich dient jede Investition – auch in vorgelagerte Wertschöpfungsstufen – der Erzielung von externen Umsatzerlösen. Zur Vermeidung eines willkürlichen Aufblähens der CapEx-Kennzahl scheint die ESMA aber eine zumindest mittelbare Zuordnung von CapEx zu den umsatzerlösgenerierenden Aktivitäten zu verlangen. Ohne konkrete Leitlinien wird diese Zuordnung in der Praxis sehr unternehmensindividuell ausfallen. Für Unternehmen, deren Branche bislang nicht von den Taxonomie-Kriterien umfasst ist, könnte dies bedeuten, dass keine grünen CapEx zu berichten sind. Die ESMA-Empfehlungen enthalten zwar eine Ausnahmeregelung für Investitionen in individuelle Verbesserungsmaßnahmen im Bereich CO2-armer Technologien und Gebäudesanierung, für die grüne CapEx u.U. angegeben werden dürfen. Zur Umsetzung dieser Ausnahmeregelung besteht aber noch erheblicher Konkretisierungs- und Ausweitungsbedarf, dürfte es für zahlreiche Unternehmen doch die einzige Möglichkeit sein, grüne CapEx zu berichten.

Große Unsicherheiten bestehen auch für die berichtspflichtigen OpEx, zu deren Ermittlung die ESMA eine eigene Kostenkategorie einführt. Darin sollen lediglich ausgewählte Aufwendungen erfasst werden, u.a. aus F&E, Gebäuderenovierung, Instandhaltung und Wartung, jeweils soweit es sich um direkte Kosten handelt. Ziel dieser Kostenkategorie soll es sein, den Aufwand zur Ermittlung der Kennzahl zu begrenzen, zugleich die im Rahmen von CapEx erfassten Investitionen zu ergänzen und damit die Relevanz der Kennzahl zu erhöhen, was jedoch angesichts der Vielzahl an auslegungsbedürftigen Begriffen zweifelhaft erscheint.

Nicht zuletzt wegen der knappen Umsetzungsfrist und der häufig mangelnden Datenverfügbarkeit und -qualität in der von der Taxonomie geforderten Granularität fragen sich viele Unternehmen, welche Bedeutung dem Wesentlichkeitsgrundsatz für die Taxonomie-Berichtspflichten zukommt. Nach Ansicht der ESMA sind die Kennzahlen auch dann anzugeben, wenn nur ein kleiner Teil der Aktivitäten unter die Taxonomie fällt.[6] Der Wesentlichkeitsgrundsatz gemäß § 289c Abs. 3 und § 315c Abs. 2 HGB soll nach den ESMA-Empfehlungen (nur) für die begleitenden Angaben gelten. Welche Bedeutung er für die Ermittlung und Darstellung der quantitativen Angaben hat, wird noch zu diskutieren sein.

2.2.4 Fazit

Unternehmen werden bei der Umsetzung von Art. 8 der Taxonomie-Verordnung mit Unsicherheit und Komplexität konfrontiert. Das Ziel der Taxonomie – die Schaffung von Transparenz – kann letztlich nur erreicht werden, wenn die Unternehmen mit der Umsetzung der neuen Anforderungen nicht überfordert sind. Daher sollte die Priorität des für Juni 2021 angekündigten delegierten Rechtsakts auf spezifischen, eindeutigen und maßvollen Regelungen liegen, welche die Unternehmen in die Lage versetzen, die Berichtspflichten in die Praxis umzusetzen.

Es ist nicht davon auszugehen, dass der delegierte Rechtsakt sämtliche Umsetzungsfragen abschließend regelt. Unternehmen werden darauf angewiesen sein, eigene „Taxonomie-konforme" Bilanzierungsrichtlinien zu entwickeln. Den ersten Berichtsjahren mit einem verhältnismäßig kleinen Anwenderkreis vornehmlich kapitalmarktorientierter Unternehmen könnte daher der Charakter einer Pilotphase für die neuen Berichtspflichten zukommen, bevor umfassendere Antworten – durch weitere Regulatorik und/oder branchenspezifische best practices – entwickelt werden.

Angesichts der sich bereits heute abzeichnenden Ausweitung der Taxonomie ist Eile geboten. Auf den aktuellen ökologischen Fokus folgt die Entwicklung eines Klassifikationssystems für soziale Ziele. Parallel wird die Ausweitung auf „low-impact and harmful activities" mit geringen bzw. nachteiligen Auswirkungen auf die ökologische Nachhaltigkeit geprüft. Zuletzt könnte ein deutlich erweiterter Anwenderkreis unter Art. 8 der Taxonomie-VO fallen. Wenn es nach dem jüngst veröffentlichten Vorschlag der EU-Kommission für eine neue CSR-Richtlinie (Corporate Sustainability Reporting Directive)[7] geht, fallen künftig alle Unternehmen, die groß i.S. von § 267 Abs. 3 Satz 1 HGB sind, unabhängig von einer Kapitalmarktorientierung in den Anwendungsbereich – und dies bereits ab dem Berichtsjahr 2023. Gleiches gilt für kapitalmarktorientierte Unternehmen unabhängig von ihrer Größe (mit Ausnahme von Kleinstunternehmen), jedoch mit zeitlichen Erleichterungen für kleine und mittelgroße Unternehmen.

(Quelle: Die Wirtschaftsprüfung, Heft 10/2021, Seite 633 ff. (Reihe „Green and more"))

6 Was nach einer Studie aus dem Jahr 2020 auf viele Unternehmen zutreffen könnte; vgl. Adelphi/ISS ESG, European Sustainable Finance Survey, 2020, S. 1 (https://sustainablefinancesurvey.de; Abruf: 27.04.2021).

7 Zur Änderung von Art. 19a und 29a der Richtlinie 2013/34/EU siehe Richtlinienvorschlag der EU-Kommission vom 21.04.2021 (COM(2021) 189 final); vgl. https://ec.europa.eu (Abruf: 27.04.2021).

2.3 Green and more: Die Taxonomie-Verordnung der EU

Von StB WP Nils Borcherding und Janina Seufert, M.Sc.[1]

Erleichterungen nach Art. 10 des Delegierten Rechtsakts vom 06.07.2021

Bereits seit der Veröffentlichung der sogenannten Taxonomie-Verordnung der EU im Jahr 2020 beschäftigen sich Unternehmen, die zur Aufstellung einer nichtfinanziellen (Konzern-)Erklärung verpflichtet sind, mit den im Hinblick auf eine ökologische Nachhaltigkeit zusätzlich erforderlichen quantitativen und qualitativen Angaben in diesen gesetzlich aufzustellenden nichtfinanziellen Formaten der Unternehmensberichterstattung. Vor dem Hintergrund des ambitionierten Zeitplans der EU, die neuen Angaben bereits in den ab 01.01.2022 veröffentlichten nichtfinanziellen (Konzern-)Erklärungen verpflichtend darlegen zu lassen, sehen sich zahlreiche der betroffenen Unternehmen nicht nur zeitlich vor erhebliche Herausforderungen gestellt. Der am 06.07.2021 von der EU-Kommission angenommene Delegierte Rechtsakt zu Art. 8 der Taxonomie-Verordnung ermöglicht es Unternehmen allerdings, dabei wesentliche Erleichterungen – vor allem für das Jahr der Erstanwendung – in Anspruch zu nehmen.

2.3.1 Delegierter Rechtsakt zu Art. 8 der Taxonomie-Verordnung

Gemäß Art. 8 Abs. 4 der Taxonomie-Verordnung werden vor allem Inhalt und Darstellung der in den nichtfinanziellen (Konzern-)Erklärungen darzulegenden Angaben durch einen Delegierten Rechtsakt festgelegt. Vor diesem Hintergrund hat die EU-Kommission am 07.05.2021 den Entwurf eines Delegierten Rechtsakts zu Art. 8 der Taxonomie-Verordnung veröffentlicht[2], der am 06.07.2021 von der EU-Kommission angenommen wurde[3].

In Anbetracht des in der Taxonomie-Verordnung vorgesehenen kurzfristigen Inkrafttretens der neuen Regelungen ab Januar 2022 sieht der Delegierte Rechtsakt in seinem Artikel 10[4] abweichend vor, dass sich die Angaben der Unternehmen zunächst auf bestimmte Informationen beschränken können. Für Nicht-Finanzunternehmen beziehen sich die Erleichterungen dabei auf das erste Jahr der Anwendung, also auf Angaben, welche vom 01.01.2022 bis zum 31.12.2022 veröffentlicht werden[5].

1 Die Autoren legen ihre persönliche Auffassung dar.
2 Vgl. https://ec.europa.eu (Abruf: 11.07.2021).
3 Vgl. https://ec.europa.eu (Abruf: 11.07.2021).
4 Entsprechende Erleichterungen stellte der Entwurf des Delegierten Rechtsakts zu Artikel 8 noch in seinem Artikel 11 in Aussicht. Durch Anpassungen im angenommenen Delegierten Rechtsakt ergibt sich eine entsprechende Verschiebung der Artikel-Nummerierung.
5 Im Unterschied dazu gelten die Erleichterungen für Finanzunternehmen darüber hinaus bis zum 31.12.2023. Auf die spezifischen Erleichterungen für Finanzunternehmen wird im Folgenden nicht näher eingegangen.

Die Erleichterungen lassen sich als eine angemessene Reaktion der EU-Kommission auf die verspätete Verabschiedung des Delegierten Rechtsakts zu den technischen Bewertungskriterien für die beiden Umweltziele „Klimaschutz“ und „Anpassung an den Klimawandel“ interpretieren, der ursprünglich bis zum 31.12.2020 erlassen werden sollte[6] und schlussendlich erst am 04.06.2021 verabschiedet wurde[7].

2.3.2 Erleichternde Angabeerfordernisse im Jahr der Erstanwendung

Nach Art. 8 Abs. 1 der Taxonomie-Verordnung sind Unternehmen zukünftig verpflichtet, in ihren nichtfinanziellen (Konzern-)Erklärungen Angaben aufzunehmen, wie und in welchem Umfang ihre Wirtschaftstätigkeiten als ökologisch nachhaltig im Sinne der Taxonomie-Verordnung einzustufen sind. Vor allem Nicht-Finanzunternehmen haben diesbezüglich Angaben zu ihren Umsatzerlösen, Investitionsausgaben (CapEx – Capital Expenditures) und Betriebsausgaben (OpEx – Operational Expenditures) zu machen.

Gemäß den Erleichterungen nach Art. 10 Abs. 1 des Delegierten Rechtsakts können Nicht-Finanzunternehmen ihre Angaben im Jahr der Erstanwendung im Wesentlichen jedoch beschränken auf

- die Anteile an den Umsatzerlösen, am CapEx und OpEx von Wirtschaftstätigkeiten, die als „taxonomiefähig“ (eligible) bzw. als „nicht taxonomiefähig“ (non-eligible) gelten, sowie
- die qualitativen Informationen gemäß Ziffer 1.2 in Anhang I des Delegierten Rechtsakts, welche vor allem auf eine Beschreibung der Grundlagen zur Bestimmung von Umsatzerlösen, CapEx und OpEx, einschließlich der Zuordnung zu einzelnen Wirtschaftstätigkeiten, abstellen.

Der Begriff der Anteile in Art. 11 des Entwurfs des Delegierten Rechtsakts zu Art. 8 ließ in Ermangelung von explizit angeführten Bezugsgrößen zunächst noch Auslegungsfragen offen. Diesen wurde durch eine Konkretisierung im angenommenen Delegierten Rechtsakt vom 06.07.2021 insoweit begegnet, als dass dieser nun explizit auf Umsatzerlöse, CapEx und OpEx abstellt. Sollten bei Unternehmen mehrere Wirtschaftstätigkeiten bestehen, ist eine Angabe der KPI – jeweils in der Summe über alle taxonomiefähigen bzw. nicht taxonomiefähigen Wirtschaftstätigkeiten – in Übereinstimmung mit dem Delegierten Rechtsakt möglich. In Anbetracht der granularen Berichterstattungserfordernisse für Folgejahre ist jedoch bereits im ersten Jahr der Berichterstattung eine Darstellung jeweils in Bezug auf einzelne taxonomiefähige bzw. nicht taxonomiefähige Wirtschaftstätigkeiten anzuraten.

6 Vgl. Art. 10 Abs. 6 und Art. 11 Abs. 6 der Taxonomie-Verordnung.
7 Vgl. EU-Kommission, C/2021/2800 final (https://eur-lex.europa.eu; Abruf: 11.07.2021).

Eine gegebenenfalls zeitintensive und umfangreiche inhaltliche Würdigung der technischen Bewertungskriterien hinsichtlich taxonomiekonformer Wirtschaftstätigkeiten für die beiden ersten Umweltziele „Klimaschutz“ und „Anpassung an den Klimawandel“ ist im Jahr der Erstanwendung für die Nicht-Finanzunternehmen aufgrund der vorstehenden Erleichterungen nicht mehr erforderlich. Dementsprechend entfällt die nach Art. 3 der Taxonomie-Verordnung vorgesehene Bewertung der taxonomiefähigen Wirtschaftstätigkeiten hinsichtlich ihres wesentlichen Beitrags bzw. einer durch sie verursachten erheblichen Beeinträchtigung eines oder mehrerer Umweltziele sowie der Einhaltung des Mindestschutzes.

Für die Berichterstattung im ersten Jahr der Anwendung wird außerdem in Art. 8 Abs. 3 des Delegierten Rechtsakts präzisiert, dass in der Berichterstattung noch kein Bezug auf Vorjahreswerte zu erfolgen hat und dementsprechend keine rückwirkende Datenerfassung für das Geschäftsjahr vor Inkrafttreten des Delegierten Rechtsakts erfolgen muss. Grundsätzlich werden an dieser Stelle die noch im Entwurf vorgesehenen fünf Vergleichsjahre für Vorjahresangaben auf nur ein Vergleichsjahr für alle nach dem Erstjahr folgenden Berichterstattungen eingeschränkt.

2.3.3 Weitere Erleichterungen des Delegierten Rechtsakts

Auch in Hinblick auf die erstmaligen Angabeerfordernisse bezüglich der weiteren vier Umweltziele der Taxonomie-Verordnung[8] stellt der Delegierte Rechtsakt zu Art. 8 einen entsprechenden Übergangszeitraum in Aussicht. Entgegen der in der Taxonomie-Verordnung definierten Anwendung ab dem 01.01.2023 legt Art. 8 Abs. 5 des Delegierten Rechtsakts fest, dass zu den weiteren Umweltzielen erst zwölf Monate nach Geltungsbeginn des diesbezüglich noch zu erlassenden Delegierten Rechtsakts berichtet werden muss. Vorgesehen ist dessen Verabschiedung gemäß Taxonomie-Verordnung bis zum 31.12.2021[9]; allerdings ist in Anbetracht des allgemein verzögerten Fortschritts in Bezug auf die mit der Taxonomie-Verordnung verbundenen notwendigen Erlasse anzunehmen, dass es auch hier zu einem zeitlichen Verzug kommen wird. Der Delegierte Rechtsakt zu Art. 8 legt daher bereits jetzt einen großzügigeren Spielraum für die verpflichtende Anwendung dar, um Anwendern eine fristgerechte Umsetzung der Angabeerfordernisse zu ermöglichen.

[8] Nachhaltige Nutzung und Schutz von Wasser- und Meeresressourcen; Übergang zu einer Kreislaufwirtschaft; Vermeidung und Verminderung der Umweltverschmutzung; Schutz und Wiederherstellung der Biodiversität und der Ökosysteme.

[9] Vgl. Art. 12 Abs. 5, Art. 13 Abs. 5, Art. 14 Abs. 5 und Art. 15 Abs. 5 der Taxonomie-Verordnung.

2.3.4 Fazit

Die Erleichterungen gemäß Art. 10 des Delegierten Rechtsakts der EU-Kommission vom 06.07.2021 zu Art. 8 ihrer Taxonomie-Verordnung für Angabeerfordernisse bei Nicht-Finanzunternehmen sind zu begrüßen. Besonders hervorzuheben ist die entfallende Würdigung der technischen Bewertungskriterien im ersten Jahr der Anwendung.

Nicht-Finanzunternehmen ist zu empfehlen, von den entsprechenden Erleichterungen Gebrauch zu machen. Sie sollten die damit gegebenenfalls gewonnenen zeitlichen Ressourcen zur Vorbereitung auf die dann folgenden umfassenderen Angabepflichten – vor allem auch mit Blick auf eine zukünftige, zusätzliche Notwendigkeit der Würdigung der weiteren vier Umweltziele der Taxonomie – nutzen.

(Quelle: Die Wirtschaftsprüfung, Heft 16/2021, Seite 1009 ff. (Reihe „Green and more“))

Kapitel 3: Sustainable Finance als ESG-Treiber

Unter Sustainable Finance beziehungsweise Green Finance versteht man ein Konzept aus verschiedenen Standards oder Normen zur Verfolgung von Umwelt- oder Nachhaltigkeitszielen und zur Umsetzung der Energiewende. Der Bankenfachausschuss des IDW hat die Auswirkungen von Sustainable-Finance-Maßnahmen auf Kreditinstitute untersucht, die sowohl die eigene Geschäftstätigkeit der Banken als auch die ihrer Kunden betreffen. In beiden Bereichen ist die Umleitung von Zahlungsströmen in nachhaltige Aktivitäten, die alle drei Komponenten der ESG berücksichtigen, angestrebt, sodass neben der nachhaltigeren Geschäftstätigkeit der Banken auch allmählich ein Umdenken der Bankkunden, also der Unternehmen und Privatleute erreicht werden soll. Aufgrund dieses Multiplikatoreffekts sind die Banken ein wichtiges Glied der nachhaltigen beziehungsweise grünen Transformation. Verbunden ist dies mit Herausforderungen, die die gesamte Organisation der Banken einschließlich ihrer Risikomanagementsysteme umfassen.

In der Praxis treten nicht nur die Kreditinstitute als Nachhaltigkeitstreiber auf, sondern auch ihre Kunden, die das Nachhaltigkeitsmanagement der Unternehmen hinterfragen und mehrheitlich die Wichtigkeit der Nachhaltigkeitsberichterstattung sehen. Ein Teil schließt sogar Unternehmen ohne Nachhaltigkeitsbewusstsein für eigene Investitionen aus. Nachhaltigkeit ist daher für Unternehmen schon lange nicht mehr eine freiwillige Zusatzkür, sondern eine Pflicht auf der Suche nach Investoren. Diverse freiwillige Initiativen fordern eine aktive Einflussnahme von Investoren auf Investitionsobjekte hinsichtlich ihres nachhaltigen Handelns. So fordern die **Principles for Responsible Investment der Vereinten Nationen** (UN PRI) die Einbeziehung von ESG-Belangen in die Ausübung der Eigentürmerrechte.

Ein weiteres wichtiges Element sind die sogenannten **Green Bonds**. Dabei handelt es sich um Finanzmittel, die Aktivitäten oder Investitionen zur Vermeidung oder Reduktion von Klima- beziehungsweise Umweltschäden fördern.

Um das Vertrauen in grüne Anleihen zu stärken, wird ein EU-Standard für Green Bonds entwickelt, der neben einem Green-Bond-Rahmenwerk und Verpflichtungen zur Berichterstattung und Prüfung Klassifizierungskriterien für grüne Projekte umfassen soll.

Das IDW hat ein Knowledge Paper zum Thema Green Bonds herausgegeben, das neben umfassenden Erläuterungen zu diesem neuen Finanzinstrumenten auch das Thema der externen Prüfungen im Zusammenhang mit Green Bonds aufgreift. Ein Ausblick auf die weiteren Entwicklungen rundet die Ausführungen ab.

WP StB Katharina Völker-Lehmkuhl, Heiligenhaus

3.1 IDW Positionspapier: Sustainable Finance als Teil der nachhaltigen Transformation – Auswirkungen auf Kreditinstitute

(Stand: 30.09.2020)

3.1.1 Zielsetzung und Aufbau des Positionspapiers

Klimawandel, soziale Aspekte und verantwortungsgerechte Unternehmensführung (Environmental, Social, Governance – ESG) sind zurecht als drängende Handlungsfelder im Fokus der öffentlichen Wahrnehmung angekommen. Über lange Zeit bildeten dabei Klimarisiken den Schwerpunkt der Nachhaltigkeitsdebatten. Die **Corona-virus-Pandemie** sowie die **Causa Wirecard** haben in letzter Zeit jedoch auch die Aspekte „S" und „G" aus ihrem teilweisen Schattendasein hervorgehoben. Eine **ganzheitliche Betrachtung von ESG-Risiken** ist daher von Bedeutung. Verhalten, das nicht im Einklang mit ökologischen, sozialen und ‚good governance'-Anforderungen steht – also nicht ESG-konformes und somit nicht nachhaltiges Verhalten – wird weniger denn je toleriert, und die Verantwortlichkeiten werden breiter als je zuvor gefasst.

Als Reaktion auf die Ergebnisse des Pariser Klimaabkommens und die von den United Nations (UN) formulierten Global Sustainable Development Goals (SDGs)[1] legte die EU-Kommission im März 2018 ihren **Aktionsplan** zur Finanzierung nachhaltigen Wachstums[2] vor, der die Basis für die im European Green Deal angekündigte und noch 2020 erwartete **Renewed Sustainable Finance Strategy** der EU-Kommission bilden wird.[3] Zahlreiche Maßnahmen des Aktionsplans befinden sich derzeit im Legislativprozess. Die Maßnahmen sollen sicherstellen, dass:

- Finanzströme in nie dagewesenem Umfang in die Finanzierung nachhaltiger Aktivitäten umgeleitet werden,
- ESG-Risikoüberlegungen im Risikomanagement von Unternehmen stärker verankert werden und
- die Transparenz gefördert wird.

Die globalen, europäischen und nationalen Institutionen sehen vor allem **Kreditinstitute, Versicherungen und Vermögensverwalter in einer Schlüsselposition** bei der Erreichung der Nachhaltigkeitsziele. Dem Finanzsektor wird also als Hebel eine ent-

1 Vgl. UN, Sustainable Development Goals, Website der Vereinten Nationen

2 Vgl. Mitteilung der Kommission an das Europäische Parlament, den Europäischen Rat, den Rat, die Europäische Zenralbank, den Europäischen Wirtschafts- und Sozialausschuss und den Ausschuss der Regionen, Aktionsplan: Finanzierung nachhaltigen Wachstums v. 08.03.2018 (COM/2018/097 final)

3 Vgl. zur Konsultation https://ec.europa.eu/info/sites/info/files/business_economy_euro/banking_and finance/documents/2020-sustainable-finance-strategy-consultation-document_en.pdf

scheidende Rolle bei der nachhaltigen, insbes. grünen Transformation beigemessen. Er ist zumeist erster Ansatzpunkt regulatorischer Maßnahmen. Zudem erhöht auch das Verhalten der Märkte den Druck auf Finanzdienstleister. ESG-Aspekte stellen inzwischen entscheidungskritische Parameter für viele Marktteilnehmer dar.

Der IDW Bankenfachausschuss (BFA) setzt sich intensiv mit den skizzierten Entwicklungen und deren Auswirkungen auf Banken und Sparkassen (im Folgenden „Kreditinstitute") auseinander. Das vorliegende Positionspapier beleuchtet wesentliche Auffassungen des BFA zu ausgewählten Herausforderungen des Transformationsprozesses zum nachhaltigen Management. Diese Herausforderungen betreffen die Gesamtorganisation von Kreditinstituten. Nach einem Überblick über die bankbetrieblichen Grundfunktionen im Kontext „Sustainable Finance" wird daher der Fokus auf die Auswirkungen von ESG-Maßnahmen auf die Geschäftsstrategie und Governance, das Risikomanagement, Abschluss und Lagebericht, Transparenzpflichten und den Vertrieb gelegt. Die Zusammenfassung sowie ein Ausblick runden das Positionspapier ab.

3.1.2 Auswirkungen von ESG-Maßnahmen auf Kreditinstitute

3.1.2.1 Überblick über bankbetriebliche Grundfunktionen im Kontext von Sustainable Finance

Der begonnene Transformationsprozess ist für Kreditinstitute mit zahlreichen Herausforderungen verbunden, welche die Gesamtorganisation betreffen. Änderungen von Strategien, Modellen und operativen Prozessen unter Berücksichtigung von Proportionalitätsüberlegungen sind die Folge. Das nachfolgende Schaubild zeigt ausgewählte Handlungsfelder, die sich aus den ESG-Maßnahmen für Kreditinstitute ergeben können.

> **Hinweis:** i
>
> Die Abbildung 1 verdeutlicht die weitreichende Bedeutung von ESG-Maßnahmen für eine **nachhaltige Ausrichtung des Geschäftsmodells** von Kreditinstituten. Die Entwicklungen forcieren regulatorische Maßnahmen zur Umleitung von Zahlungsströmen in nachhaltige Aktivitäten; sie führen allmählich zu einer Änderung der Interessen und des Verhaltens von Bankkunden. Der BFA unterstützt daher eine **frühzeitige Auseinandersetzung** der Institute mit den Herausforderungen der nachhaltigen Transformation. Abschlussprüfer diskutieren diese Entwicklungen und Herausforderungen mit zu prüfenden Banken. Dabei sind Art und Ausmaß der Bedeutung von ESG-Risiken für das einzelne Institut abhängig vom spezifischen, unternehmensindividuellen Geschäftsmodell.

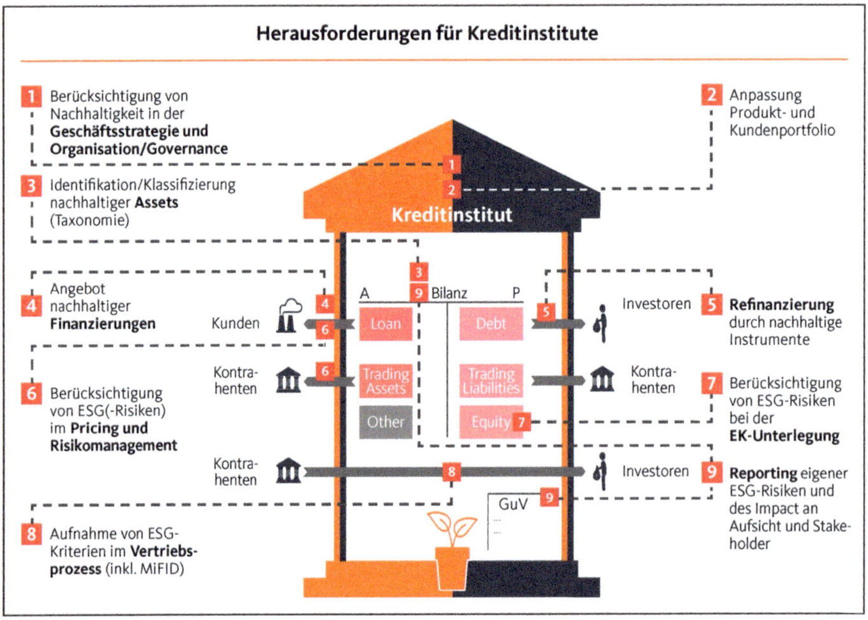

Abb. 1: Auswirkungen von ESG-Maßnahmen auf Kreditinstitute im Überblick

Die in der Abbildung dargestellten ESG-Aspekte bei Kreditinstituten werden zu den folgenden Themenbereichen zusammengefasst und in den nachfolgenden Abschnitten näher erläutert:

- Geschäftsstrategie und Governance,
- Risikomanagement,
- Abschluss und Lagebericht,
- Transparenzpflichten außerhalb des Geschäftsberichts und
- Vertrieb.

3.1.2.2 Geschäftsstrategie und Governance

Die nachhaltige Transformation berührt im Kern die nachhaltige Ausgestaltung von Geschäftsstrategie und Governance von Instituten. Die Entscheidungsträger haben sich daher mit der Berücksichtigung von Nachhaltigkeitsrisiken und -chancen bei der Unternehmenssteuerung angemessen auseinanderzusetzen. BaFin und EZB haben ihre entsprechenden Erwartungshaltungen in den zwischenzeitlich veröffentlichten Verlautbarungen zum Ausdruck gebracht. In dem **BaFin-Merkblatt** zum Umgang mit Nachhaltigkeitsrisiken vom 20.12.2019 (zuletzt geändert am 13.01.2020)[4] sowie im Entwurf des

4 Vgl. https://www.bafin.de/SharedDocs/Downloads/DE/Merkblatt/dl_mb_Nachhaltigkeitsrisiken.html

sog. **Leitfadens der Europäischen Zentralbank (EZB)** zu Klima- und Umweltrisiken (Stand: Mai 2020)[5] werden die Institute auf die **Überprüfung ihrer Geschäfts- und Risikostrategie** in Bezug auf die Berücksichtigung von Nachhaltigkeitsaspekten hingewiesen. Im Rahmen dieser Analyse ist bspw. zu hinterfragen, welche Geschäftsfelder wesentlichen ESG-Risiken ausgesetzt sind und ob die betroffenen Geschäftsfelder fortgeführt, eingeschränkt oder umgestaltet werden sollen. Es ist zu überlegen, wie Geschäftsbeziehungen zu Kunden mit besonderen Nachhaltigkeitsrisiken zu behandeln sind und ob aus dem stärkeren Nachhaltigkeitsbewusstsein von Kunden bzw. Investoren Anpassungen der Geschäftsstrategie notwendig sind. Neben einer Betrachtung der Risiken bieten die ESG-Maßnahmen selbstredend auch eine Vielzahl von Chancen, die zu Wettbewerbsvorteilen führen können.

Nachhaltigkeitsaspekte spielen daher je nach Geschäftsmodell eine **zunehmend wichtige Rolle bei der Gesamtbanksteuerung.** Bei der Berücksichtigung von ESG-Risiken und -Chancen in der Geschäftsstrategie setzen sich die Entscheidungsträger mit dem Grad der gewünschten Integration von Nachhaltigkeitsaspekten in die Produktpalette und das Geschäftsmodell auseinander. Die **Produktstrategie** wird dabei insbesondere auf Kundenpräferenzen und Übereinstimmung mit deren Geschäftsmodellen geprüft. Kredit- und Emissionsprogramme könnten künftig auf Basis der im Juni 2020 veröffentlichten **EU-Taxonomie**[6] aufgesetzt werden, die es jedoch noch weiter zu konkretisieren gilt. Die Produktpalette eines Instituts könnte je nach Geschäftsabwägungen z. B. um „grüne Investments“ wie Green Bonds, Social Bonds, Green Structured Products, Impact Investments, Wrapper Funds etc. erweitert werden. Der Einfluss von ESG-Faktoren auf das „Pricing“ und die Bewertung von Produkten wird dabei kritisch zu hinterfragen sein. Insgesamt bietet es sich an, eine **Sustainable Finance-Strategie** zu entwickeln, die eine Markenschärfung zur nachhaltigen Positionierung im Markt fördern könnte.

Aufgrund der zunehmenden regulatorischen Anforderungen ist zu erwarten, dass Institute künftig vermehrt ESG-Aspekte in die Gesamtorganisation und **Geschäftsprozesse, inkl. des internen Kontrollsystems (IKS)**, einfließen lassen. In **Kreditprozessen** sind dafür Schritte, Vorgaben, Kompetenzen und Ressourcen zur Prüfung einer Taxonomie-Konformität aufzubauen.[7] Darüber hinaus ist hierfür eine verlässliche Datenversorgung sicherzustellen. Nationale wie internationale Institutionen sehen in dem Aufbau von belastbaren Nachhaltigkeitsdatenbanken einen wesentlichen Bestandteil der politischen Nachhaltigkeitsstrategien. Bei der Eigenanlagen in Aktien wäre eine ESG-konforme Stimmrechtsausübung durch die Institute zu prüfen.

5 Vgl. https://www.bankingsupervision.europa.eu/legalframework/publiccons/pdf/climate-related_risks/ssm.202005_draft_guide_on_climate-related_and_environmental_risks.de.pdf

6 Vgl. Verordnung (EU) 2020/852 über die Einrichtung eines Rahmens zur Erleichterung nachhaltiger Investitionen und zur Änderung der Verordnung (EU) 2019/2088, https://eur-lex.europa.eu/legal-content/DE/TXT/PDF/?uri=CELEX:32020R0852&from=DE

7 Vgl. auch EBA, Guidelines on loan origination and monitoring (EBA/GL/2020/06), Tz. 58

Bei all den Überlegungen zur möglichen Weiterentwicklung der Geschäftsstrategie und Governance ist **Proportionalitätsüberlegungen** Rechnung zu tragen.

Vor dem Hintergrund einer Konkretisierung der Anforderungen an die Berücksichtigung von Nachhaltigkeitsrisiken durch die Institute ist konsequenterweise davon auszugehen, dass künftig auch die (aufsichtlichen) Vorgaben an die **Pflichten des Abschlussprüfers um ESG-Aspekte ergänzt** werden. So könnte es künftig ein Gegenstand der Tätigkeit des Abschlussprüfers sein, Feststellungen zu treffen, ob angemessene und ggf. wirksame Vorkehrungen zur Berücksichtigung von Nachhaltigkeitsaspekten in der Geschäftsorganisation bzw. zur frühzeitigen Identifikation, Bewertung und Überwachung von Nachhaltigkeitsrisiken im Rahmen der Gesamtbanksteuerung getroffen wurden.

3.1.2.3 Risikomanagement

Dem Risikomanagement von Finanzmarktakteuren kommt eine Schlüsselrolle bei Aufbau und Sicherstellung der notwendigen **Resilienz** der Gesamtwirtschaft und damit auch des Kapitalmarktes zu. Die Resilienz erfordert den systematischen Aufbau und die Etablierung von Strukturen, die sich in Krisensituationen als robust und widerstandsfähig im Sinne der Aufrechterhaltung von Systemfunktionen erweisen.[8]

Institute sind sowohl ihren eigenen physischen bzw. transitorischen ESG-Risiken als auch im besonderen Maße den Nachhaltigkeitsrisiken ihrer Kunden ausgesetzt. Insofern wird die Notwendigkeit gesehen, dass Institute ihre **Risikomanagementsysteme und -modelle** im Hinblick auf die angemessene Berücksichtigung der nachhaltigkeitsbezogenen Risikofaktoren **prüfen** und **im Bedarfsfall fortentwickeln**. Dabei ist zu betonen, dass **Nachhaltigkeitsrisiken lediglich einen Teilaspekt der bekannten Risikoarten** darstellen. In den bereits etablierten Prozessen zur Steuerung und Messung von Adressausfall-, Marktpreis-, Liquiditäts- und operationellen Risiken sind Nachhaltigkeitsrisiken bereits heute implizit berücksichtigt. In diesem Zusammenhang hat der Sustainable Finance-Beirat der Bundesregierung in seinem Zwischenbericht (Stand: März 2020) u. a. die folgenden Maßnahmen vorgeschlagen:

- „die verpflichtende Einführung der systematischen Berücksichtigung von wesentlichen – auch zukunftsorientierten (> 5 Jahre) – Nachhaltigkeitsparametern in Risikomanagement- und Strategiebildungsprozesse bei allen institutionellen Investoren und Kreditinstituten … In diesem Kontext ist die Weiterentwicklung und Nutzung wissenschaftsbasierter und zukunftsorientierter Szenarioanalysen/Stresstests essenziell.“[9]

[8] Vgl. Zwischenbericht des Sustainable Finance-Beirats der Bundesregierung, 03/2020, S. 19
[9] Vgl. Zwischenbericht des Sustainable Finance-Beirats der Bundesregierung, 03/2020, S. 21

- „Interne Risikomanagementprozesse bei Institutionellen Investoren und Kreditinstituten zur systematischen Berücksichtigung von finanziell relevanten Nachhaltigkeitsrisiken sollten ausgebaut werden und soweit geboten um Szenarioanalysen/Stresstests der Portfolios ergänzt werden.“[10]

Hinweis:
Das Risikomanagement hat demnach auch Prozesse zur **Früherkennung von ESG-Risiken** zu umfassen. Bei der Definition von **ESG-Stresstests und ESG-Szenarioanalysen** sollte den Akteuren jedoch die Freiheit einer unternehmensindividuellen Umsetzung von aufsichtlichen Anforderungen unter Berücksichtigung des **Grundsatzes der Proportionalität** gegeben werden. Es ist davon auszugehen, dass Institute bestehende Risikoanalyse- bzw. Risikoklassifizierungsverfahren zur Beurteilung ihrer Vertragspartner prüfen und ggf. um Nachhaltigkeitsaspekte ergänzen bzw. neue Verfahren einrichten werden.

Die **Einbeziehung der klimabezogenen Risiken in die Aufsicht** und die Überprüfung der aktuellen Kapitalunterlegungsanforderungen ist nach dem **European Green Deal** eine der wichtigsten Aufgaben der EU-Kommission in der aktuellen Legislaturperiode.[11] Bereits am 6. Dezember 2019 hat die Europäische Bankenaufsichtsbehörde (EBA) **einen Aktionsplan zur nachhaltigen Finanzierung** vorgelegt, der sowohl anstehende Regulierungsmaßnahmen als auch Erwartungshaltungen der EBA zum Umgang insbesondere mit Klimarisiken von Instituten definiert.[12] Nach Auffassung der EBA müssen Institute in der Lage sein, **Nachhaltigkeits- bzw. ESG-Risiken zu messen und zu überwachen**, um sowohl mit Transitionsrisiken als auch mit physischen Risiken, die der Klimawandel mit sich bringt, umgehen zu können. Bemerkenswerterweise ermutigt sie die Institute, entsprechende Maßnahmen zu ergreifen, bevor der rechtliche Rahmen innerhalb der EU angepasst wird. Auch die **EZB** fordert die von ihr direkt beaufsichtigten signifikanten Institute, z. B. im EZB-Leitfaden zu Klima- und Umweltrisiken auf, in Aufsichtsgesprächen auf den Stand des Risikomanagements, die Integration von ESG-Aspekten in die Kreditvergabe, die Durchführung von Stresstests und Szenarioanalysen sowie den Anteil des von ESG-Risiken betroffenen Kreditportfolios einzugehen. Zudem wird im EZB-Leitfaden erörtert, dass „die EZB von den Instituten erwartet, dass sie ihre Transparenz durch eine verbesserte Offenlegung von Informationen zu Klima- und Umweltthemen steigern“.

10 Vgl. Zwischenbericht des Sustainable Finance-Beirats der Bundesregierung, 03/2020, S. 21 f
11 Vgl. European Commission, Communication from the Commission to the European Parliament, the European Council, the Council, the European Economic and Social Committee and the Committee of the Regions(“The European Green Deal”), COM/2019/640, 11.12.2019, S. 17
12 Vgl. https://eba.europa.eu/sites/default/documents/files/document_library/EBA%20Action%20plan%20on%20sustainable%20finance.pdf

Als nationale Aufsichtsbehörde hat die **BaFin** schon am 20. Dezember 2019 das in Abschn. 3.1.2.2 angesprochene Merkblatt zum Umgang mit Nachhaltigkeitsrisiken veröffentlicht. Im Januar 2020 wurde zudem das Thema „nachhaltige Finanzwirtschaft, Sustainable Finance“ als einer von vier BaFin-Aufsichtsschwerpunkten genannt, die sich aus den strategischen Zielen der BaFin ableiten und ihre Aufsichts- und Prüfungsplanung prägen.[13]

In ihren Verlautbarungen fordern BaFin und EZB die von ihnen beaufsichtigten Institute u. a. zur Überprüfung der Risikostrategie im Hinblick auf die Integration von ESG-Risiken auf. Die als Reaktion darauf zu erwartenden Maßnahmen der Institute erstrecken sich z. B. von einem entsprechenden Update der Risikoinventur und der Identifikation von Risiken bis hin zu einem expliziten Management bzw. einer Steuerung sowie Limitierung von ESG-Risiken.

Hinweis:
Die unverbindlichen Verlautbarungen der Finanzaufsicht sind aus der Sicht des BFA **Vorboten** dafür, dass zeitnah auf die Institute **erhebliche Herausforderungen** aus der Umsetzung noch zu erwartender, konkreter regulatorischer Anforderungen zukommen werden. Merkblatt und Leitfaden bilden daher eine hilfreiche Basis, sich frühzeitig mit den Auswirkungen von ESG-Risiken auf das Risikomanagement auseinanderzusetzen.

Bei der **Aufsichtlichen Prüfung nach § 29 KWG** trifft der Abschlussprüfer Feststellungen über die Angemessenheit und Wirksamkeit des Risikomanagementsystems, unter Beachtung der besonderen aufsichtlichen Vorgaben an den Abschlussprüfer. In Bezug auf den Umgang mit dem BaFin-Merkblatt bei der Abschlussprüfung wird im Merkblatt darauf hingewiesen, dass die „BaFin zunächst **nicht das Ziel** [verfolgt], **konkrete Prüfungsanforderungen** zu formulieren. Entsprechende, **später auch prüfungsrelevante Vorgaben**, werden jedoch in Umsetzung von europäischen Verordnungen, Richtlinien und Leitlinien auf die beaufsichtigten Unternehmen zukommen.“[14]

[13] Vgl. https://www.bafin.de/DE/Aufsicht/Aufsichtsschwerpunkte/Aufsichtsschwerpunkte_2020/aufsichtsschwerpunkte2020_node.html

[14] BaFin, Merkblatt zum Umgang mit Nachhaltigkeitsrisiken, S. 7

Hinweis:
Mit Blick auf die **Aufsichtliche Prüfung für das kalenderjahrgleiche Geschäftsjahr 2020** haben BaFin und BFA Folgendes festgehalten:

- Die **Berücksichtigung von ESG-Risiken** im Rahmen der Rechnungslegung und im Risikomanagement von beaufsichtigten Unternehmen ist von **großer Bedeutung.**
- Es ist daher zu erwarten, dass in Zukunft verbindliche (aufsichtliche) Anforderungen an den Umgang mit Nachhaltigkeitsrisiken im Risikomanagement vorgeschrieben und gleichermaßen auch **weitergehende (aufsichtliche) Prüfungs- und Berichterstattungspflichten des Abschlussprüfers** geregelt werden.
- Mit dem BaFin-Merkblatt hat die BaFin ihre Erwartungshaltung nachdrücklich bestätigt, dass die von ihr beaufsichtigten Unternehmen eine Auseinandersetzung mit Nachhaltigkeitsrisiken sicherstellen und dies dokumentieren sollen. Gleichzeitig möchte die BaFin den betroffenen Unternehmen Zeit für eine **strukturierte und systematische Analyse der Nachhaltigkeitsrisiken** geben, damit Prozesse und Systeme in angemessener Zeit überarbeitet bzw. neu eingerichtet werden können.
- Vor diesem Hintergrund erwartet die BaFin **über die bereits bestehenden Prüfungs- und Berichterstattungspflichten des Abschlussprüfers hinaus für das kalenderjahrgleiche Geschäftsjahr 2020 keine weitergehende Auseinandersetzung** und Berichterstattung des Abschlussprüfers dahingehend, wie die von der BaFin beaufsichtigten Unternehmen mit Nachhaltigkeitsrisiken umgehen.
- **Sofern allerdings Nachhaltigkeitsrisiken innerhalb einer Risikoart wesentlich sind** und sich das betroffene Unternehmen damit z. B. auch im Rahmen der geltenden aufsichtlichen Anforderungen an das Risikomanagement angemessen auseinandersetzen muss, bleibt es nach Auffassung der Vertreter des BFA und der BaFin aber selbstredend bei den **bestehenden Prüfungs- und Berichterstattungspflichten des Abschlussprüfers.**

3.1.2.4 Abschluss und Lagebericht

Die Abbildung von ESG-Risiken in der Rechnungslegung stellt eine besondere Herausforderung sowohl für die Unternehmen der Realwirtschaft als auch für finanzierende Kreditinstitute dar. Hiervon sind viele Bilanz- und GuV-Posten eines **Bankabschlusses** betroffen. Besonders zu erwähnen sind in diesem Zusammenhang die sachgerechte **Bemessung der Risikovorsorge** und die Bewertung von sog. „Grünen Investments".

Sowohl bei HGB- als auch bei IFRS-Bilanzierern kommt der Beurteilung der Angemessenheit der **Methoden zur korrekten Berücksichtigung von ESG-Risiken** bei der Bewertung von Finanzinstrumenten künftig eine besondere Bedeutung zu. Ferner ist beispielsweise bei der Klassifizierung von sog. „grünen Produkten" nach IFRS 9 zu analysieren, ob die Anforderungen an die Zahlungsstrombedingungen erfüllt werden (sog. **SPPI-Test**). Bewertungsverfahren sind im Hinblick auf geeignete Bewertungsmodelle unter Einbeziehung von messbaren ESG-Parametern fortzuentwickeln. Die Umstellung von Bewertungssystemen auf eine ggf. stärkere Berücksichtigung von bilanziellen Risiken durch ESG-Entwicklungen ist indes abhängig von der **Verfügbarkeit objektiver, d.h. belastbarer Daten zu ESG-Risiken**, was gegenwärtig nicht unproblematisch ist.

Darüber hinaus befindet sich die Unternehmensberichterstattung an sich im Wandel. Nichtfinanzielle Informationen werden immer bedeutender. Mögliche Änderungen der CSR-Richtlinie werden gegenwärtig intensiv in einem Konsultationsverfahren der EU-Kommission konsultiert.[15] Auch wenn es schon seit Längerem Bestrebungen einer **integrierten Berichterstattung** gibt, muss konstatiert werden, dass nach der bisherigen europäischen Konzeption und deren praktischer Umsetzung **finanzielle und nichtfinanzielle Informationen** zumeist weitgehend unverbunden (zumindest ohne gemeinsame monetäre Basis) dargestellt werden.

i

Hinweis:
Das IDW hat in seiner Stellungnahme[16] zum Zwischenbericht des Sustainable Finance Beirats die Auffassung des Beirats unterstützt, dass „die Zusammenführung von Finanz- und Nachhaltigkeitsberichterstattung als die letztlich beste Lösung für die Verbesserung des Informationsflusses" betrachtet wird. Vor dem Hintergrund einer einheitlichen Vermittlung der wirtschaftlichen Lage der Unternehmen muss die bisherige Konzeption der Rechnungslegung also zu einer integrierten Berichterstattung fortentwickelt werden. Idealerweise widmet sich die Erarbeitung eines **internationalen nichtfinanziellen Berichtsstandards** von Beginn an einer solchen integrierten Lösung. Da dies erhebliche (zusätzliche) Zeit erfordern würde, wäre ggf. auch eine Übergangslösung denkbar, die das bisherige CSR-Reporting fortentwickelt und konkretisiert. Hier könnte z. B. auf die ESG-Kenngrößen des **World Economic Forum** zurückgegriffen werden.[17]

In Zukunft sollte nach Auffassung des IDW sichergestellt werden, dass die Berichterstattung über **nichtfinanzielle Aspekte als Teil des Lageberichtes** anzusehen ist und nicht sowohl räumlich als auch zeitlich abweichend präsentiert werden kann. Dies entspricht auch dem Charakter der nichtfinanziellen Informationen, die (zumindest) zu einem späteren Zeitpunkt auch finanzielle Konsequenzen für ein Unternehmen haben

15 Vgl. zur Stellungnahme des IDW https://www.idw.de/blob/124042/d15e3bb8f24a41a78f450e6b1326f82e/down-eu-review-non-financial-reporting-directive-data.pdf

16 Vgl. https://www.idw.de/blob/123422/202019e0cc2812bb9350797f7b1b2dcf/down-sustainable-finance-beirat-zwischenbericht-data.pdf

17 Vgl. https://www.weforum.org/whitepapers/toward-common-metrics-and-consistent-reporting-of-sustainable-value-creation

können (z. B. durch Reaktionen von Konsumenten, Kapitalgebern etc.) und daher auch als sog. „Pre-Financials“ bezeichnet werden können. Damit verbunden wird die Notwendigkeit gesehen, einen Standard zur Messung und monetären Bewertung von ESG-Aspekten zu entwickeln. Das IDW unterstützt den von der **Value Balancing Alliance** verfolgten Ansatz, die nichtfinanziellen Informationen in monetäre Größen zu überführen und in einer “Gesamterfolgsrechnung” zu berücksichtigen.[18]

Auch beim Europäischen Green Deal bekräftigte die EU-Kommission ihre Unterstützung bei der Entwicklung von standardisierten “natural capital accounting practices” innerhalb der EU und in dem internationalen Umfeld.[19] Die EU-Kommission hat mittlerweile die EFRAG damit beauftragt, Vorbereitungsarbeiten zur Entwicklung eines EU-Standards zu tätigen.[20]

Im September 2020 haben CDP, Climate Disclosure Standards Board (CDSB), Global Reporting Initiative (GRI), International Integrated Reporting Council (IIRC) und Sustainability Accounting Standards Board (SASB), die sich der Entwicklung von internationalen Standards und Rahmen für (integrierte) Nachhaltigkeitsangaben widmen, eine gemeinsame Absichtserklärung abgegeben. Nach dieser Erklärung wollen sich diese fünf internationalen Organisationen gemeinsam für ein umfassendes System der Unternehmensberichterstattung einsetzen. Sie wollen dabei u. a. eng mit der IOSCO, der IFRS Foundation, der EU-Kommission und dem World Economic Forum’s International Business Council zusammenarbeiten.[21] Zeitgleich hat die IFAC (International Federation of Accountants) die IFRS Foundation aufgefordert, einen International Sustainability Standards Board neben dem IASB einzurichten. Dabei soll auch mit CDP, CDSB, GRI, IIRC und SASB zusammengearbeitet werden.[22] Die Treuhänder der IFRS Foundation haben hierzu nunmehr ein Konsultationspapier veröffentlicht.[23]

[18] Vgl. IDW Stellungnahme zum Zwischenbericht des Sustainable Finance-Beirats, S. 5

[19] Vgl. European Commission, Communication from the Commission to the European Parliament, the European Council, the Council, the European Economic and Social Committee and the Committee of the Regions (“The European Green Deal”), 11.12.2019, S. 17

[20] Vgl. www.efrag.org/News/Public-243/EFRAG-mandated-to-provide-recommendations-on-possible-European-Non-Financial-Reporting-Standards?AspxAutoDetectCookieSupport=1

[21] Vgl. https://29kjwb3armds2g3gi4lq2sx1-wpengine.netdna-ssl.com/wp-content/uploads/Press-release-Comprehensive-Corporate-Reporting-paper-11-Sep-20.pdf; https://29kjwb3armds2g3gi4lq2sx1-wpengine.netdna-ssl.com/wp-content/uploads/Statement-of-Intent-to-Work-Together-Towards-Comprehensive-Corporate-Reporting.pdf

[22] Vgl. https://www.ifac.org/knowledge-gateway/contributing-global-economy/discussion/enhancing-corporate-reporting-way-forward

[23] Vgl. https://cdn.ifrs.org/-/media/project/sustainability-reporting/consultation-paper-on-sustainability-reporting.pdf?la=en

i

Hinweis:
Nach Auffassung des IDW sollte der Ausbau der Offenlegung von Nachhaltigkeitsinformationen durch kleinere und mittlere Unternehmen (KMU) sorgfältig geprüft werden. Die Anforderungen der CSR-Richtlinie haben selbst gut aufgestellte kapitalmarktorientierte Konzerne vor große Herausforderungen gestellt. Sie erfordern die Einrichtung bzw. Anpassung von Reporting-Systemen, die vielfach mit hohen Kosten verbunden ist. Eine unmittelbare 1:1-Übertragung der weitreichenden Anforderungen für kapitalmarktorientierte bzw. große Unternehmen auf KMU scheint daher nicht zielführend. Vielmehr sollte gemeinsam mit KMU und deren wichtigsten Stakeholdern eine Strategie entwickelt werden, wie ausgewählte, wesentliche Nachhaltigkeitsinformationen adäquat und angemessen in die aktuelle Berichterstattung der Unternehmen aufgenommen werden könnten.[24]

Die Abbildung der wirtschaftlichen Lage der Unternehmen in einer konzeptionell einheitlichen externen Berichtsstruktur verlangt nach Auffassung des IDW auch eine einheitliche Prüfung sämtlicher für die Vermittlung der wirtschaftlichen Lage relevanten Informationen. Das IDW setzt sich daher für eine verpflichtende Prüfung sowohl der finanziellen also auch der nichtfinanziellen Informationen bzw. der dahinterstehenden Berichtssysteme ein (in einer final anzustrebenden Lösung würde eine solche Unterscheidung ohnehin entfallen). Die Prüfung der finanziellen Informationen hat nach den gesetzlichen Vorgaben mit hinreichender Sicherheit durch den Abschlussprüfer zu erfolgen. Dies ist unstrittig. Vor diesem Hintergrund sind auch die nichtfinanziellen Informationen mit hinreichender Sicherheit zu prüfen. Lediglich in einer (überschaubaren) Übergangsphase sollten auch (zwingende) Prüfungen mit beschränkter Sicherheit zulässig sein.[25]

3.1.2.5 Transparenzpflichten außerhalb des Geschäftsberichts

Eine transparente Berichterstattung wird von der EU-Kommission als eine wesentliche Voraussetzung für ein gut funktionierendes und nachhaltig ausgerichtetes Finanzsystem angesehen.[26] Mit der **Offenlegungsverordnung (Disclosure Regulation)**[27], welche zuletzt durch die Taxonomie- Verordnung geändert wurde, werden u. a. bestimmte Kreditinstitute zur Veröffentlichung von Informationen zu zwei unterschiedlichen Themenkomplexen verpflichtet:

[24] IDW, Stellungnahme zum Zwischenbericht des Sustainable Finance Beirats, S. 3
[25] IDW, Stellungnahme zum Zwischenbericht des Sustainable Finance Beirats, S. 7
[26] Vgl. Europäische Kommission, Aktionsplan: Finanzierung nachhaltigen Wachstums, Kap. 1.3, S. 4
[27] Vgl. Verordnung (EU) 2019/2088 des Europäischen Parlaments und des Rates vom 27. November 2019 über nachhaltigkeitsbezogene Offenlegungspflichten im Finanzdienstleistungssektor

- Offenlegung von Informationen über Nachhaltigkeitsrisiken im Allgemeinen, wie bspw. über Strategien zur Einbeziehung von Nachhaltigkeitsrisiken in die Investitionsentscheidungen sowie über den Umgang mit Nachhaltigkeitsrisiken sowohl auf der Unternehmens- als auch auf der Finanzproduktebene, und
- Transparenzpflichten in vorvertraglichen Informationen, auf der Website sowie in den laufenden Berichten in Bezug auf Finanzprodukte, mit denen nachhaltige Investitionen angestrebt bzw. ökologische oder soziale Merkmale beworben werden.

Die inhaltliche Ausgestaltung, die Methodologie und die Darstellungsform von ESG-Disclosures werden durch Regulatory Technical Standards (RTS) konkretisiert, deren Entwürfe von dem Joint Committee of the European Supervisory Authorities (ESMA, EBA und EIOPA) im April 2020 zur Konsultation gestellt wurden.[28] Mit der Finalisierung eines Großteils der RTS wird bis zum Ende 2020 gerechnet. Erste Berichte sollen planmäßig ab 2021 erfolgen.

Die Umsetzung der neuen umfassenden Transparenzanforderungen stellt, vor allem angesichts der zur Zeit noch offenen Anwendungsfragen und den damit verbundenen Unsicherheiten, eine besondere Herausforderung für betroffene Finanzmarktteilnehmer dar. Betroffene Unternehmen haben bereits Zweifel geäußert, dass die umfangreichen neuen Anforderungen rechtzeitig implementiert werden können. Es ist jedoch zu beachten, dass der Konsultationsprozess zu den RTS zu ESG-Disclosures noch nicht abgeschlossen ist. Je nach Inhalt und Umfang der Kritik wird eine Verschiebung der erstmaligen Anwendung ggf. auf EU-Ebene zu diskutieren sein.

Für den Erfolg der von der EU-Kommission angestrebten Reallokation von Kapitalströmen kommt es entscheidend auf die Vergleichbarkeit von Finanzprodukten sowie auf die Qualität bzw. Belastbarkeit der neuen ESG-Informationen an. Die Überwachung der Einhaltung der neuen Transparenzpflichten obliegt dabei der nationalen Aufsichtsbehörde, in Deutschland also der BaFin. Wirtschaftsprüfer können die BaFin bei Bedarf bei der Überwachung der Einhaltung der neuen Berichtspflichten unterstützen. Prüfungen des unabhängigen Wirtschaftsprüfers können die Verlässlichkeit der neuen Finanzmarktinformationen für den jeweiligen Adressatenkreis signifikant erhöhen. Hierdurch werden Informationsasymmetrien vermieden und das Vertrauen der Öffentlichkeit gestärkt.

Auch unter dem angepassten CRR-Regime („CRR II") ist vorgesehen, die Kapitalmarktteilnehmer über die physische und transitorische ESG-Risiken zu informieren, denen das Kreditinstitut ausgesetzt ist. So werden nach Art. 449a CRR ab dem 28. Juni 2022 „große Institute" (systemrelevant oder ab 30 Mrd. € Bilanzsumme auf Einzel- oder Gruppenbasis), die zum Handel an einem geregelten Markt zugelassen sind und Wertpapiere emit-

[28] Vgl. https://www.esma.europa.eu/sites/default/files/jc_2020_16_-_joint_consultation_paper_on_esg_disclosures.pdf

tiert haben, dazu verpflichtet, ESG-Risiken, inkl. physische und transitorische Risiken, offenzulegen. Die Informationen sind einmalig im ersten Jahr und halbjährlich in allen folgenden Jahren offenzulegen. Konkrete Hinweise auf Format und spezifische Inhalte hat die EU-Kommission jedoch bislang noch nicht gegeben.

3.1.2.6 Vertrieb

Bei der nachhaltigen Transformation zu einer umweltfreundlichen und widerstandsfähigen Kreislaufwirtschaft erarbeitet die EU-Kommission derzeit eine gesetzliche Grundlage, die Auswirkungen auf die Anlageberatung für Privatkunden und damit auf die Vertriebsprozesse von Kreditinstituten und Asset Managern haben wird. Das aktuell in der Entwurfsfassung vorliegende Amendment zu der **MiFID II-Verordnung** sieht für Institute die Verpflichtung vor, ab Mitte 2021 die Nachhaltigkeitspräferenzen ihrer Kunden in der Anlageberatung und Vermögensverwaltung abzufragen.[29]

Dies führt ggf. zu Anpassungen bei

- der Produkt-Dokumentation,
- der konkreten und zielgerichteten Kundenkommunikation,
- der Integration von ESG-Kriterien in Kundenprofile,
- der Berücksichtigung von ESG-Kriterien in der Geeignetheitsprüfung und
- dem Customer Reporting,

die Gegenstand der Prüfung nach § 89 WpHG werden dürften.

Mit steigender Nachfrage nach nachhaltigen Investments wächst jedoch der Anreiz für Emittenten **„Greenwashing“** zu betreiben, also Investments als nachhaltig auszuweisen, obwohl diese weiterhin klima- oder umweltschädliche Elemente enthalten oder finanzieren.[30] **Die Notwendigkeit einer Validierung von grünen Produkten ist evident.** Hieran dürfte insbesondere der Vertrieb interessiert sein. Er stellt häufig den unmittelbaren Ansprechpartner für Kunden und Investoren dar und hat daher eine besondere Verantwortung bei der Informationsvermittlung. Der Vertrieb wäre oft als erster von Vertrauenskrisen betroffen.

Die Verabschiedung der EU-Taxonomie-Verordnung sowie die (geplante) Einführung eines einheitlichen EU-Standards zur Emission von grünen Produkten wirken Anreizen zu „Greenwashing“ entgegen. Dadurch dürfte Beratern und Kunden künftig der Vergleich von Green Investments deutlich erleichtert werden. Dies betrifft beispielsweise

[29] Vgl. COMMISSION DELEGATED REGULATION (EU) .../... amending Regulation (EU) 2017/565 supplementing Directive 2014/65/EU of the European Parliament and of the Council as regards organisational requirements and operating conditions for investment firms and defined terms for the purposes of that Directive, abrufbar unter: https://eur-lex.europa.eu/legal-content/EN/TXT/?uri=PI_COM%3AAres%282018%292681500

[30] Vgl. Antwort der Bundesregierung auf die Anfrage von Abgeordneten „"Greenwashing" von Finanzprodukten in Deutschland und in Europa" vom 17.01.2020, BT-Drs. 19/16590

die Emission von Green Bonds oder auch Social Bonds, z. B. Corona-Bonds. Für Green Bonds entwickelt die EU-Kommission zur Zeit einen sog. **EU Green Bond Standard**[31], der voraussichtlich zu einer verlässlicheren Klassifikation von Produkten unter Berücksichtigung der EU-Taxonomie führen und bestimmte Bestätigungsleistungen durch externe Dritte, z. B. Wirtschaftsprüfer, vorsehen wird.[32] An diese externen Validierungen werden künftig voraussichtlich auch höhere Qualitätsanforderungen als bislang gestellt. Wirtschaftsprüfer können auch bei der Emission von Green Bonds **Bestätigungsleistungen zur weiteren Steigerung des Vertrauens des Kapitalmarkts in ESG-Maßnahmen** erbringen. Für Institute besteht daher die Möglichkeit, ihre Produktpalette mit einem „Qualitätssiegel" des Wirtschaftsprüfers als nachhaltige Investments zu kennzeichnen. Das IDW entwickelt hierzu zur Zeit eine Verlautbarung, die eine einheitlich hohe Prüfungsqualität bei derartigen Prüfungen, die von Wirtschaftsprüfern durchgeführt werden, fördern soll.

3.1.3 Zusammenfassung und Ausblick

Die globale Wirtschaft steht vor der grünen bzw. nachhaltigen Transformation – eine große Herausforderung für alle. Hierzu wird es keine Alternative geben.

Hinweis:

Das IDW begrüßt daher ausdrücklich die Initiative der Bundesregierung, Verantwortung zu übernehmen und international eine führende Rolle bei der Transformation anzustreben. Dabei ist der Berufsstand der Wirtschaftsprüfer davon überzeugt, dass die damit verbundenen, ambitionierten wesentlichen Ziele nur dann erreicht werden können, wenn die Wirtschaftsakteure nachhaltig Vertrauen in **nachhaltigkeitsbezogene Informationen und ergriffene ESG-Maßnahmen haben.** Dies unterstützt Stakeholder bei der Abwägung und Vornahme ihrer Dispositionen. Die Schaffung von Vertrauen zwischen Unternehmen und Stakeholdern ist Kernaufgabe des Berufsstands der Wirtschaftsprüfer. Die Fachgremien des IDW begleiten die Entwicklungen und Initiativen zur Förderung nachhaltigen Wirtschaftens daher aus Überzeugung.

Die EU-Kommission hat mit dem Aktionsplan zur Finanzierung eines nachhaltigen Wachstums im Jahr 2018 ein umfassendes Maßnahmenpaket auf den Weg gebracht. Eingeleitete Reformen werden bis zum Ende des laufenden Jahres jedoch noch lange nicht abgeschlossen sein. Neben der Weiterentwicklung von bereits in Kraft getretenen

31 Vgl. https://ec.europa.eu/info/consultations/finance-2020-eu-green-bond-standard_de

32 Vgl. zum Usability Guide der TEG https://ec.europa.eu/info/sites/info/files/business_economy_euro/banking_and_finance/documents/200309-sustainable-finance-teg-green-bond-standard-usability-guide_en.pdf sowie zur Konsultation der EU-Kommission zum EU Green Bond Standard https://ec.europa.eu/info/sites/info/files/business_economy_euro/banking_and_finance/documents/2020-eu-green-bond-standard-consultation-document_en.pdf

Rechtsakten ist mit ergänzenden regulatorischen Maßnahmen zu rechnen, die vor allem Kreditinstitute vor Herausforderungen stellen werden. Wesentliche, aus der Perspektive von Instituten besonders relevante Entwicklungen betreffen:

- **das Risikomanagement**: Umsetzung (weiterer) aufsichtlicher Anforderungen an das Risikomanagement.
- **den CSR-Bericht**: Umsetzung ergänzender Anforderungen an die nichtfinanzielle Berichterstattung.
- **Transparenzpflichten außerhalb des Geschäftsberichts**: Umsetzung neuer Transparenzpflichten außerhalb des Geschäftsberichts sowie der aufsichtsrechtlichen Anforderungen an die Offenlegung von Informationen über ESG-Risiken.
- **die EU-Taxonomie**: Die EU-Kommission wird delegierte Rechtsakte mit spezifischen technischen Evaluierungskriterien erlassen, um die in der Taxonomie-Verordnung festgelegten Grundsätze zu konkretisieren, welche Wirtschaftstätigkeiten für die einzelnen Umweltziele jeweils in Frage kommen. Die Kriterien für „Klimaschutz“ und „Anpassung an den Klimawandel“ werden bis Ende 2020 und die Kriterien für die anderen vier Umweltziele („nachhaltige Nutzung und Schutz von Wasserund Meeresressourcen“, „Übergang zur Kreislaufwirtschaft“, „Vermeidung und Verminderung der Umweltverschmutzung“, „Schutz und Wiederherstellung der Biodiversität und der Ökosysteme“) voraussichtlich bis Ende 2021 angenommen.[33] Dies wird künftig Auswirkungen auf die Entwicklung und den Vertrieb von neuen Produkten haben.
- **Green Bonds**: Einführung des im März 2020 in der Entwurfsfassung veröffentlichten EU Green Bond Standards bis Ende 2020 und erwartete Angleichung der bisher sehr heterogenen Produktpalette von grünen Investments.

Die Maßnahmen der EU-Kommission zur Transformation des europäischen Raumes zu einem nachhaltigen Wirtschaftssystem, die intensivierte Auseinandersetzung der Aufsichtsbehörden und Abschlussprüfer mit Nachhaltigkeitsrisiken und die zunehmende Nachfrage der Investoren nach „grünen“ Finanzprodukten führen dazu, dass das Thema „Sustainable Finance“ bei den Akteuren der Finanzwirtschaft immer mehr an Bedeutung gewinnt. Der Finanzsektor stellt bei der nachhaltigen Transformation sicherlich eine **Schlüsselbranche** dar. Dies ist mit großen Herausforderungen für Kreditinstitute verbunden. Schließlich kann die Transformation Auswirkungen auf die Gesamtorganisation haben. Um auf dem Markt nachhaltig erfolgreich tätig zu sein und die zunehmenden regulatorischen Anforderungen zu erfüllen, hinterfragen Kreditinstitute ihre Strategien, Modelle und operativen Prozesse. Sie können dabei erheblich von den sich eröffnenden Chancen der Finanzierung nachhaltiger Investitionen profitieren.

33 Vgl. https://ec.europa.eu/germany/news/20200619-taxonomie-verordnung_de

Das IDW und der Berufsstand der Wirtschaftsprüfer nehmen bereits heute aktiv an der regulatorischen Diskussion teil. Wirtschaftsprüfer sind kritische Begleiter bei der Umsetzung neuer Anforderungen und können wertvolle Bestätigungsleistungen zur Stärkung des Vertrauens in ESG-Maßnahmen erbringen. Wirtschaftsprüfer sind also bereit, ihren Beitrag zur nachhaltigen Transformation zu leisten.

3.2 Green and more: Banken auf bestem Weg zu Sustainable Finance

Von Kai Michael Beckmann

Die Zukunft der Bankenbranche ist ohne Nachhaltigkeit nicht mehr vorstellbar. Die Klimakatastrophen, das veränderte Verbraucherverhalten und die weltweit regulatorisch eingreifenden Gesetzgeber schaffen Tatsachen auf dem Weg zu einem Finanzsystem, in dem Finanzströme gezielter nachhaltig fließen sollen. Eine aktuelle Studie zeigt: Die Banken nehmen diese verantwortungsvolle Rolle auch in der Corona-Pandemie sehr ernst.

3.2.1 Die aktuelle Lage

Trotz der anhaltenden Corona-Krise und der wirtschaftlichen Herausforderungen stellen sich die Banken ihrer Verantwortung beim Wandel hin zu einem nachhaltigen Finanzsystem. Neben der Pandemie belasteten im vergangenen Jahr auch Klimaschäden die Branche. Allein im Jahr 2020 verursachten Naturkatastrophen Schäden in Höhe von rund 173 Milliarden Euro. Um diese Risiken zu minimieren, müssen Banken ihre Finanzströme nachhaltiger ausrichten. Das Stichwort dafür lautet: Sustainable Finance. Kunden wollen beispielsweise immer öfter Nachweise darüber, wie nachhaltig ihr Geld angelegt wird oder welchen positiven Einfluss ihre Investition auf die Umwelt oder Gesellschaft hat. Aus diesem Grund entwickeln sich die Umwelt-, Sozial- und Governance-Kriterien (ESG-Kriterien: Environmental, Social, Governance) zu einem Schwerpunkt in der Bankenbranche.

Aber nicht nur von Seiten der Kunden werden die Banken mit ihrer Verantwortung für mehr Nachhaltigkeit konfrontiert. Auch die zunehmenden aufsichtsrechtlichen Kontrollen durch das Taxonomie genannte EU-Klassifizierungssystem für grüne Investments,[1] das Merkblatt der Bundesanstalt für Finanzdienstleistungsaufsicht (BaFin) zum Umgang mit Nachhaltigkeitsrisiken[2] und die Verordnung über nachhaltigkeitsbezogene Offenlegungspflichten im Finanzdienstleistungssektor[3] forcieren den Wandel zu einer nachhaltigen Finanzwirtschaft.

Banken müssen die ESG-Kriterien deshalb unter anderem auch in ihrer Strategie, ihrer Unternehmensführung, ihrem Risikomanagement und ihrer Offenlegungspraxis berücksichtigen. Den aktuellen Stand der Entwicklung, Implementierung und Umsetzung von Sustainable-Finance-Maßnahmen bei den Banken untersucht die neue Benchmark-Stu-

1 Vgl. Verordnung (EU) 2020/852 vom 18.06.2020, ABl. EU Nr. L 198/13 vom 22.06.2020; dazu Schmidt, WPg 2020, S. 1495; Flick/Meyding-Metzger, WPg 2020, S. 1404.

2 Vgl. www.bafin.de (Abruf: 25.02.2021).

3 Vgl. Verordnung (EU) 2019/2088 vom 27.11.2019, ABl. EU Nr. L 317/1 vom 09.12.2019.

die „Responsible Banking Practice 2021" von Mazars.[4] In dieser Folgestudie zur ersten Untersuchung aus dem Jahr 2020[5]5 wurden 37 der weltweit größten Banken auf ihren Umgang mit ESG-Themen analysiert, um Best Practices und Trends zu identifizieren. Die analysierten Banken sind Unterzeichner der Principles for Responsible Banking und/ oder Mitglied der Finanz-Initiative des Umweltprogramms der Vereinten Nationen UNEP FI (United Nations Environment Programme Finance Initiative).

3.2.2 Die bisherigen Meilensteine

Die in der Studie untersuchten Institute wurden basierend auf ihren bisher implementierten und umgesetzten Nachhaltigkeitsmaßnahmen vier Kategorien zugeordnet: herausragend, führend, unterstützend oder folgend. Im Vergleich mit den Vorjahresergebnissen haben die Banken Fortschritte auf dem Weg zu einer nachhaltigen Finanzwirtschaft erzielt. So konnte erstmals ein Institut wegen seiner umgesetzten Nachhaltigkeitsaspekte als herausragend eingestuft werden. Es überzeugte bei allen Bewertungskriterien zu mehr als 95 Prozent.

Auch in den anderen Kategorien sind Verbesserungen zu sehen. Während in der ersten Studie aus dem Jahr 2020 noch drei Banken als führend galten, sind es jetzt acht. Die Anzahl der Banken, die Nachhaltigkeitskriterien unterstützen, ist von zehn auf 21 Banken gestiegen und anstatt 17 gelten dieses Jahr nur noch sieben Banken als folgend.

Im Durchschnitt der analysierten Banken haben 74 Prozent der Banken Maßnahmen umgesetzt, die eine Kultur der Nachhaltigkeit fördern, und ihre Governance-Struktur angepasst (Vorjahr: 49 Prozent). Mit 51 Prozent ist im Jahresvergleich auch der Anteil der Banken stark gestiegen, die ihre Governance-Strukturen um Nachhaltigkeitsaspekte ergänzen.

Dabei setzen sie primär die PACTA-Methode (Paris Agreement Capital Transition Assessment) ein und führen standardisierte Analysen ihrer Kreditportfolien durch, um diese auf die Ziele des Pariser Klimaabkommens hin auszurichten. Ergänzend nutzen die Banken das Bewertungs- und Analyse-Instrument SMART (Sustainability Monitoring and Assessment RouTine), das die bisherigen Standards und Zertifikate stärkt. Ähnlich stark ist die Zahl der Banken gestiegen, die in ihrer Offenlegung mittlerweile ESG-Reporting-Standards verwenden (45 Prozent). Allerdings haben diese Anstrengungen bisher noch nicht dazu geführt, dass die Banken sich zur Klimaneutralität verpflichten.

Nichtsdestotrotz bauen 82 Prozent der Banken auch in der Pandemie ein nachhaltiges Produktportfolio auf. Das ist ein erfreulicher Anstieg zu den 47 Prozent, die im Vorjahr nachhaltige Produkte und Dienstleistungen entwickelten.

4 Siehe dazu www.mazars.com (Abruf: 25.02.2021).
5 Siehe dazu www.mazars.com (Abruf: 25.02.2021).

Etwas langsamer verläuft die Entwicklung bei der Integration von ESG- und Klimakriterien in das Rahmenwerk für Risikobewertungen. So konnten nur bei 22 Prozent der Institute Verbesserungen im nachhaltigen ESG-Risikomanagement festgestellt werden. Grund dafür ist, dass durch den aktuellen regulatorischen Fokus die Bewertung von Klimarisiken – unter anderem durch Klimaszenario-Analysen – bei vielen Banken stärker ausgeprägt ist als für die ESG-Risiken. Umweltfragen spielen im Risikomanagement also noch eine größere Rolle als sozioökonomische Kriterien. Allerdings sind die finanziellen Risiken und Auswirkungen des Klimawandels auf die Banken mangels ausreichend quantitativer Daten generell schwierig zu messen.

Der Anstieg um 20 Prozent bei der Implementierung und Umsetzung von Nachhaltigkeitsstrategien in den verschiedenen Organisationsbereichen, speziell der Governance, ist ähnlich schwach. Zum Beispiel werden klimabezogene Indikatoren und Nachhaltigkeitsziele bisher selten in der Vergütungspolitik berücksichtigt. Lediglich 30 Prozent der analysierten Banken haben finanzielle Anreize für den Vorstand und das Top-Management etabliert, wenn Nachhaltigkeitsziele erreicht werden (im Vorjahr 13 Prozent).

3.2.3 Konsequenzen und Ausblick

Wie die Studienergebnisse zeigen, haben die Banken ihre Verantwortung für mehr Nachhaltigkeit erkannt und handeln dementsprechend. Alle weltweit untersuchten Institute verzeichnen bei der Integration von Nachhaltigkeit in ihre Geschäftsmodelle Fortschritte. Dennoch gibt es weiterhin viel zu tun, insbesondere bei der Implementierung von Nachhaltigkeitsstrategien im Risikomanagement[6] und bei der Umsetzung von Nachhaltigkeitszielen in der Vergütungspolitik. Hier müssen die Banken das Tempo anziehen, denn nicht nur aus Sicht der Zentralbanken und Aufsichtsbehörden gewinnen die finanziellen Risiken durch den Klimawandel zunehmend an Bedeutung. Auch weltweite Zielvorgaben wie die Sustainable Development Goals (SDG) der Vereinten Nationen, die Pariser Klimaziele und der „Green Deal“ der EU-Kommission für ein klimaneutrales Europa bis zum Jahr 2050 erhöhen den Druck.

Diese internationalen Initiativen von Gesetzgebern und Regulatoren sowie der damit einhergehende gesellschaftliche Wertewandel machen Sustainable Finance zu *dem* Trendthema in der Finanzindustrie. Die verstärkte Ausrichtung auf nachhaltige Angebote lohnt sich auch monetär. So werden beispielsweise mit „Green Financing“-Produkten wie den Green Bonds[7] bereits Milliardenumsätze erzielt. Um hier langfristig mitspielen zu können,

6 Vgl. Richter/Meyer, WPg 2019, S. 1340.
7 Vgl. Richter/Meyer, WPg 2020, S. 970.

müssen sich die Banken rechtzeitig mit nachhaltigen Finanzdienstleistungen am Markt positionieren sowie ihre Geschäftsmodelle konsequent an die ESG-Kriterien anpassen.[8]

Das gelingt, wenn sie ihr Portfolio und ihren Kundenstamm regelmäßig streng prüfen und die Nachhaltigkeitsstrategien konsequenter implementieren – vor allem im Risikomanagement. Werden dann bei der Bewertung von Investitionen oder neuen Kunden Risiken für die gesetzten Nachhaltigkeitsziele identifiziert, sollten die betreffenden Segmente und Kunden abgestoßen oder zumindest höher bepreist werden, um die eigene Glaubhaftigkeit nicht zu untergraben und schließlich die gesellschaftlichen wie politischen Anforderungen zu erfüllen. Dazu gehört auch, dass die Institute bei der Kreditvergabe eventuelle Wertschwankungen aufgrund einer möglichen Katastrophenanfälligkeit (etwa durch Hochwasser) strenger und häufiger bewerten müssen.

All das erfordert vor allem bei der Datenerfassung und -auswertung neue Kompetenzen innerhalb der Banken. Zur Echtzeitbewertung der Umweltrisiken von Finanzströmen oder um zu erheben, welche CO2-Bilanz die eigenen Aktivitäten haben, sind innovative Technologien und neben Finanzexpertise beispielsweise auch naturwissenschaftliches Know-how nötig. Damit könnten die Banken präventiv Szenarien simulieren, die Veränderungen der Umwelt oder der politischen sowie gesellschaftlichen Verhältnisse berücksichtigen, um unter anderem ein innovatives Risikomanagement zu entwickeln.

Generell müssen die Banken ihre internen Analyse-Parameter grundlegend neu definieren, um nachhaltiger, transparenter und methodischer zu werden. Dies betrifft nicht nur die Offenlegung, um rechtlichen Anforderungen zu genügen, sondern auch die Kommunikation, weil die Kreditinstitute ihren Kunden fortlaufend darlegen müssen, wie sie mit ihrem Service die Veränderungen in Umwelt, Wirtschaft und Gesellschaft verantwortungsbewusst beeinflussen.

(Quelle: Die Wirtschaftsprüfung, Heft 6/2021, Seite 375 ff. (Reihe „Green and more"))

[8] Vgl. Simon-Heckroth/Borcherding, WPg 2020, S. 210; IDW Positionspapier, Sustainable Finance als Teil der nachhaltigen Transformation – Auswirkungen auf Kreditinstitute (Stand: 30.09.2020) (www.idw.de; Abruf: 25.02.2021).

3.3 Green and more: Investitionen sind zunehmend an Nachhaltigkeitsaspekte gekoppelt

Von Kai Michael Beckmann

Welche Bedeutung hat ein strukturierter Umgang mit dem Thema Nachhaltigkeit für den Kapital- und Anlagemarkt? Eine aktuelle Studie gibt Antworten auf diese Frage. Demnach werden die sogenannten ESG-Kriterien für professionelle Kapitalanleger immer wichtiger. Anlageentscheider haben nahezu flächendeckend Nachhaltigkeitskriterien in ihre Managementsysteme aufgenommen. Darüber hinaus halten mehr als 90 Prozent der Investoren ein Nachhaltigkeitsreporting für wichtig. Mehr als ein Drittel der Befragten schließt sogar Unternehmen aus, die ihre Nachhaltigkeit nicht stichhaltig nachweisen können. Und schließlich ziehen die meisten Anlageentscheider, die sich über die Nachhaltigkeitsperformance von Investitionszielen und potenziellen Geschäftspartnern informieren, entsprechend geprüfte Nachhaltigkeitsberichte heran.

3.3.1 Einleitung

Was Expertenkreise lange erwartet hatten, legte die EU-Kommission im April 2021 als Richtlinienvorschlag auf den Tisch: Ab dem Jahr 2023 soll die Corporate Sustainability Reporting Directive (CSRD) die Non-Financial Reporting Directive (NFRD) ablösen. Damit wird Nachhaltigkeit zum integralen Teil der Berichterstattung und finanziellen Berichtsthemen schrittweise gleichgestellt.

Dieser regulatorische Meilenstein hat auch erhebliche Auswirkungen auf das Tätigkeitsfeld von Wirtschaftsprüfern: Als Teil der Unternehmensberichterstattung soll der Nachhaltigkeitsbericht einem einheitlichen Standard folgen und künftig prüfungspflichtig werden (zunächst mit begrenzter Sicherheit) – und zwar für eine sehr große Zahl von Unternehmen. Neben nahezu allen in der EU ansässigen börsennotierten Unternehmen müssen auch EU-Unternehmen regelmäßig einen Nachhaltigkeitsbericht vorlegen, die zwei von drei Mindestkriterien erfüllen: eine Bilanzsumme von 20 Millionen Euro, Nettoumsatzerlöse in Höhe von 40 Millionen Euro und eine Durchschnittszahl von 250 Mitarbeitern im Geschäftsjahr.

Die steigende Bedeutung der Aspekte Environment, Social und Governance (ESG) in der gesamten Finanzwirtschaft beleuchtet eine aktuelle Studie „Nachhaltigkeit & Anlageverhalten 2021“. Für diese hat Mazars im April 2021 deutschlandweit 127 für Kapital- und Investitionsentscheidungen Verantwortliche aus Kapitalverwaltungsgesellschaften, Kreditinstituten, Versicherungen, Versorgungswerken, Pensionskassen, Asset-Management-Unternehmen, Stiftungen und Private-Equity-Unternehmen befragt.

3.3.2 Studienergebnisse weisen klar die Richtung

Die Sicherheit von Investitionen hängt zunehmend vom Umfang ab, in dem Unternehmen die Nachhaltigkeitserwartungen und -vorgaben von Politik und Konsumenten erfüllen. Auch die Studie zeigt deutlich, dass Finanzmarktakteure ihr Kapital deshalb immer stärker in nachhaltige Anlageformen lenken. So belegen die Ergebnisse die steigende Bedeutung von ESG-Kriterien und aussagekräftigen Daten zur Nachhaltigkeit: 93 Prozent der Befragten halten belegbare Nachhaltigkeitsaktivitäten für wichtig. Unternehmen ohne stichhaltige Nachweise zur Nachhaltigkeit scheiden schon heute für mehr als ein Drittel als Investitionsziel aus.

Entscheider, die sich bei Investitionszielen und bei der Auswahl von Geschäftspartnern über deren Nachhaltigkeitsperformance informieren, setzen mehrheitlich auf geprüfte Nachhaltigkeitsberichte. Bei der Kapitalbeschaffung gilt es für Unternehmen, konkrete Vorgaben und Reporting-Standards zu erfüllen. Die Kennzahlen müssen hohen Qualitätsansprüchen genügen, eine Validierung durch eine unabhängige Stelle ist ratsam.

In der Taxonomie-Verordnung definiert die EU-Kommission unternehmerische Tätigkeiten als ökologisch nachhaltig, wenn sie zu einem von sechs Umweltzielen beitragen: Klimaschutz, Anpassung an den Klimawandel, nachhaltige Nutzung und Schutz von Wasser- und Meeresressourcen, Übergang zu einer Kreislaufwirtschaft, Vermeidung und Verminderung der Umweltverschmutzung sowie Schutz gesunder Ökosysteme. In diesem Kontext ist für die Befragten der Klimaschutz das wichtigste Ziel. 90 Prozent berücksichtigen diesen Aspekt bereits häufig bei ihren Anlage- und Investitionsentscheidungen.

3.3.3 Handlungsfelder für Unternehmen

3.3.3.1 Strategische Erfolgsfaktoren

Die detaillierten Studienergebnisse spiegeln deutlich wider, dass Unternehmen an den steigenden Anforderungen in Sachen Nachhaltigkeit künftig kaum mehr vorbeikommen. Vielen Entscheidern stellt sich deshalb die Frage, wie sie ihre Strategien, Prozesse und Infrastrukturen anpassen müssen, um den aktuellen und künftigen Anforderungen des Marktes sinnvoll zu begegnen. Dafür gilt es, drei Handlungsfelder in den Fokus zu nehmen: Eine solide Basis, das strukturierte Erfassen des eigenen Handelns sowie die professionelle und transparente Präsentation aller Aktivitäten.

Die Studie zeigt, dass Investoren von ihren Geschäftspartnern eine systematische Steuerung des Themas Nachhaltigkeit erwarten. 91 Prozent legen dabei Wert auf das Einbeziehen der gesamten Wertschöpfungskette, 81 Prozent halten eine Berücksichtigung der vorgelagerten Lieferketten für relevant. Die Verantwortung für unternehmerisches Handeln endet nicht am eigenen Werkszaun. Gleichzeitig darf eine erfolgreiche Nachhaltigkeitsstrategie kein so genanntes „Greenwashing“ sein, sondern muss als umfassender Ansatz wirtschaftliche, umweltbezogene und soziale Ziele in die Unternehmensstrategie integrieren.

Da die ESG-Grundsätze ein breites Themenspektrum abdecken, sollten sich Unternehmen bei der Entwicklung einer fundierten Nachhaltigkeitsstrategie auf die für das eigene Unternehmen bedeutsamsten Grundsätze konzentrieren: Zu den wichtigen ersten Schritten zählt dabei das Formulieren einer umfassenden Richtlinie zur Einbindung von Stakeholdern. Diese stellt sicher, dass alle Parteien berücksichtigt, die Vorgehensweise geplant und Strategien vereinbart werden. Außerdem gilt es, die Themen zu identifizieren, die den größten Einfluss auf das Unternehmen haben, weil sie sich auf wirtschaftliche, umweltbezogene und soziale Risiken beziehen, die die Wertschöpfungskraft negativ beeinflussen können.

3.3.3.2 Solide Daten im Fokus

Um die Nachhaltigkeitsperformance eines Unternehmens realistisch beurteilen zu können, sind Anlageentscheider auf Informationen aus dem Unternehmen angewiesen. Sie greifen dazu auf Kennzahlen zur Nachhaltigkeit eines Unternehmens zurück. Dabei lassen sich eine wachsende Professionalisierung bei der Datenerhebung sowie steigende Anforderungen an die Qualität dieser Informationen seitens der Anlageentscheider feststellen. 77 Prozent der Befragten geben an, extern geprüfte Informationen und KPI zu den Nachhaltigkeitsstandards in ihre Entscheidungen einzubeziehen. Dabei räumen sie nicht allen Themen die gleiche Relevanz ein: Im Bereich „Environment“ (E) hat mit dem Faktor Energieverbrauch ein ESG-Klassiker die höchste Bedeutung. Bei den weiteren ESG-Dimensionen „Social“ (S) und „Governance“ (G) stehen mit „Arbeits- und Gesundheitsschutz“ und „gesellschaftliche Verantwortung“ ebenfalls gut etablierte Felder der Corporate Social Responsibility im Fokus.

3.3.3.3 Eigenes Handeln strukturiert erfassen

Bei allen Aspekten erwarten Investitionsentscheider von Unternehmen eine systematische Steuerung des Nachhaltigkeitsthemas. Nur auf dieser Grundlage lässt sich die Performance eines Unternehmens zuverlässig bewerten. Dabei ist ein systematisches Nachhaltigkeitsmanagement eine komplexe Aufgabe: Unternehmen müssen konkrete Nachhaltigkeitsziele erreichen, Rahmenbedingungen einhalten sowie Prozesse und Verantwortlichkeiten definieren. 90 Prozent der Studienteilnehmer halten es für wichtig, zu diesem Zweck ein eigenes Managementsystem für Nachhaltigkeitsthemen in der Unternehmenssteuerung zu verankern. Hier zeigt die Praxis, dass die Implementierung von Nachhaltigkeit in das Steuerungs- und Kontrollsystem eine Herausforderung bedeutet, sich aber bei der Transformation in ein Unternehmen, dessen Fokus auf der Umsetzung der ESG-Grundsätze liegt, schon sehr kurzfristig bezahlt macht.

3.3.3.4 Erfolge professionell präsentieren

Ein systematisches Nachhaltigkeitsmanagement mit solider Datenbasis ist auch die Voraussetzung für ein Nachhaltigkeitsreporting, das in der Studie mehr als 90 Prozent der Investoren als wichtig bewerten und explizit in Investitions- und Anlageentscheidungen einbeziehen. Dagegen verlässt sich nur knapp ein Viertel der Anlageentscheider bei der Beurteilung der ESG-Performance auf ungeprüfte Darstellungen auf der Website eines Unternehmens. Neben den Nachhaltigkeitsberichten werten die Studienteilnehmer vor allem externe ESG-Zertifizierungen (87 Prozent) und Ratings (88 Prozent) sowie die Mitgliedschaft in Nachhaltigkeitsinitiativen (81 Prozent) als wichtige Informationsquellen.

Der Arbeitsalltag im Beratungsgeschäft zeigt, dass Nachhaltigkeitsberichte bereits zum neuen Standard geworden sind. Eine wachsende Zahl von Unternehmen legt auf diesem Weg detailliert Zeugnis über ihren Beitrag zu ESG-Aspekten ab. Diese Entwicklung ist auch von den steigenden Ansprüchen der Investitionsverantwortlichen geprägt: Drei Viertel von ihnen beziehen inzwischen extern geprüfte Nachhaltigkeitsinformationen in ihre Entscheidungen ein.

3.3.4 Unumkehrbarer Transformationsprozess

Die Bedeutung von Nachhaltigkeitsthemen ist in den vergangenen Jahren auf globaler und gesellschaftlicher Ebene ebenso gestiegen wie auf der Ebene jedes einzelnen Unternehmens, das erfolgreich Kapital beschaffen oder Geschäftspartner finden will. Dieser Transformationsprozess ist unumkehrbar und spiegelt sich in veränderten Regularien wider, die einen unmittelbaren Einfluss auf die aktuellen und künftigen Herausforderungen für Prüfungs- und Beratungsunternehmen haben.

Grundsätzlich werden nahezu alle Unternehmen das Thema Nachhaltigkeit künftig verstärkt und professionell in den Fokus nehmen. Für manche wird dies sehr schnell konkret werden. Erste Schätzungen gehen allein in Deutschland von bis zu 15.000 Unternehmen aus, die in Folge der von der EU-Kommission vorgeschlagenen CSRD künftig verpflichtet sind, in ihren Lagebericht einen prüfungspflichtigen Nachhaltigkeitsbericht zu integrieren. Damit stehen auch die Wirtschaftsprüfer in Deutschland kurzfristig vor neuen Aufgaben.

(Quelle: Die Wirtschaftsprüfung, Heft 18/2021, Seite 1152 ff. (Reihe „Green and more“))

3.4 Green and more: Ist eine nachhaltige Stimmrechtsausübung etabliert?

Von Anne Meldau und WP Alexander Glöckner

Die Berücksichtigung von Nachhaltigkeitsaspekten in Proxy Voting Guidelines institutioneller Investoren wird zum Mainstream. Nachhaltigkeitskriterien rücken in der Kapitalanlage zunehmend in den Fokus der Öffentlichkeit und der Politik. Letztere wird besonders in Gestalt des EU-Aktionsplans zur Finanzierung nachhaltigen Wachstums (bekannt unter dem Schlagwort „Sustainable Finance") regulatorisch aktiv und schafft vor allem zusätzliche Transparenz zur Berücksichtigung von ESG-Kriterien in den Geschäftsprozessen.

3.4.1 Hintergrund des Aktionärstums

Traditionell setzen Investoren für nachhaltige Kapitalanlagen häufig auf den Ausschluss von Investments in negativ bewertete Branchen wie Kohlegewinnung oder Rüstung sowie auf den Ausschluss von Geschäftspraktiken wie Kinderarbeit oder Korruption. Alternativ lassen sie im Sinne von Best-in-Class-Ansätzen nur Investments in als nachhaltig bewertete Unternehmen zu.

Vermehrt rückt aber auch ein aktives Aktionärstum oder Shareholder-Engagement in den Fokus. Der grundlegende Unterschied zu Positiv- und Negativ-Screenings ist, dass zunächst einmal kein Investment ausgeschlossen wird. Ganz im Gegenteil ist der Grundgedanke, dass durch den Austausch mit den Unternehmen notwendige Verbesserungen der Nachhaltigkeitsleistung angestoßen werden können und hier besonders durch die Tatsache, dass ein Investor Anteile hält, Einfluss durch Ausübung der Stimmrechte geltend gemacht werden kann. Das Spektrum reicht dabei von schriftlichen Stellungnahmen zu Tätigkeiten oder Ereignissen beispielsweise in Form von Briefen an Vorstände, Gesprächen und Workshops bis hin zu Wortmeldungen und zur Nutzung des Rederechts bei Hauptversammlungen und der Ausübung der Stimmrechte. Ziel ist es, eine bessere Unternehmensführung (Corporate Governance) oder die Berücksichtigung von ESG-Kriterien (soziale und ökologische Auswirkungen und Corporate Governance) in den Geschäftsprozessen herbeizuführen.

Aufgrund des vergleichsweise großen Aufwands für die Umsetzung von Ansätzen eines solchen Shareholder-Engagements werden diese laut Angaben des Marktberichts des Forums Nachhaltige Geldanlagen (FNG) 2020[1] in Deutschland erst bei etwa der Hälfte der nachhaltigen Investments in Deutschland eingesetzt.

---

1 Siehe www.forum-ng.org (Abruf: 18.03.2021).

3.4.2 Aktives Aktionärstum in der Praxis

Aktiv genutzt wird das Shareholder-Engagement vor allem von Investoren, die ihr Portfolio nicht ändern möchten und gleichwohl eine Veränderung bei den investierten Unternehmen bewirken wollen. Es existieren bereits freiwillige Initiativen, die eine aktive Einflussnahme von Investoren auf Investitionsobjekte hinsichtlich deren Nachhaltigkeitsbemühungen fordern.

Die Principles for Responsible Investment der Vereinten Nationen (UN PRI)[2] verlangen von den Unterzeichnern – also Asset-Manager, Asset-Owner sowie Finanzdienstleister –, als aktive Eigentümer auch ESG-Belange in die Ausübung ihrer Eigentümerrechte einzubeziehen: „We will be active owners and incorporate ESG issues into our ownership policies and practices“ (Principle 2).

Die tatsächliche Umsetzung eines aktiven Aktionärstums weist allerdings stellenweise noch Lücken auf in Bezug auf die vollständige Abdeckung aller Dimensionen der Nachhaltigkeit – zumindest ausgehend von öffentlich verfügbaren Informationen. Zwar verpflichten beispielsweise die UN PRI ihre Unterzeichner zu einer regelmäßigen Berichterstattung zum Stand der Umsetzung der Prinzipien. Dies greift aber erst ab dem zweiten Jahr nach Unterzeichnung, so dass den 175 deutschen Finanzmarktakteuren, die die Prinzipien Ende Februar 2021 unterzeichnet hatten, nur 81 Berichte für die letzte Veröffentlichungsperiode gegenüberstehen. In vielen der UN-PRI-Berichte finden sich keine oder nur sehr allgemeine Verweise auf sogenannte Proxy Voting Policies. Gleiches gilt für die nichtfinanzielle Berichterstattung, die seit dem Jahr 2017 auch für bestimmte Kreditinstitute und Versicherungen mit mehr als 500 Mitarbeitern verpflichtend ist. Auch wenn es Ausnahmen mit zum Teil recht detaillierten Informationen – beispielsweise zur Anzahl der Engagements oder zum Anteil der genutzten Stimmrechte – gibt und einige Investoren ihre Richtlinien im Internet zugänglich machen, liegt der Schwerpunkt in diesen Dokumenten häufig doch auf Governance-Themen wie der Kapitalstruktur, der Zusammensetzung von Gremien oder der Vergütung. Umwelt- und soziale Fragen kommen hingegen entweder nicht oder deutlich knapper vor. Sie werden dann häufig auch allgemeiner als Absichten oder als generelle Unterstützung für Themen wie Klimaschutz gefasst, als dass klare Regeln für ein Abstimmungsverhalten formuliert sind.

Die zum Teil sehr prominente Positionierung zu Proxy Voting als Instrument der nachhaltigen Kapitalanlage steht also zumindest in Bezug auf das E und das S in „ESG“ eher im Kontrast zu den Vorgaben in öffentlich verfügbaren Proxy Voting Guidelines.

2 Siehe www.unpri.org (Abruf: 18.03.2021).

Auf dem Papier trifft dieser Eindruck auch auf die Proxy Voting Guidelines des Investment-Managers BlackRock vom Januar 2021 zu.[3] Von deren insgesamt 29 Seiten sind lediglich knapp zwei Seiten mit „Environmental and social issues“ überschrieben – zum Vergleich sind es allein für das Thema „Vergütung“ knapp acht Seiten. Die entsprechenden Themen – vor allem der Themenkomplex Klimawandel – werden von BlackRock dabei aber prominent platziert. Larry Fink nutzte seine jährlichen CEO-Briefe im Januar 2020 und Januar 2021[4] für die Ankündigung, dass „Nachhaltigkeit [...] BlackRocks neuer Investmentstandard“ werde. BlackRock sei „zunehmend geneigt, Vorständen und Aufsichtsräten unsere Zustimmung zu verweigern, wenn ihre Unternehmen bei der Offenlegung von Nachhaltigkeitsinformationen und den ihnen zugrunde liegenden Geschäftspraktiken und -plänen keine ausreichenden Fortschritte machen“. Auch wenn die Formulierungen Raum für Interpretationen lassen: Wenn der weltgrößte Vermögensverwalter Unternehmen bittet, eine Klimarisiko-Berichterstattung nach den Vorgaben der Task Force for Climate-Related Financial Disclosures (TCFD) sowie Berichte zur Erfüllung der Nachhaltigkeitsstandards des SASB (Sustainability Accounting Standards Board)[5] zu veröffentlichen, führt das zu viel Aufmerksamkeit am Markt. Unter der Prämisse, dass die Bereitstellung von ESG-Informationen für den Kapitalmarkt eine notwendige Bedingung ist, um Finanzströme tatsächlich umzulenken und die nachhaltige Transformation der Wirtschaft voranzutreiben, bergen Positionierungen wie die von BlackRock großes Potential, und zwar auch dann, wenn die Proxy Voting Guidelines vorerst keine konkreten Vorgaben zum Stimmverhalten enthalten.

3.4.3 Ausblick

Ende Februar 2021 legte der Sustainable-Finance-Beirat der Bundesregierung seinen Abschlussbericht vor.[6] Der Beirat war im Jahr 2019 ins Leben gerufen worden, um die Entwicklung einer Sustainable-Finance-Strategie der Bundesregierung zu unterstützen, die Deutschland zu einem führenden Standort für nachhaltige Finanzen machen soll. Mit dem über 130 Seiten umfassenden Abschlussbericht will der Beirat der Bundesregierung konkrete Empfehlungen an die Hand geben, den deutschen Finanzmarkt nachhaltiger zu gestalten.

Aktives Engagement samt Ausübung der Stimmrechte wird dabei in zwei der insgesamt 31 Empfehlungen detailliert aufgegriffen. So empfiehlt der Beirat zum einen für die Finanzwirtschaft mit Beginn schon in diesem Jahr das „Engagement institutioneller Investoren“, die Schaffung einer ESG-Engagement-Infrastruktur für den Austausch zwischen Investoren bzw. Gläubigern und Unternehmen sowie die Ausübung von Stimmrechten

3 Vgl. BlackRock, Investment Stewardship, Proxy voting guidelines for European, Middle Eastern, and African securities, Januar 2021 (www.blackrock.com; Abruf: 18.03.2021).
4 Vgl. www.blackrock.com (Abruf: 18.03.2021).
5 Zur Relevanz der SASB-Standards für deutsche Unternehmen siehe Schmidt, WPg 2020, S. 685.
6 Siehe BMF vom 25.02.2021 (www.bundesfinanzministerium.de; Abruf: 18.03.2021).

auf Hauptversammlungen. Den Rahmen würde demnach ein deutscher Stewardshop Code setzen; auch die Kooperation auf europäischer Ebene für ein umfassendes Rahmenwerk hierzu wird genannt. Auf Gesetzesebene soll unter anderem eine Engagement-Plattform bei der Erfüllung der Anforderungen der umgesetzten europäischen Aktionärsrichtlinie (ARUG II) unterstützen.

Zum anderen wird diese Empfehlung für die Finanzwirtschaft durch eine entsprechende Empfehlung für die Politik komplettiert. Für Sondervermögen des Bundes sollen Dialog und Stimmrechtsvertretung als Teil eines „ambitionierten Konzepts für die Anlagepolitik" fungieren, welche auf die Erreichung nationaler und europäischer Klima- und Umweltziele, die Erfüllung der Vorgaben der UN-Leitprinzipien für Wirtschaft und Menschenrechte sowie die menschenrechtsbasierte Umsetzung der Agenda 2030 ausgerichtet sein soll.

Abzuwarten bleibt, inwieweit die Empfehlungen des Abschlussberichts in tatsächliche Gesetzesinitiativen münden, vor allem mit Blick auf die Bundestagswahlen im Herbst dieses Jahres. Sollte das Ziel, Deutschland zu einem führenden Sustainable-Finance-Standort aufzubauen, Bestand haben und ambitioniert und mit entsprechendem politischen Willen weiterverfolgt werden, wird sich das auch auf den Rahmen für Dialog und Stimmrechtsausübungen auswirken. Unser knapper Blick in die Umsetzungspraxis zeigt, dass vor allem das E und das S für effektive ESG-Engagements mehr in den Fokus rücken müssen, wenn das übergeordnete Ziel eine Erreichung der entsprechenden Nachhaltigkeitsziele ist. Der derzeitig häufig erkennbare Fokus auf Governance-Themen greift insoweit zu kurz.

(Quelle: Die Wirtschaftsprüfung, Heft 08/2021, Seite 527 ff. (Reihe „Green and more"))

3.5 Green and more: EU-Standard für Green Bonds – aktuelle Entwicklungen

Von WP StB Nicole Richter und WP Yvonne C. Meyer

Anfang 2020 wurde der „EU Green Deal Investment Plan" veröffentlicht, der erhebliche Investitionsanstrengungen in allen Sektoren fordert. „Green Bonds" stellen eine unmittelbare Verknüpfung zwischen der Finanzierung „grüner" Projekte und dem Kapitalmarkt her. Mit einem EU-Standard für Green Bonds soll das Marktvertrauen in „grüne" Anleihen gestärkt werden. Der von der Technischen Expertengruppe der EU-Kommission für nachhaltige Finanzen erarbeitete Bericht über einen solchen Standard enthält verpflichtende externe Prüfungsleistungen.

3.5.1 Besonderheiten eines Green Bond

„Green Bonds" sind verzinsliche Wertpapiere, deren Emissionserlöse zur (Re-)Finanzierung von Klima- und Umweltschutzprojekten verwendet werden. Green Bonds werden von öffentlichen Institutionen, Förderbanken, Geschäftsbanken und Unternehmen emittiert. Auch die deutsche Finanzagentur hat für September[1] 2020 die erstmalige Emission einer grünen Bundesanleihe angekündigt.

Die Basis eines Green Bond kann ein einzelnes Projekt oder ein Portfolio an Projekten sein. Von Relevanz für das Attribut „grün" sind ausschließlich die jeweiligen Projekt(e). Nicht von Relevanz ist hingegen, in welchem Sektor oder in welcher Industrie das das Projekt initiierende Unternehmen tätig ist bzw. das Unternehmen an sich.

„Grüne" Projekte dienen beispielsweise der Förderung von erneuerbaren Energien, etwa die Errichtung eines Windkraftparks (Beispiel für „physical green assets") oder ein Hypothekendarlehen für die energieeffiziente Sanierung von Immobilien (Beispiel für „financial green assets"). Die Wirkung dieser Projekte ist in jährlich eingesparten Tonnen an CO_2-Äquivalenten messbar. „Grüne" Projekte sind oft, aber nicht ausschließlich klimafokussiert. Beispielsweise refinanziert eine Förderbank mit einem Green Bond die Renaturierung des Ruhrgebietsflusses Emscher (Beispiel für „green expenditures").

3.5.2 Transparenz und Offenlegung

Für die Emission eines Green Bond haben sich im Markt mehrere Standards etabliert. Zu nennen sind beispielsweise die „Green Bond Principles" (GPB), die unter dem Dach der International Capital Market Association (ICMA) entwickelt wurden. Auch die Standards der Climate Bonds Initiative (CBI), die auf Basis der GBP entwickelt wurden, finden eine

[1] Vgl. www.deutsche-finanzagentur.de (Abruf: 17.07.2020).

breite Anwendung. Verpflichtend ist die Anwendung eines Standards bei der Emission eines Green Bond aber nicht.

Im Jahr 2018 wurde die Technische Expertengruppe der EU-Kommission für nachhaltige Finanzen (TEG) mit der Ausarbeitung eines Berichts über einen EU-Standard für Green Bonds („Bericht GBS – Green Bond Standard") beauftragt. Die TEG setzte ihre Arbeit auf etablierten Standards auf. Im Juni 2019 veröffentlichte sie ihren ersten Bericht mit zehn Empfehlungen zur Schaffung eines EU-Standards für Green Bonds.[2] Im März 2020 legte die TEG einen Anwendungsleitfaden „Usability Guide for the EU-Green Bond Standard"[3] vor.

Die TEG definiert in ihrem „Bericht GBS" vier zentrale Regelungsinhalte:

- Klassifizierungskriterien für „grüne" Projekte,
- Green-Bond-Rahmenwerk,
- verpflichtende Berichte über die Erlösverwendung („Allocation Reporting") und den ökologischen Nutzen („Impact Reporting"),
- verpflichtende Prüfung durch akkreditierte externe Prüfer.

Die Klassifizierungskriterien für „grüne" Projekte sollen auf der „grünen" Liste nachhaltiger Wirtschaftstätigkeiten beruhen („EU-Taxonomie").

Der Anwendungsleitfaden enthält vor allem Orientierungshilfen für das vom Emittenten zu erstellende Green- Bond-Rahmenwerk (Anhang 2), die Berichterstattung (Anhang 3) sowie die Darstellung der Verknüpfung der Klassifizierung mit der EU-Taxonomie (Anhang 4).

Als Teil des Green Deal bekräftigte die EU-Kommission Anfang 2020 die Standardisierung für grüne Anleihen. Die im Juni 2020 von der EU-Kommission gestartete Konsultation baut auf dem „Bericht GBS" mit dem Anwendungsleitfaden und der EU-Taxonomie auf und endet Anfang Oktober 2020.[4] Ein Konsultationsaspekt ist die Einschätzung des zusätzlichen Berichterstattungs- und Prüfungsaufwands gegenüber herkömmlichen Anleihen.

Neben der Standardisierung werden im „Bericht GBS" auch verschiedene Anreize empfohlen, um das Marktwachstum für grüne Anleihen zu fördern. Ein potenzieller Anreiz, der mit Inkrafttreten des EU-Standards für Green Bonds gelten könnte, ist eine Pflicht zur Offenlegung des Anteils des Investments in Green Bonds für alle institutionellen Anleger in Europa.

2 Vgl. https://ec.europa.eu (Abruf: 17.07.2020).
3 Vgl. https://ec.europa.eu (Abruf: 17.07.2020).
4 Vgl. https://ec.europa.eu (Abruf: 17.07.2020).

Eine Entscheidung der EU-Kommission zur Umsetzung des EU-Standards für Green Bonds wurde für das vierte Quartal 2020 im Rahmen der überarbeiteten nachhaltigen Finanzstrategie angekündigt.

3.5.3 Klassifizierungskriterien für „grüne" Projekte

Für das Marktvertrauen in „grüne" Anlageprodukte ist elementar, dass das Attribut „grün" überprüfbar ist. Hier setzt die EU-Taxonomie-Verordnung an, die nach langen Verhandlungen im Dezember 2019 veröffentlicht und im Juni 2020 vom Europäischen Parlament angenommen worden ist.[5] Die Taxonomie-Verordnung bildet den Rahmen eines Klassifikationssystems, um eine wirtschaftliche Tätigkeit mit einem EU-Label als „nachhaltig" zu kennzeichnen. Demnach gelten kumulativ vier Voraussetzungen:

1. Die Tätigkeit leistet einen wesentlichen Beitrag zu mindestens einem der sechs definierten Umweltziele (siehe unten).
2. Die Tätigkeit verursacht keine erhebliche Beeinträchtigung eines der Umweltziele.
3. Der ökologische Nutzen erfüllt solide, wissenschaftlich fundierte Evaluierungskriterien.
4. Bei Ausübung der Tätigkeit werden bestimmte Mindeststandards in Bezug auf Sozial- und Governance-Aspekte eingehalten.

Vor allem das sogenannte „Do No Significant Harm"-Kriterium zur Vermeidung negativer Umweltauswirkungen und das sogenannte „Minimum Safeguard"-Kriterium zum Schutz sozialer Belange finden in bisherigen Projektbeurteilungen oft noch keine explizite Anwendung.

Die konkrete „grüne Liste" nachhaltiger Wirtschaftstätigkeiten („EU-Taxonomie") wird die EU-Kommission durch den Erlass delegierter Rechtsakte verabschieden. Bis Ende 2020 soll jeweils eine „grüne Liste" für die Umweltziele (1) Klimaschutz und (2) Anpassung an den Klimawandel verabschiedet werden. Bis Ende 2021 soll je eine „grüne Liste" verabschiedet werden für (3) Nachhaltige Nutzung und Schutz von Wasser- und Meeresressourcen, (4) Übergang zur Kreislaufwirtschaft, (5) Vermeidung und Verminderung der Umweltverschmutzung und (6) Schutz und Wiederherstellung der Biodiversität und der Ökosysteme. Diese künftigen Klassifizierungen können Anleger dann verwenden, um zu prüfen, ob die einem Green Bond unterlegten Projekte „grün" sind.

[5] Vgl. https://ec.europa.eu (Abruf: 17.07.2020).

Ein Kritikpunkt an der Taxonomie-Verordnung ist, dass Anleger künftig nicht-„grünen" Projekten automatisch eine umweltschädliche Auswirkung unterstellen könnten. Dies könnte – bei breiter Anwendung der EU-Taxonomie im Kapitalmarkt – für „neutrale" Projekte zu ungünstigen Finanzierungskonditionen führen. Die TEG empfiehlt daher, auch umweltschädliche Aktivitäten aufzulisten („braune" Taxonomie).

3.5.4 Externe Prüfungsinhalte

Im „Bericht GBS" spricht die TEG die Empfehlung für folgende verpflichtende Prüfungsleistungen aus:

1. eine Prüfung vor oder zum Zeitpunkt der Emission („Pre-Issuance"-Prüfung) darauf hin, ob
   a. die Projekte „grün" im Sinne der EU-Taxonomie sind und
   b. das der Emission zugrunde liegende Rahmenwerk den Anforderungen des EU-Standards für Green Bondss entspricht;
2. eine Prüfung nach der vollständigen Verwendung der Erlöse („Post-Issuance"-Prüfung), d. h. die tatsächliche Erlösverwendung, wie sie im „Allocation Reporting" des Emittenten aufgeführt ist.

Für Investoren ist neben der Erlösverwendung auch die Berichterstattung über den tatsächlichen ökologischen Nutzen („Impact Reporting") von Relevanz. Emittenten ist auch die Prüfung dieser Berichterstattung zu empfehlen.

Nach dem „Bericht GBS" ist die jeweilige Berichterstattung über die Prüfung öffentlich zugänglich zu machen (z. B. auf der Website des Emittenten).

Diese Prüfungen sind ein weiteres Tätigkeitsfeld für Wirtschaftsprüfer im Kontext der Nachhaltigkeit. Grundlage für die Prüfungen ist derzeit der prinzipienorientierte allgemeine Standard ISAE 3000 (Revised) „Assurance Engagements Other than Audits or Reviews of Historical Financial Information". Bislang wurden bzw. werden Prüfungen im Kontext eines Green Bond in der Regel mit begrenzter Sicherheit – „Limited Assurance" – durchgeführt.

3.5.5 Fazit

Europäische Green Bonds sollen eine wichtige Rolle bei der Umsetzung des „EU-Green Deal Investment Plan" einnehmen. Mit einem EU-Standard für Green Bonds wäre Europa Vorreiter bei der Standardisierung für grüne Anleihen.

Die mit dem Standard eng verknüpfte EU-Taxonomie ist als ein großer Fortschritt zu würdigen, um künftig Zweifeln von Anlegern am ökologischen Nutzen eines Projekts zu begegnen.

Das Marktvertrauen wird auch mit einer Prüfung gestärkt. Die Prüfung durch Wirtschaftsprüfer sollen zumindest in Deutschland eine einheitlich hohe Qualität der jeweiligen Prüfung sicherstellen.

(Quelle: Die Wirtschaftsprüfung, Heft 16/2020, Seite 970 ff. (Reihe „Green and more"))

3.6 IDW Knowledge Paper: Green Bonds – Auf dem Weg zu einem verlässlichen Markt für grüne Anleihen

(Stand: 16.02.2021)

3.6.1 Vorbemerkungen

Das Thema der nachhaltigen Transformation der Wirtschaft und deren Finanzierung hat eine breite Öffentlichkeit erreicht. In großem Umfang werden mittlerweile Finanzinstrumente emittiert, die für sich das Label „Green Bond“ in Anspruch nehmen. Hierunter wird die Aufnahme von Mitteln verstanden, die für Aktivitäten bzw. Investitionen zur Verringerung bzw. Verhinderung von Umwelt- bzw. Klimaschäden dienen sollen. In der Praxis haben sich einige von den emittierenden Unternehmen unabhängige Regelwerke etabliert, sog. Green Bond Standards, deren Anforderungen zu zahlreichen praktischen Auslegungsfragen führen. Solche Unklarheiten verstärken die Sorge einer verlässlichen Klassifizierung von Finanzprodukten als „grün“ und erhöhen das Risiko, dass Emittenten „Greenwashing“ betreiben könnten, also Investments als nachhaltig ausweisen, obwohl diese klima- oder umweltschädliche Elemente enthalten oder finanzieren.[1] Schließlich werden die unternehmensindividuellen Rahmenwerke (Frameworks) zur Emission von Green Bonds aus den freiwillig anzuwendenden Green Bond Standards abgeleitet.

Auch die im Zusammenhang mit der Emission von Green Bonds durchgeführten externen Verifizierungen weisen eine hohe Heterogenität auf. Dies betrifft vor allem die angewandten (Prüfungs-) Standards einschließlich des Umfangs der durchzuführenden Validierungshandlungen. Dabei wird die Aussagekraft „grüner“ Zertifikate von Institutionen außerhalb des Berufsstands der Wirtschaftsprüfer zunehmend kritisch hinterfragt, z.B. wenn die genutzte Untersuchungsmethodik lediglich auf der Auswertung von Fragebögen basiert.

Diese Heterogenität auf Emittenten- und Prüferseite erschwert den Marktteilnehmern gegenwärtig eine Vergleichbarkeit der emittierten grünen Anleihen. Der europäische Gesetzgeber hat diese Probleme erkannt und arbeitet zurzeit an der Entwicklung eines unverbindlichen EU Green Bond Standards.[2] Die Veröffentlichung eines Legislativvorschlags durch die EU-Kommission ist für Juni 2021 angekündigt.

---

1 Vgl. Antwort der Bundesregierung auf die Anfrage von Abgeordneten "Greenwashing – von Finanzprodukten in Deutschland und in Europa" vom 17.01.2020, Drs. 19/16590.

2 Am 18. Juni 2019 veröffentlichte hierzu die TEG ihren finalen Bericht, https://ec.europa.eu/info/files/190618-sustainable-finance-teg-report-green-bond-standard_en, und am 9. März 2020 einen "Usability Guide", https://ec.europa. eu/info/files/200309-sustainable-finance-teg-green-bond-standard-usability-guide_en.

Das vorliegende IDW Knowledge Paper stellt Beobachtungen und Entwicklungen rund um die Emission von Green Bonds dar. Hierzu wird zunächst die dynamische Entwicklung des Marktes für Green Bonds beschrieben. Darauf aufbauend werden die idealtypischen Prozesse im Rahmen einer Emission von Green Bonds dargelegt. Es folgt ein Überblick über die aktuell am Markt etablierten wesentlichen Green Bond Standards sowie eine Erläuterung von absehbaren Neuerungen durch den EU Green Bond Standard. Abschließend werden mögliche Prüfungsleistungen bei der Emission von Green Bonds dargelegt, die das Vertrauen des Kapitalmarkts in die emittierten Produkte stärken können.

Aus Sicht des Berufsstands der Wirtschaftsprüfer stellen Green Bonds ein zentrales Element der nachhaltigen Transformation der Wirtschaft dar. Regulatorische Maßnahmen sind daher sorgfältig und unter Berücksichtigung marktwirtschaftlicher Hebel zu entwickeln. Mit diesem Papier möchte das IDW einen Beitrag zur notwendigen, laufenden Debatte über die Zukunft der Emission von Green Bonds leisten. Es richtet sich an die interessierte Öffentlichkeit, insbesondere an Emittenten, Investoren und die Politik.

3.6.2 Bedeutung von Green Bonds: Dynamische Steigerung des Emissionsvolumens

Seitdem die European Investment Bank den ersten Climate Awareness Bond im Jahr 2007 und die Weltbank den ersten gekennzeichneten Green Bond für institutionelle Investoren 2008 emittiert haben, hat sich der Markt für Green Bonds, aber auch der für Sustainability sowie Social Bonds[3], dynamisch weiterentwickelt. Die Möglichkeit, die Kapitalbeschaffung an grüne Projekte zu knüpfen, hat sich weltweit durchgesetzt. Der konkrete Gegenstand der Finanzierungen sowie die Transparenz darüber werden damit immer relevanter.

G20, OECD und der IMF (International Monetary Fund) haben das Potenzial der Green Bond- Märkte schon vor längerer Zeit erkannt und ab 2016 deren Rolle aktiv in der G20 Green Finance Study Group diskutiert.[4] Nachdem die internationalen Organisationen und Banken die ersten Green Bonds emittierten, wurde im Jahr 2013 der erste Green Bond eines Industrieunternehmens sowie der erste Green Bond einer Stadtgemeinde (Green Muni Bond) aufgelegt.

Mit den verschiedenen Arten eines Green Bonds hat sich die Emittentenbasis stark diversifiziert, was in der folgenden Abbildung 1 veranschaulicht wird.

---

3 Vgl. dazu ausführlich Abschnitt 7.5.6.

4 World Bank Treasury (2019), 10 Years of Green Bonds: Creating the Blueprint for Sustainability Across Capital Markets, https://www.worldbank.org/en/news/immersive-story/2019/03/18/10-years-of-green-bonds-creating-the-blueprintfor-sustainability-across-capital-markets.

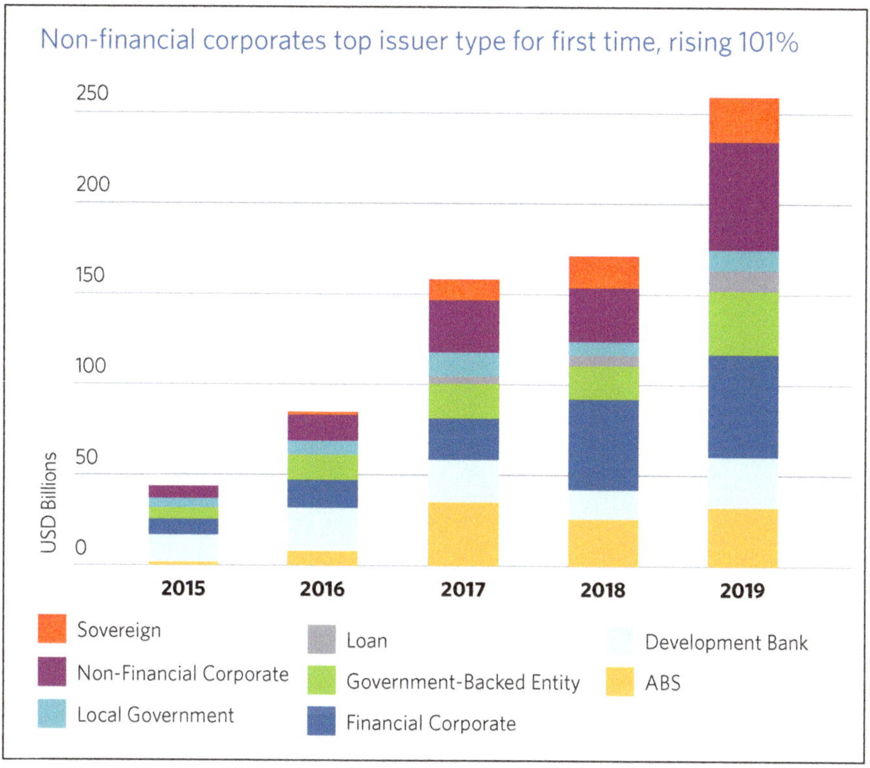

Abb. 1: Emittenten von Green Bonds, 2015-2019; Quelle: CBI, Global Green Bonds 2019 Report

2015 waren es noch mehrheitlich die Entwicklungsbanken und -agenturen, die per se einen starken Fokus auf Nachhaltigkeit richten. Im Laufe der Zeit sind mehr und mehr die Akteure des allgemeinen Finanzsektors und der Realwirtschaft hinzugekommen und haben die Emittentenlandschaft um einen starken Anteil der Privatwirtschaft erweitert. Immer mehr Banken emittieren Green Bonds, deren Mittel sie dann in der Form von Green Loans an ihre Kunden weitergeben.[5] Die KfW finanziert beispielsweise seit 2014 Kredite für den Ausbau erneuerbarer Energien und seit 2019 auch Kredite für den Bau energieeffizienter Gebäude durch Green Bond-Emissionen.[6] Auch immer mehr Regierungen emittieren Green Bonds als Staatsanleihen, wie z.B. Frankreich, Belgien, Irland und zuletzt auch Deutschland.

5 Ein etablierter Standard für Green Loans wird in den „Green Loans Principles" festgehalten, die von der Loan Market Association verwaltet werden.

6 KfW (2019), "Green Bonds – Made by KfW", Allocation Report: Use of proceeds of 2019 Green Bond issuances, https://www.kfw.de/PDF/Investor-Relations/PFD-Dokumente-Green-Bonds/KfW-Green-Bond-Allocation-Report- 2019-2.pdf.

Hinweis:
Im Jahr 2019 wurde erstmalig ein Emissionsvolumen für Green Bonds von über USD 250 Mrd. weltweit erreicht.[7] Damit hat sich das jährliche Emissionsvolumen von 2010 (USD 2,5 Mrd.) bis 2019 verhundertfacht. Die Emissionen konnten nach ersten Berechnungen im Jahr 2020 weiter gesteigert werden. Damit hat das gesamte Emissionsvolumen von Green Bonds seit 2007 eine Höhe von USD 1 Billion erreicht.[8] Für 2021 werden sogar Neuemissionen von Green Bonds in Höhe von über USD 500 Mrd. prognostiziert.[9]

Abbildung 2 zeigt die Verteilung der Green Bond- Emissionen auf die Weltregionen sowie supranationale Emittenten. Die drei emissionsstärksten Weltregionen sind Europa, Nordamerika und Asien. Bis Juni 2020 entfielen auf Europa (ohne Skandinavien) 42,1% des globalen Marktes. Die anteilsmäßig stärksten Länder weltweit sind die USA, gefolgt von China und Frankreich.

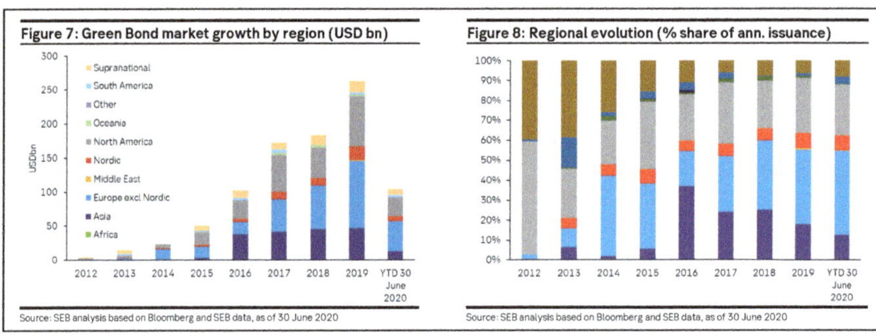

Abb. 2: Kumulative Emissionsvolumina von Green Bonds in den Weltregionen sowie die prozentuale Verteilung, 2012-2019; Quelle: SEB (2020), The Green Bond, July 2020

Die häufigsten Verwendungszwecke für Green Bonds sind Erneuerbare Energien, grüne Gebäude sowie nachhaltiger Transport und Verkehr. (s. Abb. 3) Mit dem Green Bond von Teekay Shuttle Tankers 2019[10], dessen Mittel für die Entwicklung von E-Booten für den

---

7 CBI, Green Bonds: Global State of the Market 2019, https://www.climatebonds.net/files/reports/cbi_sotm_2019_vol1_04d.pdf.

8 Nach USD 754 Mrd. in 2019. Vgl. Climate Bonds Initiative (2019) Green bonds global state of the market 2019, https://www.climatebonds.net/files/reports/cbi_sotm_2019_vol1_04c_0.pdf; https://seb.de/uber-die-seb/presse/pressemitteilungen/seb-green-bond-report-dezember-2020.

9 SEB (2020), The Green Bond: Your insight into sustainable finance, S. 16, https://sebgroup.com/siteassets/cision/ documents/2020/20201210-sebs-the-green-bond-report-2021-to-be-record-year-for-sustainable-financeen- 0-2831617.pdf.

10 Christian Fjell (2019), Teekay E-Shuttle Tanker – Groundbreaking Environmental Performance in "The Green Bond December 2019", Seite 24 f., https://sebgroup.com/siteassets/large_corporates_and_institutions/our_services/markets/fixed_income/green_bonds/thegreenbond_december2019.pdf.

Transport von Öl verwendet werden sollen, hat sich die Debatte um den Verwendungszweck am Markt intensiviert. Eine Diskussion zur Emission von Transition Bonds wurde eröffnet. Diese unterstützen zwar die nachhaltige Transformation der Wirtschaft, stellen aber noch nicht die technologische Zielvorstellung einer kohlenstoffarmen Wirtschaft dar. „Grün" hätte dann verschiedene „Shades of Green".

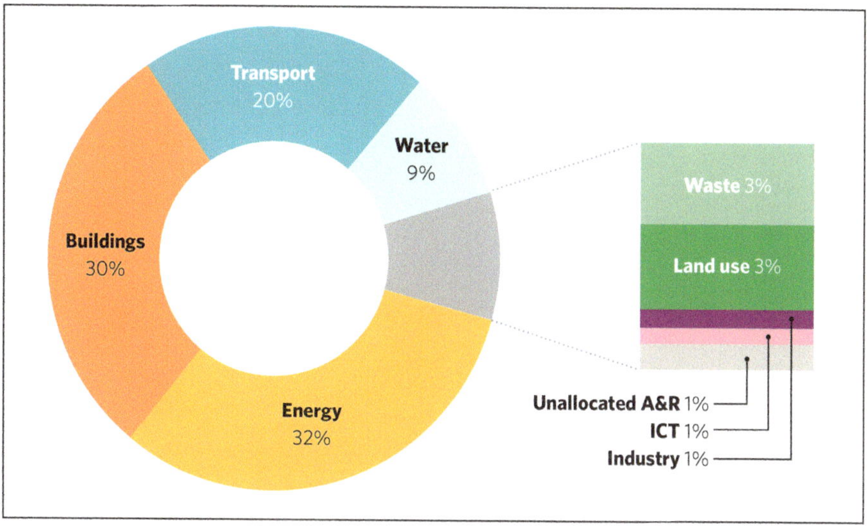

Abb. 3: Verwendungszwecke der Mittel aus Green Bond Emissionen 2019; Quelle: Climate Bonds Initiative, (2019) Green Bonds Global State of the Market 2019

Deutsche Emittenten zählen zu den Pionieren am Green Bond-Markt. Sowohl die KfW als auch die Landwirtschaftliche Rentenbank emittieren seit 2013 Green Bonds, die NRW.Bank und das Land Nordrhein-Westfalen seit 2014.[11] Bis Mai 2019 ist das kumulative Emissionsvolumen in Deutschland auf EUR 33,6 Mrd. angestiegen, so dass Deutschland den viertgrößten Markt weltweit darstellt.[12]

Abbildung 4 zeigt die Emissionsvolumina von 2013 bis Mai 2019 in Deutschland und die Aufteilung auf die verschiedenen Marktteilnehmer. Die Emissionen werden hauptsächlich von Entwicklungsbanken und Akteuren des Finanzsektors (z.B. Berlin Hyp, Deutsche Hypo, LBBW, Commerzbank und DZ Bank) begeben. Aber auch realwirtschaftliche Unternehmen nehmen vermehrt am Green Bond-Markt teil, z.B. VW, EnBW, enercity, MEP Werke und BayWa. Die Bundesrepublik Deutschland hat im September 2020 einen

11 Climate Bonds Initiative (2017), Deutsche Green Bonds Update und Chancen, https://www.climatebonds.net/files/ files/Auf-Deutsch-Deutsche-Green-Bonds-Update-und-Chancen-Mai2017.pdf.

12 Climate Bonds Initiative (2019), Grüner Finanzmarkt – Lagebericht 2019, Juli 2019, https://www.climatebonds.net/files/files/Germany_GBSOTM_201907_update_de.pdf.

ersten und bereits im November 2020 einen zweiten Green Bond begeben. Es kann davon ausgegangen werden, dass die Signalwirkung einer grünen Bundesanleihe den deutschen Green Bond-Markt weiter ankurbeln wird.

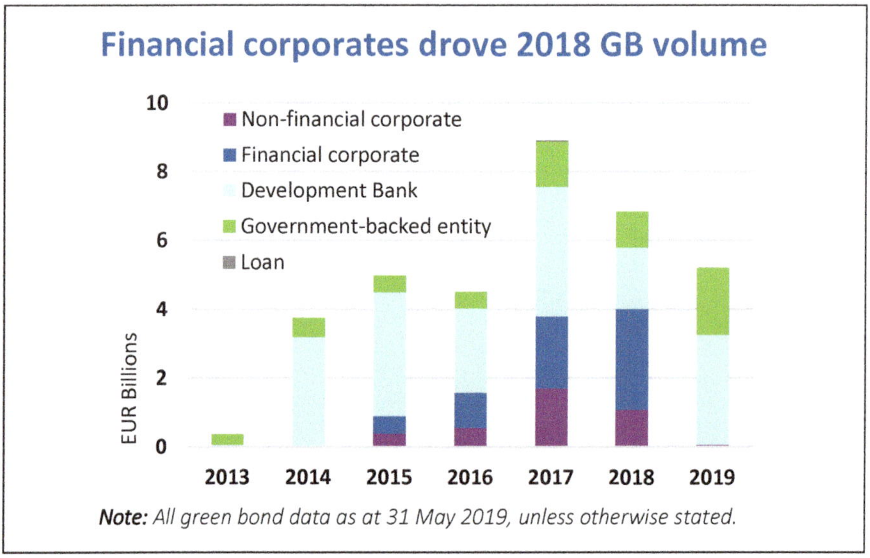

Abb. 4: Green Bond Emissionsvolumina in Deutschland 2013-2019 (Mai 2019); Quelle: Climate Bonds Initiative (2019), Germany Green Finance State of the Market - 2019 update

3.6.3 Phasen der Emission von Green Bonds

Green Bonds sind Wertpapiere (Finanzinstrumente) zur Kapitalbeschaffung über den Kapitalmarkt. Die Phasen der Emission eines Green Bonds verlaufen analog zur Ausgabe klassischer Anleihen. Dabei sind grob drei Phasen zu unterscheiden:

- Phase 1: Zeit vor Ausgabe des Green Bonds,
- Phase 2: Ausgabe des Green Bonds,
- Phase 3: Zeit nach Ausgabe des Green Bonds.

Je Phase hat der Emittent unterschiedliche Anforderungen zu beachten. Diese ergeben sich zum einen aus gesetzlichen Vorgaben, z.B. Regeln zur Erstellung von Prospekten sowie Mitteilungsund Vorlagepflichten an die Finanzaufsicht nach WpHG, KAGB, VermAnlG und WpPG.

Zum anderen müssen Emittenten entscheiden, ob und falls ja, welchen Green Bond Standard sie der Emission eines Green Bonds zugrunde legen. In der Praxis hat sich eine auf einem etablierten Green Bond Standard aufbauende Entwicklung eines unternehmensindividuellen Rahmenwerks (Frameworks) etabliert, angepasst an die zu (re-)finanzierenden Projekte. Im Green Bond Standard sowie im daraus abgeleiteten Framework werden (Mindest-) Voraussetzungen für das „Label“ Green Bond dargelegt. Diese betreffen unter anderem notwendige Abgrenzungen zu finanzierender „grüner“ Projekte sowie Analysen und Vorgaben zur Überwachung und Berichterstattung nach der Emission. Hierzu sind von den Emittenten angemessene und wirksame Systeme, Prozesse und Verfahren einzurichten und zu überwachen. Die Abbildung 5 veranschaulicht exemplarisch die einzelnen Prozessschritte und wesentliche Eckpfeiler der Emission von Green Bonds.

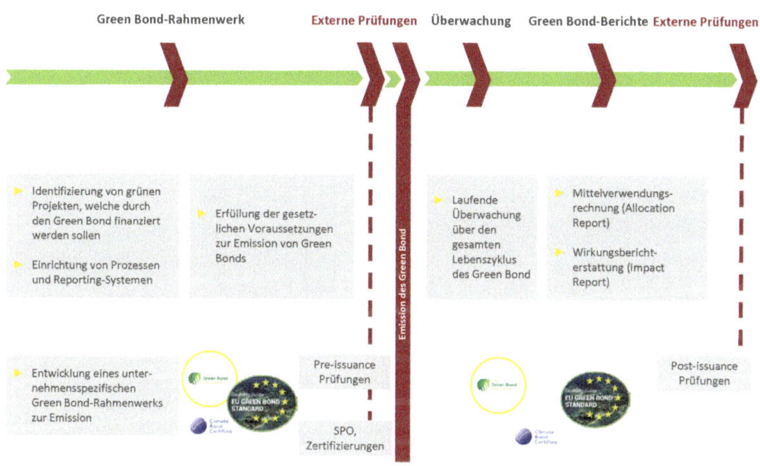

Abb. 5: Phasen der Emission von Green Bonds

3.6.4 Green Bond Standards und Ausblick auf den EU Green Bond Standard

Für die Emission eines Green Bond haben sich am Markt mehrere Standards etabliert. Zu nennen sind beispielsweise die „Green Bond Principles“ (GBP)[13], die unter dem Dach der International Capital Market Association (ICMA) entwickelt wurden, sowie der Climate Bonds Standard[14] der Climate Bonds Initiative (CBI), der auf Basis der GBP entwickelt wurde. Verpflichtend ist die Anwendung eines Standards bei der Emission eines Green Bond bislang nicht. Dennoch haben diese Standards die Vereinheitlichung der Emission von Green Bonds maßgeblich geprägt.

13 Vgl. https://www.icmagroup.org/green-social-and-sustainability-bonds/green-bond-principles-gbp/.
14 Vgl. https://www.climatebonds.net/files/files/climate-bonds-standard-v3-20191210.pdf.

Die GBP werden im Wesentlichen in vier Bausteine gegliedert:

- **Verwendung der Emissionserlöse (Use of Proceeds):** Die GBP beschreiben Mindestanforderungen an grüne Projekte, die mittels der Green Bonds finanziert werden sollen. Dabei geben sie Hinweise auf mögliche Abgrenzungskriterien, u.a. durch die Beschreibung von Kategorien „geeigneter" grüner Projekte.
- **Prozess der Projektbewertung und -auswahl (Process for Project Evaluation & Selection):** Emittenten sollen transparente Angaben zur ökologischen Zielsetzung, zur Vorgehensweise bei der Bestimmung grüner Projekte sowie zu den jeweiligen Eignungsund Ausschlusskriterien machen. Darüber hinaus sind Angaben zu Maßnahmen zur Identifikation und Steuerung potenzieller ökologischer und sozialer Risiken im Zusammenhang mit den Projekten zu machen. Den Emittenten wird zudem eine externe Prüfung des Prozesses empfohlen.
- **Management der Erlöse (Management of Proceeds):** Es ist durch interne Prozesse sicherzustellen, dass das aus der Emission des Green Bonds erhaltene Kapital ausschließlich für die Kredit- und Investitionstätigkeiten der grünen Projekte verwendet wird. Die GBP verlangen ein hohes Maß an Transparenz und empfehlen die Prüfung der Mittelverwendung durch einen Wirtschaftsprüfer oder einen sonstigen Dritten.
- **Berichterstattung (Reporting):** Die Emittenten sollen aktuelle Informationen über die Verwendung der Emissionserlöse bereitstellen. In einer jährlichen Berichterstattung sollten nach den GBP als Mindestbestandteile enthalten sein: Eine Übersicht über die dem Green Bond zugeordneten Projekte, eine kurze Projektbeschreibung und die entsprechend zugeflossenen Beträge. Darüber hinaus werden Hinweise zur Wirkungsberichterstattung (erwartete Umweltauswirkungen) verlangt. Hierbei wird die Verwendung qualitativer Leistungsindikatoren und, sofern möglich, quantitativer Kennzahlen empfohlen.

Der CBI Climate Bonds Standard greift diese vier Kernkomponenten der GBP auf und unterscheidet deutlicher zwischen den Anforderungen für die Zeit vor (pre-issuance requirements) und nach der Emission des Green Bonds (postissuance requirements). Der Standard konkretisiert die Anforderungen in vielen Teilen und gibt damit insgesamt striktere Leitlinien vor.

Im Jahr 2018 wurde die Technische Expertengruppe der EU-Kommission für nachhaltige Finanzen (TEG) mit der Erarbeitung eines Berichts zur Entwicklung eines EU-Standard für Green Bonds beauftragt. Die TEG setzte ihre Arbeit auf den etablierten Standards auf. Dabei sollten vor allem die Klassifizierungskriterien präzisiert werden. Im Juni 2019 veröffentlichte die TEG ihren ersten Bericht mit zehn Empfehlungen zur Schaffung eines EU-Standards für Green Bonds. Im März 2020 legte die TEG einen Anwendungsleitfaden „Usability Guide for the EU Green Bond Standard" (EU GBS) vor. Nach Ansicht der TEG soll die Anwendung des EU GBS für solche Emittenten relevant sein, die eine Emission auf hohem Qualitätsniveau anstreben.

Hinweis:
Die TEG definiert vier zentrale Regelungsinhalte:

1. Klassifizierungskriterien für grüne Projekte im Einklang mit der „grünen Liste" nachhaltiger Wirtschaftstätigkeiten entsprechend der EU-Taxonomie[15],
2. Erstellung eines Green Bond-Rahmenwerks durch den Emittenten,
3. Aufstellung verpflichtender Berichte über die Erlösverwendung („Allocation Reporting") und den ökologischen Nutzen („Impact Reporting"),
4. verpflichtende Prüfung durch akkreditierte externe Prüfer.

Der Anwendungsleitfaden enthält vor allem Orientierungshilfen für das vom Emittenten zu erstellende Green Bond-Rahmenwerk (Anhang 2), die Berichterstattung (Anhang 3) sowie die Darstellung der Verknüpfung der Klassifizierung mit der EU-Taxonomie (Anhang 4).

Nach diesem Entwurf eines EU Green Bond Standards wird vom Emittenten eines EU Green Bonds die Veröffentlichung folgender Dokumente verlangt:

- Green Bond Framework,
- Allocation Reporting,
- Impact Reporting.

In seinem unternehmensspezifischen Green Bond Framework bestätigt der Emittent die freiwillige Anwendung des EU GBS und veröffentlicht Einzelheiten zu allen wesentlichen Aspekten der vorgesehenen Mittelverwendung sowie zu seinen grünen Projekten und den ihnen zugrunde liegenden Green Bond-Strategien und -Prozessen.[16] Das Framework muss vor oder spätestens zur Emission veröffentlicht werden (Pre-Issuance-Reporting) und bis zur Fälligkeit des EU Green Bonds öffentlich zugänglich sein. Bei späteren Änderungen oder Ergänzungen der Taxonomie einschließlich der Technical Screening Criteria (TSC) sollen ausstehende Emissionen rechtlichen Bestandsschutz genießen.

Der EU GBS sieht als Post-Issuance-Reporting ein Allocation Reporting und ein Impact Reporting vor.

Ein öffentliches Allocation Reporting hat bis zur vollständigen Mittelverwendung mindestens jährlich zu erfolgen, bei wesentlichen Veränderungen der Mittelallokation sind anlassbezogene Aktualisierungen notwendig. Besondere Bedeutung kommt dabei dem Allocation Report zur vollständigen Mittelverwendung zu (Final Allocation Report).[17]

15 Verordnung (EU) 2020/852 des Europäischen Parlaments und des Rates vom 18. Juni 2020 über die Einrichtung eines Rahmens zur Erleichterung nachhaltiger Investitionen und zur Änderung der Verordnung (EU) 2019/2088.
16 EU GBS Kap. 4.2; Kernelemente des unternehmensspezifischen Green Bond Framework.
17 Vgl. dazu EU GBS, Kapitel 7(b).

Ein Allocation Report beinhaltet eine Bestätigung der Anwendung des EU GBS, eine Aufgliederung der den grünen Projekten (bereits) zugewiesenen Beträge zumindest bis auf Sektorenebene disaggregiert und die geographische Verteilung der Projekte.

Für die Organisation einer EU Green Bond- Emission ist bedeutsam, dass das Allocation Reporting bereits im Framework zu beschreiben ist. Insoweit sind die Anforderungen an das Allocation Reporting durch den Emittenten bereits auf Ebene des Frameworks zu antizipieren. In der Folge richtet sich das konkrete Allocation Reporting nach den im jeweiligen Framework festgelegten Bedingungen.

Ein Impact Reporting ist zwingend mindestens einmal während der Laufzeit der Emission nach vollständiger Mittelverwendung zu veröffentlichen, sowie zusätzlich anlassbezogen bei wesentlichen Veränderungen der Mittelallokation. Auch für das Impact Reporting ist vorgeschrieben, dass es bereits im Framework darzustellen ist. In der Folge richtet sich das konkrete Impact Reporting nach den im jeweiligen Framework festgelegten Anforderungen. Lediglich die Methoden und Annahmen, mit denen die Auswirkungen „beurteilt" (laut Kap. 4.3 des EU GBS) bzw. „berechnet" (laut Kap. 4.2 des EU GBS) werden sollen, dürfen im Impact Reporting selbst „nachgereicht" werden.

Die folgende Abbildung 6 veranschaulicht die Kernelemente nach dem EU GBS:

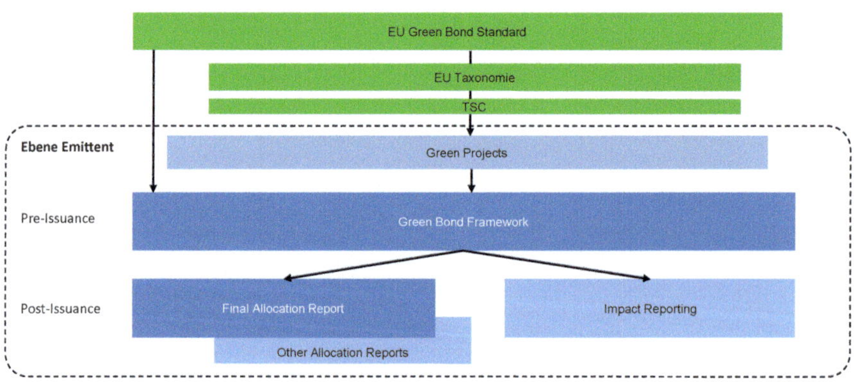

Abb. 6: Kernelemente des EU Green Bond Standard

Die TEG empfiehlt eine freiwillige Anwendung des EU GBS für alle Marktteilnehmer. Dabei kann der EU GBS zur Finanzierung von Projekten innerhalb aber auch außerhalb der EU angewendet werden. Ferner kann er für alle Arten von notierten und nicht-notierten Schuldinstrumenten zur Anwendung kommen.

Als Teil des Green Deal bekräftigte die EUKommission Anfang 2020 ihre Bestrebungen zur Standardisierung des Marktes für grüne Anleihen. Die im Oktober 2020 abgeschlossene Konsultation der EU-Kommission („Establishment of an EU Green Bond Standard") basierte auf dem EU GBS-Bericht der TEG einschließlich des Anwendungsleitfadens und der EUTaxonomie.[18] Die Vorlage eines Vorschlags für einen EU Green Bond Standard durch die EU Kommission wird derzeit im Juni 2021 erwartet.[19]

3.6.5 Externe Prüfungen im Zusammenhang mit Green Bonds

3.6.5.1 Bestandsaufnahme

Prüfungen unterstützen Emittenten bei ihrer Überwachung der hohen Anforderungen an die Governance und Kontrollen während des Lebenszyklus des Green Bonds. Eine unabhängige externe Prüfung ist darauf ausgerichtet, den Sicherheitsbedarf von Investoren zu adressieren. Schließlich benötigen diese Gewissheit darüber, dass ein Green Bond über seinen Lebenszyklus den spezifischen und veröffentlichten Kriterien entspricht, um ihrerseits Reputationsschäden zu vermeiden und die Anforderungen an die eigene Governance und das Risikomanagement zu erfüllen. Darüber hinaus stiften Prüfungen gesellschaftlichen Nutzen durch die Sicherstellung von Transparenz und Glaubwürdigkeit als Gegenpol zu möglichen Greenwashing-Gefahren. Prüfungen durch unabhängige Dritte stärken also das Vertrauen in den Green Bond-Markt insgesamt.

Um Informationsasymmetrien für Marktteilnehmer zu reduzieren, empfehlen einige Green Bond-Standards den Emittenten, ihr Green Bond Framework, ihre Green Bond-Prozesse bzw. ihre Berichterstattungen zur Emission von Green Bonds von einem oder mehreren externen Prüfern analysieren bzw. die Übereinstimmung mit den Anforderungen des gewählten Green Bond Standards verifizieren zu lassen. Einige Standards sehen verpflichtende externe Verifizierungen/Validierungen vor.

Hinweis:
Dabei sind drei verschiedene Tätigkeitsbereiche eines externen Prüfers zur Emission von Green Bonds zu unterscheiden:

1. Eine Prüfung oder Zertifizierung des Rahmenwerks für grüne Anleihen vor der Ausgabe (pre-issuance),
2. die Prüfung der Mittelverwendung (Allocation Report) und
3. die Prüfung der Auswirkungen der mit den Mitteln finanzierten Projekte (Impact Report).

[18] Für einen Überblick vgl. https://ec.europa.eu/info/business-economy-euro/banking-and-finance/sustainable-finance/ eu-green-bond-standard_en#next; https://www.europarl.europa.eu/legislative-train/theme-an-economythat- works-for-people/file-eu-green-bond-standard.

[19] Vgl. Arbeitsprogramm der EU Kommission für 2021, https://eur-lex.europa.eu/resource.html?uri=cellar:91ce5c0f-12b6-11eb-9a54-01aa75ed71a1.0003.02/DOC_1&format=PDF; https://www.marketscreener. com/news/latest/EU-Commission-to-propose-EU-green-bond-standard-by-June-EU-leaders-say--31991310/.

Derzeit werden Validierungen von vier Institutionen angeboten:

- Wirtschaftsprüfungsgesellschaften,
- Beratungsunternehmen, die sich auf sog. Second Party Opinions und Zertifizierungen spezialisiert haben,
- Nachhaltigkeits-Ratingagenturen und
- Zertifizierungsbehörden.[20]

Hinweis:
Die von den Organisationstypen angebotenen Validierungen weisen vor allem einen deutlichen Unterschied hinsichtlich ihres Aussagegehalts und Sicherheitsniveaus auf.

Die Unterschiede zwischen den Leistungen, insbesondere zwischen Prüfungen und Zertifizierungen bzw. Second Party Opinions, ergeben sich vor allem aus den folgenden Merkmalen:

- Vergleichbarkeit der herangezogenen Kriterien für die Untersuchung,
- Nachvollziehbarkeit der durchgeführten Prüfungs- bzw. Untersuchungshandlungen,
- erreichbares Sicherheitsniveau,
- Einheitlichkeit des Aufbaus der Berichterstattung des Prüfers oder des Beraters,
- die an den Prüfern gerichteten Aus- und Fortbildungsanforderungen und die Maßnahmen, zur deren Einhaltung,
- die erforderlichen Qualitätssicherungsverfahren,
- die erforderlichen externen Qualitätskontrollmaßnahmen,
- die Grundsätze der Berufsausübung, einschl. der Anforderungen an die Unabhängigkeit des Prüfers,
- die Erfahrung und Expertise in „assurance skills and techniques".

Nach den GBP sind grob die folgenden vier Kategorien von Verifizierungen zu unterscheiden:[21]

- Second Party Opinions (SPO) sind in der EU und in Deutschland die meistverbreitete Art von Verifizierungen im Zusammenhang mit Green Bonds. Sie zielen auf eine persönliche Einschätzung ab, ob das unternehmensspezifische Rahmenwerk des Green Bonds im Einklang mit den Anforderungen des gewählten Green Bond Standards steht. SPO werden zurzeit insbesondere durch Beratungs- und ESG-Ratingagenturen angeboten, die keine Prüfungen mit begrenzter oder hinreichender Sicherheit im Sinne international anerkannter Prüfungsstandards, z.B. nach ISAE 3000 (Rev.), durchführen.

20 Vgl. TEG, Usability Guide, S. 26.
21 Vgl. GBP, a.a.O., S. 7 f.

Die Vorgehensweise bei der Meinungsfindung unterliegt damit keinem einheitlichen internationalen Standard. Zudem unterliegen die Beratungs- und ESGRatingagenturen – z.B. im Unterschied zu Wirtschaftsprüfern – regelmäßig u.a. keinen strengen Vorgaben internationaler Standards an ihre Unabhängigkeit vom Auftraggeber sowie keiner regelmäßigen externen Qualitätskontrolle durch eine unabhängige Instanz.
Aufbau und Inhalte der Second-Party-Opinions unterscheiden sich zwischen den Anbietern. Generell sind SPO aber nach den vier zentralen Kernkomponenten des GBP aufgebaut: Use of Proceeds, Process for Evaluation and Selection, Management of Proceeds sowie Reporting. Die verwendete Methodologie und die Beschreibung der verwendeten Maßstäbe werden in unterschiedlichem Umfang transparent gemacht. Eine Vergleichbarkeit der Aussagen für den Emittenten bzw. den Investor oder sonstige Adressaten der SPOs zwischen verschiedenen Anbietern wird dadurch erschwert. Teilweise werden auch keine Angaben zur erreichten Sicherheit der Aussage gemacht. Die Aussagekraft solcher SPO ist begrenzt.

- Bei einer Prüfung i.e.S. wird auf Basis geeigneter Kriterien mit hohem Sicherheitsniveau beispielsweise festgestellt, ob Rahmenwerke und deren Umsetzung im Einklang mit den Anforderungen des gewählten Standards stehen. Hierzu gehört z.B. die Prüfung, ob Prozesse und Vorkehrungen geeignet sind, konforme grüne Projekte zu identifizieren und diese dann auch zu finanzieren. Darüber hinaus können Prüfungen durchgeführt werden, um die Vollständigkeit und Genauigkeit von Mittelverwendungsrechnungen und das Impact Reporting zu bestätigen. Hierzu gibt der Prüfer ein Prüfungsurteil ab (Prüfungsvermerk). Solche Prüfungen erfolgen auf Basis von anerkannten Prüfungsstandards mit hinreichender (reasonable) oder begrenzter (limited) Sicherheit (assurance), z.B. nach ISAE 3000 (Rev.) oder nach IDW PS 480 und IDW PS 490. Dabei bestehen hohe Anforderungen an Unabhängigkeit und Kompetenz des Prüfers, so dass die Prüfungen im Wesentlichen durch Wirtschaftsprüfer durchgeführt werden. Wirtschaftsprüfer führen seit vielen Jahren Prüfungen mit hinreichender oder begrenzter Sicherheit zu Umweltbelangen auch unter Einsatz von multidisziplinären Prüfungsteams durch. In den Vermerken des Prüfers werden die verwendeten Kriterien und die Vorgehensweise bei der Prüfung sowie der Grad der damit erreichten Aussagesicherheit jeweils entsprechend dem verwendeten Prüfungsstandard transparent gemacht. Eine Vergleichbarkeit auch zwischen den verschiedenen Erstellern der Prüfungsvermerke wird für den Adressaten damit unterstützt.

- Bei der Zertifizierung kann ein Emittent sein Rahmenwerk oder seine öffentlichen Berichterstattungen über die Green Bonds von externen Stellen zertifizieren lassen. Die Zertifizierung beruht auf internen Kriterien der Zertifizierer, die ihre Einschätzungen häufig auf der Basis der Beantwortung von Fragebögen durch den Emittenten abgeben. Eine konkrete Aussage über Art und Umfang der durchgeführten Untersuchungshandlungen ist in dem Zertifikat regelmäßig nicht enthalten.

- Neben den genannten Ausprägungsformen externer Bestätigungsleistungen werden im Markt auch Green Bond-Ratings angeboten. Diese werden von Researchanbietern oder Ratingagenturen auf Basis eines internen (nicht unbedingt einsehbaren) Ratingverfahrens durchgeführt.

Die folgende Abbildung 7 veranschaulicht das unterschiedliche Sicherheitsniveau von angebotenen Verifizierungen:

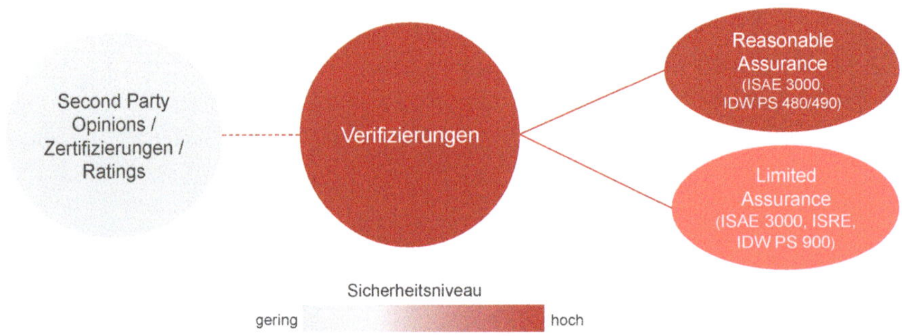

Abb. 7: Sicherheitsniveau von unterschiedlichen externen Verifizierungen

3.6.5.2 Vorgaben des EU Green Bond Standards

Der vorliegende Entwurf des EU GBS der TEG sieht verpflichtende externe „Verifications" durch zugelassene „Verifier" vor, die sowohl den Pre-issuance- als auch den Post-Issuance- Bereich betreffen:[22]

1. Vor oder zum Zeitpunkt der Emission: Prüfung der Übereinstimmung des unternehmensspezifischen Green Bond Framework (GBF) des Emittenten mit dem EU GBS einschließlich einer Berücksichtigung der Vorgaben der EU-Taxonomie.
2. Nach der vollständigen Verwendung der Mittel für die grünen Projekte: Prüfung der Übereinstimmung des Final Allocation Reports mit den Anforderungen des EU GBS.

Prüfung anderer Allocation Reports (z.B. der pflichtmäßigen jährlichen Berichte vor vollständiger Allokation der Mittel) sowie des Impact Reportings werden im EU GBS empfohlen, sollen nach den Vorstellungen der TEG jedoch nicht verpflichtend vorgeschrieben werden.

[22] Vgl. TEG, Usability Guide – EU Green Bond Standard, S. 38.

Die vorgesehenen Regelungen des EU GBS zur Prüfung sind in der folgenden Abbildung 8 veranschaulicht:

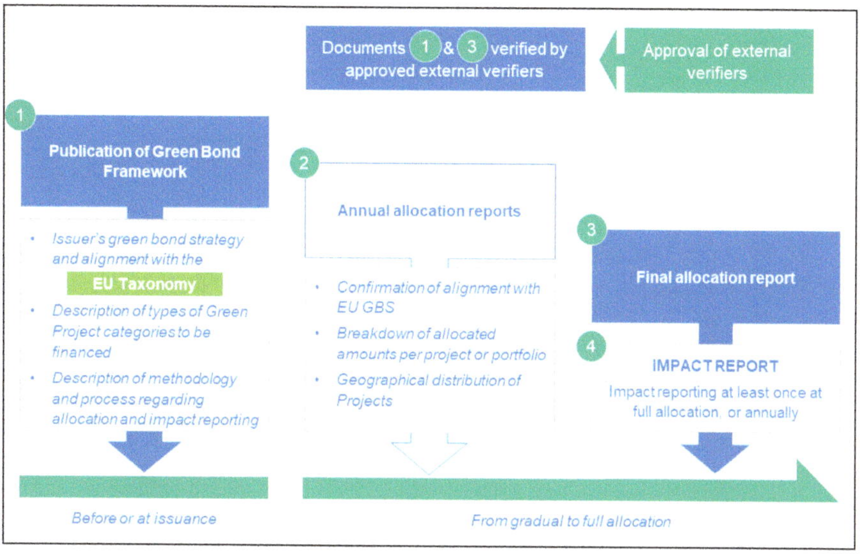

Abb. 8: Kernbestandteile des Entwurfs eines EU Green Bond Standards der TEG[23]

Das Ergebnis der externen Prüfung, z.B. der Vermerk des Wirtschaftsprüfers nach ISAE 3000, muss zusammen mit dem jeweiligen Reporting veröffentlicht werden.

Die TEG spricht sich zudem für eine Überwachungsinstanz der Prüfer von Green Bonds aus. Diese soll nach Auffassung der TEG von der European Securities and Markets Authority (ESMA) organisiert werden. Bis zur Umsetzung einer solchen Überwachungseinrichtung könne nach Meinung der TEG eine maximal drei Jahre andauernde Übergangslösung etabliert werden, die einen Registrierungsprozess für die Prüfer vorsehen sollte.

3.6.6 Ausblick: Social und Sustainability Bonds

Neben Green Bonds sind in den letzten Jahren zunehmend auch andere nachhaltige Finanzierungsinstrumente wie Social oder Sustainability Bonds am Markt zu beobachten. Bei Social Bonds handelt es sich um Anleihen, deren Emissionserlöse ausschließlich zur anteiligen oder vollständigen Finanzierung oder Refinanzierung geeigneter sozialer Projekte verwendet werden. Anleihen, deren Erlöse sowohl grünen als auch sozialen Projekten zufließen, werden als Sustainability Bonds bezeichnet. Hinzu gekommen sind seit kurzem auch sogenannte Sustainability-Linked Bonds. Bei Sustainability-Linked Bonds

[23] Vgl. TEG, Usability Guide – EU Green Bond Standard, S. 10.

handelt es sich anders als bei Social und Sustainability Bonds um Anleihen, bei denen die Emissionserlöse nicht zweckgebunden sind, deren finanzielle oder strukturelle Merkmale aber durch das Erreichen oder Nicht-Erreichen anhand von Key Performance Indicators (KPIs) vordefinierter Sustainability Performance Targets (SPTs) variieren können.

Die Emissionsvolumina sozialer bzw. nachhaltiger Anleihen sind in den letzten Jahren überproportional gestiegen. Neben supranationalen Organisationen, einzelnen Staaten, Regierungsbehörden und Banken haben auch Unternehmen Social, Sustainability und Sustainability-Linked Bonds herausgegeben.

Im Jahr 2020 ist aufgrund des erheblichen Bedarfs an finanziellen Mitteln, um den umfangreichen sozialen Herausforderungen der Covid-19-Pandemie zu begegnen, ein besonders starkes Wachstum bei der Platzierung von Social Bonds zu verzeichnen gewesen. So hat beispielsweise die International Finance Corporation ihren bisher größten Social Bond begeben, um im Rahmen eines Maßnahmenpakets der Weltbankgruppe solche Entwicklungsländer, die vom Ausbruch der Covid- 19-Pandemie besonders stark betroffen sind, bei der Stärkung ihrer Gesundheitssysteme zu unterstützen. Im Oktober 2020 hat die Europäische Kommission angekündigt, dass sie ihre künftigen EU-SURE-Anleihen (Support to mitigate Unemployment Risks in an Emergency) zur Finanzierung der Abmilderung der sozialen Auswirkungen der Covid-19-Pandemie in der EU im Wert von bis zu EUR 100 Mrd. als Social Bonds ausgeben wird. Noch im selben Monat wurden Anleihen über EUR 17 Mrd. platziert. Es folgten weitere Mittelaufnahmen von EUR 14 Mrd. und EUR 8,5 Mrd. im November 2020. Es ist davon auszugehen, dass die Covid-19-Pandemie auch Unternehmen und Finanzinstitutionen auf dem Markt für soziale Anleihen aktiver werden lässt. Parallel ist im Jahr 2020 auch das Emissionsvolumen von Sustainability und Sustainability-Linked Bonds gestiegen.

Transparenz für Sustainability Bonds

Ähnlich wie bei Green Bonds haben Investoren auch bei Social, Sustainability und Sustainability- Linked Bonds Interesse an möglichst einheitlichen und klaren Vorgaben für die Kategorisierung einer Anleihe als sozial bzw. nachhaltig. Es besteht die Gefahr, dass Anleihen als sozial oder nachhaltig etikettiert werden, die soziale Wirkung oder der Nachhaltigkeitseffekt der Projekte, in die investiert wird, jedoch nicht messbar und ggf. sogar fragwürdig ist. Oder aber, dass bei Sustainability- Linked Bonds Performance Targets für KPIs definiert werden, die im Zusammenhang mit der Nachhaltigkeitsentwicklung des Emittenten nicht relevant sind.

Mit den Social Bond-Principles (SBP) und den Sustainability Bond-Guidelines (SBG) hat die International Capital Markets Association (ICMA) freiwillige Prozessleitlinien für die Emission von Social bzw. Sustainability Bonds herausgegeben. Diese Leitlinien sollen Emittenten zur Transparenz anhalten, um den Marktteilnehmern relevante Informationen zu den spezifischen Social bzw. Sustainability Bond Charakteristika bereitzustellen. Darüber hinaus hat die ICMA im Mai 2020 erstmals auch Sustainability-Linked Bond Principles (SLBP) veröffentlicht.

Die veröffentlichten Leitlinien beinhalten Empfehlungen zur Emission von Social, Sustainability und Sustainability-Linked Bonds, u.a. zur Gestaltung der unternehmensspezifischen Rahmenwerke, zur Berichterstattung durch die Emittenten und zur externen Prüfung in Form von Pre- und Post-Issuance Leistungen. Wie bei der Emission von Green Bonds beziehen sich die Pre-Issuance- Leistungen im Zusammenhang mit Social und Sustainability Bonds in der Praxis zur Zeit im Wesentlichen auf Second Party Opinions, die eine Würdigung des individuellen Rahmenwerks zum Ziel haben, und auf Post-Issuance-Prüfungsleistungen im Zusammenhang mit dem Allocation und dem Impact Reporting. Bei Sustainability-Linked Bonds werden zur Zeit vor allem Second Party Opinions zur Würdigung der KPIs und der vordefinierten Sustainability Performance Targets abgegeben; Post-Issuance-Prüfungen beziehen sich auf das Erreichen der Sustainability Performance Targets.

Hinweis:
Die von der ICMA im Juni 2020 veröffentlichten External Review Guidelines[24] erkennen ISAE 3000 (Revised) explizit als geeigneten Standard für die Durchführung der in den Principles empfohlenen Prüfungen an.

Die ICMA Principles für Social, Sustainability und Sustainability-Linked Bonds beinhalten keine konkreten technischen Bewertungskriterien für die Einstufung von Anleihen als sozial oder nachhaltig. Auch in Bezug auf zu verwendende KPIs und Sustainability Performance Targets bei Sustainability- Linked Bonds werden keine konkreten Vorgaben gemacht. Die Kriterien sind deshalb in den individuellen Rahmenwerken der Emittenten festzulegen. Dabei können sich die Emittenten an unterschiedlichen externen Social Standards orientieren; die Verwendung eines konkreten Standards ist nicht verpflichtend. Dies führt zu einer geringeren Vergleichbarkeit der emittierten Bonds und erfordert im Rahmen von Pre-Issuance Leistungen nach ISAE 3000 (Revised) eine zusätzliche Prüfung, ob die im individuellen Rahmenwerk festgelegten Kriterien für die Einstufung von Anleihen als sozial oder nachhaltig geeignet sind bzw. ob im Fall von Sustainability-Linked Bonds geeignete KPIs und Sustainability Performance Targets definiert wurden.

Vor diesem Hintergrund wäre die zeitnahe Erweiterung der EU-Taxonomie um soziale Ziele und die Definition entsprechender technischer Bewertungskriterien zu begrüßen.

[24] ICMA, Guidelines for Green, Social and Sustainability Bonds External Reviews, June 2020.

3.6.7 Schlussbemerkungen

Durch eine wachsende Nachfrage nach nachhaltigen Investments nimmt auch der Anreiz zu, „Greenwashing“ zu betreiben. Sowohl die Verabschiedung der EU-Taxonomie als auch die Einführung von Labels und einheitlichen Standards wirken dieser Entwicklung entgegen. Eine besondere Bedeutung kommt hierbei dem für 2021 von der EU-Kommission angekündigten EU Green Bond Standard zu. Dabei sollten jedoch sowohl der nationale als auch der europäische Gesetzgeber auch den Markt von Social bzw. allgemein Sustainability Bonds im Blick behalten, da hier vergleichbare Anforderungen hinsichtlich Transparenz und Zuverlässigkeit bestehen.

Der Berufsstand der Wirtschaftsprüfer ist davon überzeugt, dass die zu Recht ambitionierten Nachhaltigkeitsziele nur dann erreicht werden können, wenn die Wirtschaftsakteure nachhaltig Vertrauen in ESG-Maßnahmen haben. Hierzu bedarf es unabhängiger externer Prüfungen mit angemessener Aussagekraft, Zuverlässigkeit und einer transparenten Berichterstattung, welche Informationsasymmetrien zwischen den Akteuren abbauen und Vertrauen stärken.

Wie Analysen der IDW Arbeitsgruppe „Grüne Investments“ zeigen, besteht hier weltweit, aber insbesondere auch in Deutschland, ein großer Handlungsbedarf, um der Bildung „grüner Blasen“ und den daraus resultierenden Gefahren für die Finanzierung der nachhaltigen Transformation wirksam zu begegnen. Dabei ist zu beachten, dass „grüne Anlage“– wie alle anderen Anlageformen auch – einem Verlustrisiko unterliegen.

Kapitel 4: Erfordernis eines umfassenden ESG-Managements

Unter Nachhaltigkeitsmanagement versteht man die Integration der Nachhaltigkeit mit ihren Konzepten und Instrumenten hinsichtlich sozialer, ökologischer und ökonomischer Ziele in die Unternehmensorganisation. Nachhaltiges wirtschaftliches Handeln bedeutet nicht „business as usual" mit ein paar nachhaltigen Aktionen. Es ist nicht damit getan, auf dem Firmengelände ein paar Bäume zu pflanzen oder ein paar Euro an eine gemeinnützige Organisation zu spenden.

Umfassender Klimaschutz verlangt die Aufstellung einer **detaillierten Treibhausgasbilanz über alle Unternehmensbereiche hinweg** (Company Carbon Footprint) und für die wesentlichen Produkte und Dienstleistungen (Product Carbon Footprint). Liegt das Zahlenwerk vor, ist es eingehend zu analysieren, um die wesentlichen **Emissionsquellen** zu identifizieren und **Emissionsminderungspotenziale** aufzudecken. Auf dieser Basis ist eine unternehmensspezifische Klimaschutzstrategie zu entwickeln, die in erster Linie auf Emissionsvermeidung und Emissionsreduktion ausgerichtet ist. Erst nach Implementierung dieser Klimaschutzstrategie darf die Frage gestellt werden, ob unvermeidbare Emissionen durch Investitionen in anerkannte Klimaschutzprojekte neutralisiert werden sollen.[1]

Die neuen gesetzlichen Anforderungen – unter anderem der **Taxonomie-Verordnung** oder des **Lieferkettensorgfaltspflichtengesetzes** – erfordern von den Unternehmen ein umfassendes ESG-Management, zu dem ein entsprechendes IKS gehört. Dabei wird das bisherige finanzielle IKS um ein nicht-finanzielles IKS erweitert, das eine Berichterstattung über ESG-Faktoren wie die Treibhausgasbilanz umfasst.

Neben der Verankerung der ESG-Faktoren im IKS ist auch die Verortung in der Finanzfunktion erforderlich, denn schon lange bevor Standards zur Nachhaltigkeitsberichterstattung verbindlich werden, wird eine entsprechende Berichterstattung von Share- und Stakeholdern erwartet.

Nachhaltigkeit bezüglich sozialer Aspekte beschränkt sich weder auf Spenden an das örtliche Altersheim noch auf die Belange der eigenen Arbeitnehmer, sondern umfasst die gesamte Supply Chain. Die Arbeitsbedingungen entlang der globalen Lieferkette lassen sich häufig nicht mit den Arbeitsbedingungen in der EU vergleichen, Kinderarbeit steht in einigen Bereichen auf der Tagesordnung.[2]

1 Vgl. ausführlich Völker-Lehmkuhl: Praxisleitfaden unternehmerischer Klimaschutz.
2 Vgl. ausführlich Kapitel 1, Einstieg.

Ab 01.01.2023 ist das Lieferkettengesetz anzuwenden, das große Unternehmen direkt und kleinere Unternehmen indirekt verpflichtet, sämtliche im Ausland beschafften Güter in allen Phasen der Lieferkette auf umweltschädliche Aspekte und Verstöße gegen Arbeitsschutzbedingungen zu untersuchen und gegebenenfalls dafür zu haften.

Auch unabhängig von der neuen gesetzlichen Verpflichtung bergen Missstände in der Lieferkette Risiken für die Unternehmen. Kommuniziert beispielsweise ein Modeunternehmen sein nachhaltiges Engagement in Deutschland und stellt sich als vorbildliches Unternehmen dar, wird es einen erheblichen Reputationsschaden erleiden, wenn die Medien aufdecken, dass an der Herstellung von Kleidung oder Schuhen Kinder beteiligt waren. Dies ist bei ungefähr 12 Millionen in der Textilwirtschaft beschäftigten Kindern keinesfalls besonders unwahrscheinlich. Fazit: Es ist äußerst sinnvoll, die durch das verstärkte **Bewusstsein für Nachhaltigkeit** entstehenden Geschäftsrisiken in das **Risikomanagementsystem** zu integrieren.[3]

Das Lieferantenmanagement dient nicht nur der Aufdeckung oder Vermeidung von Missständen oder der Erhebung von CO_2-Werten für die Treibhausgasbilanz, sondern kann auch eine positive Ausstrahlungswirkung entfalten: Fordern beispielsweise Unternehmen des Einzelhandels die CO_2-Bilanzen der eingekauften Waren an, sind die Lieferanten aufgefordert, diese zu erstellen, was für sich genommen schon das Bewusstsein für Treibhausgasemissionen schärft. Kommunizieren die Einzelhändler zusätzlich, dass sie die Entwicklung klimafreundlicher oder klimaneutraler Produkte unterstützen, veranlassen sie umfangreiche Klimaschutzaktivitäten bei ihren Lieferanten, die künftig versuchen werden, ihren anderen Kunden ebenfalls klimafreundliche oder klimaneutrale Produkte anzubieten, sodass ein Schneeballeffekt im besten Sinne entstehen kann.

Bei der Erstellung von **Product Carbon Footprints** kann man für die Ermittlung der Emissionen aus der Lieferkette unter Umständen auf generische Daten aus Datenbanken zurückgreifen, wenn die tatsächlichen Emissionsdaten nicht mit vertretbarem Aufwand zu beschaffen sind.[4] Dies verbietet sich bei der Untersuchung von Lieferketten hinsichtlich anderer Nachhaltigkeitsaspekte wie der Einhaltung der Menschenrechte von selbst. Der Nachweis, dass die Lieferkette vollständig ethisch korrekt ist, erfordert ein umfangreiches **Supply-Chain-Managementsystem**, das seinerseits auf einem funktionierenden Nachhaltigkeitsmanagement beruhen muss. Um dessen Implementierung in den Unternehmen weiter voranzutreiben, enthält das zum 01.01.2020 in Kraft getretene ARUG II[5] die Empfehlung, die variablen Teile der Vorstandsvergütung auch an nichtfinanzielle Leistungsindikatoren zu knüpfen.[6]

3 Vgl. ausführlich Kapitel 4, Abschnitt 4.2.
4 Vgl. ausführlich Völker-Lehmkuhl: Praxisleitfaden unternehmerischer Klimaschutz.
5 Gesetz zur Umsetzung der zweiten Aktionärsrechterichtlinie vom 12.12.2019.
6 Vgl. ausführlich Kapitel 4, Abschnitt 4.1.

Neben den gesetzlichen Verpflichtungen zur Berücksichtigung von Nachhaltigkeit gibt es weitere Initiativen. Die Kodex-Kommission Deutscher Corporate Governance Kodex (DCGK) hat den Entwurf für einen Kodex **DCGK 2022** vorgelegt, der zur verstärkten Berücksichtigung ökologischer und sozialer Nachhaltigkeit bei der Leitung und Überwachung börsennotierter Unternehmen beitragen soll.[7]

WP StB Katharina Völker-Lehmkuhl, Heiligenhaus

[7] Vgl. ESG-Navigator – Kuratierte Materialsammlung. Mit dem ESG-Navigator (Online-Abonnement) stellt der IDW Verlag eine kuratierte Materialsammlung mit allen zentralen Gesetzen, Initiativen, Verordnungen und Rechtsakten auf deutscher, europäischer und internationaler Ebene, kommentiert und in den Gesamtkontext der Nachhaltigkeitsberichterstattung eingebettet, zur Verfügung.

4.1 Green and more: Verankerung der Corporate Social Responsibility im Geschäftsmodell

Von WP StB Ellen Simon-Heckroth und WP StB Nils Borcherding

Unternehmen sind heute mehr denn je gefordert, nachhaltig zu handeln und über ihre Leistungen im Bereich der Corporate Social Responsibility zu berichten. Eine auf Nachhaltigkeit ausgerichtete Unternehmensstrategie hat neben der Verankerung von ökonomischen Aspekten auch ökologische und soziale Aspekte im Geschäftsmodell zur Voraussetzung. Dazu gehört die Festlegung von Nachhaltigkeitszielen, einschließlich der Berücksichtigung nicht nur finanzieller, sondern auch ökologischer und sozialer Indikatoren bei der Bemessung von variablen Vergütungsbestandteilen der Unternehmensführung.

4.1.1 Verantwortung der Unternehmen

Derzeit vergeht kaum eine Woche, in der nicht über Themen wie die Degeneration von Ökosystemen, einen ungleichmäßig verteilten Wohlstand oder den Klimawandel öffentlich berichtet wird. So werden beispielsweise im aktuellen Risikobericht des Weltwirtschaftsforums (WEF)[1] von den weltweiten Risiken, die aufgrund ihrer potentiellen Auswirkung und/oder Eintrittswahrscheinlichkeit als besonders hoch angesehen werden, erstmalig zu 80 Prozent Risiken aus dem ökologischen Bereich aufgeführt. Das WEF warnt hier insbesondere vor den Risiken und Folgen des Klimawandels, der Extremwetterereignisse und des Biodiversitätsverlustes für die Weltwirtschaft.

Besonders in Europa hat das Thema eines CO_2-neutralen Wirtschaftens mit dem „Green Deal"[2] einen weiteren aktuellen Bezug gewonnen. So ist die EU-Kommission bestrebt, Wirtschaft und Gesellschaft zu transformieren, und sieht dabei die Bewältigung von klima- und umweltbedingten Herausforderungen als entscheidende Aufgabe der Gegenwart und nächsten drei Dekaden an. Unternehmen tragen bei der Bewältigung dieser Herausforderungen eine besondere Verantwortung, da ein wesentlicher Anteil der CO_2-Emissionen aus ihren Geschäftstätigkeiten einschließlich ihrer Lieferketten resultiert.

Den freiwillig veröffentlichten Nachhaltigkeitsberichten von überwiegend großen Unternehmen zufolge erbringen diese erhebliche Leistungen, um ihrer Verantwortung nicht nur vorrangig für ihre Shareholder, sondern auch für die Umwelt und die Gesellschaft gerecht zu werden. Die Aussagen in den nichtfinanziellen (Konzern-)Erklärungen, die nach dem CSR-Richtlinie-Umsetzungsgesetz (CSR-RUG) verpflichtend für bestimmte große Unternehmen aufzustellen sind, stehen damit in Einklang.

1 Siehe https://www.weforum.org/ (Abruf: 30.01.2020).
2 Siehe https://ec.europa.eu (Abruf: 30.01.2020).

4.1.2 Nichtfinanzielle Berichterstattung

Die nichtfinanziellen Berichterstattungen – sei es in Form von Nachhaltigkeitsberichten, die nach anerkannten Rahmenwerken erstellt werden, oder in Form der nichtfinanziellen (Konzern-)Erklärungen nach HGB – lassen eine Verankerung von Nachhaltigkeitsaspekten in den Managementansätzen bzw. im Geschäftsmodell im Bereich Umwelt und Soziales weitgehend vermissen.

Viele vom CSR-RUG betroffene Unternehmen kommen der Verpflichtung zur Beschreibung des Geschäftsmodells schlicht durch einen Verweis auf die bisher bereits von DRS 20.36ff. geforderten Angaben in den (Konzern-)Lageberichten nach. Bei diesen Beschreibungen handelt es sich jedoch zum Teil um sehr generische Informationen, die kaum Einblicke in eine möglicherweise gegebene Verankerung der ökologischen und sozialen Unternehmensverantwortung im Geschäftsmodell geben[3].

Zudem erfolgen die nach CSR-RUG und DRS 20 geforderten Angaben von bedeutsamsten Leistungsindikatoren oftmals – in Ermangelung ihrer Steuerungsrelevanz – in nicht ausreichender Form.

Eine unternehmensspezifische Verankerung der Corporate Social Responsibility im Geschäftsmodell sowie die damit einhergehende Festlegung von Nachhaltigkeitszielen, einschließlich der Berücksichtigung nicht nur finanzieller, sondern auch nichtfinanzieller Leistungsindikatoren im Vergütungssystem der Unternehmensführung, sind jedoch unabdingbare Voraussetzung eines überzeugenden und funktionierenden CSR-Managements[4]. Erst dadurch kann die nichtfinanzielle Unternehmensberichterstattung – sei es in Form eines Nachhaltigkeitsberichts oder einer nichtfinanziellen (Konzern-)Erklärung – den berechtigten Informationsbedürfnissen der unterschiedlichen Anspruchsgruppen der Unternehmen gerecht werden.

4.1.3 Nichtfinanzielle Leistungskriterien für die Gewährung von Vergütungsbestandteilen

Auch mit dem ARUG II[5], das am 01.01.2020 in Kraft getreten ist, erlangt das Thema Nachhaltigkeit als Determinante zur Ausrichtung des Vergütungssystems von Vorständen börsennotierter Gesellschaften eine zunehmende Bedeutung. Aufsichtsräten kommt in diesem Zusammenhang eine besondere Verantwortung zu, da sie gemäß § 87 Abs. 1 Satz 1 AktG die Gesamtbezüge der Vorstandsmitglieder einschließlich der Vergütungsstruktur festlegen, die nach § 87 Abs. 1 Satz 2 AktG n. F. bei börsennotierten Gesellschaften an einer nachhaltigen und langfristigen Unternehmensentwicklung auszurichten ist. Ausweislich der Begründung zur Beschlussempfehlung zum Gesetzentwurf des

---

3 Siehe www.esma.europa.eu (Abruf: 30.01.2020).
4 Siehe Erben/Zülch, BB 2019, S. 2193.
5 Siehe BGBl. I 2019, S. 2637.

ARUG II haben Aufsichtsräte bei der Wahl der Vergütungsanreize auch ökologische und soziale Aspekte in den Blick zu nehmen[6]. Nach § 87a Abs. 1 Nr. 4 AktG n. F. haben Aufsichtsräte von börsennotierten Gesellschaften ein klares und verständliches System zur Vorstandsvergütung zu beschließen, in dem unter anderem neben finanziellen auch nichtfinanzielle Leistungskriterien für die Gewährung variabler Vergütungsbestandteile zu erläutern sind. Vor dem Hintergrund des Beschlusses über die Billigung des vom Aufsichtsrat vorgelegten Vergütungssystems für die Vorstandsmitglieder durch die Hauptversammlung von börsennotierten Gesellschaften nach § 120a AktG n. F. („Say on Pay") erlangt das Vergütungssystem künftig eine weitaus höhere öffentliche Wahrnehmung.

Vor dem Hintergrund des ARUG II hat die Regierungskommission Deutscher Corporate Governance Kodex am 23.01.2020 eine neue Fassung des DCGK dem BMJV zur Prüfung vorgelegt[7]. Damit wird explizit die gesellschaftliche Verantwortung von Unternehmen in den Vordergrund gerückt.

Eine wesentliche Neuerung des Kodex besteht in der Empfehlung, der variablen Vorstandsvergütung neben finanziellen künftig auch nichtfinanzielle Leistungsindikatoren zugrunde zu legen. Auch damit wird der steigenden gesellschaftlichen Relevanz von Umwelt- und Sozialfaktoren im unternehmerischen Kontext Rechnung getragen.

Bisher werden nichtfinanzielle Leistungsindikatoren mit Nachhaltigkeitsbezug tatsächlich nur selten in die Bemessungsgrundlage von variablen Vorstandsvergütungssystemen einbezogen[8].

Beachtlich ist dabei, dass weitere regulatorische Maßnahmen in Vorbereitung bzw. bereits ergriffen worden sind. So wird unter anderem von der European Securities and Markets Authority die Einbeziehung von nichtfinanziellen Leistungsindikatoren mit Nachhaltigkeitsbezug in die Vergütungsstrukturen als wirksamer Treiber eines funktionierenden CSR-Managements in den Unternehmen angesehen[9]. Im Kontext des Aktionsplans „Finanzierung nachhaltigen Wachstums"[10] liegt eine neue Verordnung des Europäischen Parlaments und des Rates über nachhaltigkeitsbezogene Offenlegungspflichten im Finanzdienstleistungssektor vor. Demnach haben Finanzmarktteilnehmer und Finanzberater künftig unter anderem auch Angaben zu machen, inwieweit ihre Vergütungspolitik dem Erfordernis der Berücksichtigung von Nachhaltigkeitsrisiken entspricht[11]. In Anlehnung an diese Verordnung empfiehlt auch die Bundesanstalt für Finanzdienstleistungsaufsicht (BaFin) den von ihr beaufsichtigten Unternehmen, mit

6 Siehe BT-Drs. 19/15153 vom 13.11.2019.
7 Siehe https://dcgk.de (Abruf: 30.01.2020).
8 Siehe Müller/Needham/Mack, BB 2019, S. 939.
9 Siehe www.esma.europa.eu (Abruf: 30.01.2020).
10 Siehe https://eur-lex.europa.eu (Abruf: 30.01.2020).
11 Verordnung (EU) 2019/2088 vom 27.11.2019, Abl. EU Nr. L 317/1 vom 09.12.2019. Die Verordnung gilt ab dem 10.03.2021.

gutem Beispiel voranzugehen und vorhandene Vergütungssysteme hinsichtlich eines angemessenen Nachhaltigkeitsmanagements von Nachhaltigkeitsrisiken zu hinterfragen[12].

4.1.4 Fazit und Ausblick

Unternehmen ist zu empfehlen, Aspekte der Corporate Social Responsibility in ihrem Geschäftsmodell zu verankern, damit einhergehende Nachhaltigkeitsziele festzulegen und neben finanziellen auch entsprechende nichtfinanzielle Leistungsindikatoren der Bemessung der variablen Bestandteile der Vergütung der Unternehmensführung zugrunde zu legen.

Damit wäre auch eine entscheidende Grundlage dafür gelegt, dass nichtfinanzielle Unternehmensberichterstattungen – sei es in Form eines Nachhaltigkeitsberichts oder einer nichtfinanziellen (Konzern-)Erklärung – den berechtigten Informationsbedürfnissen der unterschiedlichen Anspruchsgruppen der Unternehmen gerecht werden.

Angesichts der aktuellen Entwicklungen, die eine zunehmende Dynamik erkennen lassen, ist anzuraten, dass Unternehmen ihre aktuellen Geschäftsmodelle, Unternehmensziele und Vergütungsstrukturen einschließlich ihrer bisherigen nichtfinanziellen Berichterstattung kritisch reflektieren und entsprechende Maßnahmen in angemessener Zeit in Angriff nehmen.

(Quelle: Die Wirtschaftsprüfung, Heft 4/2020, Seite 210 ff. (Reihe „Green and more“))

---

12 Siehe www.bafin.de (Abruf: 30.01.2020).

4.2 Green and more: ESG-Risiken? In das Risikomanagementsystem!

Von WP StB Nicole Richter und WP Yvonne C. Meyer

Die Bedeutung von ESG-Risiken (Environmental, Social, Governance) für Unternehmen steigt rasant. Die damit verbundenen, teils komplexen Wirkungszusammenhänge für die Unternehmensleistung erfordern eine systematische Auseinandersetzung im Rahmen des unternehmensweiten Risikomanagements. Denkweisen in Silostrukturen sind dringend aufzuheben. Nur unter diesen Voraussetzungen können unternehmerische Sorgfaltspflichten und CSR-Berichtspflichten adäquat erfüllt werden.

4.2.1 Globale Risikolandschaft

Im Januar 2019 veröffentlichte das Weltwirtschaftsforum seinen „Global Risks Report 2019“.[1] In dessen globaler Risikolandschaft dominieren Umweltrisiken die zehn Top- Risiken. Angeführt wird die Liste – hinsichtlich Schadenspotential und Eintrittswahrscheinlichkeit – von Risiken resultierend aus einem Scheitern in Bezug auf die Bekämpfung des bzw. die Anpassung an den Klimawandel sowie vom Risiko extremer Wetterereignisse.

Weltweit gibt es ein Bündel an Ansätzen, um hier gegenzusteuern. So sollen nach dem Willen der EU-Kommission bis zum Jahr 2050 die Treibhausgasemissionen in Europa auf netto Null gesenkt werden. Dazu sind dramatische Umstellungen – auch der deutschen Wirtschaft – erforderlich. Regulatorischer Druck im Rahmen des EU-Aktionsplans: „Finanzierung nachhaltiges Wachstum“ vom März 2018[2] soll unter anderem die Lenkung von Kapitalflüssen in nachhaltige Investments sowie eine künftige Bewertung der Kreditwürdigkeit unter Berücksichtigung von ESGRisiken für Bankdarlehen sicherstellen. Der Maßnahmenkatalog des EU-Aktionsplans bedingt unter anderem eine „freiwillige“ klimabezogene Offenlegung finanzieller Risiken von Unternehmen.

Neben klimabezogenen Risiken gibt es eine Vielzahl weiterer ESG-Risiken, die Gegenstand politischer Maßnahmen sind bzw. werden könnten (z. B. Menschenrechtsverletzungen in der Lieferkette). Die Wirkungsweise von ESGRisiken ist dabei immer zweidimensional zu betrachten.

1 Siehe www.weforum.org (Abruf: 26.11.2019).

2 Siehe https://eur-lex.europa.eu (Abruf: 26.11.2019).

Beispiel
Klimarisiken[3]

1. Risiken mit negativen finanziellen Auswirkungen auf das Unternehmen:
   - Risiken, die aufgrund des Übergangs auf eine CO_2-arme, klimaresistente Wirtschaft entstehen („Transitionsrisiken"), und
   - Risiken aufgrund der „physischen" Wirkungen des Klimawandels:
   - chronische physische Risiken aufgrund längerfristiger Klimaveränderungen (z. B. Temperaturänderungen);
2. Risiken mit negativen ökologischen oder sozialen Auswirkungen.

In einem von der BaFin im September 2019 vorgelegten Entwurf eines Merkblatts zum Umgang mit Nachhaltigkeitsrisiken[4] werden die Wechselwirkungen zwischen den beiden Risiken erläutert:

„Im ungünstigsten Szenario zwingen extreme klimabedingte Schäden infolge einer lange hinausgezögerten Energiewende schließlich zu einer plötzlichen und radikalen Umstellung der Wirtschaft."

Zudem gehen mit ökologischen und sozialen Auswirkungen oft auch erhebliche Reputationsrisiken – verbunden mit negativen finanziellen Folgen – für die Unternehmen einher.

4.2.2 Impulse durch CSR-Berichtspflicht?

Die Aussagekraft der CSR-Berichterstattung zur ökonomischen Relevanz von ESG-Risiken hängt maßgeblich vom Bewusstsein und Verständnis der Unternehmensführung ab. Die CSR-Richtlinie (2014/95/EU) formuliert die Erwartung, dass Unternehmen durch die Pflicht zur Angabe von nichtfinanziellen Informationen Nachhaltigkeitsaspekte im Geschäftsergebnis und deren Auswirkungen auf Umwelt und Gesellschaft (besser) messen, überwachen und handhaben.

In der aktuellen Leitlinie der EU-Kommission zur klimabezogenen Berichterstattung[5] werden weitere Vorteile eines aussagekräftigen CSR-Berichts betont:

- sachkundigere Entscheidungsfindung,
- Einbeziehung der ESG-Risiken in die strategische Planung,
- breiter gefächerte Investorenbasis,

3 Leitlinien für die Berichterstattung über nichtfinanzielle Informationen: Nachtrag zur klimabezogenen Berichterstattung (2019/C 209/01).
4 Siehe www.bafin.de (Abruf: 26.11.2019).
5 ABl. EU Nr. C 209/1 vom 20.06.2019.

- bessere Bonitätseinstufungen für die Emission von Anleihen und
- bessere Kreditwürdigkeitsbewertungen für Bankdarlehen.

Fraglich ist aber, ob von der bisherigen CSR-Berichtspflicht gemäß CSR-Richtlinie-Umsetzungsgesetz (CSR-RUG) tatsächlich Impulse für ein (besseres) Risikomanagement ausgehen.

In einer nichtfinanziellen (Konzern-)Erklärung nach dem CSR-RUG ist ausgehend vom Geschäftsmodell über die von den Unternehmen bzw. Konzernen verfolgten Konzepte, über wesentliche Risiken und bedeutende Leistungsindikatoren mindestens in Bezug auf Umwelt, Arbeitnehmerund Sozialbelange, Menschenrechte und Korruption zu berichten. Eine Auswertung von 105 nichtfinanziellen (Konzern-)Erklärungen zum 31.12.2018 hat für das Berichtsjahr 2018 aber lediglich acht Fälle einer Berichterstattung über berichtspflichtige ESG-Risiken ergeben.[6]

Dieser Befund ist auf das Zusammenspiel verschiedener Vorgaben und Auslegungen des CSR-RUG zurückzuführen.

4.2.2.1 Kurzfristiges Risikoverständnis

Ein Risiko ist nach CSR-RUG i. V. mit DRS 20 i. d. F. DRÄS 8 definiert als eine mögliche Abweichung von einer Prognose oder einem Ziel der Unternehmensleitung auf Basis der internen Steuerung. Problematisch im Kontext der Berichterstattung über ESG-Risiken ist vor allem deren Zeithorizont. ESG-Risiken wirken sich typischerweise erst weit nach dem üblichen Planungshorizont finanziell aus. Damit fehlt es in der Regel an einem konkreten Bezugspunkt für Abweichungen.

4.2.2.2 Sehr hohe Berichtsschwelle

ESG-Risiken sind – neben dem grundsätzlichen Wesentlichkeitsvorbehalt – ausschließlich dann berichtspflichtig, wenn der Eintritt der Risiken „sehr wahrscheinlich" ist und zugleich „schwerwiegende Auswirkungen" auf die nichtfinanziellen Aspekte (Umwelt, Arbeitnehmerbelange etc.) hat. Sofern sich das Schadenspotential über eine längere Zeit erstreckt, steht die Praxis vor der Schwierigkeit einer zeitpunktbezogenen Bewertung der Auswirkungen auf die finanzielle Lage.

4.2.2.3 Möglichkeit zur Nettoberichterstattung

Nach DRS 20 kann die Darstellung berichtspflichtiger Risiken vor oder nach der Umsetzung von Risikobegrenzungsmaßnahmen erfolgen (Brutto- versus Nettobetrachtung). Werden Risiken identifiziert, die nach der Umsetzung von Risikobegrenzungsmaßnahmen verbleiben, sind die Maßnahmen zur Risikobegrenzung darzustellen (DRS 20.157).

[6] Siehe www.ey.com (Abruf: 26.11.2019).

4.2.2.4 Zwischenfazit

Allein von der CSR-Berichtspflicht geht in Deutschland kein Impuls für eine Integration von ESG-Risiken in das Risikomanagementsystem aus. Bezogen auf die Gesamtheit der nichtfinanziellen Erklärungen kann sogar eine fehlende adäquate Analyse – etwa von klimabedingten Risiken – nicht ausgeschlossen werden. Möglicherweise verfolgen Unternehmen eine Strategie des „Wait and See". Mit zunehmendem regulatorischen Druck auf Investoren und Banken werden künftig umfassendere Anforderungen an die CSR-Berichterstattung von Unternehmen gestellt. Diese werden nur auf Basis einer systematischen Auseinandersetzung mit ESG-Risiken zu erfüllen sein.

4.2.3 Silodenken beseitigen, Risikomanagement erweitern

Nach unserer Erfahrung werden ESG-Risiken in Unternehmen oft noch losgelöst von anderen Wirkungszusammenhängen identifiziert und „ad hoc" von einzelnen Fachabteilungen gesteuert. Diese schrittweise Annäherung an komplexe Sachverhalte ermöglicht zwar, Themen zügig anzugehen. Sie darf aber nur als Meilenstein und nicht als Lösung aufgefasst werden.

Nur die Beseitigung von Silodenken ermöglicht ein ganzheitliches Verständnis für die Wirkungsmechanismen von Risiken. Ohne die Integration von ESG-Risiken in das Risikomanagementsystem können Risiken oft nur qualitativ – gering, mittel, hoch – eingeschätzt werden. Für eine belastbare Einschätzung des Effekts von Risiken auf die finanzielle Entwicklung des Unternehmens sowie der negativen Auswirklungen auf Ökologie und Soziales („Quantifizierung" und „Monetarisierung") bedarf es daher zunehmend komplexerer Szenarien oder Simulationen.

Zudem zeigt sich das Schadenspotential von ESG-Risiken oft erst über einen längeren Zeitraum. Damit haben sie zwar eine große Auswirkung, aber ihre Eintrittswahrscheinlichkeit wird zeitpunktbezogen als gering bewertet. Bei nicht systematischer Betrachtung führt dies zur Vernachlässigung von Risiken mit großem Schadenspotential. Die Integration von ESG-Risiken in das Risikomanagementsystem unter Anwendung etwa von Verteilungs-, Szenarien- und Simulationslogiken kann helfen, auch längerfristig wirkende Risiken zu steuern.

Mit dem bevorstehenden Inkrafttreten des ARUG II[7] sind Aufsichtsrat und Vorstand börsennotierter Gesellschaften einer „nachhaltigen und langfristigen" Unternehmensentwicklung verpflichtet (§ 87 Abs. 1 Satz 2 AktG n. F.). Unseres Erachtens ist auch vor diesem Hintergrund eine Integration der ESG-Risiken in das Risikomanagement zur Erfüllung unternehmerischer Sorgfaltspflichten künftig unumgänglich.

[7] Zuletzt Beschluss des Deutschen Bundesrates vom 29.11.2019 (BR-Drucksache 605/19 (Beschluss)).

Ein weit verbreitetes Rahmenwerk zur Umsetzung einer holistischen Betrachtung von ESG-Risiken ist das „COSO Enterprise Risk Management“. Im Oktober 2018 veröffentlichte COSO gemeinsam mit dem World Business Council for Sustainable Development (WBCSD) einen entsprechenden Leitfaden zur Berücksichtigung von ESG-Risiken im Risikomanagementprozess.

(Quelle: Die Wirtschaftsprüfung, Heft 24/2019, Seite 1340 ff. (Reihe „Green and more“))

4.3 Green and more: Nicht-finanzielles IKS – Sicherheit und Transparenz für nicht-finanzielle Kennzahlen

Von WP StB Dr. Jan-Hendrik Gnändiger, WP Timo Wiegand, Anja Redenz und Sascha Meng

Die Anforderungen an nicht-finanzielle Kennzahlen und nicht-finanzielle Erklärungen steigen. Um die damit verbundenen Herausforderungen bewältigen zu können, müssen Unternehmen zunächst relevante nicht-finanzielle Prozesse identifizieren. Die Vollständigkeit und Genauigkeit der dabei erforderlichen Datenermittlung ist revisionssicher zu dokumentieren und mit einem nicht-finanziellen internen Kontrollsystem zu überwachen.

4.3.1 Definition und Abgrenzung des nicht-finanziellen IKS

Interne Kontrollsysteme (IKS) können allgemein definiert werden als Gesamtheit aller systematisch gestalteten Kontrollen und organisatorischen Maßnahmen im Unternehmen zur Erreichung der Unternehmensziele und zur Abwehr von Schäden.1 Dies dient der Sicherung

- der Wirksamkeit und Wirtschaftlichkeit der Geschäftstätigkeit,
- der Ordnungsmäßigkeit und Verlässlichkeit der externen und internen Rechnungslegung sowie
- der Einhaltung der für das Unternehmen maßgeblichen rechtlichen Vorschriften.

Ein IKS im klassischen Sinne ist ausgerichtet auf die ordnungsgemäße und verlässliche externe und interne Berichterstattung über finanzielle Kennzahlen. Dies wird unter anderem in § 91 Abs. 3 und § 107 Abs. 3 AktG gefordert. Man bezeichnet ein solches IKS dann häufig auch als finanzielles IKS.

Ein nicht-finanzielles IKS unterscheidet sich von einem finanziellen IKS dahingehend, dass der Fokus der Überwachung auf der Berichterstattung und Steuerung nicht-finanzieller Kennzahlen liegt. Im Fokus steht hier vor allem die Berichterstattung über aus dem ESG-Blickwinkel (Environmental, Social, Governance) relevante Kennzahlen. Dazu zählen beispielsweise Daten zu Treibhausgasemissionen und Arbeitsbedingungen oder Gesundheitsdaten.[2]

---

[1] Vgl. COSO, Rahmenwerk „Internal Control – Integrated Framework (2013)".
[2] Vgl. beispielsweise Hofstetter/Manganiello, COSO: Nichtfinanzieller Bereich, 07.02.2022 (www.weka.ch; Abruf: 26.04.2022).

4.3.2 Warum sollten Unternehmen ein nicht-finanzielles IKS einrichten?

Angesichts der steigenden Anforderungen auf Seiten internationaler Regulierer, Kapitalgeber und der Öffentlichkeit benötigen Unternehmen geeignete IKS-Konzepte und -Strukturen, die die ordnungsmäßige und verlässliche Berichterstattung über nicht-finanzielle Kennzahlen sicherstellen.

Unmittelbarer Anlass für die Einführung eines nicht-finanziellen IKS kann – neben der Einhaltung zunehmender regulatorischer Anforderungen – die Sicherstellung der Prüfbarkeit der Nachhaltigkeitsberichterstattung mit hinreichender Sicherheit (Reasonable Assurance) sein.

Zu den wichtigsten neuen regulatorischen Anforderungen zählen unter anderem die EU-Verordnung für ein EU-weites Klassifizierungssystem grüner Wirtschaftsaktivitäten (Taxonomie-Verordnung)[3], die im Entwurf vorliegende Corporate Sustainability Reporting Directive (CSRD-E)[4], das Gesetz zur Stärkung der Finanzmarktintegrität (FISG)[5], das Gesetz über die unternehmerischen Sorgfaltspflichten zur Vermeidung von Menschenrechtsverletzungen in Lieferketten (Lieferkettensorgfaltspflichtengesetz – LkSG)[6] oder die geplante EU-Richtlinie für eine Corporate Sustainability Due Diligence (CSDD-E)[7].

Die genannten Gesetze, Verordnungen und Richtlinien verpflichten Unternehmen faktisch zur Implementierung eines angemessenen und wirksamen nicht-finanziellen IKS. Im Zuge der Umsetzung der CSRD sollen – nach Vorarbeiten der EFRAG[8] – erstmals auch verbindliche europäische Standards für die Nachhaltigkeitsberichterstattung normiert werden.[9] Ebenso sollen nach der anstehenden Überarbeitung des DCGK künftig Prozesse und Systeme zur Erfassung und Verarbeitung nachhaltigkeitsbezogener Daten Bestandteil der Berichterstattung werden.[10] Daraus resultieren verstärkte Berichts- und Überwachungspflichten von Vorstand und Aufsichtsrat, die ohne Etablierung eines formalisierten und überwachten nicht-finanziellen IKS kaum darstellbar sein dürften.

---

3 Vgl. Verordnung (EU) 2020/852 vom 18.06.2020 über die Einrichtung eines Rahmens zur Erleichterung nachhaltiger Investitionen und zur Änderung der Verordnung (EU) 2019/2088, ABl. EU Nr. L 198/13 vom 22.06.2020.

4 Vgl. EU-Kommission, Mitteilung COM(2021) 189 final, 21.04.2021 (https://eur-lex.europa.eu; Abruf: 26.04.2022); dazu etwa Lanfermann/Schwedler/Schmotz, WPg 2021, S. 762; Velte, WPg 2021, S. 613.

5 Gesetz vom 03.06.2021, BGBl. I 2021, S. 1534.

6 Artikel 1 des Gesetzes über die unternehmerischen Sorgfaltspflichten in Lieferketten vom 16.07.2021, BGBl. I 2021, S. 2959. Vgl. dazu auch Kolmar, WPg 2020, S. 1369.

7 Vgl. EU-Kommission, Mitteilung COM(2022) 71 final, 23.02.2022 (https://ec.europa.eu; Abruf: 26.04.2022).

8 Die Europäische Beratungsgruppe zur Rechnungslegung (European Financial Reporting Advisory Group – EFRAG) war im Mai 2021 von der EU-Kommission beauftragt worden, mit der Arbeit an den europäischen Standards für die Nachhaltigkeitsberichterstattung (ESRS) zu beginnen. Zum aktuellen Arbeitsstand bei diesem Projekt siehe www.efrag.org (Abruf: 26.04.2022).

9 Nicht nur das IDW spricht sich an dieser Stelle allerdings für die Harmonisierung globaler Standards zur Nachhaltigkeitsberichterstattung aus; vgl. www.idw.de (Abruf: 26.04.2022).

10 Vgl. DCGK-E i.d.F. vom 21.01.2022, Empfehlung A.3.

4.3.3 Welche Herausforderungen bestehen für die praktische Umsetzung?

4.3.3.1 Datenverfügbarkeit

Häufig verfügen Unternehmen über eine umfassende Datenbasis zur Erfassung finanzieller Kennzahlen in ihren ERP-Systemen. Für nicht-finanzielle Kennzahlen ist diese Datenbasis aber in aller Regel deutlich weniger ausgeprägt. Erschwerend kommt hinzu, dass Prozesse zur Erhebung und Konsolidierung der Kennzahlen meist nicht klar definiert und dokumentiert sind. Zudem werden sie meist manuell ermittelt, was eine erhöhte Fehleranfälligkeit mit sich bringt und die Prüfbarkeit erschwert. Deshalb führt die Implementierung eines nicht-finanziellen IKS zunächst zu der Notwendigkeit, Ermittlungs- und Reporting-Strukturen zu erheben und zu harmonisieren, um sodann die Datenqualität und Effizienz zu erhöhen. In der Praxis bietet sich hier die Nutzung etablierter Methoden und Prozesse des finanziellen IKS für Dokumentations- und Überwachungszwecke an.

4.3.3.2 Sensibilisierung und Wissensaufbau

In personeller Hinsicht besteht das Problem, dass die Mitarbeiter der Fachabteilungen, die in den nicht-finanziellen Prozessen wirken, sich der eigenen berichts- und prüfungspflichtigen Datenermittlung häufig noch nicht bewusst sind und zudem nur über wenig Erfahrung im Umgang mit einem IKS verfügen. Umgekehrt verfügen IKS-Verantwortliche im Unternehmen selten über umfassendes Know-how im nicht-finanziellen Bereich. Aus diesem Grund muss die gesamte Organisation umfassend für das nicht-finanzielle IKS sensibilisiert und das Risikobewusstsein in diesem Bereich gestärkt werden. Weitere Hürden bestehen erfahrungsgemäß unter anderem in den unterschiedlichen Methodiken von IKS und den in technischen Bereichen etablierten ISO-Standards. Letztere adressieren vor allem die organisatorischen Rahmenbedingungen der entsprechenden Anwendungsgebiete. Ein IKS hingegen richtet sich primär auf die Überwachung der Regelungen zur Steuerung relevanter Prozesse und Risiken mittels organisatorischer Sicherungsmaßnahmen und Kontrollen.[11]

4.3.3.3 Ressourcen-Restriktionen

Mangels „Know-how“-Trägern und Spezialisten für nicht-finanzielle Themen fehlt es meist auch an personellen Kapazitäten für die Implementierung eines nicht-finanziellen IKS. Dies erschwert es, geeignete Beratungs- und Unterstützungsleistungen bei der Einführung oder Aufrechterhaltung eines nicht-finanziellen IKS für die in Frage kommenden Fachbereiche anbieten zu können. Besonders in der Implementierungsphase ist die zusätzliche Arbeitsbelastung hoch. Vorübergehend bietet sich hier der Aufbau von Kapazitäten in Form eines Projekts, gegebenenfalls auch mit externer Unterstützung, an. Mit Blick auf die zunehmend geforderte bzw. gewünschte Prüfung mit begrenzter

11 Bungartz, Internes Kontrollsystem (IKS) (IPPF Nr.2100) (www.internerevisiondigital.de; Abruf: 27.04.2022).

Sicherheit (Limited Assurance) oder mit – wie künftig in der CSRD möglicherweise vorgesehen – hinreichender Sicherheit (Reasonable Assurance)[12] ist es zudem sinnvoll, den Abschlussprüfer frühzeitig und unter Beachtung der Unabhängigkeitsanforderungen in solche Projekte einzubinden. Langfristig können begrenzte personelle Ressourcen durch die Etablierung geeigneter IT-Systeme und Prozessabläufe mit dem Ziel, manuelle Tätigkeiten zu reduzieren, kompensiert werden.

4.3.4 Fazit

Der Druck auf Unternehmen und die damit verbundene Notwendigkeit, sich systematisch und transparent mit ESG-Themen auseinanderzusetzen, kommt mittlerweile aus allen Richtungen, unter anderem von Seiten der Regulatorik, des Kapitalmarkts oder der Öffentlichkeit. Für die meisten Unternehmen stellt dies eine wahre Mammut-Aufgabe dar. Deshalb benötigen Unternehmen heute mehr denn je klar definierte Prozesse und Governance-Strukturen.

Die Ergänzung bestehender IKS-Konzepte um nicht-finanzielle Aspekte und ihre Fortentwicklung erlaubt es Unternehmen, auf Bewährtem aufzubauen. Ein adäquat ausgestaltetes und integriertes IKS wird in Zukunft über die reine Qualitätssicherungsfunktion hinaus maßgeblich zur strategischen Steuerung und somit zum Erfolg des Unternehmens beitragen. Denn es schafft die Basis für eine effektive und effiziente Steuerung und Überwachung von ESG-Zielen und -Strategien. Zudem können auf diese Weise Anforderungen des Abschlussprüfers mit dem Ziel einer Prüfung mit hinreichender Sicherheit erfüllt werden.

Aufgrund der (dringlichen) Notwendigkeit und des zusätzlich erforderlichen Know-how für die Gestaltung, Implementierung und den Betrieb eines integrierten nicht-finanziellen IKS ist es erforderlich, dass sich Unternehmen frühzeitig mit diesem Thema auseinandersetzen. Dabei bedarf es einer adäquaten Vorbereitung samt hinreichender Vorlaufzeit, und zwar zur Risikoidentifikation, Prozessdokumentation, Implementierung von Kontrollen und zur Durchführung von Trainings und Schulungen.

Richtig konzipiert und konsequent umgesetzt, schafft ein nicht-finanzielles IKS signifikanten Mehrwert auf vielen Ebenen des Unternehmens und trägt vor allem dazu bei, die neuen ESG-Berichtsanforderungen professionell umzusetzen.

(Quelle: Die Wirtschaftsprüfung, Heft 10/2022, Seite 595 ff. (Reihe „Green and more“))

12 Siehe Velte, WPg 2022, S. 63.

4.4 Green and more: Wie verankert man Nachhaltigkeit in der Finanz-Funktion?

Von StB Dr. Matthias Schmidt

Investoren und auch Regulatoren fordern nachdrücklich eine Integration von Finanz- und Nachhaltigkeitsinformationen. Qualität und Verfügbarkeit von Nachhaltigkeitsinformationen sollen auf dasselbe hohe Niveau gebracht werden wie Finanzinformationen. Viele Finanzvorstände überführen den Themenbereich Nachhaltigkeit deshalb zunehmend in die Finanz-Funktion.

4.4.1 Nachhaltigkeit als Chance und Risiko der künftigen Entwicklung

Die Weltgemeinschaft hat sich durch das Pariser Klimaabkommen im Jahr 2015 verpflichtet, die Erderwärmung im 21. Jahrhundert auf weniger als 2 Grad Celsius, nach Möglichkeit auf weniger als 1,5 Grad Celsius, zu begrenzen und zu diesem Zweck den weltweiten CO2-Ausstoß bis zum Jahr 2050 um 80 bis 95 Prozent zu verringern (weitgehende Dekarbonisierung der Weltwirtschaft). Diese Ziele wurden auf der 26. UN-Klimakonferenz (COP26) kürzlich noch einmal bekräftigt.

Die Erreichung dieser Klimaziele (aber auch weiterer Nachhaltigkeitsziele) wird auf EU-Ebene mit dem European Green Deal und dem EU Financing Sustainable Growth Action Plan intensiv verfolgt: Im Jahr 2050 soll Europa klimaneutral sein. Eine zentrale Maßnahme ist, Finanzströme in ökologisch nachhaltige Aktivitäten umzuleiten. Vor allem hierdurch hat die Kapitalmarktrelevanz des Themas Nachhaltigkeit massiv an Bedeutung gewonnen.

Der positive Zusammenhang zwischen ESG-Performance und wirtschaftlicher Lage wurde in zahlreichen empirischen Studien nachgewiesen: Eine Meta-Studie von rund 2.250 empirischen Studien kam zu dem Ergebnis, dass rund 90 Prozent der Studien einen nicht-negativen Zusammenhang von ESG- und finanzieller Performance ermittelten. In der Mehrzahl dieser Studien wurde ein positiver Zusammenhang nachgewiesen.[1] Nach einer weiteren Meta-Studie zeigten 43 von 49 Studien (88 Prozent) einen solchen positiven Zusammenhang auf.[2]

---

1 Vgl. Friede/Busch/Bassen, ESG and Financial Performance: Aggregated Evidence from more than 2000 Empirical Studies (https://papers.ssrn.com; Abruf: 16.11.2021).

2 Vgl. Clark/Feiner/Viehs, From the Stockholder to the Stakeholder: How Sustainability can Drive Financial Outperformance (www.smithschool.ox.ac.uk; Abruf: 16.11.2021).

Investoren erwarten von Unternehmen nicht die Maximierung der Nachhaltigkeitsleistung, sondern die Optimierung des Chancen- und Risikenportfolios. Nachhaltigkeit ist im Kern Chancen- und Risikomanagement. So ergeben sich aus einer nachhaltigen Entwicklung die folgenden Chancen:[3]

- neue Produkte, Dienstleistungen und Märkte;
- Ressourceneffizienz;
- Zugang zu sicheren, günstigen Energiequellen;
- eine insgesamt verbesserte Resilienz gegen externe Entwicklungen.

Gleichzeitig können die folgenden Risiken vermindert werden:[4]

- Ereignisrisiken mit geringer Eintrittswahrscheinlichkeit, aber gravierenden negativen Folgen („Long Tail Risks"), z.B. die Reaktor-Katastrophe in Fukushima;
- Regulierungsrisiken, wenn durch regulatorische Eingriffe die Nutzungsdauer von Vermögenswerten erheblich verkürzt wird und diese nicht mehr genutzt werden dürfen, obwohl die Nutzung technisch noch möglich wäre („Stranded Assets"), z.B. der Ausstieg aus Kern- und Kohleenergie und die damit verbundenen Auswirkungen auf Energieversorger;
- Klagerisiken, z.B. in der US-Tabakindustrie;
- Reputationsrisiken, z.B. im Zusammenhang mit Menschenrechtsverstößen in der Lieferkette;
- Marktrisiken/technologische Risiken: Ablösung bestehender Geschäftsmodelle, wenn neue Produkte marktgängig werden, z.B. die mögliche Ablösung des Verbrennungsmotors durch alternative Antriebstechnologien.

Solche strategischen Chancen und Risiken sind vor allem für institutionelle Investoren relevant, die lange Anlagehorizonte verfolgen. Eine so verstandene Verfolgung von ESG ist daher nicht die Abkehr vom Shareholder-Value-Konzept. Im Gegenteil: Sie dient der Sicherung des nachhaltigen Unternehmensbestands und der dauerhaften Rentabilität bzw. nachhaltigen Wertschöpfung im Sinne der Aktionäre.[5] Hierfür benötigen Investoren relevante, verlässliche und vergleichbare Nachhaltigkeitsinformationen, die einen Rückschluss auf die künftige Unternehmensentwicklung mit ihren wesentlichen Chancen und Risiken erlauben.

[3] In Anlehnung an TCFD, Recommendations of the Task Force on Climate-related Financial Disclosures, S. 5–8 (https://assets.bbhub.io; Abruf: 16.11.2021).
[4] In Anlehnung an TCFD, a.a.O. (Fn. 3), S. 5–8.
[5] Vgl. Schmidt/Strenger, NZG 2019, S. 483.

4.4.2 Nachhaltigkeitsberichterstattung durch Unternehmen

Der International Auditing and Assurance Standards Board (IAASB) hat vier Faktoren für die Schaffung von Verlässlichkeit und Vertrauen in die Nachhaltigkeitsberichterstattung herausgearbeitet:[6]

Die Befolgung aller vier Faktoren führt zu Verlässlichkeit und Vertrauen für interne und externe Stakeholder.

Mit den durch die Umsetzung der EU CSR-Richtlinie geschaffenen §§ 289b ff., 315b f. HGB werden große kapitalmarktorientierte Unternehmen sowie Banken und Versicherungen mit mehr als 500 Mitarbeitern seit dem Jahr 2017 zur nicht-finanziellen Berichterstattung über bestimmte Nachhaltigkeitsthemen verpflichtet. Bereits bei ihrer Verabschiedung wurde angekündigt, dass aufbauend auf Analysen der praktischen Umsetzung der Berichtspflichten und vor dem Hintergrund der von der EU verfolgten Ziele eine Überarbeitung der CSR-Richtlinie zu erwarten ist. Die Berichtspflichten gemäß der europäischen Sustainable-Finance-Taxonomie erfordern erstmals eine zwingende Verknüpfung von Finanz- und Nachhaltigkeitsinformationen.[7]

Zwischenzeitlich hat die EU-Kommission eine Konsultation zur Fortentwicklung der CSR-Richtlinie[8] durchgeführt. In Deutschland haben unter anderem das DRSC[9] und der Sustainable-Finance-Beirat der Bundesregierung[10] Analysen durchgeführt. Diese zeigen – vor allem aus Adressatensicht – Fortentwicklungsbedarf hinsichtlich des Konzepts der Wesentlichkeit sowie hinsichtlich Vergleichbarkeit, Verfügbarkeit und Verlässlichkeit der berichteten Informationen. Vor diesem Hintergrund sieht der seit April 2021 vorliegende Entwurf zur Überarbeitung der CSR-Richtlinie vor:

- eine Ausweitung der Berichtspflicht auf alle großen Kapitalgesellschaften;
- die zwingende Berichterstattung im Lagebericht;
- eine virtuelle Datenbank zur Offenlegung von Nachhaltigkeitsinformationen einschließlich digitalem Tagging;
- die Klarstellung der Verantwortung der Unternehmensleitung für die Nachhaltigkeitsberichterstattung;
- die fortbestehende Überwachungspflicht für den Aufsichtsrat; zusätzlich hat der Prüfungsausschuss die Nachhaltigkeitsberichterstattung einschließlich der zugrunde liegenden Systeme und Prozesse zu überwachen;

6 Vgl. IAASB, Non-Authoritative Support Material: Credibility and Trust Model relating to Extended External Reporting (EER), S. 3–8 (www.ifac.org; Abruf: 16.11.2021).

7 Vgl. Rieth/Schmidt, WPg 2021, S. 769.

8 Vgl. Lanfermann/Schwedler/Schmotz, WPg 2021, S. 762.

9 Vgl. DRSC, CSR-Studie: Abschlussbericht der vom BMJV beauftragten Horizontalstudie sowie zu Handlungsempfehlungen für die Überarbeitung der CSR-Richtlinie (www.drsc.de; Abruf: 16.11.2021).

10 Vgl. Sustainable-Finance-Beirat der Bundesregierung, Shifting the Trillions: Ein nachhaltiges Finanzsystem für die Große Transformation (https://sustainable-finance-beirat.de; Abruf: 16.11.2021).

- eine Konkretisierung der Berichtsinhalte;
- eine inhaltliche Prüfungspflicht, zunächst mit begrenzter Sicherheit.

Die geänderten Vorgaben der EU-Richtlinie sollen nach der Umsetzung in nationales Recht erstmals für das Geschäftsjahr 2023 anzuwenden sein. Gleichzeitig wird auf europäischer Ebene und auf globaler Ebene intensiv und parallel die Entwicklung von einheitlichen Standards für die Nachhaltigkeitsberichterstattung verfolgt.

4.4.3 Auswirkungen auf die Finanz-Funktion in Unternehmen

Die erheblich gestiegene Kapitalmarktrelevanz des Themas Nachhaltigkeit sowie die zunehmend auch regulatorisch verfolgte Vereinheitlichung von Finanz- und Nachhaltigkeitsinformationen führt dazu, dass sich Finanzvorstände vermehrt mit der angemessenen Berücksichtigung dieses Themas in der Finanz-Funktion befassen. Dabei sehen sie sich dem Spannungsfeld ausgesetzt, dass Investoren unmittelbar eine aussagekräftige Berichterstattung – beispielsweise nach den freiwillig anwendbaren Vorgaben des SASB (Sustainability Accounting Standards Board) oder der TCFD (Task Force on Climate-Related Financial Disclosures) – erwarten, innerhalb weniger Jahre aber die Pflicht zur Anwendung noch nicht vorliegender Standards für die Nachhaltigkeitsberichterstattung absehbar ist. Als Best Practice bildet sich derzeit heraus:

- Entwicklung des unternehmensindividuellen Nachhaltigkeitsnarrativs zur Vermittlung der Zukunftsfähigkeit des Geschäftsmodells an den Kapitalmarkt, fokussiert auf die zentralen Nachhaltigkeitsaspekte;
- Fortentwicklung des Risikomanagementsystems zur Berücksichtigung von nachhaltigkeitsbezogenen Chancen und Risiken, vor allem entsprechend den TCFD-Empfehlungen: Berücksichtigung dieser Themen in Budgetplanung und in Investitionsentscheidungen, Erweiterung der üblichen Mittelfrist- um eine Langfristplanung;
- Definition von (vor allem quantitativen) Berichtselementen, Zuständigkeiten, Berichtswegen und Berichtsfrequenzen;
- Ergänzung der etablierten Berichts- und Kontrollsysteme für die Finanzberichterstattung um Nachhaltigkeitsinformationen zur Gewährleistung einer vergleichbar hohen Datenqualität und Datenverfügbarkeit und damit verbunden auch einer – von Investoren zunehmend geforderten – Prüfbarkeit mit hinreichender Sicherheit, analog zu den Angaben in Abschluss und Lagebericht;
- einheitliche Kapitalmarktkommunikation (z.B. auch auf Capital Market Days), aus der vor allem die strategische und die wirtschaftliche Relevanz des Themas Nachhaltigkeit deutlich wird;
- zusätzlich Beibehaltung einer ausführlichen und an einen über den Kreis der Investoren hinausgehenden Stakeholder-Kreis gerichteten Nachhaltigkeitsberichterstattung, z.B. entsprechend den Standards der Global Reporting Initiative (GRI);

- eine Beachtung der TCFD-Empfehlungen, die derzeit von allen maßgeblichen Standardsetzern und Regulatoren verfolgt wird, sowie der SASB-Standards, die in die Arbeit des International Sustainability Standards Board (ISSB) einfließen dürften, dürfte dabei ein zukunftsfester Ansatz sein.

Eine Verfolgung dieser Punkte – verbunden mit der Berücksichtigung des Vier-Faktoren-Modells des IAASB – ermöglicht Finanzvorständen den Übergang von einer eher reaktiven hin zu einer glaubwürdigen, aktiven Kapitalmarktkommunikation über Nachhaltigkeitsaspekte und deren Relevanz für die Zukunftsfähigkeit des Geschäftsmodells. Dabei gilt es, regulatorische Entwicklungen so weit wie möglich zu antizipieren, um Doppelarbeiten zu vermeiden. Eine solche aktive Befassung ermöglicht es Unternehmen aber auch, regulatorische Entwicklungen glaubwürdig mitzugestalten. Das Aufgabenspektrum des Finanzvorstands und der gesamten Finanz-Funktion wird so um eine sehr interessante Aufgabe erweitert.

(Quelle: Die Wirtschaftsprüfung, Heft 02/2022, Seite 100 ff. (Reihe „Green and more“))

4.5 Green and more: Das Lieferkettensorgfaltspflichtengesetz hat Konsequenzen für den Mittelstand

Von WP StB Volker Hartke LL.M.

Das ab dem 01.01.2023 von Unternehmen mit mehr als 3.000 Arbeitnehmern und ab dem 01.01.2024 von Unternehmen mit mehr als 1.000 Arbeitnehmern anzuwendende Lieferkettensorgfaltspflichtengesetz wird mittelbar auch mittelständische Unternehmen zur Beachtung der Sorgfaltspflichten in ihren Lieferketten verpflichten. Sie sollten sich daher schon jetzt mit den Auswirkungen auf ihre Lieferketten beschäftigen.

4.5.1 Einleitung

Das Gesetz über die unternehmerischen Sorgfaltspflichten zur Vermeidung von Menschenrechtsverletzungen in Lieferketten vom Juli 2021 (Lieferkettensorgfaltspflichtengesetz – LkSG)[1] verpflichtet Unternehmen mit mindestens 3.000 Arbeitnehmern ab dem 01.01.2023 (§ 1 Abs. 1 Satz 1 Nr. 2 LkSG) und mit mindestens 1.000 Arbeitnehmern ab dem 01.01.2024 (§ 1 Abs. 1 Satz 3 LkSG), neun menschenrechtliche und umweltbezogene Sorgfaltspflichten in angemessener Weise in ihren Lieferketten zu beachten (§ 3 Abs. 1 Satz 1 LkSG) – siehe Übersicht 1.

Mit dieser gesetzlichen Pflicht wird gemäß § 3 Abs. 1 Satz 2 LkSG das Ziel verfolgt, menschenrechtlichen oder umweltbezogenen Risiken vorzubeugen oder sie zu minimieren oder die Verletzung menschenrechtsbezogener oder umweltbezogener Pflichten zu beenden.

Sorgfaltspflichten	
1.	Einrichtung eines Risikomanagements (§ 4 Abs. 1 LkSG)
2.	Festlegung einer betriebsinternen Zuständigkeit (§ 4 Abs. 3 LkSG)
3.	Durchführung regelmäßiger Risikoanalysen (§ 5 LkSG)
4.	Abgabe einer Grundsatzerklärung (§ 6 Abs. 2 LkSG)
5.	Verankerung von Präventionsmaßnahmen im eigenen Geschäftsbereich (§ 6 Abs. 1 und 3 LkSG) und gegenüber unmittelbaren Zulieferern (§ 6 Abs. 4 LkSG)
6.	Ergreifen von Abhilfemaßnahmen (§ 7 Abs. 1 bis 3 LkSG)
7.	Einrichtung eines Beschwerdeverfahrens (§ 8 LkSG)
8.	Umsetzung von Sorgfaltspflichten in Bezug auf Risiken bei mittelbaren Zulieferern (§ 9 LkSG)
9.	Dokumentation (§ 10 Abs. 1 LkSG) und Berichterstattung (§ 10 Abs. 2 LkSG)

Übersicht 1 » Neun menschenrechtliche und umweltbezogene Sorgfaltspflichten gemäß § 3 Abs. 1 Satz 2 LkSG

1 Artikel 1 des Gesetzes über die unternehmerischen Sorgfaltspflichten in Lieferketten vom 16.07.2021, BGBl. I 2021, S. 2959. Vgl. dazu auch Kolmar, WPg 2020, S. 1369.

4.5.2 Mittelständische Unternehmen im Anwendungsbereich des Lieferkettensorgfaltspflichtengesetzes

Die unmittelbar zur Anwendung des Lieferkettensorgfaltspflichtengesetzes verpflichteten Unternehmen (im Folgenden: Großunternehmen) sind allerdings nur ein geringer Teil der zur Umsetzung der Anforderungen des Gesetzes verpflichteten Unternehmen. Sie agieren quasi „nur" als Berichterstatter für die Öffentlichkeit und den Gesetzgeber sowie als „Garanten" für die Einhaltung von Sorgfaltspflichten bei ihren unmittelbaren und mittelbaren Zulieferern. Zulieferer sind regelmäßig aber nicht nur Großunternehmen, sondern auch andere Unternehmen (im Folgenden: mittelständische Unternehmen).

Ursächlich dafür ist die Lieferkettendefinition gemäß § 2 Abs. 5 LkSG, die nicht nur das Handeln des jeweiligen Großunternehmens im eigenen Geschäftsbereich, sondern auch das Handeln eines unmittelbaren und mittelbaren Zulieferers erfasst. Der Begriff „Lieferkette" bezieht sich dabei auf alle Produkte und Dienstleistungen eines Unternehmens und umfasst alle Schritte im In- und Ausland, die zur Herstellung der jeweiligen Produkte und zur Erbringung der jeweiligen Dienstleistung erforderlich sind, angefangen von der Gewinnung der Rohstoffe bis zur Lieferung an den Endkunden.

4.5.3 Folgen für unmittelbare Zulieferer

Aufgrund dieser weiten Lieferkettendefinition sollten sich auch mittelständische Unternehmen und deren Berater mit den Sorgfaltspflichten für Großunternehmen beschäftigen. Dabei müssen sie unterscheiden, ob ihr mittelständisches Unternehmen unmittelbarer oder mittelbarer Zulieferer eines unmittelbar verpflichteten Großunternehmens ist. Für Großunternehmen gelten in Bezug auf unmittelbare Zulieferer grundsätzlich die gleichen Pflichten wie für den eigenen Geschäftsbetrieb. So hat das Großunternehmen unmittelbare Zulieferer in die mindestens jährlich durchzuführende angemessene Risikoanalyse gemäß § 5 LkSG zur Ermittlung menschenrechtlicher und umweltbezogener Risiken einzubeziehen und angemessene Präventionsmaßnahmen (§ 6 Abs. 4 LkSG) zu verankern (Übersicht 2).

Mindestanforderungen	
1.	Berücksichtigung der menschenrechtsbezogenen und umweltbezogenen Erwartungen bei der Auswahl eines unmittelbaren Zulieferers
2.	Vertragliche Zusicherung eines unmittelbaren Zulieferers, dass dieser die von der Geschäftsleitung des Unternehmens verlangten menschenrechtsbezogenen und umweltbezogenen Erwartungen einhält und entlang der Lieferkette angemessen adressiert
3.	Durchführung von Schulungen und Weiterbildungen zur Durchsetzung der vertraglichen Zusicherungen des unmittelbaren Zulieferers nach § 6 Abs. 4 Nr. 2 LkSG
4.	Vereinbarung angemessener vertraglicher Kontrollmechanismen sowie deren risikobasierte Durchführung, um die Einhaltung der Menschenrechtsstrategie bei dem unmittelbaren Zulieferer zu überprüfen

Übersicht 2 » Mindestanforderungen für Präventionsmaßnahmen gegenüber unmittelbaren Zulieferern (§ 6 Abs. 4 LkSG)

Neben diesen Präventionsmaßnahmen werden unmittelbare Zulieferer auch mit der Aufforderung von Großunternehmen in ihrem Kundenkreis konfrontiert werden, unverzüglich Abhilfemaßnahmen einzuleiten, wenn eine Verletzung einer menschenrechtsbezogenen oder einer umweltbezogenen Pflicht bei ihnen bereits eingetreten ist oder unmittelbar bevorsteht. Die von den Großunternehmen in diesem Fall zu ergreifenden Abhilfemaßnahmen sollen die Pflichtverletzung beim unmittelbaren Zulieferer verhindern, beenden oder das Ausmaß der Verletzung minimieren. Ist eine Beendigung der Verletzung durch den unmittelbaren Zulieferer nicht in absehbarer Zeit möglich, muss das Großunternehmen unverzüglich ein Konzept samt konkretem Zeitplan zur Beendigung oder Minimierung erstellen und beim unmittelbaren Zulieferer umsetzen. Ein Abbruch der Geschäftsbeziehung ist für das Großunternehmen gesetzlich nur geboten bei

Das Großunternehmen muss die Wirksamkeit der Abhilfemaßnahmen mindestens einmal jährlich überprüfen.

Zudem muss das vom Großunternehmen einzurichtende Beschwerdeverfahren auch Hinweise von Personen auf durch das wirtschaftliche Handeln von unmittelbaren Zulieferern entstandene menschenrechtliche und umweltbezogene Risiken sowie auf Verletzungen menschenrechtsbezogener oder umweltbezogener Pflichten ermöglichen.

4.5.4 Folgen für mittelbare Zulieferer

Aber nicht nur unmittelbare Zulieferer sind betroffen; vielmehr muss das Beschwerdesystem des Großunternehmens auch Beschwerden von Personen über mittelbare Zulieferer ermöglichen. Sofern tatsächliche Anhaltspunkte die Verletzung einer menschenrechtsbezogenen oder einer umweltbezogenen Pflicht bei mittelbaren Zulieferern möglich erscheinen lassen (substantiierte Kenntnis), muss das Großunternehmen unter anderem

4.5.5 Umsetzung der Sorgfaltspflichten

Die Ausgestaltung der Umsetzung der neun Sorgfaltspflichten gemäß § 3 Abs. 1 Satz 2 LkSG und damit auch der Anforderungen an (un-)mittelbare Zulieferer liegt grundsätzlich in der Verantwortung der Großunternehmen. Das Lieferkettensorgfaltspflichtengesetz gibt lediglich vier Kriterien für die Bestimmung der angemessenen Weise eines den Sorgfaltspflichten genügenden Handelns in § 3 Abs. 2 LkSG vor (Übersicht 3).

	Angemessenheit des Handels nach § 3 Abs. 2 LkSG
1.	Art und Umfang der Geschäftstätigkeit des Unternehmens
2.	Einflussvermögen des Unternehmens auf unmittelbare Verursacher a. eines menschenrechtlichen oder umweltbezogenen Risikos oder b. der Verletzung einer menschenrechtsbezogenen oder umweltbezogenen Pflicht

Angemessenheit des Handels nach § 3 Abs. 2 LkSG	
3.	Typischerweise zu erwartende a. Schwere der Verletzung b. Umkehrbarkeit der Verletzung und c. Wahrscheinlichkeit der Verletzung einer menschenrechtsbezogenen oder einer umweltbezogenen Pflicht
4.	Art des Verursachungsbeitrags des Unternehmens zu a. dem menschenrechtlichen oder umweltbezogenen Risiko oder b. der Verletzung einer menschenrechtsbezogenen oder einer umweltbezogenen Pflicht

Übersicht 3 » Kriterien zur Bestimmung der Angemessenheit des Handels nach § 3 Abs. 2 LkSG

Dieser weite Rahmen zur Bestimmung eines angemessenen Handels (Proportionalität) sollte nicht nur positiv beurteilt werden. Denn jedes verpflichtete Großunternehmen hat eigene Informationsbedarfe und stellt eigene Anforderungen an seine Lieferketten. Insofern können mittelständische Unternehmen mit einer Vielzahl an Fragebögen, Abhilfekonzepten und Informationsfristen konfrontiert sein.

4.5.6 Handlungsbedarf

Mittelständische Unternehmen sollten sich frühzeitig mit den Anforderungen des Lieferkettensorgfaltspflichtengesetzes auseinandersetzen und aktiv das Gespräch mit den Großunternehmen, die wesentliche Kunden sind, suchen. Aufgrund der von Großunternehmen gemäß § 5 LkSG einzuholenden vertraglichen Zusicherung eines unmittelbaren Zulieferers, dass dieser die von der Geschäftsleitung des Unternehmens verlangten menschenrechtsbezogenen und umweltbezogenen Erwartungen einhält und entlang der Lieferkette angemessen adressiert, sollten mittelständische Unternehmen eine freiwillige Umsetzung der Anforderungen des Lieferkettensorgfaltspflichtengesetz in Betracht ziehen. Zumindest eine Ergänzung des Risikomanagements sowie die Benennung von Ansprechpartnern ist dringend angeraten, um Konflikte im Vertrieb und Kundenabgänge zu vermeiden.

4.5.7 Ausblick

Das deutsche Lieferkettensorgfaltspflichtengesetz ist nur ein Zwischenschritt auf dem Weg zur weiteren Sicherstellung menschenrechtsbezogener und umweltbezogener Pflichten. So hat die EU-Kommission im Februar 2022 den Entwurf einer Richtlinie vorgelegt, die weitere Unternehmen verpflichten soll, negative Auswirkungen ihrer Tätigkeit auf die Menschenrechte sowie auf die Umwelt zu ermitteln und erforderlichenfalls zu verhindern, abzustellen oder zu vermindern.[2] Integriert in diesen Vorschlag einer Corporate Sustainability Due Diligence Directive (EU-Lieferkettenrichtlinie) wurden zuvor noch getrennt beratene Überlegungen zur Einbeziehung von Nachhaltigkeitsaspekten in eine gute Unternehmensführung (Sustainable Corporate Governance).

(Quelle: Die Wirtschaftsprüfung, Heft 12/2022, Seite 675 ff. (Reihe „Green and more“))

[2] Entwurf vom 23.02.2022, COM(2022) 71 final (https://ec.europa.eu).

4.6 Green and more: Deutlicher Nachhaltigkeitsfokus im Entwurf des DCGK 2022

Von Kai Michael Beckmann

Die Kodex-Kommission hat im Januar 2022 Vorschläge für Änderungen am Deutschen Corporate Governance Kodex für börsennotierte Gesellschaften unterbreitet. Bei der geplanten Kodex-Reform gewinnt vor allem das Thema Nachhaltigkeit an Bedeutung. Konkret muss auf dem Weg der Sustainability-Transformation bei der Leitung und Überwachung börsennotierter Unternehmen die ökologische und soziale Nachhaltigkeit berücksichtigt werden. Auch sind die erweiterten Berichtspflichten nach der geplanten neuen Fassung der CSRD zu berücksichtigen. Welche Folgen sich daraus für die Tätigkeit von Aufsichtsrat und Vorstand ergeben, ist Gegenstand des folgenden Beitrags.

4.6.1 Einleitung

Die Kodex-Kommission Deutscher Corporate Governance Kodex (DCGK) hat mit Stand vom 21.01.2022 den Entwurf des DCGK 2022 (DCGK-E) zur Konsultation gestellt. Die darin vorgeschlagenen neuen Grundsätze und Empfehlungen betreffen Anpassungen an die durch FISG und FüPoG II geänderte Rechtslage sowie die Berücksichtigung ökologischer und sozialer Nachhaltigkeit bei der Leitung und Überwachung börsennotierter Unternehmen. Mit neuen nachhaltigkeitsbezogenen Empfehlungen dürfte sich der Druck auf Unternehmen zur Sustainability-Transformation weiter verstärken.

4.6.2 Präambel zur gesellschaftlichen Verantwortung

Eine wesentliche im DCGK-E zur Diskussion gestellte Änderung zielt darauf, Nachhaltigkeitsaspekte umfassender und verbindlicher in der Corporate Governance zu implementieren. Nach der Begründung der Kodex-Kommission muss dazu bereits die Präambel des geltenden DCGK i.d.F. vom 16.12.2019 (DCGK 2020) angepasst werden, weil die Erwartungen an die Berücksichtigung von Nachhaltigkeitsfaktoren bei der Unternehmensführung wesentlich konkreter geworden seien. Zudem enthalte der von der EU-Kommission im April 2021 vorgestellte Richtlinienentwurf zur Nachhaltigkeitsberichterstattung (CSRD-E) die klare Anforderung an die Unternehmen, nicht nur den Einfluss von Sozial- und Umweltfaktoren auf den Unternehmenserfolg (Outside-in-Perspektive), sondern auch die Auswirkungen des Unternehmens auf Mensch und Umwelt (Inside-out-Perspektive) einzubeziehen („doppelte Wesentlichkeit"). Der DCGK-E sieht in der Präambel daher vor, dass Vorstand und Aufsichtsrat künftig beide Perspektiven bei der Führung und Überwachung des Unternehmens berücksichtigen.

4.6.3 Nachhaltigkeitsbezogene Empfehlungen für den Vorstand

4.6.3.1 Risiko-Chancen-Erfassung, Unternehmensstrategie und -planung

Der Vorstand soll die mit Sozial- und Umweltfaktoren verbundenen Risiken und Chancen für das Unternehmen sowie die ökologischen und sozialen Auswirkungen der Unternehmenstätigkeit systematisch identifizieren und bewerten (Empfehlung A.1 DCGK-E). Die Unternehmensstrategie soll darüber informieren, wie wirtschaftliche, ökologische und soziale Ziele ausgewogen umgesetzt werden sollen. Demgegenüber zielt die Unternehmensplanung auf finanzielle und nachhaltigkeitsbezogene Ziele.

Diese an den Vorstand gerichtete Empfehlung betrifft zunächst die Erfassung von mit Sozial- und Umweltfaktoren verbundenen Risiken und Chancen für das Unternehmen mit den Methoden des Risikomanagements; sie dürfte insoweit eher als Präzisierung zu verstehen sein. Denn ein umfassendes Risikomanagement sollte alle für das Unternehmen relevanten Risiken und Chancen erfassen.

Neu hingegen ist die systematische Identifizierung und Bewertung der ökologischen und sozialen Auswirkungen der Unternehmenstätigkeit (Inside-out), die allenfalls als Reflex wieder zu Chancen und Risiken für das Unternehmen führt. Es dürfte davon auszugehen sein, dass beide Perspektiven dazu dienen, eine Unternehmensstrategie zu verfolgen, die sowohl finanzielle als auch nachhaltigkeitsbezogene Aspekte umfasst und auf eine entsprechende Unternehmensplanung ausgerichtet ist.

Ausweislich der Begründung zum DCGK-E soll die Unternehmensstrategie den Ausgleich von Ökonomie, Ökologie und Sozialem darstellen und Ausdruck einer dem Unternehmensinteresse verpflichteten Unternehmensführung sein. Letztere bestehe darin, zwischen den Interessen der Aktionäre und der weiteren Stakeholder einschließlich der ökologischen und sozialen Belange der Gesellschaft zu vermitteln.

Die Kodex-Kommission begreift die Empfehlung als Konkretisierung des „Stakeholder-Ansatzes“ im Hinblick auf die Bestimmung des Unternehmensinteresses. Der zentrale, aber unbestimmte Begriff des „Unternehmensinteresses“ wird überwiegend so verstanden, dass die Unternehmensleitung grundsätzlich alle im Unternehmen zusammentreffenden Stakeholder-Interessen (Aktionäre, Fremdkapitalgeber, Arbeitnehmer, Kunden, Lieferanten und allgemeine Öffentlichkeit bzw. Gemeinwohl) berücksichtigen muss (interessenplurales Konzept). Es geht also nicht – wie es der DCGK-E nahelegt – um Interessenausgleich, sondern um Interessenberücksichtigung. Dabei ist auch umstritten, ob und inwieweit ein (leichter) Gewichtungsvorsprung zugunsten der – abstrakt typisierend zu bestimmenden – Aktionärsinteressen vor den Belangen anderer Stakeholder besteht. Der Meinungsstreit relativiert sich für die Praxis teils dadurch, dass selbst ein Ansatz, der das langfristige Aktionärsinteresse und damit die Sicherung dauerhafter nachhaltiger Rentabilität und Ertragskraft priorisiert, stets mittelbar auch die Beachtung der anderen Stakeholder-Interessen umfasst („Corporate Reputation Management“ im wohlverstandenen, also unternehmenswertsteigernden Aktionärsinteresse). Viele Folgefragen indes, etwa ob und inwieweit bestimmte Maßnahmen nachweislich langfristig auch finanziell den Aktionärsinteressen dienen, sind offen und umstritten. Die Empfehlung A.1 DCGK-E greift letztlich einer von der EU-Kommission kürzlich angestoßenen Regulierung der „Sustainable Corporate Governance" vor.

4.6.3.2 Internes Kontroll- und Risikomanagementsystem

Das interne Kontrollsystem (IKS) und das Risikomanagementsystem (RMS) sollen sich auf finanzielle und nachhaltigkeitsbezogene Belange ausrichten (Empfehlung A.3 DCGK-E). Dies soll die Prozesse und Systeme zur Erfassung und Verarbeitung nachhaltigkeitsbezogener Daten umfassen.

Die CSRD-E soll für Geschäftsjahre ab 01.01.2024 bzw. bei kapitalmarktorientierten KMU (Ausnahme: Kleinstunternehmen) ab 01.01.2026 gelten. Sie erfordert, dass die mit großer Detailtiefe berichtspflichtigen Nachhaltigkeitsaspekte umfassend in die Governance-Systeme integriert werden. Nur wenn sie angemessen identifiziert und bewertet, Maßnahmen daraus abgeleitet, Prozesse implementiert und kontrolliert werden, wird eine solche Berichterstattung in der geforderten Form möglich sein.

Zudem wird die – gegenüber der CSR-Richtlinie (§§ 289b ff., §§ 315b f. HGB) inhaltlich stark ausgeweitete – Nachhaltigkeitsberichterstattung der Finanzberichterstattung künftig gleichgestellt sein (u.a. zwingender Teil des (Konzern-)Lageberichts, Prüfung durch Prüfungsausschuss und Abschlussprüfer oder anderen Wirtschaftsprüfer und – nach Ansicht des Rechtsausschusses des EU-Parlaments – alternativ Prüfung durch „unabhängige Erbringer von Bestätigungsleistungen"). Nachhaltigkeitsrisiken sollen daher folgerichtig in IKS und RMS einbezogen werden.

IKS und RMS sollen auch ein an der Risikolage des Unternehmens ausgerichtetes CMS umfassen (Grundsatz 4 Satz 2 DCGK-E). Ferner wird die interne Revision künftig um Nachhaltigkeitsaspekte zu erweitern sein. Die Kodex-Kommission weist zutreffend darauf hin, dass die wirksame Umsetzung der (ganzheitlichen) Unternehmensstrategie eine Erfassung und Verarbeitung nachhaltigkeitsbezogener Daten innerhalb der Governance-Systeme zwingend voraussetzt.

4.6.4 Nachhaltigkeitsbezogene Empfehlungen für den Aufsichtsrat

4.6.4.1 Überwachung der nachhaltigkeitsbezogenen Vorstandsaufgaben

Der Aufsichtsrat soll vor allem überwachen, wie die ökologische und soziale Nachhaltigkeit bei der strategischen Ausrichtung des Unternehmens berücksichtigt und umgesetzt wird, dass strategische und operative Pläne finanzielle und nachhaltigkeitsbezogene Ziele umfassen und dass IKS und RMS auch auf nachhaltigkeitsbezogene Belange ausgerichtet sind (Empfehlung A.6 DCGK-E). Diese Empfehlung überträgt die den Vorstand betreffenden Empfehlungen (siehe Kapitel 3) auf den Aufsichtsrat.

4.6.4.2 Unternehmensrelevante Nachhaltigkeitsexpertise

Das Kompetenzprofil des Aufsichtsrats soll auch die Expertise zu den für das Unternehmen bedeutsamen Nachhaltigkeitsfragen umfassen (Empfehlung C.1 Satz 3 DCGK-E). Insofern soll der Aufsichtsrat seinen nachhaltigkeitsbezogenen Überwachungsaufgaben gerecht werden können. Ausdrücklich wird darauf hingewiesen, dass die empfohlene Expertise unabhängig von der Sachkunde für die Nachhaltigkeitsberichterstattung und deren Prüfung sei (siehe Abschnitt 4.3). Daher ist die eher inhaltliche Expertise zu relevanten Nachhaltigkeitsfragen von der Expertise zur entsprechenden Berichterstattung im Rahmen der Rechnungslegung zu unterscheiden.

4.6.4.3 Kompetenzprofil für den Prüfungsausschuss

Der Vorsitzende des Prüfungsausschusses soll besondere Kenntnisse und Erfahrungen in der Anwendung von Rechnungslegungsgrundsätzen, der Nachhaltigkeitsberichterstattung und IKS und RMS oder der Abschlussprüfung (samt Prüfung der Nachhaltigkeitsberichterstattung) haben. In der Erklärung zur Unternehmensführung soll der Aufsichtsrat nähere Angaben zu diesen Kenntnissen und Erfahrungen machen (Empfehlung D.4 DCGK-E). Dies ist allerdings schon heute überwiegend der Fall.

Mit der Empfehlung wird die Anforderung an die doppelte (Finanz-)Expertise des Prüfungsausschussvorsitzenden formuliert, der bislang über besondere Kenntnisse und Erfahrungen in der Anwendung von Rechnungslegungsgrundsätzen und internen Kontrollverfahren verfügen sowie mit der Abschlussprüfung vertraut sein soll (Empfehlung D.4 Satz 1 DCGK 2020). Künftig soll es genügen, wenn sich seine fachliche Qualifikation entweder auf die Rechnungslegung oder die Abschlussprüfung bezieht und mindestens ein weiteres Ausschussmitglied über die komplementären Kompetenzen verfügt.

In Bezug auf die Abschlussprüfung wird die Qualifikationsanforderung insoweit verschärft, als es künftig auch hier besonderer Kenntnisse und Erfahrungen statt einer (bloßen) Vertrautheit mit dem Sachgebiet bedarf. Darüber hinaus wird das Kompetenzprofil für den Rechnungslegungs- bzw. Abschlussprüfungsexperten jeweils im Hinblick auf die Nachhaltigkeitsberichterstattung bzw. deren Prüfung erweitert.

4.6.5 Fazit

Nachhaltigkeits- bzw. ESG-Aspekte werden aufgrund ihrer zunehmenden Strategierelevanz zu einem festen Bestandteil der Vorstands- und Aufsichtsratstätigkeit und als Querschnittsmaterie die Gesamtgremien noch stärker beschäftigen. Allerdings bleibt abzuwarten, welche nachhaltigkeitsbezogenen Änderungen der Kodex nach Ende des Konsultationsverfahrens übernehmen wird. Nachhaltigkeit wird darin aber in jedem Fall einen festen Platz einnehmen.

(Quelle: Die Wirtschaftsprüfung, Heft 08/2022, Seite 473 ff. (Reihe „Green and more"))

Kapitel 5: ESG-Auswirkungen auf die Jahresabschlüsse

Im Gegensatz zur vor knapp zwei Jahren erschienenen Vorauflage enthält dieser Band ein eigenständiges Kapitel zu den ESG-Auswirkungen auf die Rechnungslegung, das die Entwicklungen der letzten beiden Jahren widerspiegelt.

Der deutsche Jahresabschluss muss – auch wenn dieser kein orginärer Bestandteil desselben ist – um einen Lagebericht erweitert werden, der nach dem Willen der **Corporate Sustainablility Reporting Directive (CSRD)** künftig auch eine Klimaberichterstattung enthalten soll. Zu den berichtspflichtigen Leistungsindikatoren sollen dabei die Scope-1- bis Scope-3-Treibhaushausgasemissionen gehören. Nach dem Willen der EU-Kommission soll der erweiterte Lagebericht der Prüfungspflicht unterliegen. Börsennotierte Großunternehmen mit mehr als 500 Beschäftigten sind schon heute durch eine EU-Richtlinie zur Nachhaltigkeitsberichterstattung verpflichtet, in der die Themen Klimaschutz und Klimaneutralität eine zentrale Rolle spielen. Nach dem CSRD-Entwurf der EU-Kommission sollen diese Pflichten künftig auch für kleinere Unternehmen gelten.[1]

Die Erweiterung der Unternehmensberichterstattung um Nachhaltigkeitsaspekte wie Klimaschutzmaßnahmen ruft naturgemäß die Standardsetter auf den Plan. So haben die **European Financial Reporting Advisory Group (EFRAG)** und das International **Sustainability Standards Board (ISSB)** entsprechende Entwürfe für Standards vorgelegt, die in diesem Kapitel genauer beleuchtet werden. Dass zudem sämtliche Vermögensgegenstände und Schulden durch ESG-bezogene Aspekte beeinflusst werden können, würdigt das IDW mit einer ausführlichen Ausarbeitung zur Berücksichtigung der ESG-bezogenen Aspekte in IFRS-Abschlüssen. Die Ausarbeitung befasst sich im Einzelnen mit den Abschlussposten und Anhangangaben.

Auch die Kapitalmärkte können auf die nichtfinanzielle Berichterstattung Einfluss nehmen, wie beispielsweise BlackRock zeigt: Die weltweit größte international tätige Investmentgesellschaft fordert von den Unternehmen, deren Anteile sie hält, künftig eine Berichterstattung nach den US-amerikanischen Standards des Sustainability Accounting Standard Board (SASB). Die SASB-Standards spielten in Deutschland bislang nur eine untergeordnete Rolle. Das könnte sich durch die Initiative von BlackRock künftig ändern.

Eine besondere Herausforderung in Zusammenhang mit Nachhaltigkeitsinformationen stellen die unterschiedlichen Definitionen von **Wesentlichkeit** in Bezug auf Nachhaltigkeitsthemen dar – einerseits vonseiten des Berufsstands der Wirtschaftsprüfer und andererseits aus der weitergefassten „Nachhaltigkeits-Fachwelt“. Dies bezeichnet man

[1] Zu den möglichen Auswirkungen der CSRD und der Taxonomie-Verordnung auf die Rechnungslegung und Finanzberichterstattung mittelständischer Unternehmen vgl. ausführlich Hartke/Wilhelm: Nachhaltigkeitsberichterstattung im Mittelstand.

auch als doppelte Wesentlichkeit.[2] Der Hauptunterschied besteht darin, dass die finanzielle Wesentlichkeit die Auswirkungen auf das Unternehmen betrachtet, während für die ökologische und soziale Wesentlichkeit die Auswirkungen der Unternehmenstätigkeit auf Umwelt und Gesellschaft relevant sind. Die **EU-Leitlinien zur klimabezogenen Berichterstattung**[3] stellen dies in der folgenden Abbildung anschaulich dar.

Abb. 1 Perspektiven der Wesentlichkeit (Quelle: EU)[4]

In Kapitel 3 wurden in mehreren Beiträgen die sogenannten **Green Bonds** betrachtet. Für die bilanzierenden Unternehmen ergeben sich aus dem Halten oder Emittieren von Green Bonds besondere Herausforderungen, da derartige Finanzinstrumente im Jahr 2014 bei der Verabschiedung des einschlägigen IFRS 9 noch keine nennenswerte Rolle gespielt haben und sich IFRS 9 im konkreten Anwendungsfall daher als wenig passend entpuppt. Das IDW hat sich dieser Thematik angenommen und in einem IDW Knowledge Paper die Bilanzierungsfragen aus der Sicht der Investoren und der Emittenten aufgearbeitet.

WP StB Katharina Völker-Lehmkuhl, Heiligenhaus

2 Vgl. hierzu in diesem Kapitel Abschnitt 7.1.
3 Vgl. EU-Kommission, Mitteilung der Kommission 2019.
4 Quelle: EU-Kommission, Mitteilung der Kommission 2019.

5.1 Green and More: Künftige Klimabericht-erstattung im (Konzern-)Lagebericht

Von WPin Yvonne C. Meyer und StB WPin Ina Herder

Nach dem EU-Entwurf zur CSRD vom April 2021 wird künftig eine Klimaberichterstattung Teil des (Konzern-)Lageberichts. Grundlage werden EU-Berichtsstandards der EFRAG sein. Diese hat kürzlich mit einem „Climate standard prototype" über den vorläufigen Arbeitsstand informiert. Unternehmen bleibt nicht mehr viel Zeit, sich strategisch und organisatorisch auf künftige Berichtsanforderungen einzustellen.

5.1.1 Einleitung

Im April 2021 hat die EU-Kommission ihren Entwurf zur Corporate Sustainability Reporting Directive (CSRD) vorgelegt. Die Umsetzung durch die EU-Mitgliedstaaten ist bis Dezember 2022 vorgesehen. Nach Inkrafttreten eines nationalen Richtlinien-Umsetzungsgesetzes haben alle großen Unternehmen und Konzerne ab dem Geschäftsjahr 2023 (beginnend am oder nach dem 01.01.2023) im (Konzern-)Lagebericht umfassende Nachhaltigkeitsinformationen prüfen zu lassen und zu veröffentlichen. Die Angaben beziehen sich auch auf Nachhaltigkeitsrisiken und -auswirkungen. Dies umfasst auch die vor- und nachgelagerten Wertschöpfungsketten, sofern dies bedeutsam und verhältnismäßig ist. Eine Definition der Verhältnismäßigkeit bleibt noch abzuwarten. Für kapitalmarktorientierte KMU gelten die Regelungen für Geschäftsjahre ab 01.01.2026.

Unternehmen, die erstmalig von diesen Berichtspflichten betroffen sind, sind zugleich erstmalig verpflichtet, Angaben nach Art. 8 der Taxonomie-Verordnung (EU) 2020/852 im (Konzern-)Lagebericht aufzunehmen. Dabei handelt es sich im Kern um den Anteil der Umsatzerlöse, Investitions- und Betriebsausgaben von Wirtschaftstätigkeiten, die einen Beitrag zum Klimaschutz oder zur Anpassung an den Klimawandel leisten könnten („Taxonomie-fähig") bzw. unter bestimmten Voraussetzungen auch leisten („Taxonomie-konform"). Derzeit ist die Berichtspflicht von vier weiteren Umweltzielen in Vorbereitung.

Nach dem CSRD-Entwurf ist die Nutzung von EU-Berichtsstandards verpflichtend. Die EU-Kommission hat deren Erarbeitung an die EFRAG übertragen. Bis Mitte 2022 soll der erste Satz von Kernberichtsstandards als Entwurf vorliegen. Die ersten EU-Berichtsstandards sollen von der Kommission bis Ende Oktober 2022 in Form Delegierter Rechtsakte erlassen werden.

Die künftige Nachhaltigkeitsberichterstattung im (Konzern-)Lagebericht soll auf drei Säulen ruhen (Übersicht 1): (1) Strategie, (2) Implementierung, (3) Leistungsindikatoren. Diese umfassen inhaltlich abgegrenzte Sachverhalte. Am 08.09.2021 hat die EFRAG einen „Climate standard prototype" veröffentlicht[1], der Kernaussagen je Sachverhalt vorgibt und die zugehörigen Einzelangaben konkretisiert. Es handelt sich dabei um einen vorläufigen Arbeitsstand, der aber als richtungsweisend bewertet werden kann.

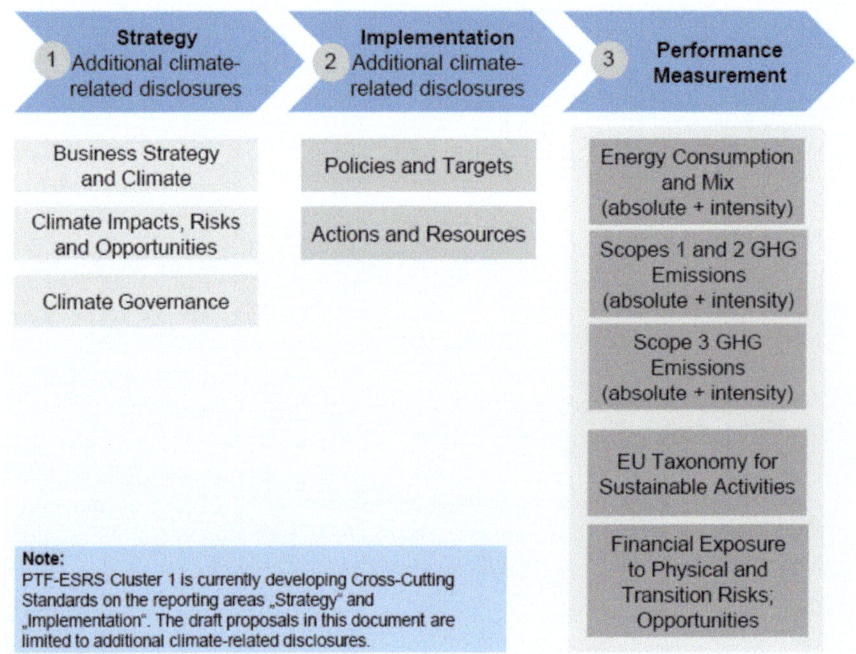

Übersicht 1 » Drei Säulen der Nachhaltigkeitsberichterstattung laut EFRAG

Das EFRAG-Arbeitspapier bezieht sich auf die Umweltziele „Klimaschutz" und „Anpassung an den Klimawandel". Im Entwurf der CSRD sind die weiteren vier aus der Taxonomie-VO übernommenen Umweltziele sowie Sozial- und Governance-Aspekte festgelegt. Selbst für Unternehmen und Konzerne, die bereits zur Erstellung einer nicht-finanziellen (Konzern-)Erklärung verpflichtet sind, wird die erweiterte Klimaberichterstattung große Auswirkungen haben.

Der Schwerpunkt liegt im Folgenden auf den Angabenpflichten zur Strategie. Unternehmen sollten die Anforderungen des „Climate standard prototype" als Anreiz sehen, ihren strategischen Ansatz zur Nachhaltigkeit zu stärken und in ihrer Corporate Governance zu verankern.

[1] Das Arbeitspapier der EFRAG ist abrufbar unter www.efrag.org (Abruf: 13.01.2022).

5.1.2 Strategie

5.1.2.1 Geschäftsstrategie und Klima

Hier sieht die EFRAG drei Kernaussagen samt Einzelangaben vor.

(1) Beschreibung der Auswirkungen des Klimawandels auf Geschäftsmodell und Strategie

- Tatsächliche/potenzielle Auswirkungen klimabedingter Risiken/Chancen auf Geschäftsmodell und Strategie;
- wo konzentrieren sich in der Wertschöpfungskette klimabedingte Risiken;
- wie fließen klimabedingte Risiken/Chancen in Strategie und Entscheidungsfindung der Unternehmensführung ein.

(2) Erläuterung der Resilienz des Geschäftsmodells und der Strategie gegenüber klimabedingten Risiken

- Resilienz des Geschäftsmodells und der Strategie gegenüber klimabedingten Risiken;
- wurde die Resilienz des Geschäftsmodells anhand einer Reihe von Klimaszenarien (2-Grad- und 1,5-Grad-Szenarien für Übergangsrisiken und Größer-2-Grad-Szenarien für physische Klimarisiken) überprüft? (Ja/Nein-Angabe)? Wenn ja: Beschreibung der in Betracht gezogenen Szenarien, Gründe für diese Auswahl, wichtigste Annahmen und Zeithorizont für die Durchführung der Analyse;
- kurz-, mittel- und langfristige strategische Auswirkungen aus dieser Analyse;
- Prozentangabe des aktuellen Anteils des Umsatzes aus Taxonomie-fähigen im Vergleich zu Taxonomie-konformen Wirtschaftstätigkeiten und Schätzung (Zielgröße) für dieses Verhältnis in fünf Jahren vom Zeitpunkt der Berichterstattung.

Beim letzten Bullet besteht eine Verzahnung mit den Angaben im Zusammenhang mit Art. 8 der Taxonomie-VO, die ebenfalls künftig von großen Unternehmen und Konzernen in den (Konzern-)Lagebericht aufzunehmen sind.

(3) Beschreibung der Auswirkungen des Geschäftsmodells und der Strategie auf den Klimawandel

- Wie verursachen Geschäftsmodell und Strategie Treibhausgas (THG)-Emissionen und andere klimabedingte Auswirkungen im eigenen Betrieb und entlang der Wertschöpfungskette;
- Pläne, um sicherzustellen, dass Geschäftsmodell und Strategie mit dem Übergang zur Begrenzung der globalen Erwärmung auf 1,5 Grad gemäß dem Pariser Abkommen vereinbar sind.

5.1.2.2 Auswirkungen des Klimas, Risiken und Chancen

Hier sind drei Kernaussagen geplant (mit weiteren Einzelangaben):

- Prozesse zur Identifizierung und Bewertung der Auswirkungen auf Klimawandel und klimabedingte Risiken/Chancen;
- Beschreibung der Auswirkungen;
- Integration der Auswirkungen in die Managementprozesse.

Anspruchsvoll wird die Identifizierung und Bewertung der klimabedingten Risiken/Chancen, weil die CSRD erweiterte Zeithorizonte vorsieht im Vergleich zum Prognosezeitraum von mindestens einem Jahr im Lagebericht. Bezog sich die Beurteilung dort auf grundsätzlich ein Jahr, wird mit der CSRD eine kurz-, mittel- und langfristige Betrachtung nötig. Das erschwert die Identifikation und Bewertung vor allem in einem innovationsstarken Umfeld, bei dem langfristige technische Verbesserungen kaum abzuschätzen sind. Von Bedeutung sind daher Szenario-Analysen, wie sie die TCFD formuliert hat.

5.1.2.3 Klima-Steuerungssystem

Hier plant die EFRAG folgende Kernaussagen (Einzelangaben zum Teil in detaillierten tabellarischen Übersichten erforderlich):

- Steuerung der Auswirkungen auf Klimawandel und klimabedingte Risiken/Chancen durch den Aufsichtsrat;
- Steuerung durch Unternehmensleitung und Betriebsführung;
- interne klimabedingte Anreizmechanismen.

Die Erläuterungen heben unter anderem auf Organisationsstruktur(en) und thematische Kompetenzen ab. So ist im Bericht zu erläutern, wie sich die Klimastrategie des Unternehmens in den Vergütungsstrukturen des Managements spiegelt bzw. wie interne Carbon Pricing Tools zur Reduzierung der THG-Emissionen eingesetzt werden.

5.1.3 Implementierung

Erwartet wird eine Beschreibung unternehmensinterner Richtlinien/Selbstverpflichtungen zum Klimaschutz und zur Anpassung an den Klimawandel. Dazu sind unter anderem Angaben zu deren Inhalt und Umfang in Bezug auf die Wertschöpfungskette zu treffen und darüber, wie sie an Stakeholder (samt Geschäftspartnern) kommuniziert wurden. Anzugeben sind ferner sieben Ziele für die Jahre 2025 und 2030 (und ggf. alle fünf Jahre von 2030 bis 2050):

Die Quantifizierung dieser Ziele stellt hohe Anforderungen an die Planungssysteme der Unternehmen.

Der zweite Implementierungssachverhalt umfasst die Beschreibung von Maßnahmen und Ressourcen zur Erreichung der Ziele zur Reduzierung der THG-Emissionen sowie zum Management physischer Klimarisiken.

5.1.4 Leistungsindikatoren

Das EFRAG-Arbeitspapier nennt sechs Leistungsindikatoren:

Zu den Leistungsindikatoren sind jeweils die Werte der vergangenen drei Jahre anzugeben. Eine Übergangslösung für die Anfangsphase bleibt abzuwarten.

Viele Unternehmen werden Prozesse zur Datenerfassung bezogen auf alle Umweltaspekte zügig implementieren müssen. Dazu gehört ein IKS, das Robustheit und Gleichwertigkeit von Finanz- und Nachhaltigkeitsberichterstattung ebenso sicherstellt wie deren Prüfbarkeit.

5.1.5 Ausblick

Investoren und andere Stakeholder werden die künftigen Angaben zu Klimarisiken und die Dekarbonisierungsstrategien einzelner Unternehmen analysieren und branchenweise vergleichen. Für Unternehmen ohne ambitionierte Klimastrategie wird insoweit der Rechtfertigungsdruck zunehmen.

(Quelle: Die Wirtschaftsprüfung, Heft 04/2022, Seite 194 ff. (Reihe „Green and more“))

5.2 Green and more: Nachhaltigkeitsbericht-erstattung bald auch im Mittelstand

Von WP StB Volker Hartke LL.M.

Mit dem am 21.04.2021 vorgestellten Entwurf einer „Corporate Sustainability Reporting Directive" will die Europäische Kommission die Pflicht zur CSR-Berichterstattung auch auf handelsrechtlich große nicht-kapitalmarktorientierte Kapitalgesellschaften und haftungsbeschränkte Personenhandelsgesellschaften ausweiten. Besonders diese mittelständischen Unternehmen sollten sich schon jetzt mit den auf sie zukommenden Herausforderungen beschäftigen.

5.2.1 Entwurf einer Corporate Sustainability Reporting Directive: Ausweitung des Anwenderkreises

Die durch die CSR-Richtlinie[1] (CSR-RL) für nach dem 31.12.2016 beginnende Geschäftsjahre eingeführte Pflicht zur CSR-Berichterstattung für handelsrechtlich große

- kapitalmarktorientierte Kapitalgesellschaften und haftungsbeschränkte Personenhandelsgesellschaften[2],
- Banken und
- Versicherungen

mit mehr als 500 Arbeitnehmern soll nach dem Willen der Europäischen Kommission (EU-Kommission) durch den Wegfall des Kriteriums der Kapitalmarktorientierung auf nicht-kapitalmarktorientierte Kapitalgesellschaften ausgeweitet werden. Dies sieht der am 21.04.2021 vorgestellte Entwurf einer „Corporate Sustainability Reporting Directive" – kurz „CSRD-E" – vor.[3] Zudem will die EU-Kommission die weitere Voraussetzung von 500 Arbeitnehmern aufheben und einheitlich die Bezeichnung „Nachhaltigkeitsbericht" einführen. Veröffentlichungsort soll dafür zwingend der (Konzern-)Lagebericht sein. Erstmalig soll dies für Geschäftsjahre, die am oder nach dem 01.01.2023 beginnen, anzuwenden sein (Art. 5 Abs. 1 Unterabsatz 2 CSRD-E). Bei einer 1:1-Umsetzung dieser Vorschläge in das Handelsgesetzbuch wären damit alle i.S. von § 267 Abs. 3 HGB großen Kapitalgesellschaften auch nachhaltigkeitsberichtspflichtig.

---

1 Richtlinie 2014/95/EU vom 22.10.2014 zur Änderung der Richtlinie 2013/34/EU im Hinblick auf die Abgabe nichtfinanzieller und die Diversität betreffender Informationen durch bestimmte große Unternehmen und Gruppen, ABl. EU Nr. L 330/1 vom 15.11.2014, einschließlich Berichtigung in ABl. EU Nr. L 369/79 vom 24.12.2014.

2 Im Folgenden wird vereinfachend nur von Kapitalgesellschaften gesprochen.

3 Vgl. Lanfermann/Schwedler/Schmotz, WPg 2021, S. 762; Velte, WPg 2021, S. 613.

Zudem schlägt die EU-Kommission vor, dass jeder handelsrechtliche (Konzern-)Lagebericht um einen (Konzern)-Nachhaltigkeitsbericht ergänzt wird.[4] Auch für die Abschlussprüfer mittelständischer Unternehmen soll sich einiges ändern. Sie sollen grundsätzlich die Nachhaltigkeitsberichte mit beschränkter Sicherheit (Limited Assurance) auf der Basis europaweit vorgegebener Standards prüfen. Mitgliedsstaaten können zusätzlich auf der Basis der Verordnung (EG) Nr. 765/2008[5] akkreditierte Anbieter unter bestimmten Voraussetzungen zulassen.

Nach Berechnungen des DRSC würde durch die Umsetzung der CSRD-E die Zahl der zu einer solchen Berichterstattung Verpflichteten in Deutschland von 500 auf 15.000 steigen.[6] Die Nachhaltigkeitsberichterstattung wäre damit im Mittelstand angekommen. Ebenso wird sich der mittelständische Abschlussprüfer vergewissern müssen, ob er über die notwendigen fachlichen Fähigkeiten zur Durchführung einer „Nachhaltigkeitsberichtsprüfung" verfügt oder ob er sich gegebenenfalls externen Sachverstands bedient. Die EU-Kommission ist sich dieser Herausforderung bewusst und schlägt in der CSRD-E entsprechende Fortbildungsmaßnahmen für Wirtschaftsprüfer vor; auch soll das Thema Nachhaltigkeit Bestandteil eines Wirtschaftsprüfer-Examens werden.

5.2.2 Ausweitung der Berichtsinhalte

Neben den formellen Anforderungen sollen auch die Berichtsinhalte geändert und erweitert werden. Grundsätzlich soll jeder Berichterstattungspflichtige die in Übersicht 1 zusammengefassten Angaben in seinen Nachhaltigkeitsbericht aufnehmen.

	Angabe
1	Kurze Beschreibung von Geschäftsmodell und -strategie, einschließlich Angaben zu(r) a. Resilienz gegenüber Nachhaltigkeitsrisiken b. nachhaltigkeitsbezogenen Chancen c. Plänen zur Sicherstellung der Kompatibilität in Bezug auf die Transformation zu einer nachhaltigen Wirtschaft sowie zum 1,5-Grad-Ziel laut Pariser Klimaschutzabkommen d. Berücksichtigung der Stakeholder-Interessen und dazu, wie das Unternahmen auf Nachhaltigkeitsbelange wirkt (Impact) e. Berücksichtigung von Nachhaltigkeitsbelangen in der Unternehmensstrategie

4 Im Folgenden wird aus Vereinfachungsgründen nur der Nachhaltigkeitsbericht betrachtet. Die Konzernsicht wird nicht weiter dargestellt.

5 Verordnung (EG) Nr. 765/2008 vom 09.07.2008 über die Vorschriften für die Akkreditierung und Marktüberwachung im Zusammenhang mit der Vermarktung von Produkten und zur Aufhebung der Verordnung (EWG) Nr. 339/93, ABl. EU Nr. L 218/30 vom 13.08.2008.

6 Vgl. DRSC, Kernbotschaften des DRSC-Verwaltungsrates zur Corporate Sustainability Reporting Directive (CSRD) (www.drsc.de; Abruf: 17.10.2021).

Angabe	
2	Beschreibung a. der Nachhaltigkeitsziele und des dabei erzielten Fortschritts b. der Unternehmensrichtlinien in Bezug auf Nachhaltigkeitsbelange c. der Rollen der Unternehmensleitung und des Aufsichtsorgans d. des Due-Diligence-Prozesses e. der wesentlichen (potentiellen) Auswirkungen auf die Wertschöpfungskette (eigener Geschäftsbetrieb, Produkte und Dienstleistungen sowie Geschäftsbeziehungen und Lieferkette) sowie der durchgeführten Abhilfemaßnahmen einschließlich Ergebnissen f. der wesentlichen Nachhaltigkeitsrisiken einschließlich wesentlicher Abhängigkeiten für das Unternehmen sowie des Risikomanagements
3	Relevante Nachhaltigkeitsindikatoren
4	Informationen über immaterielle Werte (unter anderem intellektuell, menschlich, sozial)
5	Prozess zur Identifizierung der relevanten Informationen einschließlich der Berücksichtigung von kurz-, mittel- und langfristigen Informationen

Übersicht 1 » Geforderte Angaben gemäß Art. 19a Bilanzrichtlinie in der Fassung der CSRD-E

Die in Übersicht 1 dargestellten Angaben sollen sowohl retro- als auch prospektiv und sowohl qualitativ als auch quantitativ erfolgen. Sofern möglich, sollen die Angaben die gesamte Wertschöpfungskette umfassen und Verweise zu den übrigen Teilen des (Konzern-)Lageberichts oder des (Konzern-)Abschlusses enthalten. Vor allem die Angabe zum 1,5-Grad-Ziel des Pariser Klimaschutzabkommens führt für viele mittelständische Unternehmen erstmals zu einer ausgiebigen Beschäftigung mit dem eigenem CO2-Fußabdruck.

5.2.3 Berichterstattungsstandards – Bedeutung für den Mittelstand

5.2.3.1 Überblick

Eine Konkretisierung der Berichtspflichten soll durch Berichterstattungsstandards erfolgen, die derzeit – also bereits vor Verabschiedung der CSRD-E – von der EFRAG entwickelt werden. Dabei sollen die in Übersicht 2 gezeigten Vorgaben beachtet werden.

ESG-Faktoren (Environmental, Social, Governance)		
Umwelt-Faktoren, einschließlich	**Sozial-Faktoren, einschließlich**	**Governance-Faktoren, einschließlich**
– Klimaschutz – Anpassung an den Klimawandel – Wasser- und Meeresressourcen – Ressourcenverbrauch und Kreislaufwirtschaft – Verschmutzung – Biodiversität und Ökosystem	– Chancengleichheit – Arbeitsbedingungen – Menschenrechte, Freiheitsrechte, Demokratieprinzipien und -standards	– Rolle und Zusammensetzung der Unternehmensleitung und des Aufsichtsrates auch in Bezug auf Nachhaltigkeitsbelange – Wirtschaftsethik und Unternehmenskultur, einschließlich Anti-Korruption/ -Betrug – Politische Beziehungen, einschließlich Lobbying – Behandlung von Geschäftspartnern, einschließlich Zahlungsverhalten – Internes Kontrollsystem und Risikomanagementsystem

Übersicht 2 » Geforderte Angaben gemäß Art. 19b Bilanzrichtlinie in der Fassung der CSRD-E

5.2.3.2 Umwelt-Faktoren

Die Bezeichnung der sechs bei der Berichterstattung zu berücksichtigenden Umwelt-Faktoren ist nahezu deckungsgleich mit den sechs Zielen in Art. 9 der Taxonomie-Verordnung;[7] sie werden vermutlich den Kernbereich der Umweltberichterstattung darstellen. Hierzu trägt bei, dass nach Art. 8 der Taxonomie-Verordnung die zur Nachhaltigkeitsberichterstattung verpflichteten Unternehmen der Realwirtschaft den Anteil ihrer „grünen" Umsatzerlöse, „grünen" Investitionen und „grünen" Betriebsausgaben darstellen müssen. Diese Anteile sind „grün", wenn die zugrunde liegende Wirtschaftstätigkeit einen wesentlichen Beitrag zur Erreichung von mindestens einem der sechs Umweltziele leistet, keines der übrigen Ziele erheblich beeinträchtigt und soziale Mindeststandards eingehalten werden.

Die genaue Festlegung der technischen Bewertungskriterien für die Umwelt-Faktoren erfolgt in Delegierten Rechtsakten. Derzeit liegt ein Entwurf für die beiden ersten Umweltziele „Klimaschutz" und „Anpassung an den Klimawandel" vor.[8] Dieser soll ab dem 01.01.2022 gelten. Grundlage für die Einordnung der Wirtschaftstätigkeiten sind vor allem die europaweit einheitlichen NACE-Codes.[9] Die Berichterstattung selbst soll in einem Delegierten Rechtsakt konkretisiert werden. Für Unternehmen der Realwirtschaft („Nicht-Finanzunternehmen") soll dieser für das Berichtsjahr 2023 vollständig anzuwen-

7 Verordnung (EU) 2020/852 vom 18.06.2020 über die Einrichtung eines Rahmens zur Erleichterung nachhaltiger Investitionen und zu Änderung der Verordnung (EU) 2019/2088), ABl. EU Nr. L 198/13 vom 22.06.2020.

8 Die Verabschiedung durch die EU-Kommission erfolgte am 04.06.2021. Nach Art. 23 Taxonomie-Verordnung können der Rat und das Europäische Parlament durch fristgerechte Einwände das Inkrafttreten verhindern. Eine Veröffentlichung im Amtsblatt der EU ist bisher nicht erfolgt.

9 Nomenclature statistique des Activités économiques dans la Communauté Européenne.

den sein. Mittelständische Unternehmen gehörten damit zu den Erstanwendern und können nicht von Erfahrungen anderer profitieren.

5.2.3.3 Sozial-Faktoren

In Bezug auf die Angaben zu Sozial-Faktoren darf vor allem für die Angaben zu Menschen- und Freiheitsrechten, Demokratieprinzipien und -standards der Anspruch einer für den Mittelstand praktikablen Konkretisierung an die EFRAG erhoben werden.

5.2.3.4 Governance-Faktoren

Die geforderten Angaben zu Governance-Faktoren dürften für den von Familienunternehmen geprägten Mittelstand herausfordernd sein, da beispielsweise Aufsicht (Gesellschafterversammlung) und Geschäftsführung in einer Hand liegen können. Gemäß den Vorschlägen in der CSRD-E sollen auch diese Unternehmen ihre Regelungen zur Governance im Rahmen des Nachhaltigkeitsberichts gegenüber der Allgemeinheit offenlegen. Dazu gehören unter anderem Informationen zu Antikorruptionsaktivitäten, Lobbying und zum Zahlungsverhalten.

5.2.4 Fazit

Aufgrund des engen Zeitrahmens sind sowohl voraussichtlich betroffene mittelständische Unternehmen als auch deren Abschlussprüfer gut beraten, sich rechtzeitig, also bereits jetzt, mit den Auswirkungen der geplanten CSRD zu befassen.

Ein Abwarten birgt die Gefahr der Unmöglichkeit einer ordnungsgemäßen Nachhaltigkeitsberichterstattung und -prüfung.

(Quelle: Die Wirtschaftsprüfung, Heft 22/2021, Seite 1404 ff. (Reihe „Green and more“))

5.3 Fragen und Antworten zur Berücksichtigung von ESG-bezogenen Aspekten in IFRS-Abschlüssen

Vorbemerkung: Gegenstand dieser Veröffentlichung des IDW sind ausgewählte Fragen und Antworten zur IFRS-Rechnungslegung mit Bezug zu Nachhaltigkeitsthemen. Die Ausführungen stehen unter dem Vorbehalt, dass durch das IASB und das IFRS Interpretations Committee keine abweichende Auffassung geäußert wird.

Redaktionsschluss: 21.12.2021

5.3.1 Einleitung

Dass die Auswirkungen des Klimawandels und die Darstellung des Einflusses sonstiger Nachhaltigkeitsfaktoren auf Unternehmen nicht nur ein Thema für deren nichtfinanzielle Berichterstattung und ggf. deren Lagebericht sind, darauf haben sowohl das International Accounting Standards Board (IASB) mit der Veröffentlichung *„Effects of climate-related matters on financials“*[1] als auch der US-amerikanische Standardsetzer mit der Veröffentlichung *„Intersection of Environmental, Social and Governance Matters with Financial Accounting Standards“*[2] unlängst hingewiesen. Aus den Nachhaltigkeitsfaktoren E (Environmental/Umwelt), S (Social/Soziales) und G (Governance/verantwortungsvolle Unternehmensführung und -überwachung) resultierende Chancen und Risiken sind auch für die Finanzberichterstattung relevant.

Zwar gibt es keinen eigenen International Financial Reporting Standard (IFRS) für Nachhaltigkeitsthemen bzw. enthalten die derzeit gültigen IFRS keine expliziten Ausführungen oder Bezugnahmen auf Nachhaltigkeitsthemen[3]. Allerdings sind die IFRS ein prinzipienbasiertes Regelwerk. Daher sind *alle* wesentlichen Informationen (d.h. Informationen, von denen unter normalen Umständen erwartet werden kann, dass sie die Entscheidungen der Hauptadressaten der Abschlüsse (vor allem Investoren und Gläubiger) beeinflussen) zu berücksichtigen, um die Vermögens-, Finanz- und Ertragslage sowie die Cashflows der Unternehmen den tatsächlichen Verhältnissen entsprechend

1 Vgl. *IASB*, Educational material, Effects of climated-related matters on financial statements, November 2020, abrufbar unter: https://www.ifrs.org/content/dam/ifrs/supporting-implementation/documents/effects-of-climaterelated-matters-on-financial-statements.pdf.

2 Vgl. *Financial Accounting Standards Board (FASB)*, FASB Staff Educational Paper, Intersection of Environmental, Social and Governance Matters with Financial Accounting Standards, 19.03.2021, abrufbar unter: https://fasb.org/jsp/FASB/Document_C/DocumentPage&cid=1176176379917.

3 Das IDW hat auf die Bedeutung einer angemessenen Berücksichtigung von nachhaltigkeits- bzw. ESG-bezogenen Aspekten in IFRS-Abschlüssen im Rahmen der dritten Agenda Consultation des IASB hingewiesen und sich für die Aufnahme eines solchen Projekts in das künftige Arbeitsprogramm des Standardsetzers ausgesprochen. Das IDW Schreiben vom 27.09.2021 ist abrufbar unter: https://www.idw.de/blob/132652/98084dec9d853dd5f601b7b1ecc997b9/down-iasb-agenda-consultationdata.pdf.

darzustellen.[4] Dies gilt unabhängig davon, ob diese Informationen im Zusammenhang mit Nachhaltigkeitsthemen stehen oder nicht.

Auch die European Securities and Markets Authority (ESMA) hat ihre Erwartungen hinsichtlich der Berücksichtigung von klimabezogenen Risiken bei der Erstellung und Prüfung von IFRS-Abschlüssen klar kommuniziert.[5] Die Bilanzierenden müssen im Rahmen der Abschlusserstellung die (potenziellen) Effekte aus Klimarisiken auf ihr Unternehmen analysieren und diese, sofern wesentlich, im Abschluss darstellen. Zwar wird die Identifizierung und Beurteilung von klimabezogenen Risiken typischerweise auf Basis eines längerfristigen Horizonts erfolgen müssen, als dies bei finanziellen Risiken im Allgemeinen der Fall ist; allerdings kann nicht pauschal davon ausgegangen werden, dass sich hieraus keine Effekte für den aktuellen Abschluss ergeben können.

Für eine solche Analyse – die nicht nur für Klimarisiken, sondern auch für sonstige Nachhaltigkeitsaspekte vorzunehmen ist – empfiehlt es sich, Prozesse zu etablieren und entsprechende Systemanpassungen vorzunehmen, um aus Nachhaltigkeitsfaktoren resultierende Chancen und Risiken im Rahmen der Finanzberichterstattung angemessen und dokumentierbar Rechnung tragen zu können.

Der Berufsstand wird derzeit sowohl von Aufsichtsbehörden (u.a. ESMA, BaFin) als auch Investoren[6] und der interessierten Öffentlichkeit dazu angehalten, im Rahmen der Prüfung verstärkt auf eine angemessene Berücksichtigung von Nachhaltigkeitsaspekten durch die Bilanzierenden zu achten und ggf. auf Defizite in der Berichterstattung hinzuweisen bzw. auf deren Beseitigung hinzuwirken.

Auch die internationale Berufsstandsorganisation International Federation of Accountants (IFAC) ruft diesbezüglich zum Handeln auf. Die Abschlussprüfer müssten auch mit Blick auf Nachhaltigkeitsaspekte für Transparenz sorgen, um so das Vertrauen in die Berichterstattung der Unternehmen zu stärken.[7]

---

4 Vgl. insb. IAS 1.7 i.V.m. IAS 1.15.

5 Vgl. *ESMA*, Public Statement, European common enforcement priorities for 2021 annual financial reports, 29.10.2021.

6 Siehe u.a. *IIGCC*, Investor Expectations for Paris-aligned Accounts, November 2020, abrufbar unter: https://www.iigcc.org/download/investor-expectations-for-paris-aligned-accounts/?wpdmdl=4001&masterkey=5fabc4d15595d sowie das Schreiben der *IIGCC* an die 36 größten europäischen Unternehmen, abrufbar unter: https://www.iigcc.org/download/iigcc-letter-to-european-companies-on-paris-aligned-accounts/?wpdmdl=4006&masterkey=5fabc9c5af24f.

7 Siehe *IFAC*, Call to action, abrufbar unter: https://www.ifac.org/knowledge-gateway/contributing-global-economy/discussion/corporate-reporting-climate-change-information-and-2021-reporting-cycle.

5.3.2 Zielsetzung

Vor dem Hintergrund der o.g. Veröffentlichungen der internationalen Standardsetzer und der aktuellen Anforderungen und Erwartungen von Aufsichtsbehörden und sonstigen Stakeholdern soll dieses Fragen-und-Antworten-Papier Orientierung geben in dem Spannungsfeld zwischen Forderungen nach mehr ESG-bezogenen Informationen (u.a. zu den Auswirkungen des Klimawandels auf die Unternehmen und deren Geschäftsmodelle sowie zum Beitrag der Unternehmen für eine nachhaltigere Umwelt und Gesellschaft) und den Informationen, die nach dem aktuell gültigen Regelwerk der IFRS in den Abschlüssen der Unternehmen darzustellen sind.

Nachhaltigkeitsfaktoren können die Unternehmen und deren Geschäftstätigkeit beeinflussen. Je nach Art und Ausmaß der Betroffenheit des jeweiligen Unternehmens muss dies ggf. im Rahmen des Ansatzes und/oder der Bewertung einzelner Posten berücksichtigt werden. Ebenso können sich Angabepflichten ergeben.

Der Einfluss von Nachhaltigkeitsfaktoren auf die IFRS-Abschlüsse von Unternehmen ist stets einzelfallbezogen und unter Berücksichtigung aller Fakten und Umstände zu beurteilen. Diese Beurteilung wird häufig ermessensbehaftet sein und setzt – sowohl bei den Abschlusserstellern als auch den Abschlussprüfern – eine gewisse Sensibilität für die bestehenden Herausforderungen und entsprechendes Know-how für einen angemessenen Umgang mit dem Thema Nachhaltigkeit im Rahmen der finanziellen Berichterstattung voraus.

Dieses Fragen-und-Antworten-Papier ist von der IDW Arbeitsgruppe „ESG-bezogene Aspekte in IFRS-Abschlüssen" entwickelt worden und soll für diese Beurteilung eine Unterstützung bieten. Es adressiert zahlreiche ESG-bezogene Aspekte, erhebt jedoch keinen Anspruch auf Vollständigkeit. Die Fragen können von eher allgemeineren Fragestellungen bis hin zu spezifischeren Fragen und Beispielfällen variieren. Es ist geplant, das Papier kontinuierlich weiterzuentwickeln. In dieser ersten Fassung liegt der Fokus auf dem in der Öffentlichkeit aktuell am intensivsten diskutierten Nachhaltigkeitsfaktor E und damit auf klima- bzw. umweltbezogenen Aspekten, die für IFRS-Bilanzierer relevant sein können.

5.3.3 Nachhaltigkeit und Überblick über die ESG-Faktoren

Eine einheitliche Definition des Begriffs „Nachhaltigkeit" bzw. „Sustainability" gibt es bislang nicht. Gemäß dem Bundesministerium für Umwelt, Naturschutz und nukleare Sicherheit (BMU) betrifft Nachhaltigkeit „alle Bereiche unseres Lebens und Wirtschaftens und ist folglich eine Aufgabe der ganzen Gesellschaft. Das Leitbild verlangt nach einer gesellschaftlichen Entwicklung, die ökologisch verträglich, sozial gerecht und wirtschaftlich leistungsfähig ist."[8]

[8] Ausführlichere Informationen u.a. auch zur deutschen Nachhaltigkeitsstrategie sind auf der Projektseite des BMU abrufbar: https://www.bmu.de/themen/nachhaltigkeit-digitalisierung/nachhaltigkeit/was-ist-nachhaltigeentwicklung.

Für Zwecke der Finanzberichterstattung bietet sich ein Blick in den aktuellen Richtlinienvorschlag der Europäischen Kommission hinsichtlich der Nachhaltigkeitsberichterstattung von Unternehmen an.[9] Darin wird bezüglich der Definition von Nachhaltigkeitsaspekten auf Artikel 2 Nr. 24 der Offenlegungsverordnung[10] verwiesen, nach der wiederum der Ausdruck „Nachhaltigkeitsfaktoren" Umwelt-, Sozial- und Arbeitnehmerbelange, die Achtung der Menschenrechte und die Bekämpfung von Korruption und Bestechung bezeichnet. Darüber hinaus zählen auch Governance-Faktoren zu den Nachhaltigkeitsaspekten i.S. des Richtlinienvorschlags.

Auf internationaler Ebene findet sich im Prototyp eines ersten internationalen Standards zu den allgemeinen Anforderungen an die Offenlegung von nachhaltigkeitsbezogenen Finanzinformationen ein Anhaltspunkt für eine Definition von nachhaltigkeitsbezogenen Finanzinformationen *(sustainability-related financial information)*.[11] Demnach handelt es sich um Informationen, die einen Einblick in die Werttreiber des Unternehmens ermöglichen und den Adressaten *(user)* eine ausreichende Grundlage für die Beurteilung der Ressourcen und Beziehungen bieten, von denen das Geschäftsmodell des Unternehmens und die Strategie des Managements zur Aufrechterhaltung und Weiterentwicklung desselbigen abhängen. Diese Informationen umfassen u.a. Angaben zu Themen wie Klimawandel, Wassernutzung und -abfluss, biologische Vielfalt sowie Arbeitnehmer- und Menschenrechte.

In der Praxis (insb. der Finanzbranche) hat sich schon seit einiger Zeit zur Beurteilung bzw. Abgrenzung nachhaltiger Unternehmensaktivitäten (und nachhaltiger Finanzanlagen) die Verwendung der sog. ESG-Faktoren etabliert. Die unter die einzelnen Faktoren E, S und G zu subsumierenden Aspekte sind ebenso zahlreich wie vielfältig.

Nachfolgend wird exemplarisch ein Überblick auf Basis der Schulungsmaterialien des FASB, die auch für Zwecke der IFRS-Rechnungslegung herangezogen werden können, dargestellt:

9 Siehe *Europäische Kommission*, Vorschlag für eine Richtlinie des Europäischen Parlaments und des Rates zur Änderung der Richtlinien 2013/34/EU, 2004/109/EG und 2006/43/EG und der Verordnung (EU) Nr. 537/2014 hinsichtlich der Nachhaltigkeitsberichterstattung von Unternehmen, v. 21.04.2021, S. 51.

10 Vgl. Verordnung (EU) 2019/2088 des Europäischen Parlaments und des Rates vom 27. November 2019 über nachhaltigkeitsbezogene Offenlegungspflichten im Finanzdienstleistungssektor (ABl. EU Nr. L 317 vom 09.12.2019, S. 1).

11 Vgl. *IFRS Foundation*, Technical Readiness Working Group (TRWG), General Requirements for Disclosure of Sustainability-related Financial Information Prototype, 03.11.2021, Appendix A.

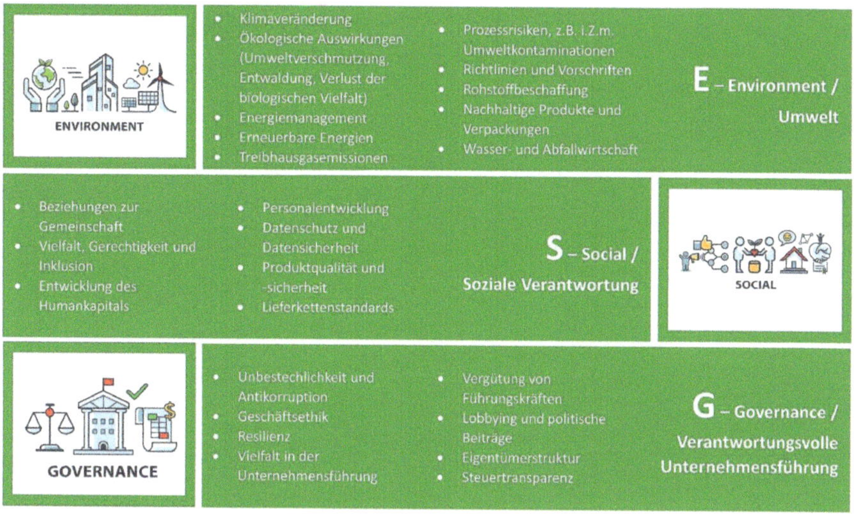

Abb. 1: Überblick über ESG-Faktoren[12]

5.3.4 Indikatoren für eine erhöhte Betroffenheit

Fast jedes Unternehmen wird im Rahmen seiner Geschäftstätigkeit von ESG-bezogenen Aspekten betroffen sein, die sowohl zu Chancen als auch zu Risiken führen können. Die Unternehmen werden jedoch regelmäßig nicht im gleichen Ausmaß tangiert, da die Betroffenheit u.a. von der Geschäftstätigkeit, der Branche und dem jeweiligen Umfeld abhängig ist und daher stets unternehmensindividuell beurteilt werden muss. Nicht bei allen Unternehmen werden sich somit Auswirkungen auf den IFRS-Abschluss ergeben.

Die folgende Tabelle gibt einen (nicht abschließenden) Überblick über Indikatoren, die beispielhaft für eine erhöhte Betroffenheit sprechen können. Sie dient einer initialen Einschätzung der Unternehmen, bei denen *klimabezogene* Auswirkungen auf Vermögenswerte, Schulden und/oder Anhangangaben denkbar sind und verweist auf die einschlägigen Abschnitte in diesem Fragen-und-Antworten-Papier.

[12] In Anlehnung an *FASB*, FASB Staff Educational Paper, a.a.O., p. 2.

Indikator	Vermögenswerte	Schulden	Anhang
Selbstverpflichtung zur Klimaneutralität (sog. *net-zero commitment*) bzw. zur Klimafreundlichkeit	Abschn. 5.3.5.1., 5.3.5.2., 5.3.5.3., 5.3.5.4., 5.3.5.7.	Abschn. 5.3.6.3., 5.3.6.5.	Abschn. 5.3.7.2., 5.3.7.3.
Unternehmenstätigkeit in einem klimafreundlich-reguliertem Umfeld (inkl. Branche) mit einem nicht klimafreundlichen Geschäftsmodell (z.B. Produktion umweltschädlicher Güter)	Abschn. 5.3.5.1., 5.3.5.2., 5.3.5.3., 5.3.5.4., 5.3.5.5., 5.3.5.6., 5.3.5.7.	Abschn. 5.3.6.3., 5.3.6.4.	Abschn. 5.3.7.1.
Unternehmenstätigkeit umfasst (auch) Finanzdienstleistungen	Abschn. 5.3.5.5.		
Unternehmenstätigkeit umfasst (auch) den Emissionshandel	Abschn. 5.3.5.6.	Abschn. 5.3.6.4.	
Nutzung umweltschädlicher Vermögenswerte (Anlagevermögen)	Abschn. 5.3.5.1., 5.3.5.2., 5.3.5.3., 5.3.5.4.	Abschn. 5.3.6.2., 5.3.6.3.	Abschn. 5.3.7.2., 5.3.7.3.
Herstellung umweltschädlicher Güter (Vorratsvermögen) und/oder Erbringung umweltschädlicher Dienstleistungen	Abschn. 5.3.5.6.		Abschn. 5.3.7.1.
Emission von „grünen" Finanzierungen		Abschn. 5.3.6.1.	

5.3.5 Mögliche Auswirkungen auf Vermögenswerte (Aktivseite)

5.3.5.1 Immaterielle Vermögenswerte

Frage 1: Welche Auswirkungen können sich in Bezug auf die Schätzung von Nutzungsdauern und erwarteten Restwerten ergeben?

ESG-bezogene Risiken können substanzielle strategische und finanzielle Auswirkungen auf die Geschäftstätigkeit entfalten mit entsprechenden Konsequenzen für die Abschreibungsmethode, die Abschreibungsdauer (z.B. verkürzte Nutzungsdauer) und das Abschreibungsvolumen bzw. den erwarteten Restwert der bilanzierten immateriellen Vermögenswerte.

Die Nutzungsdauer ist definiert als (1) der Zeitraum, über den ein Vermögenswert voraussichtlich nutzbar ist, oder (2) die voraussichtlich durch den Vermögenswert zu erzielende Anzahl an Produktionseinheiten oder ähnlichen Maßgrößen (IAS 38.8). Sie stellt einen Schätzwert dar, der mindestens zum Ende eines jeden Geschäftsjahres zu überprüfen ist; dies gilt im Übrigen auch für immaterielle Vermögenswerte mit unbestimmter Nutzungsdauer (vgl. IAS 38.104, IAS 38.109). Im Rahmen der Neueinschätzung der Nutzungsdauer eines immateriellen Vermögenswerts mit einer (bisher) unbestimmten Nutzungsdauer (z.B. Marke) kann sich ein Übergang von einer unbestimmten zu einer bestimmten Nutzungsdauer ergeben. In einem solchen Fall läge auch ein Anhaltspunkt dafür vor, dass der immaterielle Vermögenswert wertgemindert sein könnte (vgl. IAS 36.12(f)).

Bei der Überprüfung der Nutzungsdauer eines immateriellen Vermögenswerts sind sowohl interne als auch externe Faktoren zu berücksichtigen (vgl. IAS 38.88, .90). In die Würdigung dieser Faktoren müssen auch ESG-bezogene Risiken einbezogen werden, z.B.:

- ESG-bezogene Vorschriften: u.a. die Einführung gesetzlicher Beschränkungen für die Nutzung bestimmter Vermögenswerte wie bspw. Lizenzen für die Exploration von Mineralien oder die Einführung von Steuern, die zur Erhöhung der Produktionskosten von nicht-erneuerbaren Energien führen.
- Technologischer Fortschritt: u.a. die Entwicklung bzw. Entdeckung neuer umweltfreundlicher Technologien, infolgedessen Unternehmen ihre produktionsbezogenen immateriellen Vermögenswerte wie aktivierte Entwicklungskosten u.U. früher ersetzen müssen als ursprünglich erwartet.
- Marktveränderungen: u.a. Verschiebungen im Nachfrageverhalten zugunsten umweltfreundlicher Güter, welche die wirtschaftliche Veralterung von immateriellen Vermögenswerten wie aktivierten Entwicklungskosten beschleunigen, die für die Produktion weniger umweltfreundlicher Güter relevant sind.
- Reputationsschäden: u.a. die Schädigung der Marke(n) eines Unternehmens aufgrund der Nutzung umweltschädlicher Maschinen und Anlagen oder durch die Verletzung von Menschenrechten in den Produktionsstätten oder sonstigen Bereichen der Wertschöpfungskette des Unternehmens.

Es ist zu beachten, dass die Nutzungsdauer von Vermögenswerten u.U. auch unmittelbar durch unternehmerische Entscheidungen hinsichtlich ESG-bezogener Themen beeinflusst wird (z.B. Ausrichtung der Geschäftstätigkeit an einer nachhaltigen Unternehmensstrategie).

Beispiel

Ein Automobilzulieferer entwickelt Bauteile, die für die Produktion von Fahrzeugen mit Verbrennungsmotoren benötigt werden. Für Elektrofahrzeuge hingegen werden diese Bauteile nicht benötigt. Die Ergebnisse der Entwicklung wurden entsprechend IAS 38 als immaterielle Vermögenswerte angesetzt und mit den angefallenen Entwicklungskosten bewertet. Die Abschreibung erfolgt planmäßig über zehn Jahre (erwarteter Produktionszeitraum). Im Zuge der jährlichen Überprüfung der Nutzungsdauer dieser aktivierten Entwicklungsergebnisse stellt das Unternehmen u.a. Überlegungen an, wie klimabezogene Chancen und Risiken die Nutzungsdauer dieser immateriellen Vermögenswerte beeinflussen könnten, wobei insb. der zunehmende Trend zu klimafreundlicheren Elektrofahrzeugen und öffentliche Ankündigungen großer Kunden, mittelfristig die Produktpalette komplett auf Elektrofahrzeuge umzustellen, in Betracht gezogen werden. Das Management geht davon aus, dass sich aufgrund der veränderten Marktumstände die Nutzungsdauer um drei Jahre verkürzen wird.

Hinweis:
Eine verkürzte Nutzungsdauer ist ein Anhaltspunkt dafür, dass der betroffene Vermögenswert wertgemindert sein könnte (vgl. IAS 36.9 ff.).

Der Restwert eines immateriellen Vermögenswerts ist definiert als geschätzter Betrag, den ein Unternehmen gegenwärtig bei Abgang des Vermögenswerts nach Abzug der geschätzten Abgangskosten erhalten würde, wenn der Vermögenswert alters- und zustandsgemäß schon am Ende seiner Nutzungsdauer angelangt wäre (vgl. IAS 38.8). Er ist relevant für die Abschreibung immaterieller Vermögenswerte mit bestimmter Nutzungsdauer, da der Abschreibungsbetrag nach Abzug des Restwerts ermittelt wird. Bei einem immateriellen Vermögenswert mit einer bestimmten Nutzungsdauer ist der Restwert grundsätzlich mit Null anzusetzen. Ein anderer Restwert als Null impliziert, dass ein Unternehmen von einer Veräußerung des immateriellen Vermögenswerts vor dem Ende seiner wirtschaftlichen Nutzungsdauer ausgeht (vgl. IAS 38.100 f.).

Bedingt durch den Charakter eines Schätzwerts unterliegt der Restwert eines immateriellen Vermögenswerts – ähnlich der Nutzungsdauer – mindestens am Ende jedes Geschäftsjahres einer Überprüfung. Im Fall der Änderung des Restwerts liegt eine Schätzungsänderung i.S. von IAS 8 vor (vgl. IAS 38.102).

5.3.5.2 Sachanlagevermögen (inkl. als Finanzinvestition gehaltene Immobilien)

Frage 1: Umwelt- und sonstige nachhaltigkeitsbezogene Aspekte können Auswirkungen auf die Folgebewertung von Sachanlagen und als Finanzinvestition gehaltene Immobilien haben. Was ist zu beachten?

Auswirkungen auf den Buchwert von Sachanlagen und von als Finanzinvestition gehaltenen Immobilien können sich u.a. aufgrund von Absatzeinbrüchen infolge veränderter Marktnachfrage, Veralterung, Entwertung oder vorzeitiger Stilllegung von Anlagen aufgrund geänderter Vorschriften, rechtlicher Beschränkungen oder sonstiger Marktzwänge (z.B. Umsetzung der Sustainable-Finance Strategie der EU) ergeben (vgl. IAS 16.56). Unabhängig davon, ob bspw. ein geändertes Nachfrageverhalten von Kunden oder die vorzeitige Stilllegung von Anlagen ESG-bedingt ist oder nicht, sind die allgemeinen Regelungen zur Folgebewertung von Sachanlagen und von als Finanzinvestition gehaltenen Immobilien auf den entsprechenden Einzelfall anzuwenden.

Bei abschreibbaren Sachanlagen (z.B. eigengenutzte Gebäude, Maschinen, Ausrüstungen, Mobiliar und sonstige Einrichtungsgegenstände) sind der geschätzte Restwert und die erwartete Nutzungsdauer mindestens jährlich zu überprüfen und Schätzungsänderungen in den Abschreibungsbeträgen der laufenden Periode sowie der Folgeperioden zu berücksichtigen (IAS 16.51, IAS 8.39).

Für als Finanzinvestition gehaltene Immobilien, die zu Anschaffungskosten bewertet werden, gilt die Verpflichtung zur jährlichen Überprüfung der Schätzung der Restnutzungsdauer und des Restwerts ebenfalls (IAS 40.56).

Frage 2: Welche bilanziellen Auswirkungen können sich im Zusammenhang mit sog. „*stranded assets*" ergeben?

Unter dem Begriff „*stranded assets*" sind im Unternehmen bereits vorhandene Vermögenswerte zu verstehen, bei denen sich reduzierte Nutzungspotenziale ergeben haben. Bilanziell können mit „*stranded assets*" Wertminderungen oder verkürzte Nutzungsdauern verbunden sein; sie können auch zum erstmaligen Ansatz oder zur Erhöhung von Verpflichtungen führen (z.B. im Zusammenhang mit der Entsorgung).

Zahlreiche Wirtschaftsbereiche können potenziell betroffen sein, u.a. der Rohstoffsektor aufgrund der konkreten Verbrauchsbegrenzung fossiler Rohstoffe, die Automobilindustrie infolge des möglichen Verbots von Verbrennungsmotoren, die Tourismusbranche aufgrund von geändertem Reiseverhalten oder dem Anstieg des Meeresspiegels mit entsprechenden Gefahren für niedrig liegende (touristische) Küstengebiete, der Einzelhandel und der Transportsektor.

Auch Vermeidungs- und Anpassungsmaßnahmen an umweltpolitische Maßnahmen oder sonstige Verpflichtungen bzw. Auflagen (z.B. Green Bonds) können zu „*stranded assets*" führen. Neben der jährlichen Überprüfung der geschätzten Restwerte und der erwarteten Nutzungsdauer ist zu beurteilen, ob ein Anhaltspunkt für eine Wertminderung vorliegt (vgl. IAS 16.51, IAS 36.9 ff.).

Sollte die Veräußerung einer Sachanlage (bzw. einer Gruppe von Vermögenswerten) in Betracht kommen, sind die Anwendungsvoraussetzungen des IFRS 5 zu prüfen. Zur Stilllegung bestimmte langfristige Vermögenswerte (oder Gruppen von Vermögenswerten) sind jedoch von der Klassifizierung als „zur Veräußerung gehalten" ausgenommen, da die Realisierung ihres Buchwerts durch fortgesetzte Nutzung angenommen wird. Sollte es sich allerdings bei den zur Stilllegung bestimmten Vermögenswerten um einen aufgegebenen Geschäftsbereich i.S. von IFRS 5.32 handeln, sind ab dem Zeitpunkt, ab dem keine Nutzung mehr erfolgt, besondere Vorschriften zur Darstellung in der Gesamtergebnis- und Kapitalflussrechnung bzw. im Anhang zu beachten (vgl. IFRS 5.13, IFRS 5.33 ff.).

„*Stranded assets*", wie auch andere Sachanlagen, die Gegenstand von Entsorgungs-, Wiederherstellungs- und ähnlichen Verpflichtungen sind[13], können infolge von Schätzungsänderungen bei der passivierten Rückstellung in ihrer Folgebewertung betroffen sein. Solche Schät-

[13] Vgl. hierzu IAS 16.16(c).

zungsänderungen können aus Änderungen der geschätzten Höhe der späteren Ausgaben oder deren zeitlichen Anfalls resultieren. Bei Vermögenswerten, die nach dem Anschaffungskostenmodell bewertet werden, sind alle Änderungen bei der Rückstellungsbewertung entsprechend bei den Anschaffungs- oder Herstellungskosten des dazugehörigen Vermögenswerts in der aktuellen Periode zu erfassen, soweit es sich nicht um die (reine) Aufzinsung der Rückstellung handelt. Im Fall von Erhöhungen des Rückstellungsbetrags und folglich Buchwerterhöhungen beim zugehörigen Vermögenswert ist das Vorliegen eines Anhaltspunkts für eine Wertminderung zu überprüfen (vgl. IFRIC 1.5).

Sollten sich aufgrund umweltpolitischer Entwicklungen neue und bislang nicht erfasste Entsorgungs-, Wiederherstellungs- und ähnliche Verpflichtungen ergeben, sind die erstmalig geschätzten Kosten dafür als Erhöhung der Anschaffungs- oder Herstellungskosten der dazugehörigen Sachanlage – unabhängig vom ursprünglichen Zugangszeitpunkt der Sachanlage – zu erfassen. Für nachfolgende Schätzungsänderungen der passivierten Rückstellung gilt IFRIC 1.

Frage 3: Was ist bei der bilanziellen Abbildung von Zuwendungen der öffentlichen Hand zu beachten, die vor dem Hintergrund des Klimaschutzes bzw. in Reaktion auf den Klimawandel oder aus sozialen Erwägungen gewährt werden?

Eine nachhaltigkeits- bzw. klimaschutzorientierte Politik und Gesetzgebung kann zu Anschaffungs- oder Herstellungsvorgängen führen, die mit Beihilfen oder Zuwendungen der öffentlichen Hand gefördert bzw. unterstützt werden. Ziele solcher Förder- und Stützungsmaßnahmen können bspw. die Beschleunigung des Übergangs in eine CO_2-neutrale und/oder Kreislaufwirtschaft oder soziale Aspekte sein. Mit solchen Beihilfen oder Zuwendungen der öffentlichen Hand könnten Unternehmen z.B. neue Fertigungsstraßen zur klimaneutralen Produktion von Werkstoffen erwerben oder herstellen.

Derartige Zuwendungen für Vermögenswerte (einschließlich solcher, die in nicht monetärer Form gewährt und wahlweise zum Fair Value angesetzt werden) sind bei Vorliegen der Ansatzvoraussetzungen gemäß IAS 20.7 in der Bilanz entweder als passivischer Abgrenzungsposten darzustellen oder vom Buchwert des Vermögenswerts abzusetzen (IAS 20.24). Bei Zuwendungen für abschreibungsfähige Vermögenswerte erfolgt ihre erfolgswirksame Erfassung i.d.R. wie die Abschreibung des zugehörigen bzw. geförderten Vermögenswerts selbst (IAS 20.12, .17). Folglich werden als passivische Abgrenzungsposten dargestellte Zuwendungen über die Nutzungsdauer des Vermögenswerts planmäßig im Gewinn oder Verlust erfasst (IAS 20.26). Im Falle des Abzugs der Zuwendung von den Anschaffungs- oder Herstellungskosten des Vermögenswerts erfolgt die erfolgswirksame Erfassung mittels eines reduzierten Abschreibungsbetrags über die Nutzungsdauer des abzuschreibenden Vermögenswerts (IAS 20.27).

Zu den im Abschluss erfassten Zuwendungen der öffentlichen Hand sind u.a. Angaben hinsichtlich Art und Umfang zu machen (IAS 20.39).

Frage 4: Was ist bei der bilanziellen Behandlung von Ausgaben aufgrund von umweltpolitisch motivierten Nachrüstungs- und Umbaumaßnahmen an oder in Gebäuden zu beachten (z.B. Anbringen von außenliegenden Sonnenschutzrollos, Photovoltaikanlagen oder Einbau moderner Heizungs- und Klimasysteme)?

Derartige Ausgaben können Anschaffungs- oder Herstellungskosten eines (bereits bilanzierten oder neuen) Vermögenswerts darstellen. Im Falle der Aktivierung als (nachträgliche) Anschaffungs- oder Herstellungskosten sind die Vorschriften zur Anwendung des Komponentenansatzes zu beachten (IAS 16.13 i.V.m. IAS 16.43).

Sofern die Ausgaben zu keinem gesondert zu bilanzierenden Vermögenswert führen (z.B. Heizungsanlage in einem Gebäude), kommt eine Aktivierung als nachträgliche Anschaffungs- oder Herstellungskosten bei einem bereits bilanzierten Gebäude in Betracht, wenn es sich um spätere Kosten für den Ausbau, die teilweise Ersetzung oder die über die reine Bestandserhaltung hinausgehende Instandhaltung von Gebäuden handelt. Aktivierungsvoraussetzung ist, dass ein zukünftiger wirtschaftlicher Nutzenzufluss wahrscheinlich ist und die Anschaffungs- oder Herstellungskosten verlässlich bewertet werden können (IAS 16.10 i.V.m. IAS 16.7). Ein zukünftiger wirtschaftlicher Nutzenzufluss kann bspw. bei Maßnahmen angenommen werden, die zu einer Verlängerung der Nutzungsdauer, Kapazitätserhöhung, verbesserten Produktqualität oder Minderung der Produktionskosten führen. So dürften der Erwerb einer Photovoltaikanlage sowie das Anbringen von außenliegenden Sonnenschutzrollos oder der Einbau moderner Heizungs- und Klimasysteme regelmäßig mit aktivierungspflichtigen Ausgaben verbunden sein.

Resultieren die Ausgaben hingegen aus bestandserhaltenden Maßnahmen (z.B. laufende Wartungskosten), erfüllen sie nicht die allgemeinen Ansatzvoraussetzungen und sind in der Periode, in der sie anfallen, erfolgswirksam zu erfassen.

Analoge Abgrenzungsfragen bezüglich nachträglicher Anschaffungs- oder Herstellungskosten oder sofortiger Aufwandserfassung stellen sich für als Finanzinvestition gehaltene Immobilien (vgl. IAS 40.17 ff.).

Frage 5: Wie wirken sich umweltpolitisch motivierte oder verpflichtende Nachrüstungs- und Umbaumaßnahmen auf die Bilanzierung von (sonstigen) Sachanlagen aus?

Unternehmen können bspw. den Einbau von Rauchfiltern oder ähnlichen technischen Vorrichtungen zur Verbesserung der CO_2-Bilanz, die Umstellung von Produktionsanlagen auf andere Energiequellen oder die Verarbeitung von als nachhaltig eingestuften Materialien vornehmen. Wenngleich solche Maßnahmen nicht direkt den künftigen wirtschaftlichen Nutzen einer bereits vorhandenen Sachanlage steigern, können sie dennoch notwendig sein, um den künftigen wirtschaftlichen Nutzen aus anderen Vermögenswerten überhaupt erst zu erzielen oder zusätzlichen Nutzen zu erzielen, der ohne diese Maßnahmen nicht möglich gewesen wäre (z.B. Reputationsvorteile). Derartige betriebliche Verbesserungen sind aufgrund dieses zusätzlichen Nutzens regelmäßig als Vermögenswert zu aktivieren. Der entstehende Buchwert ist auf Werthaltigkeit nach IAS 36 zu überprüfen (vgl. IAS 16.11).

5.3.5.3 Leasing

Frage 1: Können nachhaltigkeitsinduzierte Strategie- oder Prozessänderungen Auswirkungen auf die bilanzielle Abbildung von Leasingverhältnissen beim Leasingnehmer haben?

Aus einer veränderten Nutzung bzw. Nutzungserwartung von Leasinggegenständen, z.B. bedingt durch regulatorische Vorgaben oder unternehmenspolitische Ziele, können sich vielfältige Konsequenzen in Bezug auf die bilanzielle Abbildung der Leasingverhältnisse eines Leasingnehmers ergeben. So unterliegen Nutzungsrechte im Regelfall den Wertminderungsvorschriften des IAS 36.[14] Bei Anhaltspunkten für das Vorliegen einer Wertminderung sind Nutzungsrechte entweder separat oder auf Ebene einer zahlungsmittelgenerierenden Einheit auf Werthaltigkeit zu prüfen.[15]

Beabsichtigt ein Leasingnehmer die Nutzung bestimmter Leasinggegenstände zurück zuführen, etwa um seine Produktionsverfahren klimaneutral auszugestalten, sind bei etwaigen Vertragsänderungen (z.B. Laufzeitverkürzung oder Einführung von Kündigungsoptionen) die Vorschriften zur Bilanzierung von Änderungen eines Leasingverhältnisses nach IFRS 16.44 ff. zu berücksichtigen.

Falls sich ein Leasingnehmer, ohne Abschluss einer entsprechenden Vertragsanpassung, dazu entscheidet, einen Leasinggegenstand nicht mehr über die gesamte verbleibende Leasinglaufzeit zu nutzen, führt dies – neben einer ggf. durchzuführenden Werthaltigkeitsprüfung nach IAS 36 (s.o.) – bei einer dauerhaften Änderung der Nutzung zu einer Neubeurteilung des Abschreibungszeitraums des Nutzungsrechts (vgl. IFRS 16.31 i.V.m. IAS 16.51). Für in Leasingverträgen enthaltene Instandhaltungsverpflichtungen des Leasingnehmers können bei nicht mehr genutzten Leasinggegenständen ferner Rückstellungen für belastende Verträge nach IAS 37 erforderlich werden. Gleiches kann ggf. auch für Nichtleasingkomponenten eines Vertrags gelten, die der Leasingnehmer getrennt von den Leasingkomponenten bilanziert.

[14] Ausgenommen sind Nutzungsrechte, die die Definition von als Finanzinvestition gehaltenen Immobilien erfüllen und nach dem Fair-Value-Modell des IAS 40 bilanziert werden (IFRS 16.34 i.V.m. IAS 36.2(f)).

[15] Für weitere Ausführungen zur Werthaltigkeitsprüfung nach IAS 36 siehe Abschn. 5.3.5.4.

Bei Leasingverhältnissen mit Kündigungs- oder Verlängerungsoptionen kann darüber hinaus eine Neubeurteilung notwendig sein, ob ein Leasingnehmer hinreichend sicher ist, dass er eine Verlängerungsoption ausüben bzw. eine Kündigungsoption nicht ausüben wird, z.B. wenn sich eine Geschäftsentscheidung unmittelbar auf die Ausübung oder Nichtausübung einer Option auswirkt (vgl. IFRS 16.20 i.V.m. IFRS 16.B41(d)). Hieraus kann sich eine Anpassung der Laufzeit des Leasingverhältnisses mit der Folge einer Neubewertung der Leasingverbindlichkeit und des Nutzungsrechts ergeben (vgl. IFRS 16.40(a) und IFRS 16.30(b)).

Frage 2: Können Leasingzahlungen, die von Sonnenstunden oder Wind abhängig sind, aufgrund einer sehr hohen Eintrittswahrscheinlichkeit (teilweise) als quasi-fix i.S. des IFRS 16.B42 angesehen werden?

Die Tatsache, dass eine Leasingzahlung mit sehr hoher Wahrscheinlichkeit anfallen wird, führt nicht per se dazu, dass diese als quasi-fix i.S. von IFRS 16.27(a) i.V.m. IFRS 16.B42 anzusehen ist. Besteht bspw. ein Leasingverhältnis über eine Solar- bzw. Windkraftanlage, bei dem die zu zahlende Vergütung vollständig von der erzeugten Strommenge (d.h. der Leasingnehmer zahlt 1 GE pro kWh) und damit von der Dauer und Intensität der Sonneneinstrahlung bzw. den Windverhältnissen abhängt, handelt es sich um variable Leasingzahlungen, die nicht in die Bewertung der Leasingverbindlichkeit und des Nutzungsrechts einzubeziehen sind. Dies gilt auch dann, wenn z.B. aufgrund entsprechender Untersuchungen mit sehr hoher Wahrscheinlichkeit davon auszugehen ist, dass ein bestimmtes Maß an jährlicher Stromproduktion aufgrund der zu erwartenden Sonneneinstrahlung bzw. der zu erwartenden Windverhältnisse nicht unterschritten wird.

Frage 3: Sind im Rahmen der Analyse, ob ein Kunde berechtigt ist, im Wesentlichen den gesamten wirtschaftlichen Nutzen aus der Verwendung eines Vermögenswerts zu ziehen, Grünstromzertifikate zu berücksichtigen?

Zur Förderung erneuerbarer Energien setzen Staaten diverse Förderinstrumente ein. In einigen Ländern werden bspw. für aus erneuerbaren Energiequellen erzeugten Strom sog. Grünstromzertifikate ausgestellt, die an Zertifikatemärkten handelbar sind.

Um die Nutzung eines identifizierten Vermögenswerts (hier: einer durch Grünstromzertifikate geförderten Solar- oder Windkraftanlage) kontrollieren zu können, muss ein Kunde berechtigt sein, während des gesamten Verwendungszeitraums im Wesentlichen den gesamten wirtschaftlichen Nutzen aus der Verwendung des identifizierten Vermögenswerts zu ziehen (IFRS 16.B9(a)). Zum wirtschaftlichen Nutzen aus der Verwendung eines Vermögenswerts gehören gemäß IFRS 16.B21 neben dessen Primärleistung (hier: Strom) auch sämtliche Nebenprodukte (hier: die in IFRS 16.BC118 explizit genannten Grünstromzertifikate, die durch die Nutzung des Vermögenswerts generiert werden).

Ein Leasingverhältnis liegt demnach jedenfalls dann nicht vor, wenn mehrere Parteien sich die wirtschaftlichen Vorteile aus der Nutzung des Vermögenswerts teilen, bspw. eine Partei den Strom und eine andere Partei die Grünstromzertifikate erhält (sofern der Wert der Grünstromzertifikate nicht von untergeordneter Bedeutung ist).

5.3.5.4 Werthaltigkeitsprüfung nach IAS 36

Frage 1: Kann der Klimawandel ein Anhaltspunkt für eine Wertminderung sein?

Der Klimawandel mit all seinen politischen, gesellschaftlichen, physischen und transformatorischen Auswirkungen kann je nach Geschäftsmodell ein Geschäftsrisiko mit potenziell erheblichen Auswirkungen auf die künftigen Zahlungsströme eines Unternehmens sein. Bleibt dies bei der Durchführung von Werthaltigkeitsprüfungen unberücksichtigt, besteht die Gefahr einer Bilanzierung von Vermögenswerten (z.B. Sachanlagen, immateriellen Vermögenswerten (inkl. Geschäfts- oder Firmenwerten)) mit zu hohen Buchwerten. Bei der nach IAS 36 verpflichtend durchzuführenden Werthaltigkeitsprüfung sind u.a. signifikante Veränderungen mit nachteiligen Folgen für das Unternehmen im technischen, marktbezogenen, ökonomischen oder gesetzlichen Umfeld als Anhaltspunkt für einen wertgeminderten Vermögenswert kodifiziert, sodass die Auswirkungen des Klimawandels bei der Einschätzung, ob ein Vermögenswert wertgemindert sein könnte, zu berücksichtigen sind (vgl. IAS 36.9, .12(b)).

Frage 2: Kann es aufgrund von ESG-bezogenen Entwicklungen sachgerecht sein, bei der Ermittlung des erzielbaren Betrags auf wahrscheinlichkeitsgewichtete Zahlungsströme nach dem sog. *expected cash flow approach* abzustellen?

Der erzielbare Betrag ist der höhere Betrag aus Nutzungswert und Fair Value abzüglich Abgangskosten (IAS 36.18). Der Nutzungswert kann in Einklang mit den Regelungen des IAS 36 anhand zweier unterschiedlicher Ansätze ermittelt werden. Im Gegensatz zum „traditionellen" Ansatz, bei dem zur Ermittlung des Barwerts ein einziger Zahlungsstrom herangezogen wird, basiert der „erwartete Zahlungsstrom"-Ansatz *(expected cash flow approach)* auf mehreren, wahrscheinlichkeitsgewichteten Zahlungsströmen (vgl. IAS 36.A2, .A4 ff.). Die Anwendung des *expected cash flow approach* ist für die Berücksichtigung von ESG-bezogenen Entwicklungen zu empfehlen, da durch die erforderliche Modellierung von verschiedenen Szenarien und der Zuordnung von Eintrittswahrscheinlichkeiten zu diesen Szenarien die aus ESG-bezogenen Chancen und Risiken resultierende Unsicherheit transparent und nachvollziehbar abgebildet werden kann.

Die skizzierten Überlegungen sind in Fällen, in denen der Fair Value anhand eines Barwertverfahrens ermittelt wird, gleichermaßen heranzuziehen.

Frage 3: Welche Auswirkungen können sich aus ESG-bezogenen Aspekten in Bezug auf die Planung von Zahlungsströmen ergeben?

ESG-bezogene Risiken und Chancen können sich u.a. auf die künftigen Zahlungsströme aus Umsatzerlösen und laufenden Auszahlungen (inkl. Forschungs- und Entwicklungsaufwendungen) und aus Investitionsauszahlungen auswirken, wobei insb. folgende Faktoren von Bedeutung sind:

- Kunden- und Lieferantenverhalten: Eine Verschiebung der Kundennachfrage hin zu nachhaltigeren Gütern und Dienstleistungen kann zu Umsatz- und Wachstumsveränderungen führen. Auch die Kostenstruktur kann durch Auswirkungen des Klimawandels auf Zulieferer beeinflusst werden (z.B. Weiterreichung höherer Kosten durch die Lieferanten innerhalb der Lieferkette).
- Verhalten von Investoren und Kreditgebern: Sofern Investoren und Kreditgeber in ihren Entscheidungsfindungen vermehrt ESG-bezogene Risiken berücksichtigen (werden), wirkt sich dies durch höhere Finanzierungskosten oder finanzielle Einschränkungen vor allem bei Unternehmen aus, die vermehrt ESG-bezogenen Risiken ausgesetzt sind.
- Politische und gesetzliche Rahmenbedingungen: Die Einführung neuer ESG-bezogener Maßnahmen oder Gesetze kann sich auf die Umsatzerlöse und operativen Kosten eines Unternehmens auswirken (z.B. sog. CO_2-Steuer, Lieferkettensorgfaltspflichtengesetz).
- Technologischer Fortschritt: Neue umweltfreundliche Technologien können die Wettbewerbsfähigkeit eines Unternehmens auf dem Markt erheblich beeinträchtigen und zu höheren – mit der Entwicklung oder dem Erwerb von gleichwertigen Technologien verbundenen – Investitionsausgaben führen.
- Physische Auswirkungen: Die (physischen) Auswirkungen des Klimawandels (z.B. steigende Temperaturen, zunehmende extreme Wetterereignisse) können u.a. zu höheren Versicherungs- oder Instandhaltungsausgaben führen oder die Eignung bestimmter Betriebsstandorte in Frage stellen.

Bei der Ermittlung des Nutzungswerts bleiben Erweiterungsinvestitionen und andere Investitionen zur Verbesserung der Ertragskraft sowie künftige – noch nicht verpflichtende – Restrukturierungen und deren damit verbundener Nutzen bei der Schätzung der künftigen Zahlungsströme unberücksichtigt (vgl. IAS 36.44). Indes sind Investitionsausgaben in den künftigen Zahlungsströmen zu berücksichtigen, wenn sie zum Erhalt des wirtschaftlichen Nutzens des Vermögenswerts auf dem gegenwärtigen Niveau notwendig sind (vgl. IAS 36.49). Dies erfordert die Ausübung von Ermessen in der Entscheidung, ob Investitionsausgaben, die durch den Klimawandel oder sonstige nachhaltigkeitsbedingte Faktoren anfallen, der Instandhaltung zuzuordnen sind (und somit bei der Schätzung der Zahlungsströme berücksichtigt werden müssen) oder ob diese als Erweiterungsinvestition zu interpretieren sind. Erweiterungsinvestitionen bzw. Restrukturierungen werden nur dann bei der Schätzung der Zahlungsströme berücksichtigt, wenn sich die

Erweiterungsinvestition bereits in der Umsetzung befindet bzw. das Unternehmen zur Durchführung der Restrukturierung verpflichtet ist (vgl. IAS 36.44, .47 ff.).

Wird hingegen der erzielbare Betrag anhand des Fair Value abzüglich Abgangskosten *(fair value less cost of disposal)* ermittelt (vgl. IAS 36.18), sind sowohl Erweiterungsinvestitionen und andere Investitionen zur Verbesserung der Ertragskraft als auch künftige – noch nicht verpflichtende – Restrukturierungen bei der Ableitung der Zahlungsströme zur Ermittlung des Fair Value zu berücksichtigen, sofern die Marktteilnehmer bei der Preisbildung für den Vermögenswert korrespondierende Erwartungen haben. Demgemäß sind die Auswirkungen ESG bezogener Faktoren auf diese Annahmen aus der Perspektive von Marktteilnehmern zu würdigen (vgl. IFRS 13.2, .22).

<u>Frage 4:</u> Welche Besonderheiten sind bei der Ermittlung der ewigen Rente zu beachten?

Die ewige Rente spiegelt den Wert eines Vermögenswerts bzw. einer zahlungsmittelgenerierenden Einheit nach Ablauf der Detailplanungsphase (d.h. dem Zeitraum, auf den sich die jüngsten Finanzpläne/Vorhersagen beziehen) wider und ist mutmaßlich mit am stärksten durch die Auswirkungen des Klimawandels und von sonstigen ESG-bezogenen Faktoren betroffen. Geringfügige Änderungen in der zur Ermittlung der ewigen Rente verwendeten Wachstumsrate können signifikante Auswirkungen nach sich ziehen, sodass sorgfältig zu prüfen ist, ob die zur Ermittlung der ewigen Rente herangezogene Wachstumsrate die ESG-bezogenen Auswirkungen adäquat berücksichtigt. Unternehmen, die sich bspw. den aufgrund des Klimawandels geänderten Rahmenbedingungen nicht anpassen können bzw. diesen nicht gewachsen sind, können unter niedrigeren oder negativen langfristigen Wachstumsraten leiden. IAS 36 fordert zur Ermittlung des Nutzungswerts die Anwendung einer gleichbleibenden oder rückläufigen Wachstumsrate für die Folgejahre, es sei denn, dass eine steigende Wachstumsrate gerechtfertigt werden kann (vgl. IAS 36.33(c)).

ESG-bezogene Faktoren können signifikante Auswirkungen auf die Annahmen des Managements bezüglich der langfristigen durchschnittlichen Wachstumsraten entfalten. Die Entscheidungsfindung zur Bestimmung der langfristigen Wachstumsrate ist ermessensbehaftet. Dabei sind verfügbare externe Quellen zu den erwarteten ESG-bezogenen Chancen und Risiken auf das künftige Wachstum zu berücksichtigen, sofern dies nicht bereits im Rahmen der Ermittlung der Zahlungsströme erfolgt ist. Im Einzelfall können ESG-bezogene Faktoren die Geschäftsmodelle bestimmter zahlungsmittelgenerierender Einheiten (ZGE) derart gefährden, dass die Berücksichtigung einer ewigen Rente nicht mehr sachgerecht ist. IAS 36 enthält spezifische Anforderungen an die Schätzung der Netto-Zahlungsströme, die für den Abgang eines Vermögenswerts (oder einer ZGE) am Ende seiner (oder ihrer) Nutzungsdauer erhalten (oder gezahlt) werden (vgl. IAS 36.52 f.).

Die ewige Rente basiert auf einer langfristigen Fortschreibung von Trendentwicklungen und ist unter Berücksichtigung gesonderter Analysen selbstständig herzuleiten.

Bei der Ermittlung der ewigen Rente wird in der Praxis häufig das letzte Jahr der auf den jüngsten vom Management genehmigten Finanzplänen/Vorhersagen basierenden Zahlungsstromprognosen verwendet, um die Zahlungsströme in die Zukunft zu extrapolieren. Das letzte Planjahr darf jedoch nicht unreflektiert für die Phase der ewigen Rente übernommen werden. Voraussetzung dafür ist, dass das letzte Jahr des Detailplanungszeitraums einen eingeschwungenen (stabilen) Zustand in der Geschäftsentwicklung darstellt.[16] Ist der eingeschwungene Zustand am Ende des Detailplanungszeitraums noch nicht erreicht (z.B. durch klimabedingte Herausforderungen), kann es erforderlich sein, eine Übergangsphase zu erfassen.[17]

5.3.5.5 Finanzielle Vermögenswerte

Frage 1: Wie sind ESG-Risiken im Rahmen des Wertminderungstests für Finanzinstrumente zu berücksichtigen?

Das Wertminderungsmodell nach IFRS 9 beruht auf der Prämisse, erwartete Verluste von finanziellen Vermögenswerten abzubilden *(expected credit losses)*. Für finanzielle Vermögenswerte in Form von Schuldinstrumenten, deren Bewertung entweder zu fortgeführten Anschaffungskosten *(amortised cost)* oder zum Fair Value mit der Erfassung von Wertänderungen im sonstigen Ergebnis *(fair value through other comprehensive income)* erfolgt, ist grundsätzlich eine Wertminderung für erwartete Kreditverluste zu erfassen (vgl. IFRS 9.5.5.1).

Die Ermittlung der Wertminderung erfolgt in Abhängigkeit von der Beantwortung der Frage, ob sich das Kreditausfallrisiko des Finanzinstruments seit dem erstmaligen Ansatz signifikant erhöht hat (vgl. IFRS 9.5.5.3, IFRS 9.5.5.5). Bei einer signifikanten Erhöhung ist die Wertminderung in Höhe der erwarteten Kreditverluste über die gesamte (Rest-)Laufzeit des Finanzinstruments zu bemessen (Stufe 2 oder, im Falle einer beeinträchtigten Bonität, Stufe 3), ansonsten in Höhe der erwarteten 12-Monats-Kreditverluste (Stufe 1).

Bei der Einschätzung, ob sich das Kreditausfallrisiko signifikant geändert hat und ein Stufentransfer vorzunehmen ist, sind sowohl aktuelle als auch zukunftsbezogene Informationen zu berücksichtigen (vgl. IFRS 9.5.5.11). Hierbei kann die Betrachtung von Änderungen des Kreditausfallrisikos in den kommenden zwölf Monaten ein angemessener Näherungswert für die Einschätzung einer signifikanten Veränderung sein, allerdings ist im Fall von makroökonomischen Änderungen bzw. Änderungen von Faktoren, die nicht

[16] Vgl. *IDW Stellungnahme zur Rechnungslegung: Einzelfragen zu Wertminderungen von Vermögenswerten nach IAS 36 (IDW RS HFA 40)* (Stand: 14.06.2016), Tz. 21.

[17] Vgl. *IDW Praxishinweis: Beurteilung einer Unternehmensplanung bei Bewertung, Restrukturierungen, Due Diligence und Fairness Opinion (IDW Praxishinweis 2/2017)* (Stand: 02.01.2017), Tz. 54 f.

innerhalb der Zeitspanne von zwölf Monaten reflektiert werden, ein längerer Betrachtungszeitraum zugrunde zu legen (vgl. IFRS 9.B5.5.13 f.). Insbesondere bei ESG-bezogenen Risiken kann ein längerer Betrachtungszeitraum angemessen sein.

Mit Blick auf ESG-bezogene Risiken lassen sich folgende Risikoarten unterscheiden:

- Physische Risiken: Ergeben sich sowohl als Konsequenz extremer Ereignisse (z.B. Überflutungen, Hitzewellen, Waldbrände etc.) als auch in Bezug auf langfristige Veränderungen klimatischer und ökologischer Bedingungen (bspw. Anstieg des Meeresspiegels, regionaler Durchschnittstemperaturen u.Ä.).
- Transitorische/Übergangsrisiken: Entstehen im Zusammenhang mit der Umstellung der Rahmenbedingungen infolge drohender Konsequenzen aus physischen Risiken. Darunter können politische Maßnahmen wie z.B. die Verteuerung von fossilen Energieträgern und die Incentivierung zur Nutzung von alternativen Technologien fallen, aber auch gesellschaftliche Erwartungen, die Auswirkungen auf die Nachfrage haben.

Demzufolge sind bei der Beurteilung einer signifikanten Erhöhung des Kreditausfallrisikos ein angemessener Betrachtungszeitraum zugrunde zu legen und die Auswirkungen sowohl von physischen Risiken als auch transitorischen Risiken zu berücksichtigen.

In die Bemessung der Höhe der erwarteten Kreditverluste sind verlustmindernde Effekte wie z.B. Sicherheiten einzubeziehen. Die Bewertung des Effekts erhaltener Sicherheiten erfolgt auch unter Berücksichtigung von ESG-Risiken. Ein physisches Risiko – bspw. resultierend aus einer erhöhten Wahrscheinlichkeit, von bestimmten Naturkatastrophen ohne Versicherbarkeit betroffen zu sein – kann sich ebenso wie transitorische Risiken auf den Wert der Sicherheiten auswirken, z.B. auf den Wert von Immobilien in einer betroffenen Region oder aufgrund der technischen Ausstattung (Heizung, Wärmedämmung etc.).

Bei der Anwendung des *„simplified approach“* bspw. für Forderungen aus Lieferungen und Leistungen ohne Finanzierungskomponente gemäß IFRS 9.5.5.15 f. wird regelmäßig eine sog. „Risikovorsorge-Matrix“ verwendet, der üblicherweise Erfahrungen aus Ereignissen aus der Vergangenheit zugrunde liegen. Gleichwohl müssen auch aktuelle und zukünftige Ereignisse angemessen berücksichtigt werden, d.h. auch ESG-Risiken sind diesbezüglich zu berücksichtigen.

Die Beurteilung, ob eine signifikante Erhöhung des Kreditausfallrisikos vorliegt, ist auf Basis von angemessenen und belastbaren Informationen vorzunehmen, die zum Berichtszeitpunkt ohne unangemessene(n) Kosten und Zeitaufwand verfügbar sind (IFRS 9.5.5.9). Dazu gehören Informationen über kreditnehmerspezifische Merkmale, vergangene Ereignisse, gegenwärtige Bedingungen und Prognosen über künftige wirtschaftliche Bedingungen.

In der Regel beginnt die Ermittlung der erwarteten Kreditverluste mit einer Schätzung des kreditnehmerspezifischen (idiosynkratischen) Risikos, das um die Risiken angepasst wird, die durch das breitere makroökonomische Umfeld (systematisches Risiko) entstehen (vgl. IFRS 9.B5.5.52). ESG-bezogene Risiken, wie oben dargestellt, können hierbei sowohl eine Auswirkung auf die zu erwartenden Zahlungen als auch auf zugrunde liegende Sicherheiten haben (vgl. IFRS 9.A, IFRS 9.B5.5.55). Daher muss der Kreditgeber bei der Bemessung der erwarteten Kreditverluste angemessene und belastbare Informationen über das Ausmaß berücksichtigen, in dem sich ESG-bezogene Risiken entweder bereits auf den Kreditnehmer ausgewirkt haben oder voraussichtlich während der Laufzeit des Kredits auswirken werden.

Die Auswirkungen sowohl der physischen Risiken als auch der Übergangsrisiken auf das breitere makroökonomische Umfeld, einschließlich makroökonomischer Variablen wie BIP und Arbeitslosenquote, sind schwer vorherzusagen und hängen von der Schwere und dem Zeitpunkt solcher Ereignisse ab. Die bedeutendsten Auswirkungen des Klimawandels werden voraussichtlich mittel- bis längerfristig auftreten, was angesichts der relativ kurzen Laufzeit vieler Kreditportfolios und Forderungen die heutigen Auswirkungen auf die erwarteten Ausfälle möglicherweise begrenzen könnte. Dennoch ist es wichtig, die Geschwindigkeit und das Ausmaß dieser Ereignisse im Auge zu behalten und ihre möglichen Auswirkungen zu berücksichtigen.

Frage 2: Wie sind „grüne" Anleihen (Green Bonds) unter Berücksichtigung des Zahlungsstrom-Kriteriums nach IFRS 9 zu bewerten?

„Grüne" Anleihen zeichnen sich regelmäßig dadurch aus, dass sie der Finanzierung eines „grünen" Zwecks dienen, müssen sich aber ansonsten im Hinblick auf die vertraglichen Zahlungsströme nicht von anderen Anleihen unterscheiden. Insofern finden die allgemeinen Regelungen des IFRS 9 entsprechend Anwendung.

Eine besondere Analyse erfordern jedoch solche „grünen" Anleihen, die ein oder mehrere Merkmale aufweisen, aufgrund derer die vertraglichen Zahlungen (Zinsen, Tilgung) angepasst werden, wenn der Kreditnehmer (Schuldner) bestimmte vertraglich festgelegte ESG-Ziele erfüllt. Zum Beispiel kann vereinbart sein, dass der vertragliche Zinssatz sinkt, wenn der Kreditnehmer bestimmte Ziele für die Verringerung von CO_2-Emissionen erreicht, oder auch steigt, wenn er diese Ziele nicht erreicht. Solche an Nachhaltigkeitsfaktoren gekoppelte Anpassungen der vertraglichen Zahlungen bieten dem Kreditnehmer Anreize, sich auf nachhaltigkeitsbezogene Projekte zu fokussieren und negative Auswirkungen der eigenen Geschäftstätigkeit auf die Umwelt zu minimieren.

Ein Kreditgeber (Investor/Gläubiger) hat für Zwecke der bilanziellen Abbildung von „grünen" Anleihen zunächst im Rahmen der Klassifizierung seines erworbenen finanziellen Vermögenswerts zu beurteilen, ob nachhaltigkeitsbezogene Anpassungen der vertraglichen Zahlungen mit dem Zahlungsstromkriterium des IFRS 9 vereinbar sind, d.h. ob die Vertragsbedingungen einer „grünen“ Anleihe zu festgelegten Zeitpunkten zu Zahlungen führen, die ausschließlich Tilgungen und Zinsen auf das ausstehende Kapital darstellen (IFRS 9.4.1.2(b), .4.1.2A(b)).

Wenn ein Merkmal vertraglicher Zahlungen nur eine äußerst geringfügige Auswirkung *(de minimis)* auf die vertraglichen Zahlungen eines finanziellen Vermögenswerts haben könnte, hat dies keinen Einfluss auf die Klassifizierung (vgl. IFRS 9.B4.1.18). Bei nachhaltigkeitsbezogenen Merkmalen bzw. „grünen“ Finanzinstrumenten könnte der Faktor „de minimis“ u.U. im Einzelfall vorliegen. Bei einer solchen Beurteilung berücksichtigt der Kreditgeber die möglichen Auswirkungen des Nachhaltigkeitsmerkmals in jedem Berichtszeitraum und kumuliert über die Laufzeit des Kredits.

In Anbetracht der zunehmenden Regulierung, welche Produkte überhaupt als „grün“ bezeichnet werden dürfen, und der bewussten Entscheidung von Investoren für „grüne“ Finanzprodukte, die diese Bezeichnung auch verdienen, erscheint es künftig immer unwahrscheinlicher, dass sich die vertragliche Verknüpfung mit einem oder mehreren ESG-Faktoren nur äußerst geringfügig auf die vertraglichen Zahlungen auswirkt.[18]

Wenn die Auswirkung eines nachhaltigkeitsbezogenen Merkmals mehr als nur geringfügig sein könnte, muss der Kreditgeber beurteilen, ob das Merkmal als Element der Verzinsung eines „Standardkreditvertrags“ *(basic lending arrangement*, vgl. IFRS 9.B4.1.7A) betrachtet werden kann und das Zahlungsstrom-Kriterium erfüllt wird.

Dabei ist zu klären, ob der Nachhaltigkeitsfaktor im Zusammenhang mit dem Kreditausfallrisiko des Emittenten steht. Das Zahlungsstrom-Kriterium wäre demnach erfüllt, wenn die Erreichung oder Verfehlung bestimmter ESG-Ziele hinreichend mit dem Kreditausfallrisiko korreliert (vgl. IFRS 9.B4.1.10). Diese Beurteilung kann eine Ermessensentscheidung erfordern und der Kreditgeber muss die spezifischen Fakten und Umstände berücksichtigen, einschließlich der Art des Geschäfts des Kreditnehmers und alle relevanten Marktdaten.

Wenn die Auswirkung des nachhaltigkeitsbezogenen Merkmals auf die vertraglichen Zahlungsströme des Kredits mehr als äußerst geringfügig sein könnte bzw. das Zahlungsstrom-Kriterium nicht erfüllt ist, muss die „grüne“ Anleihe als erfolgswirksam zum Fair Value bewertet eingestuft werden.

[18] Vgl. *IDW*, Knowledge Paper, Bilanzierung von „grünen“ Finanzierungen v. 19.07.2021, S. 17.

Frage 3: Können ESG-Risiken Einfluss auf die Bilanzierung von Sicherungsbeziehungen (z.B. Cashflow Hedges) haben?

Ebenso wie der Einfluss von ESG-Risiken auf die Zahlungsströme von Finanzinstrumenten in anderen Zusammenhängen zu beurteilen ist, müssen auch mögliche Auswirkungen auf Sicherungsbeziehungen betrachtet werden. Insbesondere bei der Bestimmung der Hedge-Effektivität (vgl. IFRS 9.6.4.1(c)) und der Einschätzung der Wahrscheinlichkeit zukünftiger Transaktionen (vgl. IFRS 9.6.3.3) sowie bei der Beurteilung des Einflusses des Kreditausfallrisikos (vgl. IFRS 9.6.4.1(c)(ii)) sind auch die obigen Ausführungen zu physischen und transitorischen Risiken zu beachten.[19]

5.3.5.6 Vorräte

Frage 1: Ein Unternehmen der chemischen Industrie bezieht einen Großteil der benötigten Rohstoffe über die Binnenschifffahrt. Aufgrund einer Dürre im Sommer ist der Wasserstand in den Flüssen gesunken, sodass die Schifffahrt nur eingeschränkt möglich ist. Dies führt sowohl zu Versorgungsengpässen und damit einhergehend Produktionsausfällen aufgrund verspäteter Lieferungen als auch zu höheren Transportkosten, da die Rohstoffe per LKW angeliefert werden müssen. Während des Versorgungsengpasses können die fixen Produktionsgemeinkosten nicht gesenkt werden. Auch eine Erhöhung der Verkaufspreise ist aufgrund bestehender Verträge nicht durchsetzbar.

Ergeben sich im laufenden Geschäftsjahr Auswirkungen auf die Bestimmung der „Normalauslastung" und damit auf die Ermittlung der zu aktivierenden Kosten für die Vorräte?

Auch wenn das Unternehmen davon ausgeht, dass es aufgrund der Produktionsausfälle in den nächsten Monaten mit einer reduzierten Kapazität arbeiten wird, haben sich die normale Kapazität der Fertigungsanlagen und der langfristige Plan für den Betrieb nicht geändert. Dementsprechend steigt der Betrag der fixen Gemeinkosten, der jeder Produktionseinheit zugerechnet wird, nicht aufgrund von geringerer Produktion oder ungenutzten Kapazitäten. Nicht zugewiesene Gemeinkosten werden in der Periode, in der sie anfallen, als Aufwand erfasst.

Höhere Transportkosten sind bei der Ermittlung der Rohstoffkosten zu berücksichtigen (vgl. IAS 2.10). Es ist zu analysieren, ob die Fertigerzeugnisse, in die die Rohstoffe eingehen, voraussichtlich zu Preisen mindestens in Höhe der angefallenen Kosten verkauft

[19] Für detailliertere Ausführungen zur bilanziellen Abbildung von Sicherungsbeziehungen nach IFRS 9 siehe *IDW Stellungnahme zur Rechnungslegung: Einzelfragen der Bilanzierung von Finanzinstrumenten nach IFRS 9 (IDW RS HFA 48)* (Stand: 26.10.2021), Abschn. 6.

werden können. Andernfalls sind die Rohstoffe auf den Nettoveräußerungswert abzuschreiben (vgl. IAS 2.32).

Frage 2: Wie sind durch den Klimawandel bedingte Einflüsse bei der Folgebewertung des Vorratsvermögens zu berücksichtigen?

Vorräte sind mit dem niedrigeren Wert aus Anschaffungs- oder Herstellungskosten und dem Nettoveräußerungswert (d.h. dem geschätzten, im normalen Geschäftsgang erzielbaren Verkaufserlös abzüglich der geschätzten Kosten bis zur Fertigstellung und der geschätzten notwendigen Vertriebskosten) zu bewerten (IAS 2.9 i.V.m. IAS 2.6).

Bei der Schätzung des Nettoveräußerungswerts sind alle relevanten Faktoren zu berücksichtigen. Hierunter fallen auch durch den Klimawandel verursachte Faktoren wie z.B.:

- Änderungen gesetzlicher Vorschriften, die voraussichtlich zu einem Nachfragerückgang führen werden,
- bedeutende Wetterereignisse, die zu einer physischen Beschädigung geführt haben oder
- Nachfragerückgang aufgrund eines veränderten Verbraucherverhaltens.

5.3.5.7 Aktive latente und tatsächliche Steuern

Frage 1: Welche Auswirkungen können sich aufgrund von ESG-Aspekten auf den Ansatz und die Bewertung von aktiven latenten Steuern ergeben?

ESG-Aspekte können erhebliche Auswirkungen auf die Geschäftsmodelle und damit auch auf die Finanzplanung von Unternehmen haben. Es ist davon auszugehen, dass als Konsequenz hiervon auch die Steuerplanung von ESG-Aspekten betroffen ist. Soweit ESG-Aspekte die Erwartungen des Unternehmens auf künftige steuerliche Erträge negativ beeinflussen (z.B. durch erwartete Kostensteigerungen infolge zu erfüllender Umweltauflagen oder durch eine nachlassende Nachfrage oder fallende Preise bei den Produkten des Unternehmens), ist der Ansatz und die Bewertung aktiver latenter Steuern betroffen: Aktive latente Steuern dürfen nur in dem Maße in der IFRS-Bilanz angesetzt werden, wie von der Nutzbarkeit der entsprechenden Steuervorteile durch künftige steuerliche Gewinne auszugehen ist. Dies gilt gleichermaßen für aktive latente Steuern auf temporäre Differenzen wie auch für solche auf steuerliche Verlustvorträge (vgl. IAS 12.24 und IAS 12.34). Sofern die gemäß Steuerplanung erwarteten künftigen steuerlichen Erträge keine steuerlichen Vorteile in Höhe der aktuellen Buchwerte der aktiven latenten Steuern mehr erwarten lassen und auch die vorhandenen zu versteuernden temporären Differenzen den bisherigen Wertansatz nicht rechtfertigen, sind diese entsprechend zu mindern (vgl. IAS 12.56).

Frage 2: Können sich durch ESG-Aspekte temporäre Differenzen bei Vermögenswerten und Schulden ändern und sich hierdurch Effekte auf aktive und passive latente Steuern ergeben? Welche Beispiele gibt es hierfür?

Durch ESG-Aspekte kann es zu unterschiedlichen Auswirkungen auf den Ansatz und die Bewertung von Bilanzposten sowohl auf der Aktivals auch auf der Passivseite der Bilanz kommen. Beispiele hierfür sind:

- Buchwertänderungen von Vermögenswerten, die planmäßigen Abschreibungen unterliegen, aufgrund von ESG-bedingten verkürzten Nutzungsdauern (vgl. hierzu Abschn. 5.3.5.1. und 5.3.5.2.),
- Wertminderungen (vgl. hierzu Abschn. 5.3.5.4.),
- Neubewertungen von Vermögenswerten mit aktuellen Stichtagswerten (z.B. dem Fair Value),
- erstmaliger Ansatz von ESG-bezogenen Vermögenswerten oder Schulden.

Die genannten Sachverhalte führen dazu, dass sich die Buchwerte von Vermögenswerten und Schulden in der IFRS-Bilanz verändern. Hierdurch ergeben sich korrespondierende Veränderungen der mit diesen Vermögenswerten verbundenen temporären Differenzen, wenn sich die jeweilige steuerliche Basis (Buchwert) der betroffenen Posten nicht in genau gleicher Höhe und Richtung verändert (IAS 12.5). Hiervon wird in vielen Fällen nicht auszugehen sein.

Aufgrund von Veränderungen der temporären Differenzen können sich durch ESG-Aspekte entsprechende Auswirkungen auf die aktiven und passiven latenten Steuern in der IFRS-Bilanz ergeben (vgl. IAS 12.15 und IAS 12.24 i.V.m. IAS 12.47 ff.).

Demgegenüber kann es ESG-induziert auch zu Veränderungen der steuerlichen Buchwerte kommen. So gibt es bei einigen, als unter ESG-Aspekten förderungswürdig angesehenen Vermögenswerten die Möglichkeit, steuerliche Sonderabschreibungen oder verkürzte Abschreibungsdauern in Anspruch zu nehmen.[20] Auch in diesen Fällen ist nicht unbedingt von einer korrespondierenden Entwicklung der jeweiligen IFRS-Buchwerte auszugehen. Somit kann es auch hier zur Notwendigkeit des Ansatzes oder der Änderung entsprechender latenter Steuern aus temporären Differenzen kommen.

[20] Dazu zählen z.B. Sonderabschreibungen für den Mietwohnungsneubau (§ 7b EStG) oder für neu angeschaffte Elektrolieferfahrzeuge (§ 52 Abs. 15b i.V.m. § 7c EStG i.d.F. des Artikels 2 des Gesetzes vom 12.12.2019).

Frage 3: Latente Steuern können u.a. durch sich infolge von ESG-Aspekten ändernden Ertragsaussichten anzupassen sein. Kann es auch Effekte auf die tatsächlichen Steuern eines Unternehmens geben?

Effekte auf die tatsächlichen Steuern eines Unternehmens können sich über zwei „Wirkungskanäle" ergeben:

ESG-Aspekte haben einerseits vielfach einen unmittelbaren Einfluss auf die Realwirtschaft (z.B. Änderungen im Nachfrageverhalten, Preisveränderungen auf Märkten, ESG-induzierte Investitionen in neue Anlagen wie etwa zur Dekarbonisierung, Anpassungen des Produktportfolios etc.). Die finanziellen Folgen dieser Sachverhalte beeinflussen die steuerliche Gewinnermittlung und somit die Bemessungsgrundlage für die Ertragsteuern. Hieraus resultieren wiederum entsprechende Effekte auf die Ermittlung der tatsächlichen Steuern eines Unternehmens (bei unveränderten Steuergesetzen).

Andererseits führen ESG-Aspekte zu Änderungen der bestehenden Steuer- bzw. Abgabengesetze (z.B. durch die Einführung von Förderungen umweltfreundlicher Investitionen durch beschleunigte steuerliche Abschreibungen)[21] oder sogar zu gänzlich neuen Gesetzen, häufig verbunden mit einer beabsichtigten Lenkungswirkung in Richtung nachhaltigerer, vor allem umweltfreundlicher Wirtschaftsaktivitäten. Beispiele für in Deutschland bzw. der EU bestehende oder diskutierte Steuern und Abgaben in diesem Bereich sind:[22]

- Energiesteuer (vgl. EnergieStG),
- Kraftfahrzeugsteuer (vgl. KraftStG),
- Stromsteuer (vgl. StromStG),
- Plastiksteuer,
- Abfall- und Abwassergebühren.

In internationalen Konzernen sind daneben auch die entsprechenden Regelungen in ausländischen (Steuer-)Jurisdiktionen zu berücksichtigen. Die finanziellen Konsequenzen aus der Anwendung der entsprechenden steuerlichen Regelungen sind als Vermögenswerte oder Schulden in der IFRS-Bilanz abzubilden. Soweit ertragsteuerliche Grundlagen hierfür bestehen, erfolgt die Abbildung nach IAS 12 (siehe insb. IAS 12.12 ff. und .46) und im Falle entsprechender steuerrechtlicher Unsicherheiten zusätzlich nach IFRIC 23. Bei fehlendem Ertragssteuerbezug wie bei Abgaben und Gebühren erfolgt die Abbildung

[21] Siehe vorherige Fußnote oder auch die Erweiterung des Anwendungsbereichs der sog. erweiterten Gewerbesteuerkürzung in § 9 Nr. 1 Satz 3 GewStG mit Blick auf Einnahmen aus der Lieferung von Strom aus erneuerbaren Energien an Mieter oder aus der Stromeinspeisung ins Netz sowie aus dem Betrieb von Ladestationen für Elektrofahrzeuge.

[22] Vgl. bspw. auch den Gesamtüberblick des Statistischen Bundesamts zu umweltbezogenen Steuern, Umlagen und Abgaben (57,1 Milliarden Euro Einnahmen aus umweltbezogenen Steuern im Jahr 2020 – 3,6 Milliarden Euro Rückgang gegenüber dem Vorjahr – Statistisches Bundesamt (destatis.de), Abruf am 25.10.2021).

entsprechend anderen einschlägigen Regelungen (z.B. IAS 37) oder nach den allgemeinen Leitlinien des Rahmenkonzepts.

Daneben können ESG-bezogene Steuern und Abgaben auch Einfluss auf Wirtschaftlichkeitsrechnungen im Unternehmen haben, die ggf. zur Einstellung oder frühzeitigeren Beendigung von Aktivitäten führen können. Derartige Entscheidungen können dann wiederum Einfluss haben auf die Festlegung von Nutzungsdauern beim abnutzbaren Vermögen sowie auf die Bewertung von Vermögenswerten (etwa bei der Nutzungsdauerbestimmung, vgl. hierzu Abschn. 5.3.5.1, oder im Rahmen von Werthaltigkeitsprüfungen, vgl. Abschn. 5.3.5.4.).

Frage 4: Welche Auswirkungen können sich durch die (qualitative) Berichterstattung von Unternehmen im Bereich Steuern zu ESG-Aspekten auf tatsächliche oder latente Steuerposten in der IFRS-Bilanz ergeben?

Die Berichterstattung über ESG-Aspekte (Nachhaltigkeitsberichterstattung) widmet sich zunehmend auch dem steuerlichen Bereich in Unternehmen (siehe z.B. GRI 207: Tax 2019)[23]. So wird im Rahmen der Berichterstattung u.a. eine Darstellung der Steuerstrategie und – falls vorhanden – deren Verbindung zur Nachhaltigkeitsstrategie des Unternehmens gefordert. Daneben sind etwa auch die Risikoeinstellung bei der Entwicklung von steuerlichen Positionen sowie das Risiko- und Compliance-Management im Bereich Steuern Gegenstand der Berichterstattung.

Die Angaben erfolgen vor dem Hintergrund des folgenden Zielkonflikts: Unterstützung der Nachhaltigkeitsbemühungen von Staaten durch Maximierung von Steuerzahlungen versus Maximierung des kaufmännischen Unternehmenserfolgs durch Minimierung von Steuerzahlungen. Gleichzeitig handelt es sich hierbei um Informationen, die inhaltliche Verbindungen zu den Steuerpraktiken und Unsicherheiten aufweisen, die einzelnen steuerlichen Posten in der IFRS-Bilanz (bei den tatsächlichen und latenten Steuern sowohl auf der Aktivals auch der Passivseite) innewohnen. Bei der Bewertung von unsicherheitsbehafteten ertragsteuerlichen Posten ist IFRIC 23 zu beachten. Dabei ist aus Sicht der IFRS-Bilanz darauf zu achten, dass die Wertansätze für steuerliche Posten in der Bilanz konsistent mit den Ausführungen im Bereich der steuerlichen Nachhaltigkeitsberichterstattung ermittelt werden. So wäre es etwa widersprüchlich, wenn hier eine defensive Steuerpolitik dargestellt würde, die bestimmte Steuerpraktiken ausschließt, umgekehrt aber gemäß IFRIC 23 im Einzelfall ein Posten Eingang in die Bilanz findet, der auf diesen oder vergleichbaren Steuerpraktiken beruht.

23 Vgl. u.a. *Schnitger/Holle/Kockrow*: Steuern und Nachhaltigkeit – Berichterstattung nach der Global Reporting Initiative (Teil II), DStR 2020, S. 1524 ff.

5.3.6 Mögliche Auswirkungen auf Schulden (Passivseite)

5.3.6.1 Finanzielle Schulden

Frage 1: Welche Auswirkungen können sich durch ESG-bezogene Covenants auf die bilanzielle Abbildung von finanziellen Verbindlichkeiten im IFRS-Abschluss ergeben?

Ein zentrales Charakteristikum von „grünen" Anleihen (Green Bonds) besteht typischerweise darin, dass die aufgenommenen finanziellen Mittel zur (Re-)Finanzierung „grüner" Projekte verwendet werden müssen. Entsprechende Beispiele in Bezug auf Zweckverwendungsvorgaben sind Investments in erneuerbare Energien, Investments, um ein vordefiniertes Maß an Energieeffizienz zu erreichen, oder ähnliche Ausgestaltungen.[24]

Mit den zwischenzeitlich am Markt etablierten Standards für Green Bond-Emissionen gehen i.d.R. sog. Post-Issuance-Reporting-Pflichten einher, die neben einer Berichterstattung über die Allokation der aufgenommenen Mittel (Allocation Reporting) auch ein „Impact Reporting" umfassen können. In der EU ist ein derart umfassendes Post-Issuance-Reporting bspw. nach dem im März 2020 vorgelegten Anwendungsleitfaden „Usability Guide for the EU Green Bonds Standards"[25] vorgesehen.

Reine Rechenschaftspflichten werden auch von den Investoren in Green Bonds häufig nicht als ausreichende Schutzmechanismen angesehen. Daher werden – vergleichbar zu klassischen Krediten – oftmals auch vorzeitige Kündigungsrechte (Covenants) eingesetzt, um der gewünschten Zweckverwendung den erforderlichen Nachdruck zu verleihen und Kreditgeber vor Kreditnehmern zu schützen, die ihren Verpflichtungen nicht nachkommen. Denkbare Ausgestaltungen von Covenants sind eigens vereinbarte Grenzwerte für Nachhaltigkeitskennzahlen, wie bspw. ein zu erreichender Grenzwert in Bezug auf die CO_2-Einsparung zu einem bestimmten Zeitpunkt. Bezugspunkte und Ermittlungsgrundlage für die Definition dieser Covenants liegen häufig in den Informationen, die durch das Post-Issuance-Reporting bereitgestellt werden. Korrespondierend zu umweltbezogenen Nachhaltigkeitskennzahlen sind bei der Definition von Covenants auch „S-" oder „G-" bezogene Aspekte denkbar (z.B. die Erreichung eines bestimmten Frauenanteils in den als „oberste Führungsebenen" definierten Hierarchieebenen im Unternehmen).

Finanzielle Schulden können somit auf unterschiedlichste Weise mit expliziten vertraglichen Regelungen in Gestalt von vorzeitigen, außerordentlichen Kündigungsrechten aufgrund ESG bezogener Covenants versehen sein. Bereits durch die Existenz ESG-be-

[24] Vgl. *IDW*, Knowledge Paper, Bilanzierung von „grünen" Finanzierungen v. 19.07.2021, Abschn. 2.2.

[25] Vgl. *Technische Expertenkommission der EU-Kommission für nachhaltige Finanzen (TEG)*, Usability Guide for the EU Green Bond Standard, März 2020. Für weitere Details siehe auch *IDW*, Knowledge Paper, Green Bonds v. 16.02.2021, S. 11 ff.

zogener Covenants und vor deren Verletzung können sich im IFRS-Abschluss zumindest Angabepflichten ergeben. Nach IFRS 7.31 hat ein Unternehmen die Angaben zu Finanzinstrumenten so zu gestalten, dass die Abschlussadressaten Art und Ausmaß der mit den Finanzinstrumenten verbundenen Risiken, denen das Unternehmen zum Berichtsstichtag ausgesetzt ist, beurteilen können.

Frage 2: Welche Auswirkungen können sich bei ESG-gebundenen Finanzierungen durch die Trennungspflicht eingebetteter Derivate ergeben?

Bei ESG-gebundenen finanziellen Schulden sind die vertraglichen Zahlungen (Zinsen und/oder Tilgung) üblicherweise abhängig von einem (oder mehreren) ESG-Rating(s) oder unternehmenseigenen Nachhaltigkeitskennzahlen (z.B. Umstellung des externen Strombezugs auf regenerative Quellen, Reduktion von Treibhausgas-Emissionen, Senkung der Unfall- und/oder Krankheitsrate, der Steigerung des Anteils recycelten Abfalls, der Steigerung des Frauenanteils in den obersten Führungsebenen oder weiteren vielfältig denkbaren Kennzahlen). Dies bedeutet, dass die vertraglichen Zahlungen und somit die (Re-)Finanzierungskosten bei einer Verbesserung (Verschlechterung) des Nachhaltigkeitsratings oder der festgelegten Nachhaltigkeitskennzahl(en) formelbasiert sinken (steigen). Nicht notwendigerweise geht mit diesen ESG-gebundenen finanziellen Schulden einher, dass die aufgenommenen Mittel zweckgebunden ausschließlich zur (Re-)Finanzierung eines ESG-Projekts verwendet werden. Am Markt beobachtbare Instrumente mit ESG-Komponenten gibt es in Form von Bonds, Darlehen oder auch Schuldscheinen.

Wenn es sich bei einem „grünen" Finanzinstrument um eine finanzielle Verbindlichkeit handelt, ist zu prüfen, ob ein eingebettetes abspaltungspflichtiges und damit getrennt zu bilanzierendes Derivat vorliegt. Dazu muss im ersten Schritt geklärt werden, ob die Definition eines Derivats i.S. des IFRS 9 erfüllt ist. Folgende drei Merkmale müssen kumulativ vorliegen[26]:

1. Die Wertentwicklung ist an einen bestimmten Zinssatz, den Preis eines Finanzinstruments, einen Rohstoffpreis, Wechselkurs, Preis- oder Kursindex, Bonitätsrating oder -index oder eine andere Variable gekoppelt, sofern bei einer nichtfinanziellen Variablen diese nicht spezifisch für eine der Vertragsparteien ist (auch „Underlying" genannt);
2. es ist keine Anfangsauszahlung erforderlich oder eine, die im Vergleich zu anderen Vertragsformen, von denen zu erwarten ist, dass sie in ähnlicher Weise auf Änderungen der Marktbedingungen reagieren, geringer ist und
3. die Erfüllung erfolgt zu einem späteren Zeitpunkt.

[26] Vgl. IFRS 9, Appendix A, i.V.m. IFRS 9.4.3.1 ff.

Von der Erfüllung der vorgenannten Definition eines Derivats kann nicht ausgegangen werden, sofern sich die ESG-Bindung einer finanziellen Schuld ausschließlich durch die ESG bezogene Zweckbindung der Mittelverwendung ergibt, sodass sich somit keine Auswirkungen auf die vereinbarten vertraglichen Zahlungen ergeben. Auch für den Fall, dass eine vertragliche Bindung der Zahlungen an einen unternehmensspezifischen Nachhaltigkeitsfaktor oder ein Rating des Emittenten vorliegt und damit auch der Wert des Schuldinstruments in Abhängigkeit von den Änderungen des „Underlying" schwankt, kann die Definition eines Derivats nicht pauschal als erfüllt angesehen werden, da zur Beurteilung des ersten o.g. Kriteriums noch entscheidend ist, ob der Nachhaltigkeitsfaktor eine finanzielle oder eine nichtfinanzielle Variable darstellt.[27] In erster Linie hängt die Beurteilung des Emittenten, ob eine finanzielle oder eine nichtfinanzielle Variable vorliegt, davon ab, ob ein direkter Einfluss der Nachhaltigkeitsfaktoren auf das Kreditausfallrisiko des Emittenten besteht:[28]

- Gelangt der Emittent zu dem Ergebnis, dass ein *direkter Einfluss* eines spezifischen Nachhaltigkeitsfaktors, auf den in den vertraglichen Zahlungen Bezug genommen wird, auf das Kreditausfallrisiko des Emittenten besteht, stellt der Nachhaltigkeitsfaktor in erster Linie eine Komponente des Kreditausfallrisikos dar. Es liegt dann eine finanzielle Variable vor und die Definition eines eingebetteten Derivats ist erfüllt. Damit geht jedoch keine Trennungspflicht des Derivats einher, wenn sich – im Einklang mit der Schlussfolgerung eines direkten Einflusses des Nachhaltigkeitsfaktors auf das Kreditausfallrisiko des Emittenten – bei der Beurteilung der Trennungsvoraussetzungen nach IFRS 9.4.3.3 zeigt, dass die wirtschaftlichen Merkmale und Risiken des eingebetteten Derivats und des Basisvertrags als eng miteinander verbunden anzusehen sind. In diesem Fall wird das eingebettete Derivat nicht getrennt.
- Wenn *kein direkter Einfluss* des spezifischen Nachhaltigkeitsfaktors auf das Kreditausfallrisiko des Emittenten vorliegt, kann der Nachhaltigkeitsfaktor hingegen eine nichtfinanzielle Variable darstellen, die unternehmensspezifisch ist. Bislang ist noch ungeklärt, ob in solchen Fällen von nichtfinanziellen Variablen, die spezifisch für eine Vertragspartei sind, ein Ausschluss von der Definition eines Derivats i.S. von IFRS 9 vorliegt oder nicht[29].

[27] Vgl. *IDW*, Knowledge Paper, Bilanzierung von „grünen" Finanzierungen v. 19.07.2021, S. 20 f.

[28] Ebenso wie bereits bei den Fragen 5.5.1. und 5.5.2. ausgeführt, sind für die Beurteilung des Wirkungszusammenhangs zwischen ESG-Risiken und Kreditausfallrisiko mehrere Risikodimensionen relevant. Dazu zählen bspw. physische Risiken und transitorische Risiken, die wiederum einen Einfluss auf das kreditnehmerspezifische Risiko haben können.

[29] Auch das IFRS Interpretations Committee (IFRS IC) konnte im Rahmen einer Agendaentscheidung diesbezüglich keine Klarheit schaffen. Vgl. *IFRS IC*, IFRIC Update, September 2012, Agendaentscheidung „Classification of a GDP-linked security".

5.3.6.2 Sonstige Rückstellungen

Frage 1: Das Handelsunternehmen A hat vor zwei Jahren mit einem Hersteller aus einem Drittland einen langfristigen Liefervertrag über den Bezug von Einwegplastik für Verbraucher geschlossen. Die Nachfrage ist aufgrund eines staatlichen Eingriffs, den Verkauf von Einwegplastik an Verbraucher zu untersagen, komplett weggefallen. Der Hersteller besteht auf eine Vertragserfüllung und damit die weitere Belieferung von A.

Alternativ können Entschädigungszahlungen für die noch ausstehenden Chargen geleistet werden. A hat keine weitere Verwendungsmöglichkeit für das Einwegplastik. Welche bilanziellen Konsequenzen ergeben sich aus dem Vertrag mit dem Hersteller?

Das bilanzierende Handelsunternehmen A muss überprüfen, ob es sich bei dem Vertrag mit dem Hersteller um einen belastenden Vertrag i.S. von IAS 37.10 handelt. Ein belastender Vertrag *(onerous contract)* liegt vor, wenn die unvermeidbaren Kosten zur Erfüllung vertraglicher Verpflichtungen höher sind als der erwartete wirtschaftliche Nutzen (IAS 37.66 ff.).

Im Fall eines belastenden Vertrags – soweit dieser kein Finanzinstrument i.S. von IAS 32.11 darstellt – ist der Verpflichtungsüberschuss bilanziell als Rückstellung zu erfassen. Es ist dagegen keine Rückstellung anzusetzen, wenn die realistische Möglichkeit besteht, einen belastenden Vertrag einseitig zu kündigen, ohne dass hierdurch Kosten entstehen (vgl. IAS 37.67).

Im vorliegenden Beispiel besteht der Vertragspartner (Hersteller) aber auf die Vertragserfüllung (oder alternativ auf die Zahlung einer Entschädigung), sodass eine Rückstellung anzusetzen ist. Die der Rückstellungsbewertung zugrunde zu legenden unvermeidbaren Kosten stellen den niedrigeren Betrag von Erfüllungskosten und etwaigen aus der Nichterfüllung resultierenden Entschädigungszahlungen oder Strafgeldern dar (IAS 37.68).

Frage 2: Das Unternehmen A verkauft Zulieferteile für Verbrennungsmotoren. Aufgrund stark gesunkener Nachfrage beabsichtigt das Unternehmen, Restrukturierungsmaßnahmen zu ergreifen und dabei ein Werk zu schließen. Unter welchen Voraussetzungen sind Restrukturierungsrückstellungen anzusetzen?

Voraussetzung für die Passivierung einer Restrukturierungsrückstellung ist zunächst, dass die Definition einer Restrukturierungsmaßnahme i.S. von IAS 37.10 gegeben ist.

Erwägt das Unternehmen A eine grundsätzliche Umorganisation eines Standorts aufgrund umweltpolitischer Gegebenheiten mit wesentlichen Auswirkungen auf den Schwerpunkt seiner Geschäftstätigkeit, darf eine Restrukturierungsrückstellung nur angesetzt werden, wenn die allgemeinen Ansatzkriterien für Rückstellungen nach IAS 37.14 erfüllt sind (IAS 37.71).

Eine faktische Verpflichtung zur Restrukturierung entsteht nur, wenn A einen detaillierten, formalen Restrukturierungsplan vorweisen kann und bei den Betroffenen eine gerechtfertigte Erwartung geweckt hat, dass die Restrukturierungsmaßnahme durch den Beginn der Umsetzung des Plans oder die Ankündigung seiner wesentlichen Bestandteile den Betroffenen gegenüber durchgeführt wird (vgl. IAS 37.72 ff.). Allein durch einen Restrukturierungsbeschluss des Managements vor dem Abschlussstichtag entsteht noch keine faktische Verpflichtung. Soweit der Restrukturierungsplan des Managements der Zustimmung eines Aufsichtsgremiums bedarf, liegt ein formaler Plan i.S. von IAS 37.72(b) erst ab dem Zeitpunkt der Erteilung der Zustimmung durch das Aufsichtsgremium vor (vgl. IAS 37.76). Sollte A jedoch mit der Umsetzung des Restrukturierungsplans erst nach dem Abschlussstichtag beginnen oder den Betroffenen die Hauptpunkte des Plans erst nach dem Abschlussstichtag ankündigen, scheidet der Ansatz einer Rückstellung grundsätzlich aus; stattdessen ist eine Angabe als nicht zu berücksichtigendes Ereignis gemäß IAS 10.3(b) erforderlich, sofern die Restrukturierung wesentlich ist und unter normalen Umständen davon ausgegangen wird, dass die unterlassene Angabe die Entscheidungen der Abschlussadressaten beeinflusst (vgl. IAS 37.75). Da sich aus der Restrukturierungsmaßnahme regelmäßig auch Auswirkungen auf die Mitarbeiter ergeben (z.B. aufgrund Umschulung, Versetzung oder Abfindung), sind ggf. die Regelungen des IAS 19 einschlägig.

Keine Restrukturierungsrückstellungen sind anzusetzen für Geldabflüsse, die nur in einem indirekten Zusammenhang mit der Restrukturierung stehen, wie z.B. Ausgaben für Umschulungen von Mitarbeitern von Verbrennungs- auf Elektromotoren, für Marketingaktivitäten im Zusammenhang mit E-Automobilen oder für Investitionen in neue Umweltanlagen (IAS 37.80 f.).

Frage 3: Die Regierung plant, im nächsten Jahr (20x2) ein neues Gesetz zur Reduktion von Abfall zu verabschieden. Müssen – unter der Annahme, dass eine mit der Gesetzesänderung verbundene (künftige) Abfallbeseitigungsverpflichtung im Unternehmen entsteht, die an Vergangenes anknüpft – im Geschäftsjahresabschluss zum 31.12.20X1 bereits die bilanziellen Auswirkungen der Gesetzesänderung in Form einer Rückstellung berücksichtigt werden?

Auch im Abfall- oder Umweltschutzbereich sind bevorstehende Gesetzesänderungen erst dann zu berücksichtigen, wenn die Verabschiedung des Gesetzes so gut wie sicher *(virtually certain)* ist. In vielen Fällen dürfte es unmöglich sein, die tatsächliche Verabschiedung eines (Umweltschutz-)Gesetzes mit annähernder Sicherheit vorherzusagen, solange es nicht verabschiedet ist (IAS 37.22, IAS 37.50).

Demzufolge darf im vorliegenden Fall eine Rückstellung für die mit der künftigen Gesetzesänderung entstehende Abfallbeseitigungsverpflichtung zum 31.12.20X1 nicht gebildet werden.

Frage 4: Das Unternehmen A steht wegen angeblich geschönter Darstellung seiner Nachhaltigkeitsberichterstattung in der Presse. Die Marketingabteilung geht aufgrund des Imageschadens von einem Umsatzrückgang von bis zu 20 % aus. Dürfen für die vorausgesagten Umsatzrückgänge Rückstellungen gebildet werden?

Für künftige entgangene Gewinne wie auch betriebliche Verluste, die z.B. aus Imageschäden aufgrund von geschönten Darstellungen in der Nachhaltigkeitsberichterstattung resultieren, dürfen keine Rückstellungen angesetzt werden (vgl. IAS 37.63 ff.). Die Erwartung künftiger Umsatzrückgänge kann jedoch ein Anzeichen für eine mögliche Wertminderung bestimmter Vermögenswerte nach IAS 36 sein (vgl. IAS 37.65 i.V.m. IAS 36.14).

5.3.6.3 Umwelt- und Rückbauverpflichtungen

Frage 1: Was sind die im Zusammenhang mit Umwelt- und Rückbauverpflichtungen bestehenden Regelungen in den IFRS?

Durch unternehmerische Aktivitäten können weitreichende Umweltschäden entstehen (z.B. bei der Errichtung und dem Betrieb einer Bohrinsel, nukleare Verschmutzung im Tagesgeschäft, Bodenverunreinigungen). Dies kann wiederum entsprechende Verpflichtungen zur Beseitigung der Schäden auslösen, die bei Vorliegen der Ansatzkriterien als bilanzielle Verpflichtung zu erfassen sind. Demgemäß sind im Einklang mit den Anforderungen des IAS 37 Rückstellungen für Umwelt- und Rückbauverpflichtungen zu passivieren, wenn

- eine gegenwärtige – rechtliche oder faktische – Verpflichtung (z.B. Wiederherstellung des Standortes) aus einem Ereignis der Vergangenheit entstanden ist,
- der Abfluss von Ressourcen mit wirtschaftlichem Nutzen (z.B. Geld) zur Erfüllung dieser Verpflichtung wahrscheinlich ist, und
- die Höhe der Verpflichtung verlässlich geschätzt werden kann (vgl. IAS 37.14).

Eine Rückstellung für Umweltschäden, die bei der Errichtung eines Vermögenswerts verursacht werden, ist als Teil der Anschaffungs- bzw. Herstellungskosten dieses Vermögenswerts zu erfassen. Eine Rückstellung für Umweltschäden, die durch die Geschäftstätigkeit des Unternehmens verursacht werden, wird bei Entstehen der entsprechenden Verpflichtung erfolgswirksam erfasst.

Zusätzlich ist zu berücksichtigen, dass durch Maßnahmen der Regierungen zur Bekämpfung des Klimawandels neue rechtliche Vorschriften laufend eingeführt werden können (rechtliche Verpflichtung) oder der Öffentlichkeitsdruck das Unternehmen zur Durchführung von Maßnahmen gegen den Klimawandel veranlassen kann (faktische Verpflichtung). Beide Konstellationen können eine Pflicht zur Passivierung von Rückstellungen für Umwelt- und Rückbauverpflichtungen auslösen.

Frage 2: Was sind gängige Anwendungsfälle für *faktische* Umwelt- und Rückbauverpflichtungen?

Faktische Verpflichtungen können sich insb. aus öffentlich angekündigten Maßnahmen oder anderen ausreichend spezifischen, aktuellen Aussagen ergeben, durch welche die Übernahme von Umwelt- und Rückbaumaßnahmen öffentlich kommuniziert wurde (z.B. Presseerklärung eines Unternehmens zur Absicht, einen Standort zu sanieren). In diesem Kontext hat ein Unternehmen stets zu prüfen, ob die angekündigten Maßnahmen oder getätigten Aussagen (inkl. solcher, die z.B. im Geschäftsbericht und/oder im Nachhaltigkeitsbericht veröffentlicht werden) neue faktische Verpflichtungen begründen (vgl. IAS 37.10).

Frage 3: Was ist bei der Schätzung der erwarteten Kosten zu beachten?

Eine Rückstellung wird mit dem Betrag angesetzt, der die bestmögliche Schätzung der Ausgaben darstellt, die zur Erfüllung der gegenwärtigen Verpflichtung (d.h. zur Beseitigung der Umweltschäden oder zum Rückbau) zum Abschlussstichtag erforderlich sind (vgl. IAS 37.36). Eine Schätzung kann dabei spezifische Fachkenntnisse zu umweltbezogenen Belangen erfordern (z.B. Schätzung von Art und Menge der Schadstoffe, lokale Gegebenheiten, Kosten der Beseitigung). Die Bilanzierung von Rückstellungen kann aufgrund der Komplexität der durchzuführenden Maßnahmen und des mitunter weit in der Ferne liegenden Erfüllungszeitpunkts der Verpflichtung erheblichen Schätzungsunsicherheiten unterliegen.

Bei der Schätzung ist zu berücksichtigen, wie sich potenzielle künftige – bspw. auch mit dem Klimawandel verbundene – Veränderungen auf die für die Erfüllung der Verpflichtung erforderlichen künftigen Ausgaben auswirken (z.B. Nutzung von Elektrofahrzeugen für Erdarbeiten, Nutzung emissionsarmer Technologien). Auch etwaige standortbezogene Änderungen der Rahmenbedingungen sollten in der bestmöglichen Schätzung reflektiert sein (z.B. erhöhte Wahrscheinlichkeit künftiger Extremwetterereignisse, Änderungen der durchschnittlichen Regenfallmenge). Indes sind Änderungen, die sich auf künftige Ereignisse beziehen, nur dann zu berücksichtigen, wenn es ausreichende objektive substanzielle Hinweise auf deren Eintritt gibt (vgl. IAS 37.48 f.).

Die Durchführung des Rückbaus oder die Beseitigung von Umweltschäden liegen mitunter weit in der Zukunft, sodass die Wirkung des Zinseffekts im Zusammenhang mit der Erfüllung dieser Verpflichtungen wesentlich sein kann. Demgemäß hat das bilanzierende Unternehmen die erwartete Nutzungsdauer des Vermögenswerts bei der Bestimmung des Zeitpunkts des voraussichtlichen Abflusses von Ressourcen zur Erfüllung der Verpflichtung zu berücksichtigen. Wenn sich die klimabezogenen Auswirkungen in der erwarteten Nutzungsdauer niederschlagen, muss der erwartete Zeitpunkt der Erfüllung der Verpflichtung ggf. angepasst werden (z.B. klimabedingte Schließung von Betriebsstätten führt zu einer früheren Beseitigung von Umweltschäden bzw. einem früheren Rückbau). Zu beachten ist, dass die Änderungen in der Bewertung von bestehenden Rückbauverpflichtungen den Buchwert des Vermögenswerts grundsätzlich erhöhen bzw. vermindern. Im Falle einer Erhöhung ist zu beurteilen, ob dies darauf hindeutet, dass der neue Buchwert ggf. nicht vollständig werthaltig ist. Soweit eine Verminderung den vorherigen Buchwert übersteigt, hat eine erfolgswirksame Erfassung zu erfolgen (vgl. IFRIC 1.5).

Sofern nach Beendigung der Nutzung eines Vermögenswerts keine Verpflichtung zum sofortigen Rückbau ausgelöst wird, berücksichtigt das Unternehmen bei der Bilanzierung eine bestmögliche Schätzung des zeitlichen Anfalls der Zahlungsströme.

5.3.6.4 Emissionsbezogene Regulierung / CO_2-Zertifikate

Frage 1: Welche Arten des Emissionsrechtehandels sind zu unterscheiden?

Es ist zwischen dem verpflichtenden (europäischen und nationalen Emissionshandel) und dem freiwilligen Kompensationsmarkt zu unterscheiden.[30]

Die Regelungen des europäischen Emissionsrechtehandels (eEHS) greifen, soweit Emissionen in der Industrie und im Flugverkehr entstehen. Anlagenbetreiber oder Luftfahrtgesellschaften müssen Zertifikate für die Emissionen erwerben, die sie verursachen. Das seit 2021 eingerichtete nationale Emissionshandelssystem (nEHS) umfasst als Ergänzung zum europäischen System die Bereiche Wärmeerzeugung und Verkehr. Hierbei werden die Inverkehrbringer von Brennstoffen zum Erwerb von Zertifikaten verpflichtet.

Sowohl der europäische als auch der nationale Emissionsrechtehandel beruht auf dem Prinzip „Cap and Trade". Mit staatlich festgelegten Obergrenzen (Cap) wird politisch entschieden, wie viel CO_2-Äquivalente (CO_2e) insgesamt höchstens emittiert werden dürfen. Hierbei kommen die folgenden Grundprinzipien zur Anwendung:

- Verpflichtende Teilnahme aller betroffenen Unternehmen
- kostenlose oder entgeltliche Zuteilung eines Emissionszertifikats durch die öffentliche Hand
- Teilnehmer können entsprechend der Höhe ihrer Rechte Schadstoffe emittieren
- am Ende der Periode sind die tatsächlichen Emissionen zu melden

[30] Vgl. hierzu: https://www.dehst.de/DE/Europaeischer-Emissionshandel/europaeischer-emissionshandel_node.html;jsessionid=FF13F468C05EA16C9DDCF0ECB0727A43.1_cid331 (abgerufen am 29.10.2021).

- nach dem Ende jeder Handelsperiode müssen die Teilnehmer Emissionsrechte in Höhe ihrer tatsächlichen Emissionen abgeben, ansonsten ist eine Strafe zu zahlen
- Teilnehmer können Rechte über regelmäßig stattfindende Auktionen oder direkt von anderen Unternehmen (nEHS: über die Börse) kaufen und verkaufen.

Wenn sich emissionsintensive Aktivitäten nicht vermeiden lassen, bietet die freiwillige Kompensation von Treibhausgasen die Möglichkeit, entstandene Emissionen auszugleichen. Hierzu finanziert derjenige, dessen Aktivitäten Treibhausgasausstoß verursachen, bestimmte Aktivitäten, die dazu führen, dass an anderer Stelle Treibhausgasausstoß reduziert wird. Im Gegensatz zum Verpflichtungsmarkt gibt es für die Zertifikate im freiwilligen Kompensationsmarkt keine verbindlichen Qualitätsvorgaben. Allerdings haben sich in der Vergangenheit verschiedene Qualitätsstandards wie der Gold Standard für den freiwilligen Markt (GS VER) oder der Voluntary Carbon Standard (VCS) herausgebildet, um vergleichbare Standards für diese Zertifikate zu gewährleisten. So soll sichergestellt werden, dass Projekte bestimmte Voraussetzungen erfüllen.[31]

Darüber hinaus sind Unternehmen in verschiedenen Bundesländern verpflichtet, Maßnahmen zugunsten der Natur vor einem geplanten Eingriff in die Natur (z.B. den Bau von Gewerbeflächen, Bahngleisen etc.) durchzuführen. Für die durchgeführten Maßnahmen erhalten Unternehmen ein Guthaben in Form von Ökopunkten. Das Guthaben wird bei der Durchführung des eigentlichen Eingriffs abgebucht. Der Handel mit derartigen „Aufwertungsrechten“ wird „Ökopunkte-Handel“ genannt.[32]

<u>Frage 2:</u> Wie sind Emissionsberechtigungen bei Cap-and-Trade-Emissionssystemen zu bilanzieren?

Es gibt keine expliziten Regelungen zur Bilanzierung von Emissionsberechtigungen.

IFRIC 3 *Emissionsrechte* wurde zwar im Dezember 2004 veröffentlicht, um Leitlinien für die Bilanzierung von Cap-and-Trade-Emissionssystemen zu geben. Die Interpretation erwies sich jedoch als umstritten und wurde im Juni 2005 aufgrund von Bedenken hinsichtlich der Folgen der geforderten Bilanzierung zurückgezogen. Infolgedessen gibt es keine spezifischen umfassenden Rechnungslegungsregeln für Cap-and-Trade-Emissionssysteme oder andere Emissionszertifikate. In der Praxis haben sich neben der Anwendung der IFRIC 3-Leitlinien verschiedene Bilanzierungspraktiken auf Basis der bestehenden IFRS-Standards herausgebildet.

---

31 Für weitere Informationen zur „freiwilligen Kompensation“ der deutschen Emissionshandelsstelle siehe https://www.dehst.de/DE/Strompreiskompensation/SPK_verstehen/spk-verstehen_node.html (abgerufen am 29.10.2021).

32 Für weitere Informationen siehe beispielhaft https://umwelt.hessen.de/sites/umwelt.hessen.de/files/2021-06/broschuere_oekopunktehandel.pdf (abgerufen am 29.10.2021).

Frage 3: Wie sind Emissionsberechtigungen zu bilanzieren, die gehandelt werden?

Emissionsberechtigungen, die im Rahmen des normalen Geschäftsbetriebs gehandelt werden, fallen unter die Definition von Vorratsvermögen und sind gemäß IAS 2 zum niedrigeren Wert aus Anschaffungskosten und Nettoveräußerungswert zu bewerten. Soweit die Regelungen zu „broker-trader" Anwendung finden, erfolgt die Bewertung zum Fair Value abzüglich Veräußerungskosten (IAS 2.3(b)).

Frage 4: Unternehmen B hat sich entschlossen, seine Netto-CO_2-Emissionen freiwillig durch den Einsatz von Emissionszertifikaten zu reduzieren. Während des Berichtszeitraums hat B Emissionszertifikate für 500.000 Tonnen CO_2-Emissionen aus einem VCS-zertifizierten Projekt erworben und auf seinen Namen registrieren lassen. Vor dem Ende des Berichtszeitraums wurden auf Basis einer Schätzung der angefallenen Emissionen Emissionszertifikate für 450.000 Tonnen CO_2 zurückgegeben und der vorher aktivierte Betrag im Aufwand erfasst. Nach dem Ende des Berichtszeitraums, aber vor der Genehmigung des Abschlusses zur Veröffentlichung, stellt B fest, dass zur Erreichung des internen Ziels Emissionszertifikate für 460.000 Tonnen CO_2 zurück zugeben sind. Daher werden unverzüglich zusätzliche Zertifikate für 10.000 Tonnen CO_2-Emissionen zurückgegeben. Stellt die Rückgabe der zusätzlichen Emissionszertifikate ein berücksichtigungspflichtiges Ereignis nach dem Abschlussstichtag i.S. von IAS 10 dar?

Der Aufwand im Zusammenhang mit der Ausbuchung der zusätzlichen Emissionszertifikate für 10.000 Tonnen CO_2-Emissionen wird in dem Zeitraum erfasst, in dem sie zurückgegeben werden. Auch wenn die Emissionszertifikate vor der Genehmigung zur Veröffentlichung des Abschlusses ausgebucht werden, stellt die Ausbuchung kein berücksichtigungspflichtiges Ereignis nach dem Abschlussstichtag dar (vgl. IAS 10.3).

5.3.6.5 Passive latente und tatsächliche Steuern

Die Fragen und Antworten zum Bereich der latenten und tatsächlichen Steuern (auf der Aktiv- und auf der Passivseite der Bilanz) wurden in einem Kapitel dargestellt (siehe Abschn. 5.3.5.7.).

5.3.7 Anhangangaben

5.3.7.1 Annahme der Unternehmensfortführung

Frage 1: Ein Zulieferer stellt spezielle Teile zur Herstellung von Verbrennungsmotoren her. Trotz der Auswirkungen der Corona-Pandemie gelang es dem Bilanzierenden, im aktuellen Geschäftsjahr einen kleinen Gewinn zu erzielen. Die Auftragslage für die nächsten Monate ist gut. Nach dem Abschlussstichtag – noch während der Aufstellung des Abschlusses – verkündet der größte Kunde des Bilanzierenden (90 % der erzielten Umsatzerlöse), bereits ab dem Jahr 2025

keine Verbrennungsmotoren mehr herzustellen. Sind Angaben zu Going-Concern erforderlich?

Bei der Aufstellung eines Abschlusses hat das Management die Fähigkeit des Bilanzierenden, den Geschäftsbetrieb fortzuführen, einzuschätzen (IAS 1.25). Bei der Einschätzung, ob die Annahme der Unternehmensfortführung angemessen ist, zieht das Management sämtliche verfügbaren Informationen über die Zukunft in Betracht, die mindestens zwölf Monate nach dem Abschlussstichtag umfasst, aber nicht auf diesen Zeitraum beschränkt ist (IAS 1.26). Der Abschluss darf nicht auf der Grundlage der Annahme der Unternehmensfortführung aufgestellt werden, wenn das Management nach dem Abschlussstichtag entweder beabsichtigt, das Unternehmen aufzulösen, den Geschäftsbetrieb einzustellen oder keine realistische Alternative mehr hat, als so zu handeln (IAS 10.14). Bei der Beurteilung, ob die Annahme der Unternehmensfortführung angemessen ist, sind Faktoren zu berücksichtigen, die sich bspw. auf die gegenwärtige und erwartete Rentabilität des Unternehmens, den Zeitpunkt der Rückzahlung bestehender Finanzierungsfazilitäten und potenzielle Refinanzierungsquellen beziehen.

In Abhängigkeit von den Ergebnissen der Beurteilung der Annahme der Unternehmensfortführung durch das Management des Bilanzierenden können sich Angabepflichten ergeben[33]:

1. *Es gibt keine erheblichen Zweifel an der Fähigkeit des Unternehmens zur Fortführung der Unternehmenstätigkeit.*

   Demzufolge sind auch keine spezifischen Angaben zu machen.

2. *Es gibt erhebliche Zweifel an der Fähigkeit des Unternehmens zur Fortführung der Unternehmenstätigkeit. Diese können jedoch durch entsprechende Gegenmaßnahmen abgeschwächt werden (z.B. bereits fortgeschrittene Verhandlungen mit neuen Kunden in Regionen der Welt, wo Verbrennungsmotoren voraussichtlich weiterhin zulässig sein werden; Aufbau eines neuen Geschäftszweigs ...), sodass die Going-Concern-Annahme als angemessen beurteilt wird. Es bestehen seitens des Bilanzierenden keine wesentlichen Unsicherheiten.*

   Die Bilanzierung erfolgt auf Basis der Annahme zur Fortführung der Unternehmenstätigkeit. Sofern nach der Berücksichtigung entsprechender Gegenmaßnahmen die Beurteilung des Managements, dass keine wesentlichen Unsicherheiten bezüglich Going Concern mehr verbleiben, signifikante Ermessensentscheidungen *(judgements)* erfordert hat, sind die Angabepflichten nach IAS 1.122[34] zu beachten.[35]

[33] Vgl. *IASB*, Going concern – a focus on disclosure, January 2021.
[34] Für weitere Ausführungen zu den Angabepflichten gemäß IAS 1.122 siehe Abschn. 5.3.7.2.
[35] Vgl. *IFRIC*, Agenda Decision „IAS 1 Presentation of Financial Statements – disclosure requirements relating to assessment of going concern", IFRIC Update, July 2014, p. 6.

3. *Es gibt erhebliche Zweifel an der Fähigkeit des Unternehmens zur Fortführung der Unternehmenstätigkeit. Diese können durch entsprechende Gegenmaßnahmen abgeschwächt werden, sodass die Going-Concern-Annahme als angemessen beurteilt wird. Auch nach der Berücksichtigung der Gegenmaßnahmen verbleiben wesentliche Unsicherheiten bezüglich Going Concern (z.B. wesentliche Finanzierungsfazilitäten laufen in den nächsten zwölf Monaten aus und es bestehen erhebliche Zweifel, dass diese vor dem Hintergrund der Ankündigung des Hauptkunden verlängert werden).*

   In einem solchen Fall sind die wesentlichen Unsicherheiten, die sich auf Ereignisse oder Bedingungen beziehen und die erhebliche Zweifel an der Fortführungsfähigkeit des Unternehmens aufwerfen, anzugeben (vgl. IAS 1.25).

   Darüber hinaus dürfte in diesem Fall auch die Schlussfolgerung, dass der Abschluss auf Basis der Going-Concern-Annahme erstellt wird, mit erheblichen Ermessensentscheidungen behaftet sein. Gegebenenfalls sind weitere Angaben nach IAS 1.122 zu machen.

5.3.7.2 Allgemeine Angabepflichten nach IAS 1

Frage 1: Sind generell Angaben über ESG-bezogene Aspekte in IFRS-Abschlüssen zu machen?

Auch wenn es zahlreiche Schnittstellen gibt, ist grundsätzlich zwischen der Finanzberichterstattung und der nichtfinanziellen bzw. Nachhaltigkeitsberichterstattung[36] zu differenzieren. Als Teil der Finanzberichterstattung wird mit der Aufstellung und Offenlegung von IFRS-Abschlüssen der Zweck verfolgt, Informationen über die Vermögens-, Finanz- und Ertragslage sowie die Cashflows eines Unternehmens den tatsächlichen Verhältnissen entsprechend darzustellen, damit die Adressaten der Abschlüsse (Investoren und Gläubiger) wirtschaftliche Entscheidungen treffen können (IAS 1.9). Dies erfordert, dass die Auswirkungen von Geschäftsvorfällen und sonstigen Ereignissen und Bedingungen übereinstimmend mit den Definitionen und Erfassungskriterien für Vermögenswerte, Schulden, Erträge und Aufwendungen glaubwürdig dargestellt werden (IAS 1.15). Dabei können Nachhaltigkeitsaspekte eine Rolle spielen, allerdings auch nur dann, wenn diese wesentlich sind. Informationen sind wesentlich, wenn unter normalen Umständen erwartet werden kann, dass ihre unterlassene, falsche oder verschleierte Angabe die von den Hauptadressaten des Abschlusses getroffenen Entscheidungen beeinflusst (IAS 1.7). Wesentlichkeit ist ein unternehmensspezifischer Aspekt für die Beurteilung der Relevanz von Informationen, basierend auf Art und/oder Umfang der Posten, auf die sich die Informationen im Zusammenhang mit dem Finanzbericht des einzelnen Bilanzierenden

[36] Im November 2021 wurde unter dem Dach der IFRS Foundation ein International Sustainability Standards Board (ISSB) gegründet, das in den kommenden Jahren internationale Standards für die Berichterstattung zu Nachhaltigkeitsthemen entwickeln wird.

beziehen (vgl. CF.2.11, IAS 1.7). Der Bilanzierende hat die Bereitstellung zusätzlicher Angaben in Betracht zu ziehen, wenn die Anforderungen in den IFRS unzureichend sind, um es den Adressaten des Abschlusses zu ermöglichen, die Auswirkungen einzelner Geschäftsvorfälle sowie sonstiger Ereignisse und Bedingungen auf die Vermögens-, Finanz- und Ertragslage des Unternehmens zu verstehen (IAS 1.31). Ebenso verlangt IAS 1.112, dass im Anhang – neben der Angabe von Informationen über die Grundlagen der Aufstellung des Abschlusses, der spezifischen Rechnungslegungsmethoden und den nach einzelnen IFRS erforderlichen Informationen, die nicht in den anderen Abschlussbestandteilen ausgewiesen sind – Informationen, die für das Verständnis des Abschlusses relevant sind, bereitgestellt werden. Dazu können insb. auch Klimarisiken und sonstige Risiken mit ESG-Bezug gehören, die bereits im Rahmen der nichtfinanziellen Berichterstattung des Bilanzierenden ausführlich dargestellt sind, sofern diese für das Verständnis des Abschlusses relevant sind. Grundsätzlich gilt, dass auf nach dem Regelwerk der IFRS erforderliche Anhangangaben nicht aufgrund deren Darstellung in anderen Berichten des Bilanzierenden (z.B. der nichtfinanziellen Berichterstattung) verzichtet werden darf.

Es ist darauf zu achten, dass Informationen über ESG-bezogene Aspekte im IFRS-Abschluss konsistent zu den dargestellten Informationen im Lagebericht, in der nichtfinanziellen Erklärung, in den übrigen Teilen des Geschäftsberichts und ggf. auch im Prospekt des Bilanzierenden sind.[37]

<u>Frage 2:</u> Wenn sich bilanzpostenspezifisch bzw. entsprechend den Einzelstandards keine Angabepflichten ergeben, welche Angaben sind u.U. nach IAS 1 noch relevant?

Quellen von Schätzungsunsicherheiten

Wenn ein Bilanzierender Annahmen über die Zukunft trifft, die ein beträchtliches Risiko beinhalten, dass innerhalb des nächsten Geschäftsjahres eine wesentliche Anpassung der Buchwerte von Vermögenswerten und Schulden erforderlich werden kann, verlangt IAS 1.125 die Angabe von Informationen über diese Annahmen sowie die Art und den Buchwert dieser Vermögenswerte und Schulden. Demzufolge kann die Angabe von Annahmen über klimabezogene Sachverhalte erforderlich sein, wenn diese Sachverhalte zu Unsicherheiten führen und sich auf Annahmen auswirken, die zur Entwicklung von Schätzungen verwendet wurden, z.B. bei der Schätzung zukünftiger Zahlungsströme im Rahmen der Prüfung eines Vermögenswerts auf Werthaltigkeit nach IAS 36 oder bei der bestmöglichen Schätzung der Ausgaben für die Erfüllung einer Stilllegungsverpflichtung.[38]

[37] Vgl. *ESMA*, Public Statement, European common enforcement priorities for 2021 annual financial reports, 29.10.2021, p. 4 et seq.

[38] Vgl. *IASB*, Educational material, a.a.O., p. 2.

Ein weiteres typisches Beispiel für die Verwendung solcher mit Unsicherheit verbundenen Annahmen ist die Ermittlung der erwarteten Kreditverluste nach IFRS 9. Hier werden regelmäßig die wichtigsten zukunftsbezogenen Annahmen und die sonstigen am Stichtag vorhandenen wesentlichen Quellen der Schätzungsunsicherheiten im Anhang anzugeben sein. Budgetinformationen oder Prognosen müssen hingegen nicht angegeben werden (vgl. IAS 1.130 i.V.m. IAS 1.125). Beruht die Bewertung relevanter Kreditausfallrisiken mit wesentlichen Auswirkungen für die Buchwerte bspw. auf bestimmten Annahmen zu ESG-bezogenen Risiken wie z.B. den weiteren Verlauf politischer Maßnahmen und dahinter liegende Zeitachsen, sind diese Unsicherheiten angemessen darzustellen.

Die Bilanzierenden müssen diese Angaben generell in einer Art und Weise machen, die den Adressaten hilft, die Einschätzungen des Managements über die Zukunft zu verstehen. Art und Umfang der bereitgestellten Informationen können variieren; sie können bspw. enthalten: die Art der Annahmen, die Sensitivität der Buchwerte hinsichtlich der Methoden, Annahmen und Schätzungen, die der Berechnung zugrunde liegen, sowie die Gründe für die Sensitivität (vgl. IAS 1.129).

Signifikante Ermessensentscheidungen

Darüber hinaus verlangt IAS 1 auch die Angabe der Ermessensentscheidungen (mit Ausnahme solcher, bei denen Schätzungen einfließen), die das Management vorgenommen hat und die die Beträge, die im Abschluss ausgewiesen werden, am signifikantesten beeinflussen (vgl. IAS 1.122).

Beispiel

Ein Bilanzierender, der in einer Branche tätig ist, die besonders von ESG-bezogenen Themen betroffen ist, überprüft einen Vermögenswert auf Wertminderung nach IAS 36, woraus sich aber keine Erfassung eines Wertminderungsaufwands ergeben hat. Der Bilanzierende wäre dann bspw. verpflichtet, die getroffenen Ermessensentscheidungen z.B. bei der Identifizierung der zahlungsmittelgenerierenden Einheit des Vermögenswerts anzugeben, wenn diese Ermessensentscheidungen zu denjenigen gehören, die den signifikantesten Effekt auf die im Abschluss erfassten Beträge haben.[39]

[39] Vgl. *IASB*, Educational material, a.a.O., p. 2.

Frage 3: Wie könnten ESG-bezogene Informationen – die sich sowohl aus bilanzpostenspezifischen Vorschriften als auch aus den allgemeinen Angabepflichten nach IAS 1 ergeben können – übersichtlich im IFRS-Abschluss dargestellt werden?

Um Investoren den Zugang zu Informationen über wesentliche ESG-bezogene Sachverhalte zu erleichtern, empfiehlt bspw. die ESMA, alle Informationen, die nach den IFRS über klimabezogene Sachverhalte anzugeben sind, in einen separaten Abschnitt im Anhang aufzunehmen *(single note)* oder alternativ einen zusätzlichen Überblick über die im Anhang dargestellten klimabezogenen Sachverhalte anzugeben *(mapping)*. Die Angaben sollen auf die spezifischen Umstände der Bilanzierenden zugeschnitten sein.[40]

5.3.7.3 Ausgewählte Angabepflichten einzelner IFRS

Frage 1: Welche Angabepflichten sind bei einer Änderung der Nutzungsdauer eines (immateriellen) Vermögenswerts infolge der mindestens einmal jährlich vorzunehmenden Neueinschätzung zu beachten?

Eine durch das Management vorgenommene Neueinschätzung der Nutzungsdauer und/oder des Restwerts ist hinsichtlich Art und Betrag im Anhang anzugeben. Diese Angabepflicht erstreckt sich sowohl auf Änderungen in der laufenden Periode als auch auf Änderungen, die sich erst in künftigen Perioden auswirken (vgl. IAS 16.73, IAS 16.76 sowie IAS 38.118, IAS 38.121 i.V.m. IAS 8.39).

Bei Vorliegen wesentlicher ESG-bezogener Risiken sind die geschätzten Werte zur Nutzungsdauer und zum Restwert aller Voraussicht nach mit erhöhten Schätzungsunsicherheiten verbunden. Besteht ein bedeutsames Risiko, dass sich die Buchwerte von Vermögenswerten im nächsten Geschäftsjahr wesentlich ändern, führt dies zu folgenden Angabepflichten:

- Angabe der wichtigsten zukunftsbezogenen Annahmen, die zur Bestimmung der Nutzungsdauer und/oder des Restwerts getroffen wurden (inkl. der am Abschlussstichtag bestehenden wesentlichen Quellen von Schätzungsunsicherheiten); und
- Angabe von Art und Buchwert der betroffenen Vermögenswerte am Abschlussstichtag (vgl. IAS 1.125).

Der Bilanzierende macht die nach IAS 1.125 vorgeschriebenen Angaben auf eine Weise, die es den Adressaten erleichtert, die Ermessensausübung des Managements bezüglich der Zukunft und anderer wesentlicher Quellen von Schätzungsunsicherheiten zu verstehen. Die Art und der Umfang der gemachten Angaben hängen von der Art der Annahmen sowie anderen Umständen ab (vgl. IAS 1.129).

40 Vgl. *ESMA*, Public Statement, a.a.O., p. 5.

Frage 2: Welche Anhangangaben sind im Zusammenhang mit der Werthaltigkeitsprüfung nach IAS 36 zu beachten?

IAS 36 erfordert Angaben zu Ereignissen und Umständen, die zur Erfassung von Wertminderungsaufwendungen geführt haben (vgl. IAS 36.130(a)). So würde bspw. eine Angabepflicht ausgelöst werden, wenn die Einführung klimabezogener Vorschriften so starke Auswirkungen auf die Kosten der Produktion hätte, dass dies zu entsprechenden Wertminderungsaufwendungen führt.

Sofern klimabezogene Faktoren erhebliche Auswirkungen auf die Geschäftstätigkeit entfalten, kann es u.U. erforderlich sein, den Einfluss dieser Faktoren auf die Ermittlung des erzielbaren Betrags anzugeben. Dabei sind im Kontext der Werthaltigkeitsprüfung des Geschäfts- oder Firmenwerts bzw. immaterieller Vermögenswerte mit unbestimmter Nutzungsdauer nach IAS 36 einerseits die wesentlichen Annahmen zu beschreiben, die zur Ermittlung des erzielbaren Betrags herangezogen wurden (vgl. IAS 36.134(d)(i) bzw. IAS 36.134(e)(i)). Andererseits hat eine Beschreibung des Managementansatzes zur Bestimmung der (des) zu jeder wesentlichen Annahme zugewiesenen Werte(s) zu erfolgen (vgl. IAS 36.134(d)(ii) bzw. IAS 36.134(e)(ii)). Zusätzlich ist anzugeben, wenn eine für möglich gehaltene Änderung einer wesentlichen Annahme verursachen würde, dass der Buchwert der zahlungsmittelgenerierenden Einheit deren erzielbaren Betrag übersteigen würde (vgl. IAS 36.134(f)). Sensitivitätsangaben erfolgen regelmäßig für Annahmen zum Abzinsungssatz und zur Wachstumsrate. Aber auch für andere Annahmen können Sensitivitätsangaben erforderlich sein, z.B. soweit diese von erhöhten Unsicherheiten im Hinblick auf die Auswirkungen des Klimawandels betroffen sind.

Bei der Durchführung von Wertminderungstests für andere Vermögenswerte als dem Geschäfts- oder Firmenwert oder den immateriellen Vermögenswerten mit unbestimmter Nutzungsdauer, wird die Angabe der wesentlichen, zur Ermittlung des erzielbaren Betrags verwendeten Annahmen empfohlen, indes nicht vorgeschrieben (vgl. IAS 36.132). Eine Pflicht zur Angabe kann sich dennoch ergeben, wenn es für das Verständnis der Vermögens-, Finanz- und Ertragslage des Unternehmens durch die Abschlussadressaten erforderlich ist (z.B., wenn ein Unternehmen in einer Branche tätig ist, die besonders sensibel auf klimabezogene Faktoren reagiert) (vgl. IAS 1.17(c), .31).

Zudem besteht eine Pflicht zur Angabe der wesentlichen Annahmen, die der Schätzung der künftigen Zahlungsströme zugrunde liegen, und zur Angabe der wesentlichen Quellen von Schätzungsunsicherheiten, durch die ein beträchtliches Risiko besteht, dass innerhalb des nächsten Geschäftsjahres eine wesentliche Anpassung der Buchwerte der Vermögenswerte oder der ZGE erforderlich wird (dies könnte nach den Umständen des Einzelfalls z.B. bei Annahmen in Bezug auf die Auswirkungen unsicherer Änderungen der klimabezogenen Vorschriften auf die künftigen Zahlungsströme einschlägig sein) (vgl. IAS 1.125). Dies erstreckt sich auch auf Angaben hinsichtlich für möglich gehaltener Änderungen der Annahmen (z.B. Sensitivitätsangaben) (vgl. IAS 1.129).

Ferner hat ein Unternehmen Angaben zu Ermessensentscheidungen (mit Ausnahme solcher, bei denen Schätzungen einfließen) zu machen, welche die im Abschluss ausgewiesenen Beträge wesentlich beeinflussen können (z.B., ob es sich bei den aufgrund des Klimawandels anfallenden Investitionsausgaben eher um Instandhaltungs- oder Verbesserungsmaßnahmen handelt) (vgl. IAS 1.122 f.).

5.4 Green and more: Klimaberichterstattung nach ISSB und EFRAG

Von WPin StBin Nina Schäfer und Dr. Martin W. Schönberger[1]

Der Kampf gegen den Klimawandel hält auch Einzug in die Unternehmensberichterstattung. Eine ambitionierte Klimaberichterstattung haben sich sowohl die EFRAG als auch der ISSB auf ihre Fahnen geschrieben. Ihre nun vorgelegten Standardentwürfe wecken jedoch Sorgen über Doppelarbeiten für Ersteller und mangelnde Vergleichbarkeit für Berichtsadressaten. Im vorliegenden Beitrag geht es um die wesentlichen Unterschiede, aber auch Gemeinsamkeiten der Standardentwürfe für die künftige Klimaberichterstattung.

5.4.1 Klimaberichterstattung im Fokus der Standardsetzer

Der Kampf gegen den Klimawandel ist eine Priorität auf europäischer und globaler Ebene. Auch die Anpassung an die Folgen des Klimawandels rückt immer mehr in den Fokus; die Notwendigkeit dafür haben die letzten IPCC-Berichte eindrucksvoll gezeigt.[2] Dieser Fokus macht auch vor der Unternehmensberichterstattung nicht Halt – schließlich wollen Investoren und weitere Stakeholder-Gruppen wissen, welchen Beitrag Unternehmen leisten und wie resilient deren Geschäftsmodelle gegenüber dem Klimawandel sind.

Vor diesem Hintergrund kam es jüngst zu zwei wegweisenden Veröffentlichungen für die Zukunft der Unternehmensberichterstattung:[3] Zunächst stellte der International Sustainability Standards Board (ISSB) im März 2022 die ersten beiden Entwürfe (Exposure Drafts – ED) zu globalen Standards für die Nachhaltigkeitsberichterstattung zur Diskussion.[4] Neben dem ED zu IFRS S1, der die allgemeinen Anforderungen an die Berichterstattung über nachhaltigkeitsbezogene Finanzinformationen festlegt, werden im ED zu IFRS S2 die Angaben zu klimabezogenen Risiken und Chancen konkretisiert.

Sodann legte die EFRAG Ende April 2022 die insgesamt 13 von ihrer Project Task Force on European Sustainability Reporting Standards (PTF-ESRS) erarbeiteten ED zu den künftigen Standards für die Nachhaltigkeitsberichterstattung in der EU vor.[5] Darunter enthält ED ESRS E1 die klimaspezifischen Berichtsanforderungen; er ist im Zusammenhang mit den beiden themenübergreifenden Standards ED ESRS 1 und ED ESRS 2 zu lesen.

1 Die Autoren geben ihre persönliche Auffassung wieder.

2 Berichte der Arbeitsgruppen II und III des IPCC (Intergovernmental Panel on Climate Change) vom 27.02.2022 bzw. 04.04.2022: www.ipcc.ch (Impacts, Adaptation and Vulnerability) und www.ipcc.ch (Mitigation of Climate Change) (Abruf: jeweils am 20.06.2022).

3 Zu erwähnen sind auch die im März 2022 veröffentlichten Vorschläge der SEC für eine erweiterte, standardisierte Klimaberichterstattung (www.sec.gov; Abruf: 20.06.2022).

4 Siehe ISSB vom 31.03.2022 (www.ifrs.org; Abruf: 20.06.2022).

5 Siehe EFRAG vom 30.04.2022 (www.efrag.org; Abruf: 20.06.2022).

5.4.2 Rechtliche Rahmenbedingungen

Die geplanten Standards des ISSB sind nicht verpflichtend anzuwenden – es sei denn, sie werden vom deutschen oder europäischen Gesetzgeber als verpflichtend anzuwendendes Rahmenwerk übernommen. Davon ist derzeit nicht auszugehen, sieht doch die von der EU-Kommission vorgeschlagene Corporate Sustainability Reporting Directive (CSRD)[6] die Entwicklung von verpflichtend anzuwendenden europäischen Berichtsstandards vor, und zwar die eingangs erwähnten ESRS. Ob und unter welchen Voraussetzungen die ISSB-Standards anstelle der ESRS angewendet werden dürfen, ist derzeit noch offen.

Die Nachhaltigkeitsberichterstattung nach den ESRS soll Pflichtbestandteil des (Konzern-)Lageberichts werden und einer Pflicht zur inhaltlichen Prüfung unterliegen.[7] Der ISSB legt entsprechend seinem Verständnis als reiner Standardsetzer lediglich fest, dass die Informationen als Teil der allgemeinen Finanzberichterstattung zu veröffentlichen sind. Die Frage der Anwendungspflicht oder einer externen Prüfung bleibt dagegen – wie bei den IFRS – den nationalen Gesetzgebern überlassen.

Doch abgesehen von den rechtlichen Rahmenbedingungen ist für viele Unternehmen entscheidend, dass der ISSB den Anspruch erhebt, die künftigen globalen Mindeststandards (Global Baseline) zu entwickeln, nach denen sich Investoren und andere Stakeholder-Gruppen richten werden. Viele europäische Unternehmen werden sich somit damit auseinandersetzen, ob sie ihre Klimaberichterstattung nach beiden Standards vornehmen. Denn die beiden Vorschläge haben neben wesentlichen Gemeinsamkeiten auch spezifische Anforderungen, die zu Unterschieden in der Berichterstattung führen.

5.4.3 Der Teufel steckt im Detail

Der erste offensichtliche Unterschied betrifft das von den beiden Standardsetzern verfolgte Wesentlichkeitskonzept. Während die ISSB-Standardentwürfe auf der sogenannten Financial Materiality (Auswirkungen auf den Unternehmenswert) aufbauen, verfolgen die ESRS entsprechend dem CSRD-Vorschlag das Konzept der sogenannten doppelten Wesentlichkeit ((1) Auswirkungen auf Mensch und Umwelt; (2) Auswirkungen auf das Unternehmen). Ob die tatsächlichen Unterschiede in der Praxis der Klimaberichterstattung aufgrund dieser Konzepte groß sein werden, darf u.E. bezweifelt werden, stehen doch der Klimawandel einschließlich des Beitrags der Unternehmen im Fokus vieler Investoren.

6 Am 21.06.2022 wurde im europäischen Trilog-Verfahren eine vorläufige politische Einigung erzielt (https://germany.representation.ec.europa.eu; Abruf: 24.06.2022); der endgültige Richtlinientext muss noch formell vom Rat der EU und vom Europäischen Parlament verabschiedet werden.

7 Siehe Art. 1 Abs. 3, Abs. 7 und Abs. 10 des Vorschlags der EU-Kommission vom 21.04.2021 (https://eur-lex.europa.eu; Abruf: 24.06.2022).

Der zweite offensichtliche Unterschied betrifft den Aufbau der Nachhaltigkeitsberichte. ED IFRS S2 hat die vier Berichtssäulen gemäß den Empfehlungen der Task Force on Climate-Related Financial Disclosures (TCFD)[8] übernommen (Governance, Strategie, Risikomanagement sowie Metriken und Ziele). ED ESRS E1 verfolgt zwar eine andere Struktur (Strategie, Umsetzung und Leistungsmessung), ist jedoch weitestgehend mit den TCFD-Empfehlungen kompatibel.

Wie so häufig steckt der Teufel im Detail. ED ESRS E1 ist deutlich präskriptiver und macht detaillierte Vorgaben, während ED IFRS S2 prinzipienbasierter ist und mehr Raum für eine am Management Approach orientierte Berichterstattung lässt. Die Vorgaben in ED ESRS E1 betreffen etwa die Granularität der Angaben und die Berichterstattung über Ziele für die Reduzierung von Treibhausgas-Emissionen (THG). Anders als ED IFRS S2, der „nur" eine genaue Beschreibung der Unternehmensziele vorsieht, verlangt ED ESRS E1 unter anderem die Angabe von mehrjährigen Zielen mit Zielwerten für das Jahr 2030 und ggf. das Jahr 2050 sowie die Angabe, ob diese Zielwerte im Einklang mit der Begrenzung der globalen Erderwärmung auf 1,5 Grad Celsius stehen. Die Klimaberichterstattung der Unternehmen soll sich an der umweltpolitischen Agenda der EU messen lassen (Stichwort „Green Deal" mit dem Ziel der Klimaneutralität in der EU bis zum Jahr 2050).

Ein weiteres zentrales Ziel der ESRS, das die ISSB-Standards so nicht kennen, ist es, die Informationsbedürfnisse von Finanzmarktteilnehmern unter Geltung der Offenlegungsverordnung[9] zu berücksichtigen. Einige spezifische Angabepflichten, etwa zum Energieverbrauch, lassen sich darauf zurückführen.

5.4.4 Einigkeit im Anspruch: neue Maßstäbe für die Klimaberichterstattung

Trotz aller Unterschiede weisen die beiden Standardentwürfe u.E. zentrale Gemeinsamkeiten auf. Ihnen ist vor allem gemein, dass sie ambitionierte neue Maßstäbe für die Klimaberichterstattung setzen, welche die bisherige Berichtspraxis massiv ausweiten werden. Angaben sind retrospektiv, zukunftsgerichtet und über die Wertschöpfungskette erforderlich. Zukunftsgerichtete Informationen erfordern Klima-Szenarioanalysen – diesen Maßstab setzen beide Standards (mit Unterschieden im Detail: So sieht ED ESRS E1 die Verwendung von Worst-Case-Szenarien für Anpassungsrisiken und eines 1,5-Grad-Celsius-Szenarios für Übergangsrisiken vor, wohingegen der ISSB keine spezifischen Szenarien vorschreibt). Auch wenn ein solches Vorgehen bislang schon von der TCFD empfohlen wird, so werden komplexe Analysen in der Praxis noch eher selten durchgeführt.

8 Siehe FSB vom 29.06.2017 (www.fsb.org; Abruf: 20.06.2022).
9 Verordnung (EU) 2019/2088 vom 27.11.2019, ABl. EU Nr. L 317/1 vom 09.12.2019.

Beide Vorschläge sehen zudem Angaben zu Scope-3-THG-Emissionen[10] vor: Nach ED IFRS S2 sind Unternehmen verpflichtet, diese Informationen offenzulegen. Weitere Leitlinien wie die Verwendung von Schwellenwerten oder eine Wesentlichkeitsbeurteilung werden von ED IFRS S2 nicht vorgegeben. ED ESRS E1 enthält dagegen explizite Leitlinien dazu, wie häufig ein Scope-3-Inventar erstellt (alle drei Jahre) und wie es offengelegt werden soll (nur wesentliche Kategorien von Scope-3-THG-Emissionen auf der Grundlage des Greenhouse Gas Protocol). Über Scope-3-THG-Emissionen wird bislang nur vereinzelt berichtet; deshalb stellt diese Angabe viele Unternehmen ungeachtet der unterschiedlichen Ansätze vor große Herausforderungen.

5.4.5 Fazit

Neue Angabepflichten mit dem Ziel, die Auswirkungen des Klimawandels auf die Unternehmen und den Beitrag der Unternehmen zum Klimawandel in deren Berichterstattung adäquat abzubilden, sind grundsätzlich zu befürworten. Entsprechende Wertschätzung verdienen die PTF-ESRS der EFRAG und der ISSB für den Aufwand, in kurzer Zeit Vorschläge für derart umfassende Klimaberichtsstandards entwickelt zu haben. Dennoch weckt der Blick auf konzeptionelle Unterschiede in den Standards Sorgen, und zwar bezüglich einer Dopplung des Aufwands und einer mangelnden Vergleichbarkeit, auch wenn viele Unterschiede grundsätzlich überleitbar sein sollten. Auch die Aussicht, diesen Aufwand mit fortschreitender Automatisierung (Stichwort: digitales Berichtsformat und Tagging) verringern zu können, ist für die aktuelle Berichtspraxis nur ein schwacher Trost, zumal beide Entwürfe die Komplexität der Berichterstattung deutlich erhöhen werden.

Das Ziel der (europäischen) Regulierung sollte vielmehr sein, auf der Basis von global einheitlichen Mindeststandards unterschiedlichen Ambitionsniveaus durch zusätzliche Berichterstattungspflichten Rechnung zu tragen. Es liegt in den Händen beider Standardsetzer, eine solche Global Baseline mit einheitlichen Definitionen und Methoden zu schaffen. Dies ist umso wichtiger, als die Klimaberichterstattung erst der Anfang ist. Die EFRAG hat zu einer Vielzahl an weiteren ESG-Themen bereits ambitionierte Entwürfe vorgelegt. Ohne einheitliche Basis für die Nachhaltigkeitsberichterstattung wird es zu immer komplexeren Überleitungen kommen. Die Berichterstattung sollte Adressaten einen konsistenten und vergleichbaren Einblick in die Geschäftsmodelle der Unternehmen gewähren. Nur so können Unternehmen über ihren Weg der Transformation zu einem klimaresilienten Geschäftsmodell glaubwürdig berichten.

Angesichts des engen Zeitplans, des großen Drucks auf die Standardsetzer und der umfangreichen Vorarbeiten bestehen allerdings erhebliche Zweifel, ob es kurzfristig zu

[10] THG-Emissionen, die sowohl beim Lieferanten in der Produktion als auch auf dem Transportweg vom Lieferanten zum Unternehmen und von dort zum Kunden anfallen.

einem Konsens kommen wird. Die EFRAG soll bereits Mitte November 2022 die aus ihrer Sicht finalen Standardentwürfe der EU-Kommission übergeben. Angesichts dieser Mammutaufgabe und unter Berücksichtigung des zu erwartenden umfangreichen Feedbacks zu den Entwürfen erscheint es unwahrscheinlich, dass diese noch grundlegend überarbeitet werden. Umso wichtiger ist es für die Unternehmen, sich mit beiden Regulierungsvorhaben auseinanderzusetzen.

(Quelle: Die Wirtschaftsprüfung, Heft 14/2022, Seite 798 ff. (Reihe „Green and more“))

5.5 Green and more: Zur Relevanz der SASB-Standards für deutsche Unternehmen

Von StB Dr. Matthias Schmidt, Düsseldorf

Durch Larry Finks jährlichen Brief haben die SASB-Standards erheblich an Aufmerksamkeit gewonnen. Die Relevanz für deutsche Unternehmen wird u.a. durch die Berichtspraxis der Wettbewerber, die Investorenbasis und die EU-Entwicklungen geprägt.

5.5.1 Blackrock fordert Berichterstattung nach SASB-Standards

Larry Fink ist Gründer und CEO von Blackrock, des größten unabhängigen Vermögensverwalters der Welt, der für viele deutsche Unternehmen ein wichtiger, wenn nicht sogar der größte Anteilseigner ist. In seinen jährlichen Briefen an die Vorstandsvorsitzenden der größten börsennotierten Unternehmen der Welt formuliert Fink die Erwartungen seiner Fondsgesellschaft. Unternehmerische Nachhaltigkeit und die Erfüllung von Stakeholder-Erwartungen stehen dabei regelmäßig im Mittelpunkt. Die Briefe erzeugen ein erhebliches mediales Echo und gehören zur Pflichtlektüre von Vorständen und Aufsichtsräten sowie Vertretern aus Investor-Relations- und Nachhaltigkeitsabteilungen. Im Jahr 2019 wurden die Vorwürfe lauter, dass Larry Finks Briefe Lippenbekenntnisse seien, in der Nähe zum Greenwashing:[1] Angesichts von Blackrocks überwiegend passivem Investment-Ansatz habe die (Nicht-)Erfüllung seiner öffentlichkeitswirksam geäußerten Erwartungen durch die angesprochenen Unternehmen keinen Einfluss auf die Anlageentscheidungen seines Hauses. Blackrocks große Einflussmöglichkeiten würden sich zumindest nicht öffentlichkeitswirksam in Mitwirkung, vor allem durch Redebeiträge und Abstimmverhalten auf Hauptversammlungen, niederschlagen: Als Grund wird vermutet, dass die geringen Margen im ETF-Fondsgeschäft nicht durch große Governance-Teams verringert werden sollen.

Auf diese Kritik scheint Larry Fink in seinem diesjährigen Schreiben reagiert zu haben:[2] Nicht nur hat er angekündigt, Nachhaltigkeit künftig in Blackrocks Mainstream-Investment-Ansatz als maßgeblichen Faktor zu implementieren. Zusätzlich hat er angekündigt, von „seinen" Anlagezielen – also den Unternehmen – künftig eine Berichterstattung nach den Empfehlungen der Task Force on Climate-related Financial Disclosures (TCFD) und den Standards des Sustainable Accounting Standards Board (SASB) einzufordern. Auch Blackrock selbst werde nach diesen Vorgaben berichten.

---

1 Vgl. Mooney/Nauman, Climate activists turn their fire on Wall Street, FT vom 21.02.2020, S. 12; Tett, Battles over green investment heat up, FT vom 06.12.2019, S. 11.

2 Vgl. www.blackrock.com (Abruf: 19.05.2020).

5.5.2 Überblick: SASB-Standards

Während die TCFD-Empfehlungen mittlerweile durchaus bekannt sind und in der Praxis angewendet werden,[3] sind die SASB-Standards in Deutschland vergleichsweise unbekannt. Der SASB (eine US-Organisation) wurde im Jahr 2011 gegründet und seine ursprüngliche Zielsetzung war, dass US-börsennotierte Unternehmen zur Berichterstattung nach SASB-Standards verpflichtet werden sollen. Seine Ausrichtung war also vor allem auf den US-Kapitalmarkt fokussiert, eine globale Ausrichtung – wie bei IASB, IIRC, TCFD oder GRI – wurde grundsätzlich nicht verfolgt. Dennoch war die Arbeit des SASB von Beginn an auch für deutsche Unternehmen relevant, sei es wegen der Vergleichbarkeit ihrer integrierten Nachhaltigkeitsberichterstattung mit der von US-Wettbewerbern, wegen entsprechender Erwartungen einflussreicher US-Investoren (die ihren Niederschlag in den Erhebungen US-basierter Datenbanken für Unternehmensinformationen finden) oder aufgrund eigener Börsennotierung in USA.

Mittlerweile liegen SASB-Standards für 77 Branchen aus elf übergeordneten Sektoren vor, die in einem robusten Due Process entwickelt wurden. Sie decken je nach Branchenrelevanz grundsätzlich die Themen Umwelt, Governance, Geschäftsmodell und Innovation sowie Humankapital ab, die wiederum in weitere Aspekte gegliedert werden. Der Standard für die Chemiebranche umfasst beispielsweise die folgenden Aspekte, zu denen konkrete Berichtsvorgaben genannt werden: Treibhausgasemissionen, Luftqualität, Energie, Wasser und Abwasser, Abfall, Produktlebenszyklus, Arbeitnehmersicherheit, Menschenrechte, Compliance und Risikomanagement. Die jeweiligen Standards umfassen durchschnittlich Anforderungen zu 13 (ganz überwiegend quantitativen) Berichtselementen aus sechs Aspekten. Die sich daraus ergebende Berichterstattung soll den von Investoren gewünschten Branchenvergleich ermöglichen.

Die aus der Branchenfokussierung resultierende vergleichsweise einfache Umsetzbarkeit der SASB-Standards ist grundsätzlich ein Vorteil gegenüber branchenunabhängigen Standards, etwa denen der GRI: Während die SASB-Vorgaben pro Branche zunächst auf ein bis zwei Seiten tabellarisch zusammengefasst und mit rund 40 Seiten Hintergrund-Informationen aufbereitet werden, müssen bei den GRI-Standards mehrere hundert Seiten von Vorgaben durchgearbeitet werden, um im Rahmen einer Wesentlichkeitsanalyse die relevanten Themen und Einzel-Standards zu identifizieren.

Demgegenüber können branchenspezifische Standards dazu verleiten, wie eine Checkliste durchgearbeitet zu werden. Vollständigkeit und Wesentlichkeit der Berichterstattung wären dann gefährdet. Ferner sind Unternehmen häufig in mehreren Branchen tätig, sodass segmentspezifisch unterschiedliche SASB-Standards einschlägig sind: Probleme

[3] Siehe die Aufnahme in die Non-Binding Guidelines zur CSR-Richtlinie, die Auswertungen der EFRAG Project Task Force on Climate-related Disclosures und das BaFin-Merkblatt zum Umgang mit Nachhaltigkeitsrisiken.

ergeben sich dann, wenn die aggregierte Konzernsicht vermittelt werden soll. Hier liegt möglicherweise ein Vorteil branchenunabhängiger Vorgaben, etwa der GRI-Standards.

Zur ursprünglich beabsichtigen Berichtspflicht für US-börsennotierte Unternehmen nach den SASB-Standards ist es (bislang) nicht gekommen. Laut SASB-Website wenden weltweit derzeit 175 Unternehmen die Standards freiwillig in ihrer Berichterstattung an. Aus Deutschland ist die Deutsche Post vertreten,[4] der überwiegende Teil kommt aber aus den USA.

5.5.3 Relevanz für deutsche Unternehmen

Dies bedeutet jedoch nicht, dass die SASB-Standards für deutsche Unternehmen irrelevant sind. Die Standards geben einen guten Überblick, welche Belange für ein Unternehmen relevant sein können: Vorstände, Aufsichtsräte und Vertreter von Finance-Abteilungen können regelmäßig mit dem generischen Drei-Säulen-Modell der Nachhaltigkeit (Ökologie, Soziales, Ökonomie) wenig anfangen, die branchenbezogene SASB-Perspektive erscheint ihnen nachvollziehbarer. Deutsche Unternehmen werden sich vor allem vor dem Hintergrund der nichtfinanziellen Berichterstattung nach §§ 289bff. und §§ 315bf. HGB mit verschiedenen Rahmenkonzepten für die nichtfinanzielle Berichterstattung auseinandersetzen. Es kann davon ausgegangen werden, dass die SASB-Standards angemessene Kriterien für die Aufstellung und Prüfung von nichtfinanziellen Berichten enthalten und insofern als Rahmenwerk i.S. von § 289d Abs. 1 Satz 1 HGB verwendet werden können. Es wäre nicht zwingend, einen SASB-Standard vollumfänglich anzuwenden, sondern nur soweit dies aufgrund der handelsrechtlichen Vorgaben erforderlich ist (DRS 20.296 und .B92). Allerdings wäre dann anzugeben, wieweit den SASB-Vorgaben gefolgt wurde (DRS 20.298). Zu beachten ist auch, dass die SASB-Standards ganz überwiegend auf wirtschaftlich („financial") relevante nachhaltigkeitsbezogene Sachverhalte zur Berichterstattung an Investoren abstellen, während in der nichtfinanziellen Erklärung auch die Wesentlichkeit der Auswirkungen zu beachten ist und von einem weiter gefassten Adressatenkreis ausgegangen werden kann (§ 289c Abs. 3 Satz 1 HGB). Die Erfüllung der SASB-Vorgaben führt also nicht „automatisch" zur Erfüllung der handelsrechtlichen Berichtspflichten, ggf. wären ergänzende Angaben erforderlich.

Die SASB-Standards sind geeignet, einen guten Überblick über aus Investorensicht potenziell wesentliche Nachhaltigkeitsthemen zu liefern. Sie eignen sich so als Grundlage für das Nachhaltigkeitsmanagement und als Orientierung für die Aufstellung der nichtfinanziellen Erklärung. Für die Frage, ob eine Berichterstattung „in Übereinstimmung" mit den Vorgaben des SASB angestrebt werden sollte, empfiehlt sich ein Abgleich mit der Berichterstattung vergleichbarer Unternehmen unter Berücksichtigung der eigenen Investorenbasis. Die Entscheidung ist im Zeitablauf zu hinterfragen, da von einer zu-

4 Vgl. www.sasb.org (Abruf: 19.05.2020).

nehmenden Bedeutung der SASB-Standards auszugehen ist: Im Rahmen der Befassung mit European non-financial reporting standards werden grundlegende Fragestellungen (branchenspezifische versus branchenübergreifende Vorgaben; Adressaten: Investoren oder weiter gefasster Stakeholder-Kreis) eine Rolle spielen. Die etwaige Ausarbeitung konkreter Standards wird auf den Vorgaben von GRI, TCFD, IIRC und der Sustainable-Finance-Taxonomy-Berichterstattung und den SASB-Standards aufbauen. Denkbar ist aber auch, dass konkrete European non-financial reporting standards mittelfristig zu einem Bedeutungsverlust der genannten Vorgaben führen. Aus Larry Finks Brief sollte vor allem mitgenommen werden, dass institutionelle Investoren Nachhaltigkeit zunehmend in ihren Mainstream-Ansatz aufnehmen und eigene diesbezügliche Berichtspflichten erfüllen müssen: Hierfür sind sie auf hochwertige Informationen „ihrer" Unternehmen angewiesen und werden solche zunehmend einfordern!

(Quelle: Die Wirtschaftsprüfung, Heft 12/2020, Seite 685 ff. (Reihe „Green and more"))

5.6 Green and more: Does materiality matter? Was wirklich zählt

Von WPin Yvonne Meyer und WP Hans-Georg Welz

Wesentlichkeit in der nichtfinanziellen Berichterstattung – und was sich künftig ändert

In der gesetzlich verpflichtenden Nachhaltigkeitsberichterstattung definiert sich die Wesentlichkeit einer Berichterstattungspflicht über die Auswirkung auf die wirtschaftliche Lage eines Unternehmens. Im aktuellen CSR-Richtlinienentwurf der EU wird der Wesentlichkeitsbegriff erweitert. Künftig ist die Wesentlichkeit ökologischer und sozialer Auswirkungen der Geschäftstätigkeit unabhängig von finanziellen Kriterien zu beurteilen.

5.6.1 Ausgangslage

Worüber Unternehmen in ihrer finanziellen Berichterstattung inhaltlich Rechenschaft ablegen müssen und über welche Chancen und Risiken sie zu berichten haben, ist überwiegend klar definiert: Was in Bilanz, GuV und Anhang steht, ist gesetzlich geregelt, seit langem eingeübt und daher auch in aller Regel gut vergleichbar. Auch für den (Konzern-) Lagebericht gelten gesetzliche Mindestanforderungen hinsichtlich der Inhalte, die durch DRS 20 hinreichend konkretisiert werden. Anders im Bereich der gesetzlich geforderten nichtfinanziellen Erklärung: Hier sind die Ermessensspielräume ungleich größer, beginnend mit der Festlegung der Inhalte.

5.6.2 Unterschiedliche Definitionen von Wesentlichkeit

Mit Hilfe einer Wesentlichkeitsanalyse ist zu ermitteln, welche Aspekte in Bezug auf Umwelt, Soziales und Unternehmensführung entscheidungsrelevant für Adressaten und somit zu berichten sind. Das können selbst bei Unternehmen innerhalb einer Branche unterschiedliche Aspekte sein. Unternehmen haben dabei ihre gesamte Wertschöpfungskette zu berücksichtigen, also sowohl die vorgelagerte als auch die nachgelagerte Lieferkette. Der Ermessensspielraum beginnt bereits bei der Durchführung der Analyse. Die Bandbreite reicht hier von eher pragmatischen Ansätzen in Form von internen Workshops bis hin zu aufwändigen Projekten unter aktiver Einbeziehung der verschiedenen Stakeholder des Unternehmens (ggf. mit Hilfe externer Berater).

Das Vorgehen bei der Wesentlichkeitsanalyse im Rahmen der nichtfinanziellen Berichterstattung hängt von den zugrunde liegenden Berichtsanforderungen ab. Freiwillige Nachhaltigkeitsberichte werden oft nach den Vorgaben der GRI erstellt. Demnach sind jene Themen wesentlich, bei denen das Unternehmen hohe ökonomische, ökologische oder soziale Auswirkungen auf seine Umwelt hat („Impact-Betrachtung“) oder die einen großen Einfluss auf Einschätzungen und Entscheidungen der Stakeholder bezüglich der wirtschaftlichen Lage des Unternehmens haben. In einer Zwei-Achsen-Darstellung fallen damit Themen unter die Berichtspflicht, die sich auf der y-Achse oben befinden, ebenso wie Themen, die sich auf der x-Achse rechts befinden.

Für die gesetzlich geforderte nichtfinanzielle Erklärung bestimmt § 289c Abs. 3 HGB eine andere Definition der Wesentlichkeit: Vorgegeben wird ein Mindestkatalog an berichtspflichtigen Aspekten, z.B. „Arbeitnehmerbelange“ oder „Umweltbelange“. Die tatsächliche Berichtspflicht hängt aber davon ab, ob die Angaben „für das Verständnis des Geschäftsverlaufs, des Geschäftsergebnisses, der Lage der Kapitalgesellschaft sowie der Auswirkungen ihrer Tätigkeit auf die (...) Aspekte erforderlich sind“. In der Zwei-Achsen-Darstellung wird also nur über die Themen berichtet, die sich oben *und* rechts befinden.

Dieser handelsrechtliche „doppelte Wesentlichkeitsvorbehalt“ hat etwa zur Folge, dass ein Unternehmen dann *nicht* über den Aspekt „Arbeitnehmerbelange“ oder „Umweltbelange“ berichten muss, wenn die Angabe nicht wesentlich für den Geschäftsverlauf *oder* nicht wesentlich im Hinblick auf die Auswirkungen auf die Aspekte ist. Wenn also ein Unternehmen in einem Land in hohem Maße die Umwelt verschmutzt, dies dort aber rechtlich zulässig ist, so dass keine Strafzahlungen oder Ähnliches zu erwarten sind, ergibt sich daraus keine Berichtspflicht. Genauso verhält es sich beim Aspekt „Achtung der Menschenrechte“ im Hinblick auf den Einsatz von Kinder- oder Zwangsarbeit – sofern das Unternehmen in Übereinstimmung mit lokalen Gesetzen agiert und das Thema für das Verständnis des Geschäftsverlaufs daher (zunächst) nicht relevant ist.

Eine verpflichtende Berichterstattung „durch die Hintertür“ ergibt sich in solchen Fällen nur über das Argument der Reputationsrisiken: Sollte in dem Land, in dem das Unternehmen seinen Hauptsitz hat, kritisch etwa über Umweltschädigungen oder Menschenrechtsverletzungen berichtet werden, könnten der sich daraus ergebende Reputationsschaden und mögliche Boykottaktionen zu einem finanziellen Schaden für das Unternehmen führen. Dieses Szenario zeigt, dass die dabei zu treffenden Entscheidungen in erheblichem Maße ermessensbehaftet sind, was eine objektive Betrachtung erschwert.

5.6.3 Neue Vorgaben im Richtlinienentwurf der EU

Durch den im April 2021 von der EU-Kommission vorgelegten Richtlinienentwurf für eine überarbeitete Nachhaltigkeitsberichterstattung (Corporate Sustainability Reporting Directive – CSRD bzw. „CSR-RL n.F.“)[1] soll der handelsrechtliche „doppelte Wesentlichkeitsvorbehalt“ durch das Konzept der „doppelten Wesentlichkeit“ ersetzt werden. Über

1 Proposal for a Directive [...] as regards corporate sustainability reporting, COM(2021) 189 final, 21.04.2021 (https://eur-lex.europa.eu; Abruf: 16.06.2021); vgl. dazu Velte, WPg 2021, S. 613; Lanfermann/Schwedler/Schmotz, WPg 2021, S. 762.

alle Themen, die entweder aus Sicht des Unternehmens (outside-in) *oder* aus einer Impact-Betrachtung seiner Geschäftstätigkeit (inside-out) wesentlich sind, sollen künftig berichtet werden. Künftig ist über das Risiko einer Umweltschädigung also auch dann zu berichten, wenn es sich nicht (un-)mittelbar auf die wirtschaftliche Lage eines Unternehmens auswirkt (siehe Übersicht 1[2]).

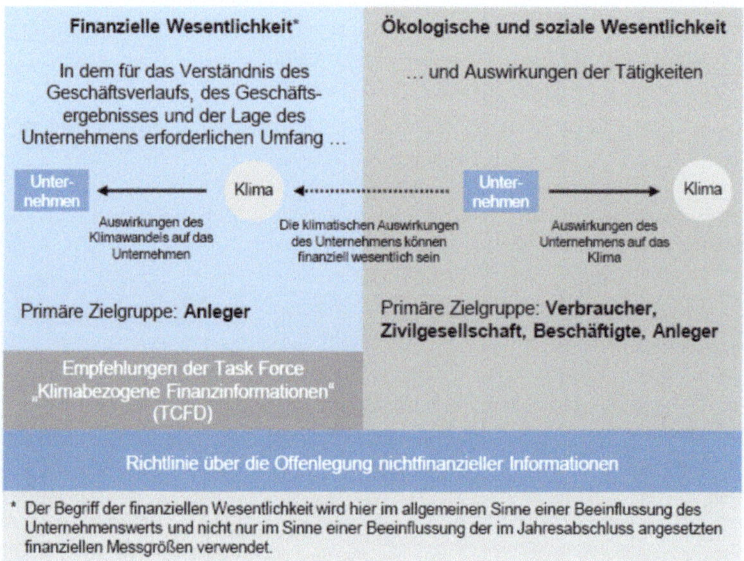

Übersicht 1 » Doppelte Wesentlichkeitsperspektive im Kontext der Angabe klimabezogener Informationen

Somit ist künftig bei Wesentlichkeitsüberlegungen sowohl die „Inside-out"- als auch die „Outside-in"-Perspektive einzunehmen. Neben dieser grundlegenden inhaltlichen Erweiterung wird sich auch die Methodik der Wesentlichkeitsanalyse ändern. Konkretere Vorgaben zur Identifizierung der zu berichtenden Themen wird es voraussichtlich auch im Rahmen einer EU-Standardsetzung geben. Im Mai 2021 wurde die EFRAG von der EU-Kommission beauftragt, bis zum 15.06.2022 sogenannte Kernstandards zur Nachhaltigkeitsberichterstattung zu entwickeln.

Da dieser EU-Berichtsstandard – anders als eine EU-Richtlinie – nicht mehr in nationales Recht umgesetzt werden muss, sondern als delegierter Rechtsakt direkt in allen Mit-

2 In enger Anlehnung an die Mitteilung der EU-Kommission, Leitlinien für die Berichterstattung über nichtfinanzielle Informationen: Nachtrag zur klimabezogenen Berichterstattung (2019/C 209/01), ABl. EU Nr. C 209/5 vom 20.06.2019.

gliedstaaten gilt, wird sich die Wesentlichkeitsanalyse künftig EU-weit an einheitlichen und damit vergleichbaren Maßstäben ausrichten.

Neben den Vorgaben, wie Unternehmen wesentliche Themen zu ermitteln haben, werden zunehmend auch berichtspflichtige Angaben EU-weit verbindlich konkretisiert. Die Relevanz bestimmter nachhaltigkeitsbezogener Angaben wird damit für alle Unternehmen einheitlich festgelegt.

Die EU-Kommission geht bei der Festlegung dieser konkreten Angabepflichten von der Entscheidungsrelevanz der Angaben für die Adressaten aus. So wurde mit der EU-Taxonomie-Verordnung die Berichtspflicht in der nichtfinanziellen Erklärung verbindlich erweitert. Für das Geschäftsjahr 2021 sind dort

- der Anteil der Umsatzerlöse und
- der Anteil der Investitionsausgaben (CapEx)/Betriebsausgaben (OpEx)

anzugeben, die im Zusammenhang mit als ökologisch nachhaltig einzustufenden Wirtschaftstätigkeiten stehen.

Der Richtlinienentwurf legt den Fokus auf eine Impact-Betrachtung der Geschäftsaktivitäten des Unternehmens. Diese sollten sich frühzeitig mit den Neuerungen auseinandersetzen und ihre bestehenden Prozesse zur Bestimmung der wesentlichen Themen kritisch hinterfragen. Ein Aspekt, der dabei nicht zu kurz kommen sollte, ist die Betrachtung der nichtfinanziellen Risiken mit Bezug auf die als wesentlich identifizierten Themen.

Viele Unternehmen tun sich schwer damit, den notwendigen Perspektivwechsel durchgängig in das vorhandene Risikomanagementsystem (RMS) zu implementieren. Statt wie im RMS gewohnt lediglich die Outside-in-Perspektive zu betrachten („Welche Risiken wirken auf das Unternehmen?") steht bei der Betrachtung der nichtfinanziellen Risiken die Inside-out-Perspektive im Vordergrund („Welche Risiken auf Nachhaltigkeitsaspekte ergeben sich durch die Geschäftstätigkeit des Unternehmens?"). Auch hier dienen Reputationsrisiken bislang oft als „Krücke", um auch nichtfinanzielle Risiken in das RMS aufzunehmen. Unternehmen ist zur Identifizierung von nachhaltigkeitsbezogenen Risiken eine systematische Auseinandersetzung mit ihrem unternehmensweiten RMS zu empfehlen3.

Die neue Definition der Wesentlichkeit spiegelt wider, dass Adressaten Unternehmen nicht alleine nach finanziellen Kriterien bewerten, sondern auch ökologische und soziale Auswirkungen berücksichtigen. Diese Transparenz unterstützt z.B. Anleger darin, gezielt in Unternehmen zu investieren, die wesentlich zum Klimaschutz beitragen.

5.6.4 Zusammenfassung

Als Folge der CSR-RL n.F. ist damit zu rechnen, dass sich bestehende Ermessensspielräume bei der Bestimmung der wesentlichen Themen verringern werden. Aufgrund der gesonderten Wesentlichkeitsperspektiven wird sich die Zahl der zu berichtenden Themen und Risiken erhöhen. Auch werden die künftigen EU-Berichtsstandards die Berichtsinhalte in der nichtfinanziellen Erklärung deutlich vergleichbarer machen als bislang. Dies ist nach unserer Beurteilung ein Schritt in die richtige Richtung zu einer EU-weiten Harmonisierung der nichtfinanziellen Erklärung.

(Quelle: Die Wirtschaftsprüfung, Heft 14/2021, Seite 885 ff. (Reihe „Green and more"))

5.7 IDW Knowledge Paper: Bilanzierung von „Grünen“ Finanzierungen

Weltweit haben sich zahlreiche Regierungen mit der Unterzeichnung des Pariser Übereinkommens über den Klimawandel und der UN-Agenda 2030 für nachhaltige Entwicklung zu einer nachhaltigeren Wirtschaft und Gesellschaft verpflichtet. Die Europäische Union (EU) sieht sich dabei in einer Vorreiterrolle und verfolgt auf Basis des im März 2018 veröffentlichten EU-Aktionsplans „Finanzierung des nachhaltigen Wachstums“ u.a. das Ziel, Kapitalflüsse in nachhaltige Investitionen umzulenken[1], um ein nachhaltiges und integratives Wachstum zu erreichen. In diesem Zusammenhang verpflichtete sich die Europäische Kommission zur Entwicklung eines EU-Standards für Green Bonds. Der Vorschlag einer entsprechenden Verordnung ist im Juli 2021 veröffentlicht worden.[2] Der künftig freiwillig anzuwendende „European Green Bond Standard (EUGBS)“ soll Anlegern helfen, hochwertige „grüne“ Anleihen zu erkennen, und die Emission dieser Anleihen erleichtern.

Nicht nur die Nachfrage nach „grünen“ Finanzierungen steigt, auch der Kreis der Emittenten wird beständig größer. Am Markt ist mittlerweile eine Vielzahl unterschiedlich ausgestalteter „grüner“ Finanzierungen beobachtbar. Die Bandbreite reicht von Finanzinstrumenten, die sich kaum von einer klassischen Darlehensfinanzierung unterscheiden, bis hin zu Instrumenten mit einer umfassend „grünen“ Ausgestaltung. Ihrer Bilanzierung wurde bislang wenig Beachtung geschenkt. Derzeit gibt es weder in den IFRS noch im Handelsrecht Vorschriften, welche sich speziell mit der Bilanzierung dieser Art von Finanzinstrumenten auseinandersetzen.

Bei „grünen“ finanziellen Vermögenswerten mit einer Variabilität der Zahlungsströme aufgrund von Nachhaltigkeitsfaktoren steht für Investoren vor allem die Würdigung der Zahlungsstrombedingung im Rahmen der Klassifizierung nach IFRS 9 im Fokus, weil damit insbesondere über eine Bilanzierung zu fortgeführten Anschaffungskosten entschieden wird. Auf der Passivseite der Bilanz stellt die Analyse „grüner“ finanzieller Verbindlichkeiten auf vorhandene eingebettete und abspaltungspflichtige Derivate die Emittenten vor Herausforderungen. Die derzeitigen Anwendungsprobleme dürften vor allem dem Umstand geschuldet sein, dass „grüne“ Finanzinstrumente bei der Verabschiedung von IFRS 9 im Jahr 2014 kaum eine Rolle gespielt haben. Mittlerweile haben sich die Umstände jedoch deutlich geändert. Finanzierungen mit einer vertraglichen Verknüpfung von Zahlungsströmen mit Nachhaltigkeitsfaktoren sind im Kapitalmarkt angekommen und dürften in naher Zukunft ein flächendeckendes Finanzierungsmittel werden.

---

1 Siehe diesbezüglich auch die Veröffentlichung des Sustainable Finance-Beirats der Bundesregierung, Shifting the Trillions – Ein nachhaltiges Finanzsystem für die Große Transformation, 31 Empfehlungen, v. 24.02.2021.

2 Abrufbar unter: https://ec.europa.eu/finance/docs/law/210704-proposal-green-bonds-standard_en.pdf.

Aus Sicht des Berufsstands der Wirtschaftsprüfer*innen ist es daher dringend notwendig, sich sowohl auf globaler Ebene (IFRS) als auch auf nationaler Ebene (HGB) mit dieser neuen Art der Finanzinstrumente und deren Bilanzierung intensiv auseinanderzusetzen. Insbesondere mit Blick auf den internationalen Standardsetzer (IASB) wäre es wünschenswert, wenn hinsichtlich dieser speziellen Art von Finanzierungen klare Regelungen und damit Rechtssicherheit geschaffen werden würde. Der Kapitalmarkt braucht belastbare und eindeutig nachvollziehbare Informationen. Ein vergleichsweise einfacher Weg bestünde bspw. in einer Klarstellung des Grundprinzips und der Elemente von „Standardkreditverträgen" („basic lending arrangements") nach IFRS 9. Hier sollte eindeutig festgehalten werden, inwieweit bestimmte vertragliche Vereinbarungen zu Nachhaltigkeitsfaktoren und die daraus resultierende Variabilität der Zahlungsströme in Einklang mit dem Grundprinzip des Standards stehen.

5.7.1 Einleitung

Ob Finanzierungen mit Umweltbezug, sozialem Hintergrund oder mit Bezug zu einer verantwortungsvollen Unternehmensführung: Nachhaltige bzw. „grüne" Finanzierungen, die ESG-Faktoren (Environment, Social, Governance) berücksichtigen, bekommen aufgrund der zunehmenden Bedeutung des Themas „Nachhaltigkeit" in Politik, Wirtschaft und Gesellschaft mehr Aufmerksamkeit denn je. Innerhalb der Europäischen Union legte die Europäische Kommission im März 2018 mit ihrem Aktionsplan den Grundstein zur Finanzierung nachhaltigen Wachstums[3]. Mit der im sog. „European Green Deal" enthaltenen Ankündigung der „Renewed Sustainable Finance Strategy"[4] setzt die Europäische Kommission diesen Weg konsequent fort.[5]

Die Notwendigkeit politischer und regulatorischer Entwicklungen zur Förderung der Finanzierung nachhaltigen Wirtschaftens ergibt sich u.a. aus den Bedenken der Emittenten und Investoren hinsichtlich möglicher Reputationsrisiken bei der „grünen Etikettierung" von bestimmten Finanzinstrumenten, der Ungewissheit über die Art der finanzierbaren Projekte oder auch den komplexen und potenziell kostspieligen Berichtsverfahren und externen Prüfungen.[6] Dies gilt insbesondere vor dem Hintergrund, dass sowohl die Nachfrage nach diesen Finanzierungen kontinuierlich steigt als auch der

3 Siehe dazu Europäische Kommission, Mitteilung der Kommission an das Europäische Parlament, den Europäischen Rat, den Rat, die Europäische Zentralbank, den Europäischen Wirtschafts- und Sozialausschuss und den Ausschuss der Regionen, Aktionsplan: Finanzierung nachhaltigen Wachstums, v. 08.03.2018, abrufbar unter: https://ec.europa.eu/transparency/regdoc/rep/1/2018/DE/COM-2018-97-F1-DE-MAIN-PART-1.PDF.

4 Vgl. Europäische Kommission, Strategy for Financing the Transition to a Sustainable Economy , v. 06.07.2021, abrufbar unter: https://ec.europa.eu/finance/docs/law/210704-communication-sustainable-finance-strategy_en.pdf.

5 Vgl. Europäische Kommission, Mitteilung der Kommission: „Der europäische Grüne Deal", v. 11.12.2019, abrufbar unter: https://eur-lex.europa.eu/legal-content/DE/TXT/HTML/?uri=CELEX:52019DC0640&from=EN.

6 Vgl. EU-Fachexpertengruppe für nachhaltige Finanzierungen (Technical Expert Group on Sustainable Finance, nachfolgend: EU-TEG), Usability Guide: EU Green Bond Standard, März 2020, S. 11 f., abrufbar unter: https://ec.europa.eu/info/sites/info/files/business_economy_euro/banking_and_finance/documents/200309-sustainable-financeteg-green-bond-standard-usability-guide_en.pdf.

Kreis der Emittenten beständig größer wird. Am Markt ist mittlerweile eine Vielzahl unterschiedlich ausgestalteter „grüner" Finanzierungen beobachtbar. Dazu zählen bspw. sog. Green Bonds oder Green Loans, die vorsehen, dass der Erlös der Emission in nachhaltige Projekte investiert wird. Auch sog. ESG-gebundene Instrumente, die eine Variabilität des Zinssatzes in Abhängigkeit von der Entwicklung von einem oder mehreren ESG-Faktoren vorsehen, werden zunehmend nachgefragt und auch angeboten. Diese in Teilen neuen und vielfältigen Ausgestaltungen klassischer Finanzinstrumente stellen sowohl Investoren als auch Emittenten hinsichtlich der Bilanzierung und Berichterstattung vor Herausforderungen. Da es bislang kein einheitliches gesetzliches Regelwerk gibt, welches sich speziell mit dieser Art von Finanzinstrumenten auseinandersetzt, und es auch noch wenig praktische Erfahrungen zum bilanziellen Umgang mit „grünen" Finanzierungen gibt, ist ein einheitliches Vorgehen weder im Hinblick auf die Ausgestaltung der Instrumente noch im Hinblick auf deren Bilanzierung bei Investoren und Emittenten aktuell sichergestellt. Daher sind Ermessensentscheidungen bis zu einem gewissen Grad unumgänglich. Sie erfordern eine sorgfältige Abwägung und eine sachgerechte Analyse des jeweiligen Einzelfalls.

Das vorliegende IDW Knowledge Paper soll zum einen die derzeitigen Herausforderungen bei der bilanziellen Abbildung dieser neuen Art von Finanzierungen aufzeigen und zum anderen erste Anregungen und Lösungsansätze für eine weitergehende Diskussion liefern. Eine solche ist dringend erforderlich, damit eine relevante, transparente und vergleichbare Darstellung von „grünen" Finanzinstrumenten auf verlässlicher Basis in den Abschlüssen der Unternehmen gewährleistet ist.

Einleitend wird auf die Bedeutung „grüner" Finanzierungen für die Entwicklung einer nachhaltigeren Wirtschaft und Gesellschaft eingegangen. In diesem Zusammenhang werden aktuelle europäische Bestrebungen zur Schaffung der entsprechenden politischen, rechtlichen und gesellschaftlichen Rahmenbedingungen vorgestellt (Abschn. 5.7.2.1.). Im Anschluss folgt eine Darstellung der verschiedenen und immer vielfältiger werdenden Arten von „grünen" Finanzierungen (Abschn. 5.7.2.2.). Fragen der Bilanzierung stehen dann im Fokus der Abschn. 5.7.3. und 5.7.4. – zunächst aus der Perspektive von Investoren, anschließend aus der Perspektive von Emittenten. Auch wenn sich dieses IDW Knowledge Paper vorrangig mit den aktuellen Regelungen der IFRS auseinandersetzt, stellen sich ähnliche bzw. vergleichbare Fragen auch bei einer Bilanzierung nach den handelsrechtlichen Normen. Auf diese wird jeweils am Ende der beiden Abschnitte überblickartig eingegangen. Abschließend werden erste Anregungen und Lösungsansätze vorgestellt, die als Beitrag für die weiter zu führenden Diskussionen – sowohl auf nationaler als auch auf internationaler Ebene – zu verstehen sind (Abschn. 5.7.5.). Die Ausführungen schließen mit einem kurzen Ausblick (Abschn. 5.7.6.).

5.7.2 „Grüne“ Finanzierungen in der Praxis

5.7.2.1 Politische und regulatorische Entwicklungen

Zahlreiche Regierungen haben sich mit der Unterzeichnung des Pariser Übereinkommens über den Klimawandel und der UN-Agenda 2030 für nachhaltige Entwicklung zu einer nachhaltigeren Wirtschaft und Gesellschaft verpflichtet. Obwohl viele Länder bereits Fortschritte machen, scheint die Europäische Union derjenige Wirtschaftsraum zu sein, in dem die Entwicklung zum jetzigen Zeitpunkt am weitesten fortgeschritten ist. Zur Veranschaulichung lohnt ein Blick in den im März 2018 veröffentlichten EU-Aktionsplan „Finanzierung des nachhaltigen Wachstums“[7], der die Grundlage für die im „European Green Deal“[8] angekündigte und Anfang Juli 2021 veröffentlichte „Renewed Sustainable Finance Strategy“ der Europäischen Kommission[9] bildet.

Die Ziele des EU-Aktionsplans sehen im Kern vor:

- Kapitalflüsse in nachhaltige Investitionen umzulenken, um ein nachhaltiges und integratives Wachstum zu erreichen;
- finanzielle Risiken, die sich aus dem Klimawandel, der Ressourcenknappheit, der Umweltzerstörung und sozialen Problemen ergeben, zu bewältigen; und
- Transparenz und Langfristigkeit in der Finanz- und Wirtschaftstätigkeit zu fördern.

Zur Erreichung dieser Ziele verpflichtete sich die Europäische Kommission – neben der Entwicklung eines Klassifizierungssystems für ökologisch-nachhaltige Wirtschaftstätigkeiten (EU-Taxonomie)[10] und der Veröffentlichung von Leitlinien zur Verbesserung der Offenlegung klimarelevanter Informationen[11], weiterer Standards und Labels für nachhaltige Finanzprodukte[12] – auch zur Entwicklung eines EU-Standards für Green Bonds[13].

Dieser Standard soll klare und vergleichbare Kriterien für die Emission von Green Bonds in der EU vorgeben. Im Juni 2020 veröffentlichte die Europäische Kommission ein entspre-

7 Siehe Fußnote 3.
8 Siehe Fußnote 5.
9 Siehe Fußnote 4.
10 Vgl. Verordnung (EU) 2020/852 des Europäischen Parlaments und des Rates vom 18. Juni 2020 über die Einrichtung eines Rahmens zur Erleichterung nachhaltiger Investitionen und zur Änderung der Verordnung (EU) 2019/2088, ABl. EU Nr. L 198 v. 22.06.2020, S. 13 (sog. EU-Taxonomie-VO).
11 Siehe Europäische Kommission, Delegated regulation (EU) supplementing Regulation (EU) 2020/852 of the European Parliament and of the Council by establishing the technical screening criteria for determining the conditions under which an economic activity qualifies as contributing substantially to climate change mitigation or climate change adaptation and for determining whether that economic activity causes no significant harm to any of the other environmental objectives, vorläufige Fassung v. 21.04.2021, abrufbar unter: https://ec.europa.eu/finance/docs/level-2-measures/taxonomy-regulation-delegated-act-2021-2800_en.pdf.
12 Zu den Fortschritten hinsichtlich einer transparenten Berichterstattung mittels Entwicklung eines Klassifizierungssystems für ökologisch-nachhaltige Wirtschaftstätigkeiten oder der Offenlegungsverordnung (Sustainable Finance Disclosure Regulation) siehe IDW, Positionspapier, Sustainable Finance als Teil der nachhaltigen Transformation – Auswirkungen auf Kreditinstitute, S. 15.
13 Für aktuelle Projektinformationen der Europäischen Kommission siehe: https://ec.europa.eu/info/business-economyeuro/banking-and-finance/sustainable-finance/eu-green-bond-standard_de.

chendes Konsultationspapier.[14] Dieses basiert auf dem Abschlussbericht der EU-Expertengruppe für nachhaltige Finanzierungen (EU-TEG)[15] sowie dem diesem Bericht zugrunde liegenden Leitfaden für einen EU Green Bond Standard[16]. Konzeptionell stellt der geplante EU Green Bond Standard einen freiwilligen, primär auf Emittenten, die sich an der best practice orientieren wollen, ausgerichteten Standard dar[17], der bei der Emission von Green Bonds zur Finanzierung von Projekten sowohl innerhalb als auch außerhalb der EU angewendet werden kann.[18] Daher überrascht es nicht, dass der Standard auf den von der International Capital Market Association (ICMA) entwickelten Green Bond Principles[19] und auf den gemeinsam von der Loan Market Association (LMA), der Asia Pacific Loan Market Association (APLMA) und der Loan Syndications and Trading Association (LSTA)[20] entwickelten Green Loan Principles aufbauen soll. Diese zwei Rahmenwerke dienen bereits jetzt als freiwillige Prozessleitlinien und haben sich international als anerkannte Maßstäbe etabliert.[21]

Die Klassifizierung von Anleihen als Green Bonds orientiert sich an der Verwendung von Emissionserlösen i.S. der EU-Taxonomie. Mithilfe dieses im Juni 2020 verabschiedeten Klassifizierungssystems für ökologisch-nachhaltige Wirtschaftstätigkeiten soll die bestehende Lücke zwischen dem international verfolgten Ziel, künftige Investitionen verstärkt in ein nachhaltigeres Wachstum zu lenken, und der aktuellen Investitionspraxis überbrückt und den Investoren klar signalisiert werden, welche Arten von Aktivitäten der Unternehmen mit dem Übergang zu CO_2-armen Emissionen, der Anpassung an den Klimawandel und anderen Umweltzielen vereinbar sind.[22] Des Weiteren wird der EU Green Bond Standard die Veröffentlichung eines unternehmensspezifischen Rahmenkonzepts für die Emission von Green Bonds als verpflichtend vorsehen. Darin sollen Erläuterungen zu den „grünen" Merkmalen der zugrunde liegenden Projekte oder Aktivitäten, der Übereinstimmung mit der Gesamtstrategie des Emittenten, dem Managementpro-

14 Vgl. Europäische Kommission, Targeted consultation document: Establishment of an EU Green Bond Standard, Juni2020, https://ec.europa.eu/info/sites/info/files/business_economy_euro/banking_and_finance/documents/2020-eu-green-bond-standard-consultation-document_en.pdf.

15 Siehe EU-TEG, Technical Report, März 2020, abrufbar unter: https://ec.europa.eu/info/sites/info/files/business_economy_euro/banking_and_finance/documents/200309-sustainable-finance-teg-final-report-taxonomy_en.pdf.

16 Siehe EU-TEG, Usability Guide: EU Green Bond Standard, a.a.O.

17 Kritiker sehen aufgrund der geplanten Verknüpfung des Green Bond Standards mit der bereits veröffentlichten EUTaxonomie-VO (siehe Fußnote 10), welche zu einem verbindlichen Standard für alle nachhaltigen Aktivitäten werden könnte, eine erhöhte Wahrscheinlichkeit für eine verpflichtende Anwendung des Green Bond Standards. Vgl. hierzu u.a. Centrum für europäische Politik (cep), Die künftige EU-Strategie zur nachhaltigen Finanzierung, cep-Input Nr. 23, 2020, S. 1, 4 f.

18 Vgl. EU-TEG, Usability Guide: EU Green Bond Standard, a.a.O., S. 11.

19 Vgl. International Capital Market Association (ICMA), Green Bond Principles, Juni 2021, S. 4, abrufbar unter: https://www.icmagroup.org/assets/documents/Sustainable-finance/2021-updates/Green-Bond-Principles-June-2021-140621.pdf.

20 Vgl. LMA/APLMA/LSTA, Green Loan Principles, Dezember 2018, abrufbar unter: https://www.lma.eu.com/application/files/9115/4452/5458/741_LM_Green_Loan_Principles_Booklet_V8.pdf.

21 Aufgrund der Existenz dieser beiden anerkannten Maßstäbe sehen Kritiker keine Notwendigkeit, einen öffentlichen EU-Standard für Green Bonds zu etablieren. Vgl. Centrum für europäische Politik (cep), The EU Green Bond Standard (GBS), cep-Input, Nr. 3, 2019, abrufbar unter: https://www.cep.eu/fileadmin/user_upload/cep.eu/Studien/cepInput_Green_Bonds/EU_Green_Bond_Standard__GBS_.pdf.

22 Vgl. EU-TEG, Usability Guide: EU Green Bond Standard, a.a.O., S. 13.

zess, der Berichterstattung und den Plänen für eine externe Überprüfung sowie andere Merkmale der Emission von Green Bonds aufgenommen werden. Zusätzlich zu dem allgemeinen Rahmenkonzept für die Emission von Green Bonds wird der EU Green Bond Standard – ähnlich den Offenlegungspflichten der Green Bond Principles – auch eine verpflichtende Berichterstattung über die Mittelverwendung (Allocation Reporting) und die daraus resultierenden Auswirkungen auf die Umwelt (Impact Reporting) enthalten.

Da das Vertrauen der Kapitalmarktteilnehmer in ungeprüfte Informationen bekanntermaßen eingeschränkt ist,[23] hat sich bereits vor der Veröffentlichung des EU Green Bond Standards die freiwillige externe Prüfung von Angaben der Unternehmen im Zusammenhang mit der Emission von „grünen" Anleihen – z.B. auf Basis der Offenlegungspflichten der Green Bond Principles – als gängige Praxis etabliert. Der EU Green Bond Standard wird diese Tatsache aufgreifen und vor der Emission von Green Bonds eine verpflichtende Prüfung der Qualifikation als EU Green Bond sowie der Ausrichtung von Emissionen und dessen Vereinbarkeit mit dem unternehmensspezifischen Rahmenkonzept vorsehen. Auch der endgültige Mittelverwendungsbericht wird voraussichtlich einer Pflichtprüfung unterliegen.[24] Ein detaillierter Überblick über die Ausgestaltung von „grünen" Finanzierungen und entsprechende Prüfungsleistungen befinden sich im IDW Knowledge Paper „Green Bonds".[25]

5.7.2.2 Arten „grüner" Finanzierungen

Die Bandbreite der am Markt beobachtbaren „grünen" Finanzierungen ist groß. Sie reicht von Finanzinstrumenten, die sich kaum von einer klassischen Darlehensfinanzierung unterscheiden, bis hin zu Instrumenten mit einer umfassend „grünen" Ausgestaltung (sog. „full green exposure"). Dabei stellen Green Bonds die wohl am weitesten verbreiteten Finanzinstrumente dar. Die grundsätzliche Ausgestaltung eines Green Bonds in Bezug auf Struktur, Rendite oder Risiko einer Finanzierung muss sich nicht notwendigerweise von der einer konventionellen Anleihe unterscheiden. Der wesentliche Unterschied besteht darin, dass die durch die Emission eines Green Bonds aufgenommenen Mittel zur (Re-)Finanzierung eines „grünen" Projekts verwendet werden müssen. Einige Beispiele für geeignete „grüne" Projekte sind u.a. erneuerbare Energien, Energieeffizienz, Verschmutzungsprävention und -kontrolle, ökologisch nachhaltiges Management lebender natürlicher Ressourcen und Landnutzung, sauberer Transport oder auch nachhaltiges Wasser- und Abfallmanagement.

23 Auf EU-Ebene wird im Zuge der Überarbeitung der europäischen CSR-Richtlinie derzeit intensiv über die Ausgestaltung einer gesetzlichen Prüfungspflicht für nicht-finanzielle Informationen durch den Abschlussprüfer diskutiert. Nach dem am 21.04.2021 vorgelegten Vorschlag für eine neue Richtlinie ist eine zwingende inhaltliche Prüfung mit begrenzter Sicherheit vorgesehen (siehe Richtlinienvorschlag der Europäischen Kommission, abrufbar unter: https://eur-lex.europa.eu/legal-content/EN/TXT/?uri=CELEX:52021PC0189). Vgl. dazu auch das IDW Positionspapier „Zukunft der nichtfinanziellen Berichterstattung und deren Prüfung" v. 16.10.2020.

24 Vgl. EU-TEG, Usability Guide: EU Green Bond Standard, a.a.O., S. 23, 38. Zusätzlich wird der EU Green Bond Standard voraussichtlich eine Reihe detaillierter Vorgaben zur notwendigen Qualifikation der überprüfenden Partei enthalten, die nicht zwingend der Wirtschaftsprüfer sein muss.

25 Vgl. IDW, Knowledge Paper, Green Bonds – Auf dem Weg zu einem verlässlichen Markt für grüne Anleihen, 16.02.2021, abrufbar unter: https://www.idw.de/idw/medien/idw-knowledge-paper.

Die Green Bond Principles der ICMA[26] beschreiben folgende vier mögliche Ausgestaltungen eines Green Bonds:[27]

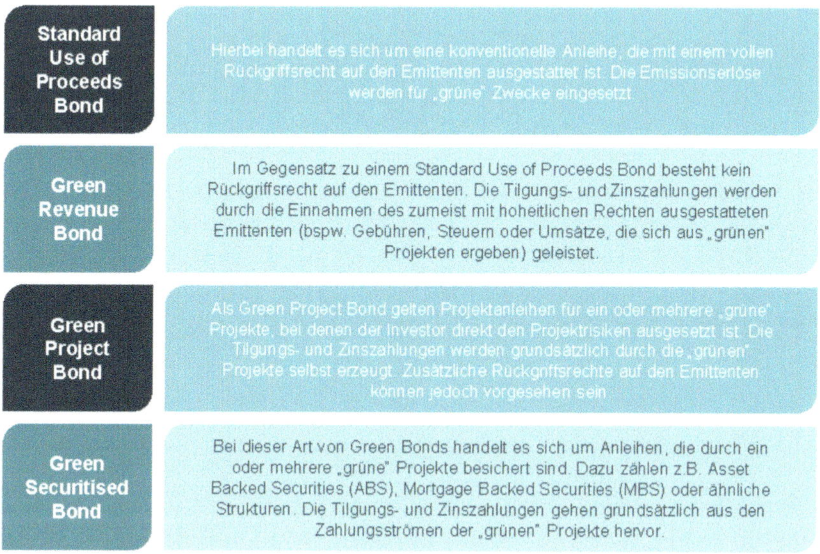

Abbildung 1: Typen von Green Bonds

Die Auflistung ist nicht erschöpfend, da es in der Praxis aufgrund der regen Marktentwicklung zahlreiche Variationen geben kann. Die von der ICMA genannten Typen von Green Bonds sind daher als eine grobe Klassifizierung zu sehen. Gewisse Ausgestaltungsmerkmale, die der Analyse der bilanziellen Auswirkungen von „grünen“ Finanzierungen in den nachfolgenden Abschnitten zugrunde gelegt wurden, finden sich nicht nur bei Green Bonds, sondern sind auch in anderen „grünen“ Finanzierungen verankert. Daher gelten die getroffenen Schlussfolgerungen auch für andere Produkte als Green Bonds, wenn diese analog gestaltet sind.

Eine weitere Art einer „grünen“ Finanzierung sind Green Loans.[28] Diese dienen ebenfalls einer vollständigen oder teilweisen Finanzierung oder Refinanzierung neuer und/oder bestehender „grüner“ Projekte.

26 Siehe Fußnote 19.
27 Vgl. ICMA, Green Bond Principles, a.a.O., Appendix I, S. 8.
28 Siehe LMA/APLMA/LSTA, Green Loan Principles, a.a.O., S. 2.

Zudem werden in Deutschland mittlerweile vermehrt „grüne" Schuldscheine emittiert. In Bezug auf die spezifischen „grünen" Ausgestaltungsmerkmale dieser Art der „grünen" Finanzierung ergeben sich keine wesentlichen Unterschiede zu Green Bonds oder Green Loans: Auch hier besteht keine allgemeingültige Definition eines „grünen" Schuldscheins. Charakteristisch für „grüne" Schuldscheine ist lediglich, dass die Emissionserlöse ausschließlich für „grüne" Projekte verwendet werden.

„Grüne" Finanzierungen treten auch in der Gestalt von Finanzinstrumenten auf, deren Zinssatz von einem oder mehreren Nachhaltigkeitsfaktoren oder -ratings oder auch von selbst festgelegten Kenngrößen (z.B. CO_2-Ausstoß) abhängig ist. Diese werden häufig als ESG-gebundene Instrumente bezeichnet. Dies bedeutet, dass der Zinssatz und somit die (Re-)Finanzierungskosten bei einer Verbesserung (Verschlechterung) des Nachhaltigkeitsratings oder des festgelegten Nachhaltigkeitsfaktors sinkt (steigt). Im Vergleich zu den bisher beschriebenen Instrumenten müssen die aufgenommenen Mittel jedoch nicht zur (Re-)Finanzierung eines „grünen" Projekts verwendet werden. Am Markt beobachtbare Instrumente mit ESG-Komponenten gibt es in Form von Bonds, Darlehen oder auch Schuldscheinen.

Die dargestellten Arten „grüner" Finanzierungen sind in der folgenden Übersicht zusammengefasst:

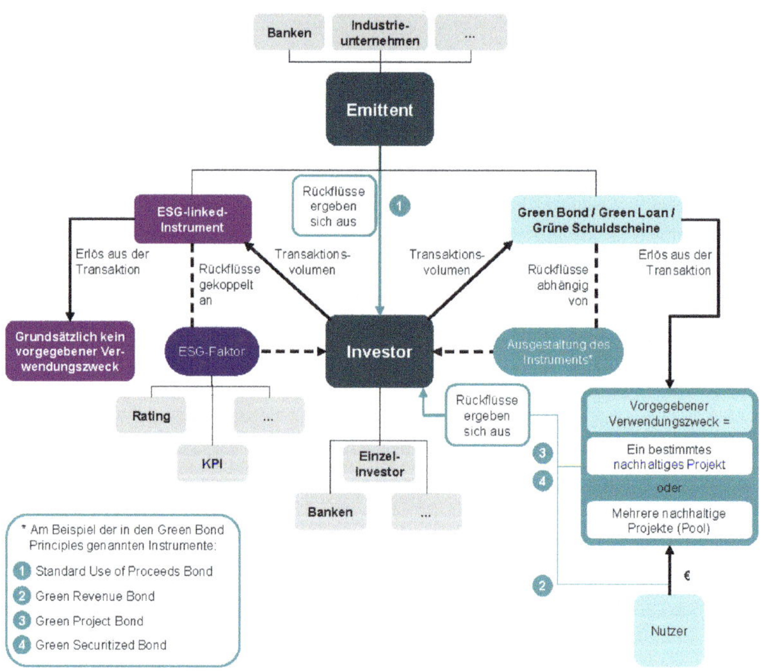

Abbildung 2: Arten „grüner" Finanzierungen

5.7.3 Bilanzierung „grüner" Finanzierungen aus der Perspektive eines Investors

5.7.3.1 Überblick über die aktuell maßgeblichen Vorschriften der IFRS

5.7.3.1.1 Allgemeines

Entscheidet sich ein Investor für den Kauf eines „grünen" Finanzprodukts, stellt sich die Frage, wie dieses in seiner Bilanz abzubilden ist. Einschlägig dafür sind die Vorschriften zur Bilanzierung von finanziellen Vermögenswerten nach IFRS 9 „Finanzinstrumente". Der im Jahr 2014 vom IASB veröffentlichte Standard enthält keine besonderen Vorschriften für nachhaltige bzw. „grüne" Finanzinstrumente. Demzufolge sind alle finanziellen Vermögenswerte, unabhängig davon, ob diese „grün" sind oder nicht, bei Zugang gemäß den allgemeinen Vorschriften zu klassifizieren, wodurch der Wertmaßstab für deren Folgebewertung festgelegt wird.

Ausschlaggebend für die Klassifizierung von finanziellen Vermögenswerten sind folgende zwei Bedingungen[29]:

- die Geschäftsmodellbedingung sowie
- die Zahlungsstrombedingung.

5.7.3.1.2 Geschäftsmodellbedingung

Das Geschäftsmodell (GM) orientiert sich an der konkreten Steuerung eines finanziellen Vermögenswerts, d.h. ob die Zielsetzung des Investors bspw. darin besteht, die vertraglichen Zahlungsströme eines finanziellen Vermögenswerts zu vereinnahmen (GM = „Halten"), Zahlungsströme durch den Verkauf von finanziellen Vermögenswerten zu generieren (Andere GM, z.B. „Handel") oder eine Mischung aus beidem vorliegt (GM = „Halten und Verkaufen"). Die Festlegung des Geschäftsmodells erfolgt auf einer Ebene, die widerspiegelt, wie Gruppen finanzieller Vermögenswerte gemeinsam gesteuert werden, um ein bestimmtes Geschäftsziel zu erreichen. Dabei sind die Absichten des Investors in Bezug auf einzelne Instrumente nicht maßgeblich. Die Klassifizierung erfolgt auf einer höheren Aggregationsebene als die eines einzelnen Finanzinstruments.30

5.7.3.1.3 Zahlungsstrombedingung

Die Zahlungsstrombedingung ist hingegen für jedes Finanzinstrument einzeln zu untersuchen, sofern eine Zuordnung zu den Geschäftsmodellen „Halten" oder „Halten und Verkaufen" beabsichtigt ist. Sie ist erfüllt, wenn die Vertragsbedingungen eines finanziellen

[29] Vgl. IFRS 9.4.1.1.

[30] Vgl. IFRS 9.4.1.2 ff. i.V.m. IFRS 9.B4.1.1 ff. Zur ausführlichen Erläuterung siehe IDW Stellungnahme zur Rechnungslegung: Einzelfragen der Bilanzierung von Finanzinstrumenten nach IFRS 9 (IDW RS HFA 48) (Stand: 11.09.2018), Abschn. 4.1.2.

Vermögenswerts zu festgelegten Zeitpunkten zu Zahlungsströmen führen, die ausschließlich Tilgungs- und Zinszahlungen auf den ausstehenden Kapitalbetrag darstellen.[31]

Demzufolge erfüllt ein finanzieller Vermögenswert die Zahlungsstrombedingung nur dann, wenn die vertraglichen Zahlungsströme mit einem „Standardkreditvertrag“ (basic lending arrangement) übereinstimmen, bei dem Entgelte für den Zeitwert des Geldes und für das Kreditausfallrisiko normalerweise die wesentlichen Zinskomponenten darstellen. Allerdings können die Zinsen einer solchen Vereinbarung auch Entgelte für andere typische Kreditrisiken sowie Kosten i.V.m. dem Halten eines finanziellen Vermögenswerts beinhalten. Eine Variabilität der Zahlungsströme, die das Kreditausfallrisiko widerspiegelt, würde demnach dazu führen, dass ein finanzieller Vermögenswert die Zahlungsstrombedingung erfüllt. Auch eine im Zinssatz berücksichtigte Gewinnmarge steht der Erfüllung der Zahlungsstrombedingung grundsätzlich nicht entgegen.[32]

Gesonderte Vorschriften zur Beurteilung der Zahlungsstrombedingung gibt es in IFRS 9 für sog. Non-Recourse-Finanzierungen und für sog. vertraglich verknüpfte Instrumente. Diese werden im nachfolgenden Abschnitt näher erläutert und in den Kontext einer „grünen“ Finanzierung gestellt.

5.7.3.1.4 Zusammenwirken von Geschäftsmodell- und Zahlungsstrombedingung

Sofern die Zahlungsstrombedingung erfüllt ist, ist in Abhängigkeit vom vorherrschenden Geschäftsmodell eine Bewertung zu fortgeführten Anschaffungskosten (GM = „Halten“) oder erfolgsneutral zum Fair Value (GM = „Halten und Verkaufen“) möglich. Ist die Zahlungsstrombedingung nicht erfüllt, ist – unabhängig vom Geschäftsmodell – eine erfolgswirksame Bewertung zum Fair Value geboten.

5.7.3.2 Bilanzielle Herausforderungen i.Z.m. „grünen“ Finanzierungen

5.7.3.2.1 Klassifizierung

Variabilität der Zahlungsströme aufgrund von ESG-Faktoren

Bei einer vertraglichen Verknüpfung mit einem Nachhaltigkeitsfaktor stellt sich die Frage, ob aufgrund der daraus resultierenden Variabilität der Zahlungsströme der finanzielle Vermögenswert die Zahlungsstrombedingung erfüllt.

Einige Faktoren, die zu einer Variabilität der Zahlungsströme führen können, beziehen sich auf die langfristige Rentabilität eines Emittenten und können Ausdruck des Kreditausfallrisikos sein. Dies kann auch für Nachhaltigkeitsfaktoren (ESG-Faktoren) im Rahmen eines „grünen“ Finanzprodukts zutreffen. Wenn ein Unternehmen Green Bonds emittiert oder nachhaltige Finanzvereinbarungen eingeht, kann der Zinssatz für den

31 Vgl. IFRS 9.4.1.1(b) sowie IFRS 9.4.1.2(b) bzw. IFRS 9.4.1.2A(b).
32 Vgl. IFRS 9.4.1.3(b) und IFRS 9.B4.1.7A.

finanziellen Vermögenswert während seiner Laufzeit in Abhängigkeit von einem Nachhaltigkeitsfaktor oder -rating variieren. Sofern das Erreichen eines „grünen" Faktors zu einer Änderung des Zinssatzes führt und die Zinssatzänderung auch eine entsprechende Änderung des Kreditausfallrisikos nach sich zieht, dürfte dies einer Erfüllung der Zahlungsstrombedingung nicht entgegenstehen.[33] Auch die zunehmende Einbeziehung von Nachhaltigkeitsfaktoren in die Ratings deutet darauf hin, dass diese Faktoren möglicherweise zum Kreditausfallrisiko des Emittenten beitragen.

Die Beurteilung, ob ein finanzieller Vermögenswert mit einer vertraglichen Verknüpfung mit einem oder mehreren ESG-Faktoren die Zahlungsstrombedingung erfüllt, erfordert eine umfassende Analyse. Diese ist bspw. auf Basis der folgenden Kriterien denkbar, wobei die genannten Kriterien nicht als abschließend anzusehen sind und es grundsätzlich auf den jeweiligen Einzelfall ankommt:[34]

1. Art des finanzierten Vermögenswerts: Die Finanzierung eines bestimmten Vermögenswerts, dessen Wert durch „grüne" Maßnahmen beeinflusst wird, und die gleichzeitig durch ein Sicherungsrecht an diesem Vermögenswert besichert ist[35], erfüllt wahrscheinlich eher die Zahlungsstrombedingung. Der Grund dafür ist, dass der Wert der Sicherheit günstig beeinflusst werden könnte, wenn das Unternehmen (der Kreditnehmer) bestimmte Nachhaltigkeitsfaktoren erfüllt oder gar übertrifft, was zu einem geringeren Verlust bei Ausfall und damit zu einem geringeren Kreditausfallrisiko führt. Im Gegensatz dazu ist bei unbesicherten „grünen" Finanzierungen ein direkter Einfluss der spezifischen Nachhaltigkeitsfaktoren auf das Kreditausfallrisiko eher unwahrscheinlich, wodurch auch die Erfüllung der Zahlungsstrombedingung weniger wahrscheinlich sein dürfte.
2. Art des Kreditnehmers: Für ein Unternehmen, welches den im Rahmen einer „grünen" Finanzierung vereinbarten Nachhaltigkeitsfaktoren wirtschaftlich betrachtet in relativ geringem Umfang unmittelbar ausgesetzt ist (z.B. Vermögensverwalter), ist es weniger wahrscheinlich, dass die spezifischen Nachhaltigkeitsfaktoren eine Veränderung des Kreditausfallrisikos widerspiegeln. Ist hingegen ein Unternehmen den vertraglich vereinbarten Nachhaltigkeitsfaktoren auch wirtschaftlich unmittelbar ausgesetzt (z.B. Stromerzeuger mit gesetzlichen CO2-Grenzwerten und entsprechender Zinsanpassung in Abhängigkeit von den CO2-Emissionen), ist es wahrscheinlicher, dass ein direkter Einfluss des spezifischen Nachhaltigkeitsfaktors auf das Kreditausfallrisiko besteht.
3. Spezifität der Nachhaltigkeitsfaktoren: Variieren die vertraglichen Zahlungsströme einer „grünen" Finanzierung in Abhängigkeit von einer Vielzahl von unterschiedlichen Nachhaltigkeitsfaktoren (z.B. Steuertransparenz, Wasserverbrauch und Ar-

33 Es ist allerdings stets eine umfassende Analyse erforderlich. Siehe hierzu auch die Ausführungen im nachfolgenden Absatz.

34 Vgl. PwC, Manual of Accounting, IFRS 2021 – Vol. 2, FAQ 42.41.1, p. 42088.

35 Siehe hierzu auch die nachfolgenden Ausführungen zu Non-Recourse-Finanzierungen.

beitsnormen), ist es eher unwahrscheinlich, dass die daraus resultierende „grüne" Variabilität eine Änderung des Kreditausfallrisikos widerspiegelt. Wenn dagegen die vertraglichen Zahlungsströme von einem eng gefassten Nachhaltigkeitsfaktor abhängen, ist es wahrscheinlicher, dass eine aus dem Nachhaltigkeitsfaktor resultierende Veränderung der vertraglichen Zahlungsströme auf eine Änderung des Kreditausfallrisikos zurückzuführen ist.

Non-Recourse-Finanzierungen

Bei Non-Recourse-Finanzierungen besteht kein Rückgriffsrecht des Inhabers auf den Emittenten, d.h., die Rückflüsse in Form von Tilgungs- und Zinszahlungen einer Anleihe werden ausschließlich aus den Einnahmen der zugrunde liegenden Projekte geleistet.[36]

Zur Beurteilung der Zahlungsstrombedingung dieser Finanzinstrumente ist eine Analyse der Eigenschaften der vertraglichen Zahlungen aus dem finanziellen Vermögenswert und damit eine „Durchschau" auf die zugrunde liegenden Vermögenswerte oder die Zahlungen aus diesen Vermögenswerten erforderlich.[37] Für die Beurteilung, ob eine Non-Recourse-Finanzierung die Zahlungsstrombedingung erfüllt, sind sowohl die vertraglichen Regelungen als auch das primäre Risiko der Finanzierung bei wirtschaftlicher Betrachtungsweise maßgeblich. In Bezug auf das primäre Risiko kommt es darauf an, ob eher das Investitionsrisiko oder das Kreditausfallrisiko im Vordergrund steht.

Bei Green Revenue Bonds[38] basieren die vertraglichen Zahlungsströme des finanziellen Vermögenswerts ausschließlich auf den Einnahmen, welche die zugrunde liegenden „grünen" Projekte erzeugen. Damit sind die Tilgungs- und Zinszahlungen vom Erfolg der „grünen" Projekte abhängig. Steht das Investitionsrisiko im Vordergrund, weil bspw. die vertraglich vereinbarten Zahlungsströme nicht geleistet werden, wenn der Erfolg des „grünen" Projekts ausbleibt und ein Rückgriff auf den Emittenten vertraglich nicht vorgesehen ist, kann dies im Widerspruch zur Zahlungsstrombedingung des IFRS 9 stehen. Einen Verstoß gegen diese Bedingung dürften auch vertragliche Vereinbarungen darstellen, die vorsehen, dass über die vereinbarten Tilgungs- und Zinszahlungen hinausgehende Projekterlöse ebenfalls an die Investoren ausgeschüttet werden.

Bei Green Project Bonds[39] basieren die vertraglichen Zahlungsströme auf einem oder mehreren speziellen „grünen" Projekten. Sofern ein Rückgriffsrecht auf den Emittenten und auf den zugrunde liegenden Vermögenswert nicht vorgesehen ist, gilt in Bezug auf diese „grünen" Finanzierungen gleichfalls, dass die Zahlungsstrombedingung dann nicht erfüllt ist, wenn primär ein Investitionsrisiko vorliegt und sich dadurch keine Zahlungsströme ergeben, die ausschließlich Tilgungs- und Zinszahlungen auf den ausstehenden

36 Vgl. IDW RS HFA 48, Tz. 204 ff.
37 Vgl. IFRS 9.B4.1.17.
38 Siehe Abschn. 5.7.2.2: Überblick über die Typen von Green Bonds nach den Green Bond Principles der ICMA.
39 Siehe Abschn. 5.7.2.2: Überblick über die Typen von Green Bonds nach den Green Bond Principles der ICMA.

Kapitalbetrag darstellen. Darüber hinaus gibt es allerdings auch Green Project Bonds, die ein Rückgriffsrecht auf den Emittenten und/oder das bzw. die zugrunde liegenden Projekte vorsehen. In diesen Fällen stellt sich wiederum die Frage, ob die Eigenschaften eines „Standardkreditvertrags" gegeben sind und folglich, ob Vertragsbedingungen vorliegen, die der Zahlungsstrombedingung des IFRS 9 entgegenstehen.

Vertraglich verknüpfte Instrumente

Ein Emittent kann den Zahlungen an die Inhaber von finanziellen Vermögenswerten Vorrang einräumen, indem er mehrere vertraglich verknüpfte Finanzinstrumente verwendet, die Konzentrationen von Ausfallrisiken schaffen (Tranchen), indem Zahlungsausfälle zuerst anderen Finanzinstrumenten zugeordnet werden. Bei Green Securitised Bonds[40] handelt es sich um solche vertraglich verknüpften Finanzinstrumente.

In diesen Fällen müssen zur Erfüllung der Zahlungsstrombedingung mehrere Voraussetzungen kumulativ gegeben sein.[41] Dies erfordert zunächst, dass die Vertragsbedingungen der Tranche selbst (ohne „Durchschau" auf die zugrunde liegenden Vermögenswerte) ausschließlich Tilgungs- und Zinszahlungen auf das ausstehende Kapital begründen, aber auch eine Beurteilung des Referenzvermögens und des exposure to credit risk der Tranche im Vergleich zum exposure to credit risk des zugrunde liegenden Bestands an Finanzinstrumenten.

Setzt sich das Referenzvermögen lediglich aus nicht-finanziellen Vermögenswerten zusammen (z.B. mehrere Windkraftanlagen), steht dies der Erfüllung der Zahlungsstrombedingung entgegen. Der zugrunde liegende Pool kann jedoch auch aus Finanzinstrumenten bestehen, z.B. Darlehen, die die Errichtung von Windkraftanlagen finanzieren. Sofern Instrumente mit einer Variabilität der Zahlungsströme aufgrund von ESG-Faktoren im Referenzvermögen enthalten sind, kommt auch hier der Beurteilung der Zahlungsstrombedingung eine besondere Bedeutung zu.

Die Faktoren „de minimis" und „not genuine"

Neben der generellen Beurteilung der Wesentlichkeit der durch ESG-Faktoren verursachten Variabilität der Zahlungsströme ist fraglich, ob auch die Regelungen von IFRS 9.B4.1.18 zur Anwendung kommen könnten. Dieser Textziffer folgend sind vertragliche Vereinbarungen, die lediglich eine äußerst geringfügige (de minimis) Auswirkung auf die vertraglichen Zahlungsströme aus dem finanziellen Vermögenswert haben können oder die als realitätsfern (not genuine) einzustufen sind, im Rahmen der Beurteilung der Zahlungsstrombedingung nicht relevant.

40 Siehe Abschn. 5.7.2.2: Überblick über die Typen von Green Bonds nach den Green Bond Principles der ICMA.
41 Vgl. IFRS 9.B4.1.20 ff. sowie IDW RS HFA 48, Tz. 218 ff.

Der Faktor „not genuine" dürfte bei „grünen" Finanzierungen generell nicht einschlägig sein. Der Faktor „de minimis" hingegen könnte u.U. im Einzelfall vorliegen. Unter Berücksichtigung der zunehmenden Regulierung, welche Produkte überhaupt als „grün" bezeichnet werden dürfen, und der bewussten Entscheidung von Investoren für „grüne" Finanzprodukte, die dieses Label auch verdienen, erscheint es künftig immer unwahrscheinlicher, dass sich die vertragliche Verknüpfung mit einem oder mehreren ESG-Faktoren nur äußerst geringfügig (de minimis) auf die vertraglichen Zahlungsströme auswirkt.

5.7.3.2.2 Bewertung

Ein finanzieller Vermögenswert, der die Zahlungsstrombedingung i.S. von IFRS 9 nicht erfüllt, muss erfolgswirksam zum Fair Value bewertet werden. Hierfür sind die Vorschriften des IFRS 13 „Bemessung des Fair Value" maßgeblich. Bei „grünen" Finanzinstrumenten ist dabei u.a. zu klären, wie sich die Koppelung an einen oder mehrere ESG-Faktoren auf die Bewertung zum Fair Value und damit auch auf die Einordnung in die Fair-Value-Hierarchie gemäß IFRS 13.72 ff. auswirkt.

Weitere Bewertungsfragen können sich im Zusammenhang mit der Ermittlung erwarteter Kreditverluste nach IFRS 9 ergeben. Je nachdem inwieweit Nachhaltigkeitsfaktoren Einfluss auf das Rating bzw. das Kreditausfallrisiko des Emittenten nehmen, sind etwaige Auswirkungen auf die nach IFRS 9 zu erfassende Wertminderung bzw. Risikovorsorge zu analysieren.[42] Würde ein solcher Einfluss bspw. bei einer ESG-gebundenen Anleihe bestehen, welche aufgrund der Erfüllung der Zahlungsstrombedingung und des Geschäftsmodells „Halten" zu fortgeführten Anschaffungskosten bewertet wird, könnte eine Verschlechterung des ESG-Faktors, der den vertraglichen (variablen) Zahlungsströmen zugrunde liegt, dazu führen, dass eine höhere Wertminderung zu erfassen bzw. eine höhere Risikovorsorge zu bilden wäre. Denkbar wäre in diesem Fall auch, dass sich das Kreditausfallrisiko im Vergleich zum erstmaligen Ansatz signifikant erhöht hat und damit nicht mehr nur die erwarteten 12-Monats-Kreditverluste zu erfassen wären, sondern die erwarteten Kreditverluste über die Restlaufzeit.

5.7.3.2.3 Angaben

Bei der Bilanzierung von Finanzinstrumenten sind sowohl die für Finanzinstrumente spezifischen Angabepflichten nach IFRS 7 als auch die sich aus den allgemeinen Grundsätzen zur Darstellung von Abschlüssen nach IAS 1 u.U. ergebenden Angabepflichten zu beachten.

Nach IFRS 7 gibt es grundsätzlich keine besonderen Vorschriften für „grüne" Finanzinstrumente. Es sind die für alle Finanzinstrumente einschlägigen Regelungen anzuwenden. Zu beachten ist allerdings, dass IFRS 7 eine Reihe von spezifischen Offenlegungs-

[42] Zu den grundlegenden Regelungen des IFRS 9 zur Wertminderung von Finanzinstrumenten und der Bildung einer Risikovorsorge vgl. IDW RS HFA 48, Abschn. 5.2.

anforderungen für verschiedene Klassen von Finanzinstrumenten verlangt. Dies ist für „grüne" Finanzierungen insbesondere mit Blick auf die Angaben zum Kreditausfallrisiko relevant, sodass hier die bisher zu veröffentlichenden Angaben nun auch gesondert für diese Klasse von Finanzinstrumenten darzustellen sind. Im Fall der Bewertung zu fortgeführten Anschaffungskosten ist auch der Fair Value des Finanzinstruments gemäß IFRS 7.25 ff. im Anhang anzugeben.

Nach IAS 1 dürften vor allem die Angaben zu Ermessensentscheidungen und Schätzungen relevant sein. Bei mit hoher Unsicherheit behafteten „grünen" Finanzierungen (z.B. hinsichtlich der Erfüllung der Zahlungsstrombedingung) sind erhöhte Informationsbedürfnisse der Investoren hinsichtlich der verwendeten Annahmen und Schätzungen zu berücksichtigen. Dies könnte bspw. bei Non-Recourse- Finanzierungen der Fall sein. Allerdings ist hierfür deren jeweilige Ausgestaltung im Einzelfall zu würdigen.

Darüber hinaus sind bei der Ermittlung des Fair Value die Angabepflichten von IFRS 13 zu beachten. Ein besonderes Augenmerk wird dabei auf die Level-Zuordnung der betroffenen Finanzinstrumente zu legen sein.

Ein kurzer Blick ins HGB Die handelsbilanzielle Abbildung „grüner" Finanzierungen aus Sicht von Investoren richtet sich – genauso wie nach IFRS – nach den allgemeinen Regelungen zur bilanziellen Abbildung von (finanziellen) Vermögensgegenständen.[43] In Abhängigkeit von der Zweckbestimmung und damit der Frage, ob der finanzielle Vermögensgegenstand dazu bestimmt ist, dauernd dem Geschäftsbetrieb zu dienen, sind „grüne" Finanzierungen entweder als Anlagevermögen oder als Umlaufvermögen zu klassifizieren und entsprechend zu bilanzieren.[44] Der Ausweis „grüner" Finanzierungen ist damit je nach Ausgestaltung im Einzelfall in unterschiedlichen Bilanzposten möglich.

Die Zugangsbewertung erfolgt nach § 253 Abs. 1 Satz 1 HGB mit den Anschaffungskosten. Diese dürfen im Rahmen der Folgebewertung aufgrund des Realisationsprinzips grundsätzlich nicht überschritten werden.[45] Eine außerplanmäßige Abschreibung auf einen niedrigeren beizulegenden Wert ist für Vermögensgegenstände des Anlagevermögens nach § 253 Abs. 3 Satz 5 HGB bei einer voraussichtlich dauernden Wertminderung vorzunehmen; im Fall einer voraussichtlich nicht dauernden Wertminderung besteht nach § 253 Abs. 3 Satz 6 HGB ein Abschreibungswahlrecht. Bei „grünen" Vermögensgegenständen des Umlaufvermögens findet das strenge Niederstwertprinzip gemäß § 253 Abs. 4 HGB Anwendung. Demnach sind die Vermögens-

[43] Zusätzlich zu den allgemeinen Regelungen zur handelsrechtlichen Bilanzierung existieren in §§ 340 bis 340o HGB ergänzende branchenspezifische Vorschriften für Kreditinstitute und Finanzdienstleistungsinstitute.

[44] Vgl. § 247 HGB und § 253 Abs. 3 f. HGB.

[45] Eine Ausnahme bilden Finanzinstrumente des Handelsbestands von Kreditinstituten, die gemäß § 340e Abs. 3 HGB zum beizulegenden Zeitwert abzüglich eines Risikoabschlags bewertet werden.

gegenstände auf den niedrigeren Wert abzuschreiben, der sich aus einem Börsen- oder Marktpreis am Abschlussstichtag ergibt oder der ihnen beizulegen ist, wenn kein Börsen- oder Marktpreis vorliegt.[46] Weder im Rahmen der Zugangs- noch der Folgebewertung existieren im Sinne der Prinzipienorientierung der handelsrechtlichen Rechnungslegung spezifische Regelungen für die Bilanzierung von „grünen" Finanzierungen. Anders als nach IFRS[47] muss nicht nur der Emittent, sondern auch der Investor einer „grünen" Finanzierung prüfen, ob es sich um ein strukturiertes Finanzinstrument handelt, bei dem ein eingebettetes Derivat abzuspalten und getrennt zu bilanzieren ist.[48] Bei einem strukturierten Finanzinstrument – hierunter werden sowohl Vermögensgegenstände mit Forderungscharakter (z.B. Ansprüche aus Darlehen und Wertpapiere) als auch entsprechende Verbindlichkeiten subsumiert – ist ein Basisvertrag rechtlich mit einem oder mehreren eingebetteten Derivaten verbunden.[49] Grundsätzlich sind strukturierte Finanzinstrumente als einheitliches Finanzinstrument zu bilanzieren. Abweichend von diesem Grundsatz handelt es sich jedoch um zwei Instrumente, wenn das eingebettete Derivat zu wesentlich erhöhten oder zusätzlichen (andersartigen) Risiken und Chancen führt. Das Derivat ist dann vom Basisvertrag abzuspalten und getrennt zu bilanzieren.[50] Mögliche Anwendungsfälle im Zusammenhang mit „grünen" Finanzierungen werden in Abschn. 5.7.4. dargestellt. Die handelsrechtlichen Vorschriften fordern keine gesonderten Angaben für „grüne" Finanzierungen im Anhang, sodass die allgemeinen Regelungen anzuwenden sind. Neben den Angaben der Bilanzierungs- und Bewertungsmethoden für Finanzinstrumente[51] enthalten § 285 Nr. 18, 19 und 20 bzw. § 314 Abs. 1 Nr. 10, 11 und 12 HGB Angabepflichten für bestimmte Finanzinstrumente, die in Abhängigkeit von der Gestaltung im Einzelfall bei „grünen" Finanzierungen einschlägig sein können. Im Lagebericht sind „grüne" Finanzierungen ebenfalls gemäß den allgemeinen Regelungen zu berücksichtigen.[52] Die Anforderungen an den Konzernlagebericht werden darüber

46 Handelt es sich bei den „grünen" Finanzierungen um Forderungen, sind die Abschreibungen auf den Wert der Forderungen vorzunehmen, der ihnen am Abschlussstichtag beizulegen ist, vgl. § 253 Abs. 4 Satz 2 HGB. Zur Anwendung der Niederstwertvorschrift auf Wertpapiere siehe Schubert/Berberich, in: Grottel et al. (Hrsg.), Beck'scher Bilanz-Kommentar, 12. Aufl., § 253 HGB, Anm. 609 ff.

47 Vgl. Abschn. 5.7.4. zur Bilanzierung beim Emittenten. Hinsichtlich der Aktivseite gilt nach IFRS 9.4.3.2, dass ein hybrider Vertrag in seiner Gesamtheit nach IFRS 9 zu klassifizieren ist, wenn es sich bei dem Basisvertrag um einen Vermögenswert im Anwendungsbereich von IFRS 9 handelt.

48 Zur Definition derivativer Finanzinstrumente vgl. IDW RH HFA 1.005 (Stand: 06.08.2018), Tz. 4 f., zur einheitlichen oder getrennten Bilanzierung strukturierter Finanzinstrumente vgl. IDW RS HFA 22 (Stand: 11.09.2015).

49 Strukturierte Finanzinstrumente i.S. von IDW RS HFA 22 weisen im Vergleich zu nicht strukturierten Finanzinstrumenten besondere Ausstattungsmerkmale aus, die die Verzinsung, die Laufzeit und/oder die Auszahlung der Finanzinstrumente betreffen. Zur Definition und Anwendungsbereich vgl. IDW RS HFA 22, Tz. 2 f.

50 Vgl. IDW RS HFA 22, Tz. 6 bis 10. Für typische Beispiele für eine erforderliche getrennte Bilanzierung siehe Tz. 16. Für Ausnahmen, in denen eine einheitliche Bilanzierung erfolgt, siehe Tz. 13 f.

51 Vgl. § 284 Abs. 2 Nr. 1 bzw. § 313 Abs. 1 Satz 3 Nr. 1 HGB.

52 Vgl. insbesondere § 289 Abs. 2 Nr. 1 bzw. § 315 Abs. 2 Nr. 1 HGB.

hinaus durch DRS 20 konkretisiert, der eine gesonderte Berichterstattung über die Verwendung von[53] Finanzinstrumenten vorsieht.[54]

5.7.4 Bilanzierung „grüner" Finanzierungen aus der Perspektive eines Emittenten

Wenn es sich bei einem „grünen" Finanzinstrument um eine finanzielle Verbindlichkeit handelt, ist zu prüfen, ob ein eingebettetes abspaltungspflichtiges und damit getrennt zu bilanzierendes Derivat vorliegt. Dazu muss im ersten Schritt geklärt werden, ob die Definition eines Derivats i.S. des IFRS 9 erfüllt ist. Ein Derivat ist ein Finanzinstrument oder ein anderer Vertrag im Anwendungsbereich des Standards, das bzw. der die folgenden drei Merkmale kumulativ aufweist[55]:

1. die Wertentwicklung ist an einen bestimmten Zinssatz, den Preis eines Finanzinstruments, einen Rohstoffpreis, Wechselkurs, Preis- oder Kursindex, Bonitätsrating oder -index oder eine andere Variable gekoppelt, sofern bei einer nicht-finanziellen Variablen diese nicht spezifisch für eine der Vertragsparteien ist (auch „Underlying" genannt);
2. es ist keine Anfangsauszahlung erforderlich oder eine, die im Vergleich zu anderen Vertragsformen, von denen zu erwarten ist, dass sie in ähnlicher Weise auf Änderungen der Marktbedingungen reagieren, geringer ist; und
3. die Erfüllung erfolgt zu einem späteren Zeitpunkt.

Für die meisten der in Abschn. 5.7.2.2. beschriebenen Typen von Green Bonds und Green Loans ist zumindest in Bezug auf Nachhaltigkeitsaspekte nicht von der Erfüllung der Definition eines Derivats auszugehen, da die vertraglichen Ausgestaltungen meist lediglich die Finanzierung eines „grünen" Projekts ohne nachhaltigkeitsspezifische Auswirkungen auf die vereinbarten Zahlungsströme vorsehen.[56] Eine besondere Relevanz ergibt sich allerdings für ESG-gebundene Anleihen, bei denen i.d.R. eine vertragliche Bindung der Zinssätze an einen unternehmensspezifischen Nachhaltigkeitsfaktor oder ein Nachhaltigkeitsrating des Emittenten vorliegt und damit auch der Wert der Anleihe in Abhängigkeit von einem „Underlying" Änderungen unterliegt. Dennoch ist die Definition eines Derivats für eine solche Verknüpfung nicht pauschal als erfüllt anzusehen, da zur Beurteilung des ersten o.g. Kriteriums noch entscheidend ist, ob der Nachhaltigkeitsfaktor eine finanzielle oder eine nicht-finanzielle Variable der Vertragspartei darstellt.

[53] Auch wenn DRS 20 den Konzernlagebericht gemäß § 315 HGB konkretisiert, hat der DRS eine Ausstrahlungswirkung auf die Lageberichterstattung nach § 289 HGB, siehe hierzu IDW, WP Handbuch, Rechnungslegung & Prüfung, 17. Aufl., Kap. F, Rn. 1366 bis 1368.

[54] DRS 20 sieht eine Berichterstattung der Konzernleitung über die Risikoziele und Risikomanagementmethoden i.Z.m. eingesetzten Finanzinstrumenten vor, vgl. DRS 20 „Konzernlagebericht", Tz. 179 bis 187.

[55] Vgl. IFRS 9, Appendix A, i.V.m. IFRS 9.4.3.1 ff.

[56] Dennoch muss in diesen Fällen – wie bei allen anderen finanziellen Verbindlichkeiten auch – unabhängig von etwaigen Nachhaltigkeitsaspekten das Vorliegen und die Abspaltungspflicht eingebetteter Derivate (z.B. vorzeitige Kündigungs- oder Verlängerungsoptionen) nach IFRS 9.4.3.1 und IFRS 9.Appendix A, geprüft werden.

Die Beurteilung der Art der Variable (d.h. finanziell vs. nicht-finanziell) hängt in erster Linie davon ab, ob ein direkter Einfluss der Nachhaltigkeitsfaktoren auf das Kreditausfallrisiko des Emittenten besteht.

Gelangt der Emittent zu dem Ergebnis, dass ein direkter Einfluss des spezifischen Nachhaltigkeitsfaktors, auf den in den vertraglichen Zahlungsströmen der finanziellen Verbindlichkeit Bezug genommen wird, auf das Kreditausfallrisiko des Emittenten besteht, stellt der Nachhaltigkeitsfaktor in erster Linie eine Komponente des Kreditausfallrisikos dar und ist daher als finanzielle Variable einzustufen. In diesem Fall wäre die Definition eines eingebetteten Derivats erfüllt. Daran anknüpfend ist nach IFRS 9.4.3.3 zu beurteilen, ob das eingebettete Derivat vom Basisvertrag zu trennen ist. In Einklang mit der vorherigen Schlussfolgerung, dass ein direkter Einfluss des Nachhaltigkeitsfaktors auf das Kreditausfallrisiko des Emittenten besteht, können die wirtschaftlichen Merkmale und Risiken des eingebetteten Derivats und des Basisvertrags als eng miteinander verbunden angesehen werden. Daher wird das eingebettete Derivat nicht getrennt.

Wenn kein direkter Einfluss des spezifischen Nachhaltigkeitsfaktors, auf den in den vertraglichen Zahlungsströmen der finanziellen Verbindlichkeit Bezug genommen wird, auf das Kreditausfallrisiko des Emittenten vorliegt, stellt der Nachhaltigkeitsfaktor eine nicht-finanzielle Variable dar, die zudem unternehmensspezifisch ist. Bislang ist noch ungeklärt, ob in solchen Fällen von nicht-finanziellen Variablen, die spezifisch für eine Vertragspartei sind, ein Ausschluss von der Definition eines Derivats i.S. von IFRS 9 vorliegt oder nicht[57].

Ein kurzer Blick ins HGB Grundsätzlich gilt für die bilanzielle Abbildung „grüner" Finanzierungen aus Sicht eines Emittenten, wie für alle Verbindlichkeiten, dass diese gemäß § 253 Abs. 1 Satz 2 HGB zu ihrem Erfüllungsbetrag anzusetzen sind.[58] Ist der Erfüllungsbetrag einer Verbindlichkeit höher als der Ausgabebetrag, darf der Unterschiedsbetrag gemäß § 250 Abs. 3 HGB als aktiver Rechnungsabgrenzungsposten erfasst werden, welcher zeitanteilig erfolgswirksam aufzulösen ist. Wird von diesem Wahlrecht kein Gebrauch gemacht, erfolgt eine unmittelbare aufwandswirksame Erfassung. In Bezug auf die Folgebewertung gilt das sog. Höchstwertprinzip. Danach ist eine Abwertung einer Verbindlichkeit unter den erstmalig angesetzten Erfüllungsbetrag unzulässig. Eine Aufstockung der Verbindlichkeit ist allerdings geboten, wenn der Erfüllungsbetrag ansteigt. Um dem Realisations- und dem Imparitätsprinzip gerecht zu werden, kann sich im Falle „grüner" Finanzierungen, deren

57 Auch das IFRS Interpretations Committee (IFRS IC) konnte im Rahmen einer Agendaentscheidung diesbzgl. Keine Klarheit schaffen. Vgl. IFRS IC, IFRIC Update, Agendaentscheidung „Classification of a GDP-linked security", September 2012.

58 Eine Ausnahme bilden Finanzinstrumente des Handelsbestands von Kreditinstituten, die gemäß § 340e Abs. 3 HGB zum beizulegenden Zeitwert abzüglich eines Risikoabschlags bewertet werden.

vertraglicher Rückzahlungsbetrag in der Höhe maßgeblich vom Projekterfolg abhängt (z.B. bei Green Project Bonds), die Notwendigkeit ergeben, einen oberhalb des Ausgabebetrags liegenden Betrag zu passivieren. Dies stellt jedoch keine Besonderheit „grüner" Finanzierungen dar, sondern gilt auch für sonstige Projektfinanzierungen. Der Emittent einer „grünen" Finanzierung hat diese dahingehend zu prüfen, ob ein eingebettetes Derivat abzuspalten und getrennt zu bilanzieren ist. Allein aufgrund des Umstands, dass die Variabilität der Verzinsung eines begebenen Finanzinstruments auf die Entwicklung von ESG-Faktoren zurückgeht, ergeben sich keine bilanziellen Besonderheiten zu Finanzinstrumenten, die anderweitig variabel verzinst werden. Der Erfüllungsbetrag von Geldleistungsverpflichtungen entspricht dem nicht-abgezinsten Nennwert.[59] Änderungen von vertraglichen Zinszahlungen haben somit keine Auswirkung auf den Erfüllungsbetrag der Verbindlichkeit. Im Lagebericht des Emittenten sind v.a. die Angaben zur Kapitalstruktur gemäß DRS 20.81 ff. relevant. Zu den weiteren erforderlichen Angaben in Anhang und Lagebericht wird auf die Ausführungen zum Handelsrecht in Abschn. 5.7.3. verwiesen.

5.7.5 Fazit und Lösungsansätze

Bei „grünen" finanziellen Vermögenswerten mit einer Variabilität der Zahlungsströme aufgrund von Nachhaltigkeitsfaktoren ist insbesondere die Würdigung der Zahlungsstrombedingung im Rahmen der Klassifizierung nach IFRS 9 für Investoren der bedeutsamste Aspekt, da er über deren Bilanzierung zum Fair Value oder zu fortgeführten Anschaffungskosten entscheidet. Auf der Passivseite stellt vor allem die Analyse „grüner" finanzieller Verbindlichkeiten auf vorhandene eingebettete und abspaltungspflichtige Derivate die Emittenten vor Herausforderungen.

Die derzeitigen Probleme in der Anwendung der aktuell gültigen IFRS auf „grüne" Finanzierungen dürften auch dem Umstand geschuldet sein, dass „grüne" Finanzinstrumente bei der Verabschiedung von IFRS 9 im Jahr 2014 kaum eine Rolle in der Praxis gespielt haben und der Standardsetzer daher keine Konkretisierung vornehmen musste. Mittlerweile haben sich die Umstände aber deutlich geändert. Instrumente mit einer vertraglichen Verknüpfung von Zahlungsströmen mit Nachhaltigkeitsfaktoren sind mittlerweile im Kapitalmarkt angekommen und dürften in naher Zukunft ein flächendeckendes Finanzierungsmittel werden. In der EU ist der politische Wille aus dem „Green Deal" ein wesentlicher Treiber für diese Entwicklung.

Wie oben dargestellt, ist die Beurteilung der Zahlungsstrombedingung nicht frei von Unsicherheit in der Auslegung. Davon betroffen sind alle Beteiligten, einschließlich der Aufsichtsbehörden. Sicherheit in der Auslegung dieser Frage dürfte sich nur dann einstellen,

[59] Vgl. Häublein/Hoffmann-Theinert, BeckOK HGB, 32. Edition, Stand: 15.04.2021, § 253, Rn. 11.1 sowie BFH vom 04.03.1976, IV R 78/72, BStBl. II 1977, S. 380.

wenn sich das IASB dieser Problematik annimmt und speziell für diese Art von Finanzierungen klare Regelungen und damit Rechtssicherheit schafft. Für einen funktionierenden Kapitalmarkt braucht es belastbare und eindeutig nachvollziehbare Regeln.[60] Ein vergleichsweise einfacher Weg für den internationalen Standardsetzer bestünde bspw. in einer Klarstellung des Grundprinzips und der Elemente von „Standardkreditverträgen“ („basic lending arrangements“) nach IFRS 9. Hier sollte eindeutig festgehalten werden, dass bestimmte vertragliche Vereinbarungen zu Nachhaltigkeitsfaktoren und die daraus resultierende Variabilität der Zahlungsströme in Einklang mit dem Grundprinzip des Standards stehen. Dies sollte durch entsprechende Ausführungen in den Anwendungsleitlinien zu IFRS 9 flankiert werden. Damit könnte ein Kanon an zulässigen ESG-Faktoren bestimmt werden (z.B. unter Verweis auf bestehende „grüne“ Taxonomien), der für sich genommen nicht zu einer erfolgswirksamen Bewertung zum Fair Value für „grüne“ Finanzinstrumente führt. Eventuell entstehende ungewollte Bilanzierungskonsequenzen, die der sowohl politisch als auch gesellschaftlich intendierten Änderung des Investitionsverhaltens hin zu nachhaltigen Produkten ggf. entgegenstehen, könnten auf diese Weise beseitigt werden.

Mit Blick auf die aktuelle Agenda des IASB würde sich der anstehende Postimplementation Review (PiR) von IFRS 9[61] zwar grundsätzlich eignen, dieses Thema zu adressieren und die Lücke in den bestehenden Vorschriften zu füllen. Allerdings ist – vor dem Hintergrund der derzeit rasanten europäischen, aber auch globalen Entwicklungen in diesem Bereich – zu konstatieren, dass der Zeitplan bis zu einer möglichen Überarbeitung des Standards als Ergebnis des PiR zu spät kommen dürfte. Daher erscheint es wünschenswert, dass das IASB ein gesondertes Projekt mit dem Ziel einer begrenzten Änderung von IFRS 9 kurzfristig in seinen Arbeitsplan aufnimmt. Das IASB hat bereits in der Vergangenheit bewiesen, dass es auf dringende Marktentwicklungen mit Auswirkungen auf die Bilanzierung kurzfristig reagieren kann (z.B. im Rahmen der IBOR-Ablösung sowie bei der flächendeckenden Einführung von zentralen Kontrahenten im Derivatehandel) und somit zu einer sachgerechten und konsistenten Anwendung der IFRS beigetragen hat. Die Bedeutung dieser Fragestellung rechtfertigt aus Sicht des IDW ein kurzfristiges und entschlossenes Handeln auf Seiten des Standardsetzers.

5.7.6 Ausblick

Insgesamt sind die europäischen Bestrebungen zur Entwicklung einer nachhaltigeren Wirtschaft und Gesellschaft und der damit zunehmenden Bedeutung „grüner“ Finanzierungen zu begrüßen. Durch die Entwicklung einer EU-weiten Taxonomie (vor allem

[60] Vgl. hierzu auch die Forderung des Sustainable Finance-Beirats der Bundesregierung, Shifting the Trillions – Ein nachhaltiges Finanzsystem für die Große Transformation, 31 Empfehlungen, v. 24.02.2021, S. 17, abrufbar unter: https://sustainable-finance-beirat.de/.

[61] Siehe hierzu IFRS Foundation Projektseite zum PiR von IFRS 9: https://www.ifrs.org/projects/work-plan/post-implementation-review-of-ifrs-9-classification-and-measurement/

einer klaren Definition „grüner Aktivitäten"), die Vereinheitlichung von Offenlegungspflichten sowie die Schaffung eines EU Green Bond Standards soll die Bereitschaft zur Emission „grüner" Finanzierungen durch die Unternehmen gefördert und gleichzeitig die Transparenz und Vergleichbarkeit der verschiedenen Produkte insbesondere mit Blick auf die Investoren erhöht werden.

Die Anzahl der Emissionen „grüner" Finanzprodukte wird in den nächsten Jahren voraussichtlich weiter steigen. Ebenso wird die Vielfalt und Komplexität der Produkte zunehmen. Daher ist eine intensive Auseinandersetzung mit Fragen der Bilanzierung dieser neuartigen Finanzinstrumente unerlässlich. Da es derzeit weder international noch national spezielle Regelungen für die Bilanzierung „grüner" Finanzierungen gibt, sind die geltenden Regelungen der beiden Normenwerke (IFRS/HGB) jeweils sinnvoll auszulegen und anzuwenden, um eine möglichst sachgerechte und transparente Abbildung in den Abschlüssen der Unternehmen zu erreichen.

Aus Sicht des Berufsstands der Wirtschaftsprüfer*innen ist es dringend notwendig, sich sowohl auf globaler Ebene (IFRS) als auch auf nationaler Ebene (HGB) mit dieser neuen Art der Finanzinstrumente und deren Bilanzierung intensiv auseinanderzusetzen. Gerade mit Blick auf den internationalen Standardsetzer wäre es wünschenswert, wenn kurzfristig ein neues Projekt auf die Agenda genommen werden würde, um im Rahmen dessen die darstellten Fragen zur Bilanzierung „grüner" Finanzierungen zu klären und ggf. notwendige Anpassungen der jeweiligen Regelungen oder deren Auslegung vorzunehmen.

Kapitel 6: Nichtfinanzielle versus integrierte Berichterstattung

Betrachten wir zunächst die geltende Rechtslage und die entsprechenden geltenden Standards zur nichtfinanziellen Berichterstattung. In den Fachaufsätzen, die auf unsere Betrachtungen folgen, stehen demgegenüber die Forderungen nach einer verbesserten integrierten Berichterstattung im Vordergrund.

Seit dem Geschäftsjahr 2017 sind große[1] kapitalmarktorientierte Unternehmen mit mehr als 500 Arbeitnehmern zur Veröffentlichung ausgewählter Nachhaltigkeitsinformationen verpflichtet. Diese sogenannte nichtfinanzielle Erklärung kann in folgender Form erfolgen:

- Integration in den (Konzern-)Lagebericht
- Besonderer Abschnitt innerhalb des (Konzern-)Lageberichts
- Gesonderter nichtfinanzieller (Nachhaltigkeits-)Bericht
  - Eigenständiger nichtfinanzieller Bericht
  - Integration in einen anderen Bericht (Nachhaltigkeitsbericht)
  - Besonderer Abschnitt in einem anderen Bericht (Nachhaltigkeitsbericht)

Mindestumfang

Der Mindestumfang der nichtfinanziellen Erklärung ist in § 289c HGB festgelegt, wobei jedes Unternehmen bezüglich der Reihenfolge der Themen Wahlfreiheit hat:

Anforderung	**Beispiele**
Kurze Beschreibung des Geschäftsmodells	./.
Umweltbelange	– Treibhausgasemissionen – Wasserverbrauch – Luftverschmutzung – Nutzung von erneuerbaren und nicht erneuerbaren Energien – Schutz der biologischen Vielfalt
Arbeitnehmerbelange	– Maßnahmen zur Gewährleistung der Geschlechtergleichstellung – Arbeitsbedingungen – Umsetzung der grundlegenden Übereinkommen der Internationalen Arbeitsorganisation – Achtung der Rechte der Arbeitnehmerinnen und Arbeitnehmer, informiert und konsultiert zu werden – sozialer Dialog – Achtung der Rechte der Gewerkschaften – Gesundheitsschutz – Sicherheit am Arbeitsplatz

1 Groß im Sinne des § 267 Abs. 3 HGB. Ebenfalls betroffen sind Konzerne, große Personengesellschaften im Sinne des § 264a HGB, Genossenschaften, Kreditinstitute, Finanzdienstleister und Versicherungen.

Anforderung	Beispiele
Sozialbelange	– Dialog auf kommunaler oder regionaler Ebene – Maßnahmen zur Sicherstellung des Schutzes und der Entwicklung lokaler Gemeinschaften
Achtung der Menschenrechte	– Vermeidung von Menschenrechtsverletzungen
Bekämpfung von Korruption und Bestechung	– bestehende Instrumente zur Bekämpfung von Korruption und Bestechung

Tab. 1 Umfang der nichtfinanziellen Erklärung gemäß § 289c HGB

Die Unternehmen sollen für die einzelnen Belange ihre Konzepte, ihre angestrebten Ziele und die zur Zielerreichung geplanten und ergriffenen Maßnahmen angeben. Gibt es für einzelne Themenbereiche kein Konzept, so ist dies nach dem Comply-or-Explain-Ansatz zu begründen. Die Due-Diligence-Prozesse sind darzustellen, um aufzuzeigen, wie die Unternehmensleitung ihre Sorgfaltspflichten erfüllt, Risiken erkennt und diese managt.[2] Sofern für das Verständnis erforderlich, sind Hinweise und Erläuterungen zu den Zahlen des Jahresabschlusses einzubringen. In Ausnahmefällen ist gemäß § 289e HGB das Weglassen nachteiliger Angaben unter Umständen erlaubt, um erheblichen Schaden von der Kapitalgesellschaft abzuwenden.

Konkretisiert werden die Anforderungen an die Nachhaltigkeitsberichterstattung im Konzernlagebericht im Deutschen Rechnungslegungsstandard Nr. 20 (DRS 20), der Ausstrahlungswirkung auf alle Unternehmen entfaltet.[3] Die Verwendung von Rahmenwerken ist ausdrücklich erlaubt, sofern alle Anforderungen des DRS 20 erfüllt und Angaben zum verwendeten Rahmenwerk gemacht werden. Die unterbleibende Nutzung eines Rahmenwerkes ist zu begründen.

Rahmenwerke

Es haben sich zahlreiche Rahmenwerke für Berichte aus dem Bereich der Nachhaltigkeit herausgebildet.[4] Die wichtigsten Rahmenwerke sind die global angewandten GRI-Standards[5] der Global Reporting Initiative sowie der Deutsche Nachhaltigkeitskodex des Rats für Nachhaltige Entwicklung.[6] Die Leitlinien der EU-Kommission für die Berichterstattung über nichtfinanzielle Informationen[7] stellen kein eigenständiges Rahmenwerk dar,

2 Vgl. IDW: Zukunft der Berichterstattung, Nachhaltigkeit, IDW Positionspapier: Pflichten und Zweifelsfragen zur nichtfinanziellen Erklärung als Bestandteil der Unternehmensführung, Stand 14.06.2017.

3 Vgl. hierzu Völker-Lehmkuhl/Reisinger: Wegweiser Nachhaltigkeit.

4 Völker-Lehmkuhl/Reisinger: Wegweiser Nachhaltigkeit sowie IDW: Assurance, 2. Auflage, 2021 geben einen ausführlichen Überblick über die gängigen Rahmenwerke.

5 Die GRI-Standards sind online in deutscher Übersetzung verfügbar unter globalreporting.org, abgerufen am 14.01.2021.

6 Der Leitfaden zum Deutschen Nachhaltigkeitskodex ist als PDF verfügbar unter deutscher-nachhaltigkeitskodex.de, abgerufen am 14.01.2021.

7 EU-Kommission, Leitlinien für die Berichterstattung über nichtfinanzielle Informationen, Stand 05.07.2017, online unter eur-lex.europa.eu, abgerufen am 14.01.2021.

sondern geben den Anwendern hilfreiche Hinweise für die Erstellung des Berichts. In den im Juni 2019 ebenfalls von der EU-Kommission veröffentlichten unverbindlichen Leitlinien zur Berichterstattung (Guidelines on reporting climate-related information) werden nur die klimabezogenen Informationen behandelt.[8]

GRI-Standards

Die GRI-Standards sind mit mehr als 20.000 veröffentlichten Nachhaltigkeitsberichten de facto das internationale Standard-Rahmenwerk für die Nachhaltigkeitsberichterstattung von Unternehmen. Es handelt sich um einen in sich verknüpften Satz aus sechs Einzelstandards mit gegenseitigen Verweisen, die unabhängig voneinander aktualisiert werden können, darunter drei allgemeine und drei themenspezifische:

- Allgemeine Standards (General Disclosures)
  - GRI 101: Grundlagen
    - Grundbegriffe
    - Reporting-Prinzipien
  - GRI 102: Allgemeine Angaben
    - Angaben zur Organisation
    - Vorgehensweise Reporting
  - GRI 103: Management-Ansätze
    - Wesentliche Themen
    - Erläuterung Management-Ansatz
- Themenspezifische Standards (Topic-Specific Disclosures)
  - GRI 200: Ökonomische Themen
    - Wirtschaftliche Performance
    - Indirekte Auswirkungen, Korruption etc.
  - GRI 300: Ökologische Themen
    - Materialien, Produktion, Energie, Wasser
    - Emissionen, Abwasser, Compliance etc.
  - GRI 400: Soziale Themen
    - Arbeitsbedingungen, Kinderarbeit
    - Menschenrechte, Gleichstellung etc.

Im Anhang befindet sich eine Übersicht über die in den jeweiligen Einzelstandards behandelten Themen, die auch für die Erstellung eines GRI-Index, Bestandteil jedes Nachhaltigkeitsberichts nach GRI, geeignet ist.

[8] EU-Kommission, Mitteilung der Kommission. Leitlinien für die Berichterstattung über nichtfinanzielle Informationen: Nachtrag zur klimabezogenen Berichterstattung, 2019/C 209/01, 20.06.2019, online unter eur-lex.europa.eu, abgerufen am 14.01.2021 (im Folgenden: EU-Kommission, Mitteilung der Kommission 2019).

Klar geregelt sind nach den GRI-Standards auch die Prinzipien der Berichterstattung, die sich in inhaltsbezogene und qualitätsbezogene Aspekte aufteilen lassen (siehe **Abb. 1**).

Prinzipien der Berichterstattung zur Bestimmung des Berichtsinhalts	Prinzipien der Berichterstattung zur Sicherstellung der Berichtsqualität
• Einbindung von Stakeholdern	• Genauigkeit
• Nachhaltigkeitskontext	• Ausgewogenheit
• Wesentlichkeit	• Verständlichkeit
• Vollständigkeit	• Vergleichbarkeit
	• Zuverlässigkeit
	• Aktualität

Abb. 1 Prinzipien der Berichterstattung gemäß GRI[9]

Die Unternehmen können zwischen der komprimierten Reporting-Option „Core“ (Kern) sowie der umfassenden Variante „Comprehensive“ wählen. Das Comprehensive-Prinzip verlangt die Berücksichtigung aller Themen der GRI-Standards, während die mehrheitlich gewählte Core-Berichterstattung nur die wesentlichen Themenbereiche umfasst. Wichtig dabei ist, dass die potenziell wesentlichen Themen nicht auf die Kategorien des GRI begrenzt sind. Wenn Unternehmen Themenbereiche als relevant definieren, die im GRI nicht vorkommen, so sind diese ebenfalls im Nachhaltigkeitsbericht zu thematisieren.

Der Deutsche Nachhaltigkeitskodex

Der Deutsche Nachhaltigkeitskodex (DNK) wurde vom Rat für Nachhaltige Entwicklung formuliert. Er kann von Unternehmen und Organisationen aller Größen und Rechtsformen angewandt werden.

Unternehmen, die den Deutschen Nachhaltigkeitskodex anwenden, können ihre Berichte beim Rat für Nachhaltige Entwicklung einreichen. Sie werden dann auf formale Vollständigkeit geprüft und in eine öffentlich zugängliche Datenbank eingepflegt. Die Berichterstattung nach dem DNK kann auch zusätzlich zu einem Nachhaltigkeitsbericht nach GRI-Standards erfolgen.

---

9 Quelle: GRI-Standards, https://www.globalreporting.org/how-to-use-the-gri-standards/gri-standards-german-translations/, abgerufen am 14.01.2021.

Abb. 2 20 Kriterien gemäß DNK[10]

Das Greenhouse Gas Protocol[11] (GHG Protocol) ist das gängige Rahmenwerk zur Erstellung von Treibhausgasbilanzen, erfasst aber nicht die übrigen Nachhaltigkeitsaspekte. Es erinnert mit seinen Prinzipien der Relevanz, Vollständigkeit, Konsistenz, Transparenz und Genauigkeit an die Grundsätze ordnungsgemäßer Bilanzierung im Rechnungswesen:

- **Relevanz:** Das Prinzip der Relevanz schreibt vor, dass bei der Erstellung eines Carbon Footprint für ein Unternehmen alle wesentlichen Emissionsquellen berücksichtigt werden.
- **Vollständigkeit:** Das Prinzip der Vollständigkeit besagt, dass alle relevanten Emissionsquellen innerhalb der Systemgrenzen berücksichtigt werden müssen und Abweichungen vom Prinzip der Vollständigkeit – etwa aus Mangel an belastbaren Daten – in jedem Einzelfall zu begründen sind.
- **Konsistenz:** Um eine Vergleichbarkeit der Ergebnisse im Zeitverlauf zu ermöglichen, sollen die Bilanzierungsmethoden und Systemgrenzen festgehalten und in den Folgejahren beibehalten werden. Potenzielle Änderungen müssen benannt und begründet werden.

10 Quelle: Deutscher Nachhaltigkeitskodex, Maßstab für nachhaltiges Wirtschaften: https://www.deutscher-nachhaltigkeitskodex.de/Documents/PDFs/Sustainability-Code/DNK_Broschuere_2017, abgerufen am 12.02.2021.

11 Greenhouse Gas (GHG) Protocol Standards, online unter ghgprotocol.org, abgerufen am 14.01.2021.

- **Genauigkeit:** Verzerrungen und Unsicherheiten sollen soweit möglich reduziert werden, damit die Ergebnisse eine solide Entscheidungsgrundlage bieten.
- **Transparenz:** Die Ergebnisse sollen transparent und eindeutig nachvollziehbar dargestellt werden.

Das GHG Protocol schreibt einen verbindlichen Prozess für die Erstellung einer CO_2-Bilanz vor. So muss definiert werden, welche Unternehmensteile für die Erstellung der CO_2-Bilanz betrachtet und welche Emissionsquellen in die Betrachtung mit einbezogen werden. Besonderes Augenmerk liegt auf der Erhebung der erforderlichen Daten im Unternehmen. Berücksichtigt werden alle relevanten Treibhausgase gemäß Kyoto-Protokoll. Da sich die klimaschädlichen Wirkungen von Treibhausgasen je nach emittierter Menge stark unterscheiden, werden alle Treibhausgase als CO_2-Äquivalente in die Treibhausgasbilanz von Unternehmen übernommen.

Treibhausgas		Äquivalenz-Faktor	Ursachen
Kohlendioxid	CO_2	1	Verbrennung fossiler Brennstoffe (z. B. Kohle, Gas, Erdöl, Holz)
Methan	CH_4	21	z. B. aus Viehzucht, Reisanbau, Deponien
Distickstoffoxid	N_2O	296–310	Stickstoffdüngung, Deponien
Teilhalogenierte Fluorkohlenwasserstoffe	H-FKW/HFSs	140 –11.700	Aluminium-Produktion
Perfluorierte Kohlenwasserstoffe	FKW/PFCs	6.500–9.200	Kühlmittel, chemische Industrie
Schwefelhexafluorid	SF_6	23.900	durch Hochspannungsleitungen

Tab. 2 Treibhausgase gemäß Kyoto-Protokoll[12]

Eine Besonderheit des GHG Protocol stellen die drei Bereiche (Scopes) dar, in die die Emissionen eingeteilt werden (siehe auch **Abb. 6**):

- Scope 1: direkte Emissionen des Unternehmens
- Scope 2: indirekte Emissionen aus der Erzeugung von zugekauftem Strom, Dampf, Wärme, Kälte
- Scope 3: alle übrigen indirekten Emissionen (Herstellung und Transport von zugekauften Gütern, Nutzung der eigenen Produkte, Entsorgung von Abfällen, Geschäftsreisen etc.)

[12] Quelle: Völker-Lehmkuhl: Praxis der Bilanzierung und Besteuerung von CO_2-Emissionsrechten.

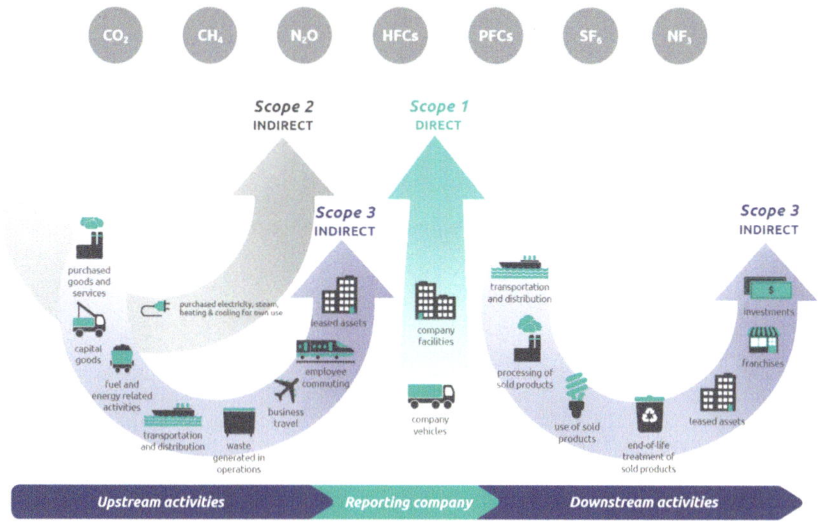

Abb. 3 Unterscheidung der drei „Scopes" des GHG Protocol[13]

Gemäß GHG Protocol ist die Berücksichtigung aller Emissionen aus Scope 1 und 2 verpflichtend. Die in der Praxis teilweise sehr schwierige Einrechnung der Scope-3-Emissionen erfolgt freiwillig, wird jedoch von immer mehr Unternehmen durchgeführt, um die CO_2-Emissionen von Produkten und Dienstleistungen vollständig auszuweisen.

WP StB Katharina Völker-Lehmkuhl, Heiligenhaus

[13] Quelle: GHG Protocol, Technical Guidance for Calculating Scope 3 Emissions, https://ghgprotocol.org/sites/default/files/ghgp/standards/Scope3_Calculation_Guidance_0.pdf, S. 6, abgerufen am 12.02.2021.

6.1 Green and more: Investoren wünschen sich standardisierte ESG-Reportings – und die könnten bald kommen

Von WP StB CPA Hendrik Fink

ESG-Kriterien spielen an den Kapitalmärkten und für Investoren eine immer größere Rolle. Aber wie sieht es mit den Standards zu deren Bilanzierung aus? Über die ersten Vorschläge von EFRAG und ISSB zum Klima-Reporting – und eine stärkere Verknüpfung zur Finanzberichterstattung.

6.1.1 Einleitung

Mit den immer deutlicher werdenden Auswirkungen des Klimawandels fokussieren sich unterschiedlichste Akteure mehr und mehr auf die Umweltauswirkungen wirtschaftlichen Handelns. Das gilt auch für den Kapitalmarkt und die Investoren. Für sie werden nichtfinanzielle ESG-Kriterien (ESG = Environment, Social, Governance) immer wichtiger. Schon heute sind für beinahe acht von zehn Investoren ESG-Risiken und ESG-Chancen entscheidende Faktoren bei ihren Investmententscheidungen. Und etwa die Hälfte der Investoren zieht Desinvestitionen in Betracht, wenn Unternehmen ESG-Aspekte nicht ausreichend berücksichtigen. Das sind zwei der wichtigsten Ergebnisse einer aktuellen Studie (Global Investor Survey 2021)[1], für die im September 2021 insgesamt 325 Investoren weltweit befragt wurden. Deren Mehrheit ist – eigenen Angaben zufolge – langfristig orientiert.

Aber sind die Informationen, um ESG-Risiken und -Chancen zutreffend beurteilen zu können, auch hinreichend verlässlich? Schließlich gibt es zwar unterschiedliche Sustainability-Rahmenwerke und -Metriken, aber noch keine einheitlichen Standards, nach denen Unternehmen über nichtfinanzielle Aspekte berichten. Ein Ergebnis vorweg: Zwei Drittel der befragten Investoren bemängeln die Qualität der ESG-Reportings. Demgegenüber meinen drei von vier Befragten, dass ESG-bezogene Metriken von unabhängigen Dritten geprüft werden sollten. 79 Prozent würden solchen geprüften ESG-Informationen mehr vertrauen.

Kurzum: Aus Sicht von Investoren bedarf es verlässlicher Standards, um ESG-Kriterien sicher beurteilen zu können. Wie steht es also um die Standardsetzung für die Nachhaltigkeitsberichterstattung?

---

1 PwC, Global Investor ESG Survey 2021, 16.11.2021 (www.pwc.com; Abruf: 26.11.2021).

6.1.2 UN-Klimakonferenz 2021 mit Meilenstein für ESG-Reporting

Bei der UN-Klimakonferenz 2021 (COP26[2]) in Glasgow im November 2021 haben die Treuhänder der International Financial Reporting Standards (IFRS) Foundation einen Meilenstein für die ESG-Berichterstattung erreicht: Sie verkündeten die Gründung des International

Sustainability Standards Board (ISSB).[3] Der ISSB soll mit den IFRS Sustainability Disclosure Standards die Basis (Global Baseline) schaffen für eine weltweit einheitliche ESG-Berichterstattung, anhand derer Unternehmen über ESG-Aspekte informieren, die ihre Wirtschaftstätigkeiten betreffen. Dies soll ebenso verlässlich geschehen, wie dies mit den International Financial Reporting Standards bei finanziellen Aspekten der Fall ist.

Das sind gute Nachrichten für Investoren, rückt damit doch die von ihnen mehrheitlich gewünschte einheitliche Berichterstattung einen entscheidenden Schritt näher. Erste Entwürfe, wie solche Standards ausgestaltet sein könnten, sind bereits vorgestellt worden. Ebenso arbeitet die Project Task Force on European Sustainability Reporting Standards (PTF-ESRS) der European Financial Reporting Advisory Group (EFRAG) an Vorschlägen für europäische Standards zur Konkretisierung der (noch zu verabschiedenden) überarbeiteten Corporate Sustainability Reporting Directive (CSRD).[4] Im Folgenden sollen die Grundzüge vor allem zweier Vorschläge kurz vorgestellt werden, und zwar die Prototypen für den jeweiligen Klima-Standard der EFRAG und des ISSB.

6.1.3 Die Vorschläge zu Klima-Standards von EFRAG und ISSB

6.1.3.1 EFRAG

Die PTF-ESRS der EFRAG hat ihren „Climate Standard Prototype" im September 2021 vorgestellt.[5] Der Vorschlag für den Klima-Prototypen konzentriert sich auf die drei Bereiche

I. Strategie,
II. Umsetzung und
III. Performance-Measurement.

Diese drei Bereiche stellen auf insgesamt zehn Offenlegungsbereiche ab (siehe nachfolgend). Der Vorschlag der EFRAG folgt somit der Struktur der geplanten CSRD, greift allerdings auch substantiell die Empfehlungen der Task Force on Climate-related Financial

2 COP = Conference of the Parties.

3 Siehe Pressemitteilung der IFRS Foundation vom 03.11.2021 (www.ifrs.org; Abruf: 26.11.2021).

4 Zum Richtlinienentwurf der EU-Kommission vom 21.04.2021 für eine Überarbeitung der CSR-Richtlinie siehe https://data.consilium.europa.eu (Abruf: 26.11.2021).

5 EFRAG, „Climate standard prototype", Working Paper, September 2021 (www.efrag.org; Abruf: 26.11.2021).

Disclosures (TCFD)[6] sowie weitere Anforderungen und Rahmenwerke (Offenlegungsverordnung (SFDR), EU-Taxonomie-Verordnung, Global Reporting Initiative (GRI)) auf. Der Klima-Prototyp ist noch kein endgültiger, sondern gibt eine erste Indikation, in welche Richtung der Standard entwickelt wird.

So sollen Unternehmen im ersten Bereich „Strategie" Angaben machen zu
- Geschäftsstrategie und Klimawandel,
- Auswirkungen auf den Klimawandel, Risiken und Chancen sowie
- Governance zu Klimathemen.

Zum zweiten Bereich „Umsetzung" sind
- Konzepte und Ziele bezüglich Klimawandel und Reduktion von Treibhausgas-Emissionen sowie zu
- Maßnahmen und Ressourcen

anzugeben.

Zum dritten Bereich Performance-Measurement empfiehlt der Klima-Prototyp schließlich Angaben zu
- Energieverbrauch und -mix,
- Treibhausgas-Emissionen gemäß Scope 1 und Scope 2,
- Treibhausgas-Emissionen gemäß Scope 3,
- Angaben zu nachhaltigen Wirtschaftstätigkeiten gemäß EU-Taxonomie und
- finanziellen Auswirkungen von physischen Risiken und Transitionsrisiken sowie entsprechenden Chancen.

6.1.3.2 ISSB

Die Technical Readiness Working Group (TRWG) des ISSB soll mit ihrem Vorschlag einen nahtlosen Arbeitsbeginn des neuen Standardsetzers ermöglichen. Die TRWG wurde im März 2021 gegründet und hat ebenfalls bereits einen Klima-Prototypen vorgestellt.[7] Ihr Vorschlag orientiert sich grundsätzlich an den vier Säulen der TCFD-Empfehlungen:

I. Governance,
II. Strategie,
III. Risikomanagement sowie
IV. Metriken und Ziele.

6 FSB, Recommendations of the Task Force on Climate-related Financial Disclosures, Juni 2017 (www.fsb.org; Abruf: 26.11.2021).

7 Siehe Fußnote 3.

In Bezug auf die Governance schlägt die TRWG vor, dass Unternehmen Informationen zu Governance-Prozessen, -Kontrollen und -Richtlinien veröffentlichen, die es erlauben, klimabezogene Risiken und Chancen zu überwachen und zu steuern.

In Bezug auf die Strategie sollen Unternehmen die klimabezogenen Risiken und Chancen für ihr Geschäftsmodell und ihre Strategie kurz-, mittel- und langfristig darstellen, einschließlich:

- ob und wie das Management klimabezogene Informationen für seine Entscheidungen nutzt;
- gegenwärtige und künftige Auswirkungen des Klimawandels auf das Geschäftsmodell;
- Auswirkungen des Klimawandels auf die finanzielle Lage, das Ergebnis und die Cashflows (samt kurz-, mittel- und langfristig erwarteten Auswirkungen auf die genannten Positionen);
- Resilienz der Unternehmensstrategie in Bezug auf Klimarisiken.

Im Bereich Risikomanagement sollen Unternehmen darstellen, inwiefern sie klimabezogene Risiken identifizieren, bewerten, steuern und reduzieren.

Bei den Metriken und Zielen müssen Unternehmen Leistungsindikatoren und Ziele veröffentlichen, die es erlauben zu beurteilen, wie erfolgreich das Management klimabezogener Risiken und Chancen ist.

6.1.3.3 Einschätzung der Vorschläge

Die Vorschläge von EFRAG und ISSB bieten eine gute Grundlage für eine einheitliche, standardisierte „Klimaberichterstattung", weil sie die wesentlichen Aspekte klimabezogener Risiken und Chancen berücksichtigen, wenngleich mit jeweils etwas anderer Struktur. Da beide Vorschläge vor allem auf den TCFD-Empfehlungen aufbauen, werden sie den Ansprüchen vieler Stakeholder-Gruppen – vor allem auch denen der Investoren – besser als heute genügen können. Beide Vorschläge scheinen grundsätzlich kompatibel, auch wenn im Detail unterschiedliche Informationen veröffentlicht werden müssten. Hier bleibt abzuwarten, wie der weitere Abstimmungsprozess zwischen den geplanten europäischen Sustainability Reporting Standards und denen des ISSB aussehen wird. Eine Angleichung ist selbstverständlich zu befürworten.

Sofern die Vorschläge in der vorliegenden Form umgesetzt werden, müssten viele Unternehmen künftig ein deutlich umfangreicheres „Klima-Reporting" betreiben. Vor allem wird die Darstellung der möglichen finanziellen Auswirkungen des Klimawandels auf das Geschäftsmodell deutlich in den Vordergrund gerückt werden.

Diese stärkere Verknüpfung mit der Finanzberichterstattung wird auch von Investoren mit Nachdruck gefordert – so beispielsweise in dem kürzlich erschienenen Bericht der

Carbon Tracker Initiative und der UN Principles for Responsible Investment (UNPRI)[8]. Die Studie, die sich auf Unternehmen mit hohen Treibhausgas-Emissionen konzentriert, kommt zu dem Ergebnis, dass Unternehmen die Auswirkungen von Klimarisiken auf ihr Geschäftsmodell noch nicht ausreichend in ihrer Finanzberichterstattung berücksichtigen und auch nicht transparent in ihren Bilanzierungs- und Bewertungsmethoden darstellen. Zudem weist die Studie auf Inkonsistenzen zwischen der Finanzberichterstattung und sonstigen Informationen hin. Ebenso sei aus den Vermerken der Abschlussprüfer nicht ersichtlich, wie sie diese Themen im Rahmen ihrer Prüfung gewürdigt haben.

Die nationalen Enforcer werden aufgrund der gemeinsamen Prüfungsschwerpunkte der Europäischen Wertpapier- und Marktaufsichtsbehörde ESMA für die Prüfung der IFRS-Abschlüsse 2021 von kapitalmarktorientierten Unternehmen das Thema „Klimawandel" zu einer ihrer Enforcement-Prioritäten für die Finanzberichterstattung machen. Die ESMA weist darauf hin, dass Ersteller und Prüfer Klimarisiken ausreichend berücksichtigen müssen, auch wenn die IFRS nicht ausdrücklich auf Klimathemen verweisen.[9] Auch stellt sie auf die Notwendigkeit der Konsistenz zwischen IFRS-Abschluss und nichtfinanziellen Informationen ebenso ab wie auf eine adäquate Berücksichtigung von Klimarisiken beispielsweise bei wesentlichen Bewertungsannahmen, Unsicherheiten bei Schätzungen, verbleibenden Restnutzungsdauern von Vermögenswerten oder Impairment-Tests.

6.1.4 Fazit

Für Investoren sind ESG-Faktoren mittlerweile zu einem entscheidenden Anlagekriterium geworden. Auch wenn ESG-Faktoren selbstverständlich in der Breite relevant sind, liegt derzeit ein besonderer Fokus auf dem Thema Klimaschutz. Künftig werden Sustainability-Standards eine aussagekräftige Klimaberichterstattung fordern, und zwar mit einer stärkeren Konnektivität zu den Auswirkungen des Klimawandels auf das Geschäftsmodell von Unternehmen, zum Unternehmenswert und zur Finanzberichterstattung.

(Quelle: Die Wirtschaftsprüfung, Heft 24/2021, Seite 1553 ff. (Reihe „Green and more"))

8 Carbon Tracker Initiative/UNPRI, Flying blind: The glaring absence of climate risks in financial reporting, 16.09.2021 (https://carbontracker.org und www.unpri.org; Abruf: jeweils 26.11.2021).

9 ESMA, European common enforcement priorities for 2021 annual financial reports, 29.10.2021 (www.esma.europa.eu; Abruf: 26.11.2021).

6.2 Green and More: Integrierte Berichterstattung als Hebel für die Transformation zu nachhaltigem Wirtschaften

Von Tanja Castor

Robuste Berichterstattung zu Nachhaltigkeitsthemen setzt eine strategische Verankerung von Nachhaltigkeit in Steuerungsprozessen von Unternehmen voraus. Eine systematische Integration von ESG-Themen in Unternehmensprozesse wird vor allem durch eine integrierte Berichterstattung reflektiert. BASF berichtet seit dem Jahr 2007 integriert, um „Integrated Thinking" zu fördern. Auch Regulatoren erkennen und nutzen diesen Hebel für die Transformation.

6.2.1 „Integrated Reporting" – vom Nischendasein zur regulatorischen Pflicht

Die Veröffentlichung materieller finanzieller und nachhaltigkeitsbezogener (extra-finanzieller) Themen im (Konzern-)Lagebericht ist spätestens seit der Gründung des International Integrated Reporting Council (IIRC) im Jahr 2010 als integriertes Berichtskonzept bekannt. Es soll vor allem langfristig orientierte Investoren befähigen, Werttreiber in Ergänzung zum klassischen Finanzabschluss zu erfassen. Um künftige Risiken und Chancen des Unternehmens ganzheitlich zu bewerten, benötigen Investoren und Stakeholder ein vollständiges Bild der finanziellen und nachhaltigkeitsbezogenen Informationen – sowohl zu den Auswirkungen und Folgen des Klimawandels, menschenrechtlicher Sorgfaltspflichten oder Biodiversitätsaspekten als auch zu den klassischen KPI der Finanzberichterstattung.

Allein die kombinierte Darstellung finanzieller und nachhaltigkeitsbezogener Informationen ist dabei nicht ausreichend. Bestehende Interdependenzen sollten nachvollziehbar aufgezeigt werden. Neben den nach außen gerichteten Zielen des Integrated Reporting birgt dieses Berichtskonzept ein Transformationspotenzial hin zu dem vom IIRC postulierten „Integrated Thinking" und gar zu einem „Integrated Steering". Dieser integrierte Steuerungsansatz führt zu nachhaltigeren, resilienteren Entscheidungen und ist die Voraussetzung für die Attraktivität des Unternehmens am Kapitalmarkt sowie für eine gesicherte Unternehmensfinanzierung: für immer mehr Anleger sind ESG-Aspekte entscheidungsrelevante Kriterien.

Auf die transformatorische Wirkung der integrierten Berichterstattung setzt auch die EU-Kommission: der Entwurf der Corporate Sustainability Reporting Directive (CSRD) sieht künftig die Berichterstattung zu wesentlichen ESG-Themen im (Konzern-)Lagebericht als verpflichtend vor.

6.2.2 „Integrated Thinking and Steering" – Reisebericht von der Lernkurve

BASF wendet das Konzept des Integrated Reporting bereits seit dem Jahr 2007 an und befindet sich seitdem in einem Lern- und Weiterentwicklungsprozess. Meilensteine sind dabei etwa die Erfassung verschiedener Kapitalströme sowie der jeweiligen Inputs, Outputs, Outcomes und Impacts, die Berichterstattung zu wesentlichen nachhaltigkeitsbezogenen Risiken und Chancen sowie die erstmalige Prüfung der beiden bedeutsamsten extra-finanziellen Leistungsindikatoren „Absolute CO2-Emissionen[1]" und „Umsatz mit Accelerator-Produkten[2]" mit hinreichender Sicherheit („Reasonable Assurance") seit dem Geschäftsjahr 2020. Weitere Nachhaltigkeitsangaben im Bericht der BASF werden seit mehr als fünfzehn Jahren mit begrenzter Sicherheit („Limited Assurance") geprüft.

Der Unternehmensbericht schafft ein tiefes Verständnis der Wechselwirkungen zwischen ESG- und Finanzleistung und erklärt wirkungsvoll die Umsetzung der Strategie sowie den Unternehmenszweck „We create chemistry for a sustainable future".

Die im Folgenden erläuterten Elemente des integrierten Berichtsprozesses tragen maßgeblich zu einer tieferen Verankerung von Nachhaltigkeitsaspekten im Unternehmen bei.

6.2.2.1 „Breaking Down the Silos" – interdisziplinäre Zusammenarbeit zwischen Finanzfunktion und Nachhaltigkeitsfunktionen auf Augenhöhe

Die nachhaltigkeitsbezogenen Berichtsanforderungen auf EU-Ebene machen eine enge Zusammenarbeit zwischen Finanz- und Nachhaltigkeitsfunktionen im Unternehmen unabdingbar.

Bei BASF arbeiten seit dem Jahr 2007 Verantwortliche aus relevanten Finanzeinheiten (unter anderem Reporting, Accounting/Performance Measurement, Treasury, Risikomanagement), aus Unternehmensstrategie/Nachhaltigkeit, Investor Relations, relevanten Experteneinheiten (Umweltschutz, Sicherheit, Gesundheit, Personal, Einkauf, Compliance), operativen Einheiten sowie aus der Unternehmenskommunikation im Berichts- und Prüfprozess eng zusammen. Nur so ist die Veröffentlichung aller wesentlichen Finanz- und ESG-Informationen Ende Februar möglich.

Auch für die kurzfristige Umsetzung des CSR-Richtlinien-Umsetzungsgesetzes (CSR-RUG) für das Geschäftsjahr 2017 und die sich daraus ergebenden Änderungen des DRS 20 im Deutschen Rechnungslegungs Änderungsstandards Nr. 8 (DRÄS 8) war das

1 Dem Begriff „CO_2" werden alle Treibhausgase der BASF Gruppe „Scope 1" (Emissionsquellen innerhalb des Unternehmens) und „Scope 2" (Emissionen aus der Erzeugung von Energie, die von außerhalb bezogen wird) subsummiert.

2 „Accelerator-Produkte" leisten einen besonderen Beitrag zur Nachhaltigkeit in der Wertschöpfungskette und zeichnen sich durch durchschnittlich höhere Wachstumsraten und Profitabilität aus.

Zusammenspiel von Rechnungslegungsexpertise und den Verantwortlichen für ESG-Berichtsprozesse erfolgskritisch. Diese Zusammenarbeit wurde durch einen „Sustainable-Finance-Roundtable“ institutionalisiert. Ebenso wurde 2021 im Finanzbereich eine Einheit „Sustainability Reporting, Analytics and Performance Management“ etabliert.

6.2.2.2 Positive und negative Wertbeiträge entlang der Wertschöpfungsketten verstehen – Basis für informierte Entscheidungen

BASF will die vielfältigen positiven wie auch negativen Auswirkungen entlang der Wertschöpfungsketten in der Berichterstattung angemessen berücksichtigen und weist bereits seit dem Jahr 2013 ihren „Value to Society“ aus. Diesen methodischen Ansatz brachte BASF 2019 in die Gründung der branchenübergreifenden Initiative „Value Balancing Alliance e.V.“ (VBA) ein. Sie setzt sich für die Entwicklung von Rechnungslegungs- und Berichtsstandards ein, welche die gesellschaftlichen Wertbeiträge von Unternehmen messbar und vergleichbar machen. Mit einem einheitlichen Regelwerk sollen finanzielle, ökologische und soziale Auswirkungen der Unternehmenstätigkeit abgebildet werden.

6.2.2.3 Von retrospektiver Berichterstattung zu prospektiver, aktiver Steuerung

Seit dem Geschäftsjahr 2020 hat BASF „Absolute CO2-Emissionen“ und „Umsatz mit Accelerator-Produkten“ als bedeutsamste steuerungsrelevante Leistungsindikatoren festgelegt. Mit diesen Indikatoren wird zum einen das im Jahr 2021 neu vereinbarte Ziel einer Reduktion der CO2-Emissionen um 25 Prozent bis 2030 bezogen auf das Basisjahr 2018 angesteuert. Zum anderen will BASF durch eine nachhaltigkeitsorientierte Portfoliosteuerung 22 Milliarden Euro Umsatz im Jahr 2025 mit Accelerator-Produkten erwirtschaften.

Die aktive Steuerung dieser Themen erfolgt unter anderem durch die Verankerung quantitativer kompensationsrelevanter Vorgaben in den Zielvereinbarungen des Vorstands und der oberen Führungskräfte sowie durch verpflichtende Integration in Geschäftsstrategien, interne Bewertungsprozesse von Investitions- oder F&E-Projekten und in das Risikomanagement.

Aus der Verankerung von ESG in der Unternehmenssteuerung leitet sich eine Prüfung dieser bedeutsamsten Leistungsindikatoren mit hinreichender Sicherheit und damit die Angleichung an das Prüfungsniveau der Finanzinformationen im Bericht ab. Daraus resultierende Anforderungen sind beispielsweise der Aufbau eines internen Kontrollsystems (IKS), die Veröffentlichung einer Prognose oder die Integration in den Chancen- und Risikobericht.

6.2.2.4 Impulse aus Prüfungsprozessen umsetzen – etablierte Prozesse zur Prüfung finanzieller Informationen nutzen

Ergänzend zur „Reasonable Assurance“ für nachhaltigkeitsbezogene steuerungsrelevante Leistungsindikatoren lässt BASF sämtliche wesentlichen Nachhaltigkeitsinformationen im (Konzern-)Lagebericht mit eingeschränkter Sicherheit prüfen. Der Prüfungsprozess erstreckt sich auf einen ganzjährigen Austausch zwischen Prüfenden und BASF, um neue Berichtsanforderungen rechtzeitig umzusetzen. Die Erkenntnisse und Kritikpunkte aus Prüfungsprozessen sind wertvolle Impulse, um die Robustheit von Management- und Datenerhebungssystemen zu stärken.

In diesem Kontext wurden etablierte Prozesse zur Sicherung der Prüffestigkeit von Finanzkennzahlen entweder auf ESG-Themen adaptiert oder wesentliche Nachhaltigkeits-KPI wurden in Standardprozesse (beispielsweise Financial Reporting Compliance, Risiko- und Chancenberichterstattung) integriert.

6.2.3 Gesetzgeber nutzt integrierte Berichterstattung als Transformationshebel – selbst erfahrene integrierte Berichterstatter stoßen an Grenzen

Parallel zu allen Berichtsstandard-Initiativen ist eine enorme Regulierungsdynamik im Bereich der ESG-Offenlegung vor allem auf Ebene der EU zu beobachten. Mit der EU-Taxonomie und ihren delegierten Rechtsakten, der CSRD und nicht zuletzt den von der European Financial Reporting Advisory Group (EFRAG) bis Oktober 2022 zu entwickelnden europäischen Nachhaltigkeitsberichtsstandards entsteht ein hochkomplexes europäisches Berichtswesen. Um aussagekräftige Standards zu etablieren, die in der Praxis Bestand haben und relevante Informationen bieten, müssen Unternehmen mit ihrer Expertise frühzeitig in den Entwicklungsprozess eingebunden werden.

Diese regulatorischen Entwicklungen stellen vor allem global agierende Unternehmen vor zunehmende Herausforderungen. BASF bringt sich daher in politische und fachspezifische Diskussionen ein, um auf ein Gleichgewicht zwischen Anspruch und Machbarkeit und auf eine Anschlussfähigkeit an (künftige) internationale Standardisierungsprozesse der IFRS Foundation hinzuwirken.

(Quelle: Die Wirtschaftsprüfung, Heft 20/2021, Seite 1291 ff. (Reihe „Green and more“))

6.3 Green and more: Aktualisierung der GRI-Standards – Auswirkungen für die Praxis

Von StB WP Nils Borcherding und Mario Beck M.Sc.[1]

In Bezug auf eine über die gesetzlichen Anforderungen hinausgehende Nachhaltigkeitsberichterstattung von Unternehmen gilt die Global Reporting Initiative (GRI) als einer der am breitesten aufgestellten und international anerkanntesten Standardsetzer. Änderungen in den Standards der GRI sind für zahlreiche Anwender regelmäßig von hoher praktischer Relevanz. Dies gilt auch für die jüngste Überarbeitung der Standards vom Oktober 2021. Eine verpflichtende Anwendung ist bereits für GRI-konforme Nachhaltigkeitsberichte vorgesehen, die ab Januar 2023 veröffentlicht werden.

6.3.1 Änderung der Anwendungsoptionen

Die überarbeiteten Universalstandards der Global Reporting Initiative (GRI) wurden im Oktober 2021 verabschiedet.[2] Eine der wichtigsten Änderungen betrifft die Begrenzung der Anwendungsoptionen. So entfällt für die ab dem Jahr 2023 veröffentlichte Berichterstattung die Wahl zwischen den derzeitigen Berichtsoptionen „Kern" bzw. „Umfassend". Mit den aktualisierten Standards besteht für Anwender künftig nur noch die Option, „In Übereinstimmung mit" zu berichten. Allerdings bleibt es möglich, nur ausgewählte Standards der GRI anzuwenden („Mit Bezug"); eine Übereinstimmung mit den Standards der GRI darf in diesem Fall nicht zum Ausdruck gebracht werden.

Nach einer im Jahr 2021 durchgeführten Studie wählten von jenen Unternehmen, die die Standards der GRI für ihre Nachhaltigkeitsberichterstattung anwenden, 68 Prozent die Option „Kern" und weitere 9 Prozent die ausführlichere Option „Umfassend". Lediglich 23 Prozent der Unternehmen entschieden sich für die Möglichkeit, „Mit Bezug" zu den Standards der GRI zu berichten.[3]

Entsprechend dieser empirischen Datenlage ist davon auszugehen, dass viele der Unternehmen, die bisher eine der beiden Berichtsoptionen verwendet haben, auch nach der Umstellung auf die aktualisierten GRI-Standards zunächst die Berichterstattung „In Übereinstimmung mit" vorziehen und nicht auf die Möglichkeit einer Berichterstattung nur „Mit Bezug" auf die GRI-Standards zurückgreifen werden.

1 Die Autoren legen ihre persönliche Auffassung dar.
2 Vgl. GRI/GSSB, Consolidated Set of GRI Standards 2021, 2021, S. 2 (www.globalreporting.org; Abruf: 10.02.2022).
3 Vgl. BDO/Kirchhoff, Studie „Nachhaltigkeit im Fokus", 22.09.2021 (www.bdo.de; Abruf: 10.02.2022).

Mit Wahl der Option „In Übereinstimmung mit“ verbunden ist jedoch künftig die vollständige Erfüllung aller in

GRI 1 definierten Berichtsanforderungen. Daher steht zu erwarten, dass viele Anwender, die bisher die Option „Kern“ angewendet haben, erstmals umfangreiche Angaben zur Unternehmensführung sowie zu den Themen Ethik und Integrität machen müssen. Bisherige Anwender der Option „Umfassend“ werden von diesen erhöhten inhaltlichen Anforderungen hingegen grundsätzlich nicht betroffen sein, da sie bereits dazu verpflichtet waren, alle allgemeinen Standardangaben zu machen.[4] Anwender, die bislang die Möglichkeit der Berichterstattung „Mit Bezug“ zu den GRI-Standards gewählt haben, können das Niveau ihrer Berichterstattung auch künftig anhand dieser Standards frei bestimmen.

Darüber hinaus geht hinsichtlich themenspezifischer Anforderungen mit der Wahl der Option „In Übereinstimmung mit“ künftig einher, über alle wesentlichen Sachverhalte eines als wesentlich erachteten themenspezifischen Standards zu berichten. Dies kann vor allem bei bisherigen Anwendern der Option „Kern“ zu erweiterten Angabeerfordernissen führen, da bei dieser Option derzeit nur die Erfüllung der Pflichtanforderungen einer Angabe erforderlich ist.

6.3.2 Änderung der Wesentlichkeit

Eine weitere Änderung betrifft die Bestimmung der wesentlichen Berichtsthemen. Die geltenden GRI-Standards stellen vor allem die Sicht der Stakeholder in den Fokus. So ist ein Thema bereits wesentlich, wenn es für Entscheidungen der Stakeholder relevant ist. GRI 3 definiert wesentliche Themen nunmehr ausschließlich als Themen mit den am meisten signifikanten Auswirkungen auf die Dimensionen Wirtschaft, Umwelt und Menschen-(rechte) (siehe Kapitel 4). Damit ist die Einbeziehung relevanter Stakeholder zwar nach wie vor Teil der Identifizierung wesentlicher Berichtsthemen, allerdings nicht mehr als eigenständiger Faktor. Übersicht 1[5] strukturiert den künftigen Prozess zur Bestimmung wesentlicher Berichtsthemen.

4 Vorbehaltlich zulässiger Auslassungen.
5 In Anlehnung an GRI, GRI 3: Material Topics 2021, S. 7 (www.globalreporting.org; Abruf: 10.02.2022).

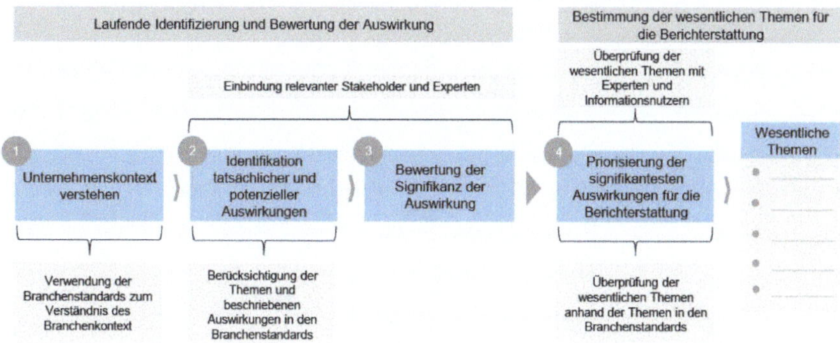

Übersicht 1 » Prozess zur Bestimmung wesentlicher Berichtsthemen

Dieser geänderte Prozess zur Bestimmung wesentlicher Berichtsthemen hat Auswirkungen für zahlreiche Anwender. Eine bislang in der Praxis häufig anzutreffende Aktualisierung der Wesentlichkeitsanalyse im Zeitablauf zur Validierung von bereits als wesentlich erachteten Themen könnte sich künftig als unzureichend erweisen. Mit der insoweit erforderlichen Umstellung kann auch ein deutlich erhöhter Zeitaufwand verbunden sein, der im Rahmen der Aufstellung des Nachhaltigkeitsberichts eingeplant werden sollte.

Praxistipp:
Sofern Unternehmen zur Aufstellung einer nichtfinanziellen (Konzern-)Erklärung verpflichtet sind und dazu die GRI-Standards als Rahmenwerk nutzen, sollte angesichts der geänderten Bestimmung wesentlicher Berichtsthemen nach den Standards der GRI auch auf eine aktualisierte Überleitung der als wesentlich erachteten Belange nach § 289c Abs. 2 HGB geachtet werden.

6.3.3 Relaunch der Branchenstandards

Künftig sollen 40 Branchenstandards[6] Unternehmen dabei unterstützen, innerhalb ihrer Branche zu verstehen, welche wesentlichen Themen für sie von hoher Relevanz sind.[7] Die Identifizierung der voraussichtlich wesentlichen Themen mit Hilfe von Branchenstandards ist für Anwender der empfohlene erste Schritt im überarbeiteten vierstufigen Prozess der GRI (siehe Übersicht 1). Unternehmen, deren Branche sich einem Branchenstandard zuordnen lässt, müssen nicht über alle in dem für sie relevanten Bran-

6 Im Vergleich zu den sektorspezifischen Ergänzungen des vorherigen GRI-Berichtsrahmens G4.
7 Als erster und bislang einziger Branchenstandard wurde im Jahr 2021 der Branchenstandard für die Öl- und Gasbranche veröffentlicht.

chenstandard identifizierten Themen berichten. Allerdings wird empfohlen, im Kontext der Wesentlichkeitsanalyse sämtliche angeführten Themen zu berücksichtigen.

Die Anwendung der Branchenstandards kann die Identifizierung wesentlicher Themen vereinfachen und eine bessere Orientierung bieten. Die geplante sukzessive Bereitstellung der Branchenstandards kann für davon betroffene Unternehmen künftig bedeuten, branchenabhängige Angaben in der Berichterstattung erweitern und konkretisieren zu müssen. Auch dies kann Unternehmen inhaltlich und zeitlich vor Herausforderungen stellen.

6.3.4 Stärkerer Fokus auf Menschenrechte

Das Thema Menschenrechte rückt nicht nur angesichts des Lieferkettensorgfaltspflichtengesetzes[8] sowie der geplanten EU-Sorgfaltspflichten-Richtlinie[9] immer mehr in den Fokus. Dies betrifft auch die überarbeiteten GRI-Standards, die Angaben zur Beachtung der Menschenrechte künftig verpflichtend für alle Anwender vorsehen. Demnach sind Angaben unter anderem zu unternehmerischen Sorgfaltspflichten und zu entsprechenden Abhilfemaßnahmen bei festgestellten Menschenrechtsverstößen zu machen.

Nach der eingangs angesprochenen Studie halten indes nur 63 Prozent der untersuchten Unternehmen das Thema Menschenrechte für wesentlich. Dies kann auf einen Handlungsbedarf im Hinblick auf die gesonderten Vorgaben der neuen Standards hindeuten[10], beispielsweise hinsichtlich der unternehmensseitigen Durchführung umfangreicher Sorgfaltsprüfungen in Bezug auf die Beachtung von Menschenrechten.

6.3.5 Fazit

Die Änderungen der GRI-Standards können Anwender inhaltlich und vor allem zeitlich vor große Herausforderungen stellen. In diesem Zusammenhang sollte der geänderte Prozess zur Bestimmung wesentlicher Berichtsthemen nicht unterschätzt werden. Eine beispielsweise nur stichprobenartige Validierung von Ergebnissen vorheriger Wesentlichkeitsanalysen einschließlich Stakeholder-Dialogen wird den neuen Anforderungen in der Regel nicht gerecht werden.

Adressaten werden die Überarbeitung vor allem der Berichtsoptionen und die Wiedereinführung von Branchenstandards im Sinne einer besseren Vergleichbarkeit der Berichterstattung begrüßen.

---

8 Vgl. BGBl. I 2021, S. 2959.

9 Den Entwurf einer EU-Sorgfaltspflichten-Richtlinie hat die EU-Kommission am 23.02.2022 vorgelegt (https://germany.representation.ec.europa.eu; Abruf: 07.03.2022).

10 Vgl. BDO/Kirchhoff, a.a.O. (Fn. 3).

Abzuwarten bleibt, wie sich die freiwillige Nachhaltigkeitsberichterstattung künftig grundsätzlich vor dem Hintergrund einer Nachhaltigkeitsberichterstattung nach dem Vorschlag zur Corporate Sustainability Reporting Directive (CSRD)[11] entwickeln wird.

(Quelle: Die Wirtschaftsprüfung, Heft 06/2022, Seite 336 ff. (Reihe „Green and more“))

[11] Zum Entwurf COM(2021) 189 final vom 21.04.2021 siehe https://eur-lex.europa.eu (Abruf: 10.02.2022).

6.4 Green and more: Erstmalige Umsetzung der Sustainable-Finance-Taxonomie – Praxiserfahrungen bei EnBW

Von Dr. Lothar Rieth und StB Dr. Matthias Schmidt

Unternehmen, die zur handelsrechtlichen nicht-finanziellen Berichterstattung verpflichtet sind, werden gemäß EU-Taxonomie-Verordnung vom Juni 2020 künftig über die Anteile ihrer „ökologisch nachhaltigen" Umsatzerlöse, Investitionen (Capex) und Aufwendungen (Opex) berichten müssen. Im Rahmen einer freiwilligen Pilotierung hat EnBW die entsprechenden Angaben für ausgewählte Aktivitäten bereits in den (geprüften) Konzernlagebericht 2020 aufgenommen. Die Erkenntnisse und Empfehlungen aus der erstmaligen Umsetzung wurden in einer detaillierten Fallstudie zusammengefasst und veröffentlicht.

6.4.1 Überblick

Ein wichtiges Instrument der EU-Kommission zur Umsetzung des Pariser Klimaschutzabkommens ist die Schaffung eines Klassifizierungssystems für nachhaltige wirtschaftliche Aktivitäten (Taxonomie). Erforderlich sind – insbesondere für Investoren an den Finanzmärkten – klare Standards und Instrumente, um beurteilen zu können, was nachhaltig ist. Den Taxonomie-Vorgaben folgend sollen nun erstmals Kennzahlen veröffentlicht werden, die finanzielle und nicht-finanzielle Aspekte der Unternehmensberichterstattung miteinander verknüpfen. Allerdings sind die neuen Berichtspflichten anspruchsvoll und komplex: Unternehmen und Investoren stellen sich Fragen zur Auslegung von unbestimmten Rechtsbegriffen sowie zur erforderlichen Granularität der erforderlichen Angaben. EnBW war durch ihren Finanzvorstand Thomas Kusterer (CFO) in der EU Technical Expert Group on Sustainable Finance (TEG) vertreten und wollte durch Pilotierung der europäischen Sustainable-Finance-Taxonomie einen Beitrag zu deren Anwendbarkeit und Finalisierung leisten.[1]

6.4.2 Projektansatz bei EnBW

Dafür wählte EnBW zunächst die in der Pilotierungsphase zu betrachtenden Aktivitäten aus den Segmenten „Netze" (Stromverteil- und Stromtransportnetze) sowie „Erneuerbare Energien" (Wind Onshore, Wind Offshore, Solar/PV und Wasserkraftwerke) aus.

---

[1] Vgl. ausführlich EnBW/Deloitte, Fallstudie zur EU-Sustainable-Finance-Taxonomie – Anwendung, Erfahrungen und Empfehlungen (www.enbw.com; Abruf: 02.06.2021); EnBW, Integrierter Geschäftsbericht 2020, S. 79–81 (www.enbw.com; Abruf: 02.06.2021); Schmidt, WPg 2020, S. 1495.

Das Projekt wurde im Sommer 2020 aufgesetzt und unter Beteiligung diverser Fachbereiche mit externer Unterstützung umgesetzt. Ein EnBW-Lenkungskreis mit den Abteilungen Controlling, Nachhaltigkeit und Rechnungswesen und mit dem CFO als Projektpaten entwickelte einen Projektplan und verschaffte sich durch intensive Befassung mit den damals im Entwurf vorliegenden Taxonomie-Kriterien und Berichtspflichten ein einheitliches Verständnis über das Zielbild der Berichterstattung.

6.4.3 Erfüllung der Taxonomie-Kriterien

Daraufhin wurden aus den zuvor ausgewählten Segmenten die konkreten Aktivitäten sowie die zuständigen Ansprechpartner identifiziert. In der ersten Projektphase wurde die Erfüllung der technischen Evaluierungskriterien durch diese Aktivitäten analysiert. Hierbei war vor allem das EU-Umweltziel 1: „Klimaschutz“ relevant. Beiträge zum EU-Umweltziel 2: „Anpassung an den Klimawandel“ waren für die von EnBW ausgewählten Aktivitäten weniger relevant. Der wesentliche Beitrag (Substantial Contribution) zum Klimaschutz ist grundsätzlich auf Anlagenebene zu prüfen. Der für die Energiewirtschaft maßgebliche Schwellenwert für die Stromerzeugung beträgt derzeit technologieneutral maximal 100 g CO2-Äquivalente pro erzeugter kWh, nachgewiesen durch Lebenszyklusanalysen nach anerkannten Verfahren und verifiziert durch einen unabhängigen Dritten. Für die betrachteten Aktivitäten „Wind Onshore“, „Wind Offshore“ und „Solar/PV“ darf der wesentliche Beitrag zum Klimaschutz derzeit nach Taxonomie-Kriterien ohne diese detaillierte Prüfung angenommen werden, da die typisierten Lebenszyklus-Emissionen für diese Erzeugungsarten deutlich unter der oben genannten Grenze liegen.

Bei Wasserkraftwerken wurde der wesentliche Beitrag zum Klimaschutz aufbauend auf den Emissionsfaktoren laut Umweltbundesamt als vertrauenswürdiger Quelle hinterfragt: Diese liegen sehr deutlich unter dem Wert von 100 g CO2-Äquivalent/kWh.[2] Die Stromverteilnetze im EnBW-Konzern leisten einen wesentlichen Beitrag zum Klimaschutz entsprechend Taxonomie-Kriterien, da über einen rollierenden Fünfjahreszeitraum betrachtet ganz überwiegend erneuerbare Energieerzeugungsanlagen neu angeschlossen wurden. Die Stromtransportnetze im EnBW-Konzern leisten einen wesentlichen Beitrag zum Klimaschutz entsprechend Taxonomie-Kriterien, da sie an das europäische Verbundsystem angeschlossen sind.

Auf der zweiten Stufe waren die entsprechend als klimaschützend eingeordneten Aktivitäten dahingehend zu prüfen, ob sie die Erreichung der weiteren Umweltziele nicht erheblich beeinträchtigen:

2 Umweltbundesamt, Emissionsbilanz erneuerbarer Energieträger 2018 (www.umweltbundesamt.de; Abruf: 02.06.2021).

1. Anpassung an den Klimawandel
2. Nachhaltige Nutzung und Schutz von Wasser- und Meeresressourcen
3. Übergang zu einer Kreislaufwirtschaft
4. Vermeidung und Verminderung der Umweltverschmutzung
5. Schutz und Wiederherstellung der Biodiversität und der Ökosysteme.

Für die meisten Geschäftsaktivitäten liegen nicht zu allen fünf Umweltzielen DNSH-Kriterien (Do no Significant Harm) vor. Wir gehen davon aus, dass durch die zu prüfenden Geschäftsaktivitäten *signifikante* Beeinträchtigungen der Zielerreichung gegeben sein bzw. verursacht werden müssen. „Signifikanz" ist abhängig von Schwere und Eintrittswahrscheinlichkeit. Eine *lediglich leichte* Beeinträchtigung führt u.E. nicht dazu, dass Geschäftsaktivitäten, die auf der ersten Stufe einen erheblichen Beitrag zum Klimaschutz leisten, dennoch nicht als „ökologisch nachhaltig" einzustufen wären.

Zahlreiche der für EnBW einschlägigen DNSH-Kriterien beziehen sich auf die Einhaltung von Gesetzesvorgaben. Die TEG führt dazu aus, dass im Normalfall von der Erfüllung dieser Vorgaben ausgegangen werden darf, solange nicht Anlass besteht, das Gegenteil anzunehmen.3 Vor diesem Hintergrund war die Erfüllung der DNSH-Kriterien grundsätzlich auf Aktivitäts-Ebene möglich.

Auf der dritten Stufe ist der Mindestschutz von Arbeitnehmerinnen/Arbeitnehmern und Menschenrechten zu prüfen. Nach Art. 3 und 18 der Taxonomie-Verordnung ist ein Verfahren einzurichten, durch das sichergestellt wird, dass in der Taxonomie-Verordnung abschließend aufgezählte, anerkannte Arbeitsschutz- und Menschenrechtsstandards eingehalten werden.

Die genannten Regelwerke betreffen soziale Mindestanforderungen (Minimum Safeguards) der Unternehmensführung. Die Umsetzung der Vorgabe muss nicht jeglichen Verstoß verhindern, sondern erhebliche Verstöße (Grundsatz der Vermeidung erheblicher Beeinträchtigungen: Auch hier gilt das DNSH-Kriterium; siehe Art. 2 Nr. 17 der Offenlegungs-Verordnung). Die Betrachtung erfolgte auf Konzern-Ebene.

Zum Abschluss dieser ersten Projektphase (Analyse der EnBW-Geschäftstätigkeiten) wurde eine detaillierte Anforderungsliste für die systemseitige Bereitstellung der mit den als Taxonomie-konform eingeschätzten Aktivitäten verbundenen Umsatzerlöse, Capex und Opex angefertigt.

6.4.4 Herleitung der finanziellen KPIs

Die Taxonomie-konformen Umsatzerlöse waren als Außenumsätze der betrachteten Sub-Segmente eindeutig aus der EnBW-Segmentberichterstattung herleitbar. Während Taxonomie-konforme Umsatzerlöse für viele Unternehmen indizieren können, wie „grün" das Unternehmen gegenwärtig ist, sind für EnBW – als integrierter Energieversorger mit eigener Handelsabteilung – die Umsatzerlöse aufgrund der mit dem Handelsgeschäft verbundenen Umsatzschwankungen keine relevante Steuerungsgröße. Vor diesem Hintergrund hat EnBW freiwillig und über die Taxonomie-Anforderungen hinaus das Taxonomie-konforme Adjusted EBITDA angegeben. Als Taxonomie-konformes Capex wurden Brutto-Investitionen in materielles und immaterielles Anlagevermögen sowie Zugänge zum Finanzanlagevermögen erfasst. Diese Kennzahl ist nach unserer Auffassung ein geeigneter Indikator dafür, wie „grün" ein Unternehmen in Zukunft sein wird. Die Notwendigkeit der Aufnahme der Berichtspflicht für „ökologisch nachhaltige" Opex sollte begründet oder alternativ gestrichen werden, da der inhaltliche Mehrwert für die Mehrzahl der Sektoren bislang nicht klar ersichtlich ist. Alternativ sollte sie auf Aufwendungen beschränkt werden, die die Zukunftsvorsorge von Unternehmen unmittelbar betreffen, aber aufgrund von Bilanzierungsvorschriften nicht aktiviert werden dürfen, vor allem nicht aktivierbare Forschungs- und Entwicklungsaufwendungen („De-facto-Capex").

EnBW hat die Berichtsvorgaben in Orientierung an den damals vorliegenden Entwürfen und Diskussionspapieren umgesetzt. Inzwischen liegen die technischen Evaluierungskriterien für die EU-Umweltziele 1 und 2 final vor, der Delegierte Rechtsakt zur Konkretisierung der Berichtspflichten als Entwurf.

Zentraler Kritikpunkt mit Blick auf diesen Entwurf ist die geforderte Granularität der Angaben: Die Taxonomie-Verordnung legt nicht fest, in welchem Detailgrad Taxonomie-konforme Umsatzerlöse, Capex und Opex anzugeben sind. Der Entwurf der EU-Kommission sieht vor, dass die drei KPIs sowohl individuell für jede einzelne Aktivität und für jedes der sechs Umweltziele anzugeben sind (einschließlich der entsprechenden Angaben für die letzten fünf(!) Jahre). Für Energieerzeuger mit 25 Kriterien-Sets zuzüglich Konzernsicht berechnet sich eine Tabelle mit 26 x 3 KPIs x 6 Ziele x 6 Jahre = 2.808 Feldern, die dann noch qualitativ zu umschreiben wären (noch ohne zusätzliche Aktivitäten, bei denen keine Umsatzerlöse erzielt werden, aber Capex/Opex vorliegt).

6.4.5 Ausblick

Bislang stand die (handelsrechtliche) nicht-finanzielle bzw. Nachhaltigkeitsberichterstattung oft neben der finanziellen Rechnungslegung (in Lagebericht und Abschluss). Durch die Taxonomie-Berichtspflichten wird eine Verknüpfung mit dem Abschluss zwingend. Die Taxonomie kann so einen wertvollen Beitrag zur Fortentwicklung der Berichterstattung leisten. Für die erfolgreiche Umsetzung der Taxonomie ist aus unserer Sicht entscheidend, dass bei der Festlegung der konkreten Kriterien und Schwellenwerte darauf geachtet wird, was heute technisch möglich und wirtschaftlich machbar ist. Maximalforderungen, wie sie aktuell diskutiert werden, sind für den Transformationsprozess zur Erreichung der EU-Ziele nicht hilfreich. Im Mittelpunkt müssen Relevanz und Verlässlichkeit für die Adressaten (Investoren) stehen.

(Quelle: Die Wirtschaftsprüfung, Heft 12/2021, Seite 769 ff. (Reihe „Green and more"))

Kapitel 7: Auswirkungen auf die Abschlussprüfung

Eine inhaltliche Prüfungspflicht der nichtfinanziellen Erklärung oder der übrigen Nachhaltigkeitsberichterstattung durch den Wirtschaftsprüfer gab es in Deutschland bisher nicht. Sie wird ab dem Berichtsjahr 2024 eingeführt.

Der Abschlussprüfer führt bisher eine eher „formelle" Prüfung durch, indem er prüft, ob die Erklärung beziehungsweise der Bericht fristgerecht vorliegen. Wurde die nichtfinanzielle Erklärung beziehungsweise der nichtfinanzielle Bericht durch einen Wirtschaftsprüfer auf freiwilliger Basis geprüft, so ist das Prüfungsurteil gemäß § 289b HGB zusammen mit der nichtfinanziellen Berichterstattung zu veröffentlichen.

In der Praxis gewinnt die **freiwillige Beauftragung eines Wirtschaftsprüfers mit der Prüfung der gesamten Nachhaltigkeitsberichterstattung** oder von Teilen daraus an Bedeutung. Ein Großteil der nichtfinanziellen Erklärungen wird bereits durch die Abschlussprüfer inhaltlich geprüft. Dies hat gute Gründe:

- Erlangung von Prüfungssicherheit für den Aufsichtsrat, sodass er wie beim Jahresabschluss und beim restlichen Lagebericht das fundierte Urteil des Abschlussprüfers als Grundlage seiner Prüfungstätigkeit nutzen kann
- Wettbewerbsvorteil gegenüber Unternehmen, die keine geprüften Nachhaltigkeitsinformationen vorlegen
- Höhere Glaubwürdigkeit gegenüber Kunden, Anteilseignern, Analysten, Mitarbeitern, NGOs, Lieferanten und übrigen Stakeholdern
- Verbesserung der Kommunikation
- Stärkung der Reputation der Marke
- Akquisitionsvorteile bezüglich Bestands- und Neukunden
- Einbeziehung in die Lieferkette bei Bestands- und Neukunden
- Bevorzugung oder zumindest Vermeidung von Nachteilen bei Teilnahme an Ausschreibungen
- Erhöhte Attraktivität als Arbeitgeber
- Steigerung der Marktkapitalisierung
- Fundierte Unterstützung der Unternehmensführung bei Selbstvergewisserung über die Ordnungsmäßigkeit des nachhaltigen Engagements
- Vorschläge zur Verbesserung der internen Prozesse
- Anregungen zur Verankerung von Nachhaltigkeit in der Corporate Governance

Die Prüfungen erfolgen in der Regel als Aufträge mit begrenzter Prüfungssicherheit, denn solange die Prüfung nichtfinanzieller Erklärungen und von Berichten im Bereich der Nachhaltigkeit auf Basis freiwilliger Beauftragungen erfolgt, können Prüfungsumfang und die zugrunde liegenden Prüfungsstandards frei vereinbart werden.

Das IDW unterstützt die Arbeiten des Berufsstands durch den im Herbst 2020 herausgegebenen **IDW Prüfungshinweis (PH) 9.350.2**, der sowohl die Verantwortlichkeiten der gesetzlichen Vertreter und des Abschlussprüfers voneinander abgrenzt als auch die Auswirkungen auf den Bestätigungsvermerk beleuchtet. Formulierungsvorschläge für den Bestätigungsvermerk runden den Prüfungshinweis ab. Hilfestellungen zur Prüfung und zum Erzeugen der Prüfungsbereitschaft im Unternehmen aus Sicht von Praktikern gibt der „Wegweiser Nachhaltigkeit“.[1]

Wird die nichtfinanzielle Erklärung nicht inhaltlich geprüft, so ist sie als sonstige Information im Sinne von ISA [DE] 720 (Rev.) einzustufen. Der Abschlussprüfer ist verpflichtet, die sonstigen Informationen zu lesen und zu würdigen sowie im Prüfungsvermerk über sie zu berichten. Die Anwendung des ISA [DE] 720 (Rev.) auf die nichtfinanzielle Erklärung wird im IDW PH 9.350.2 erläutert. Die in diesem Band enthaltene Visualisierung des ISA [DE] 720 (Rev.)[2] zeigt die Verantwortlichkeiten des Abschlussprüfers im Zusammenhang mit der inhaltlich nicht geprüften nichtfinanziellen Erklärung auf.

Um das Vertrauen in die Zuverlässigkeit nichtfinanzieller Informationen zu erhöhen, wurde bereits über längere Zeit eine entsprechende Prüfungspflicht diskutiert – erfolgten inhaltliche Prüfungen von Nachhaltigkeitsinformationen doch bislang ausschließlich auf freiwilliger Basis. Der Anstoß zur Ausweitung der Prüfungspflichten war auf europäischer Ebene also zu erwarten. Eingeführt wird die gesetzliche Prüfungspflicht für die Nachhaltigkeitsberichterstattung im Lagebericht nun ab dem Berichtsjahr 2024 durch die Corporate Sustainability Reporting Directive (CSRD) der EU, wobei für Deutschland gilt, dass die Umsetzung bis Ende 2023 erfolgen muss.

WP StB Katharina Völker-Lehmkuhl, Heiligenhaus

[1] Vgl. Völker-Lehmkuhl/Reisinger: Wegweiser Nachhaltigkeit.
[2] In diesem Kapitel in Abschnitt 7.2.

7.1 Herausforderung Nachhaltigkeit

Die geltende, rein formelle Prüfungspflicht der nichtfinanziellen Erklärung wirkt relativ harmlos, entwickelt aber eine Ausstrahlungswirkung, der man sich kaum mehr entziehen kann. Eine besondere Herausforderung ergibt sich aus der anderen Perspektive, aus der Nachhaltigkeitsthemen im Vergleich zu den übrigen Abschlussbestandteilen zu betrachten sind und die auch zu einer abweichenden Wesentlichkeitsdefinition führt.

7.1.1 Wandel der Berichterstattung zu ESG-Themen

Die seit 2017 geltende CSR-Richtlinie verpflichtet große, kapitalmarktorientierte Kapitalgesellschaften mit mehr als 500 Arbeitsnehmern sowie Finanzunternehmen zur Erweiterung des Lageberichts um eine nichtfinanzielle Erklärung oder Erstellung eines Nachhaltigkeitsberichts. Eine inhaltliche Prüfungspflicht obliegt nur dem Aufsichtsrat, die Prüfungspflicht des Wirtschaftsprüfers ist rein formeller Natur.

Diese bisher geltende Rechtslage ist nicht als finaler Rechtsstand, sondern als erster Schritt zur verpflichtenden Ausweitung von Unternehmensberichterstattung und Prüfungspflichten auf sogenannte ESG-Themen (Environment, Social, Governance) zu sehen. Die Treiber zur Fortentwicklung der Berichts- und Prüfungspflichten sind vielfältig. Green Finance oder Sustainable Finance sind längst keine Nischenthemen mehr. Unternehmen, die die - bisher rechtlich noch nicht allgemeinen verbindlichen – Kriterienkataloge grüner Investoren erfüllen, eröffnen sich den Zugang zu neuen Investorenkreisen. Arbeitgeber, die die Arbeitnehmerrechte groß schreiben, verschaffen sich Vorteile auf der Suche nach qualifizierten Fachkräften. Lieferanten, die die Treibhausgasemissionen ihrer Produkte ausweisen können, verschaffen sich bei zunehmend mehr Abnehmern Vorteile gegenüber den Wettbewerbern. Auch seitens Gesetzgeber und Standardsetter stehen die Zeichen auf zunehmende ESG-Aspekte, den Bestrebungen der EU-Kommission haben sich zahlreiche Akteure angeschlossen. Die Relevanz der ESG-Themen wird künftig auch für Wirtschaftsprüfer zunehmen.

7.1.2 Berichterstattung

Die Berichtserstattung über ESG-Themen erfolgt in der Praxis in verschiedenen Formaten. Die nichtfinanzielle Erklärung kann innerhalb des Lageberichts integriert, als gesonderter Teil in eigenständigen Berichten oder integriert in Nachhaltigkeitsberichte erfolgen. Aufzunehmen sind die Themen Umweltbelange, Arbeitnehmerbelange, Sozialbelange, Achtung der Menschenrechte sowie Bekämpfung von Korruption und Bestechung.

Neben vollständigen Nachhaltigkeitsberichten werden in der Praxis auf freiwilliger Basis auch Berichte über einzelne Aspekte wie beispielsweise Treibhausgasemissionen (CO_2-Bilanzen) erstellt.

Zu beachten sind die unterschiedlichen Perspektiven der Berichterstattung. Finanzielle Berichterstattungen betrachten die Auswirkungen auf das Unternehmen, Nachhaltigkeitsberichte die Auswirkungen der Unternehmensaktivitäten auf die Umwelt und andere externe Faktoren.

Die nichtfinanzielle Erklärung innerhalb des Lageberichts unterliegt dem DRS 20. Für Nachhaltigkeitsberichte gibt es bisher noch keinen einheitlichen Standard, sehr verbreitet sind die international üblichen GRI-Richtlinien, in Deutschland werden zusätzlich Berichte nach dem Deutschen Nachhaltigkeitskodex (DNK) erstellt. Treibhausgasbilanzen folgen den Grundsätzen des Greenhouse Gas Protocols.

Eine neue internationale Kooperation führender Organisationen soll international einheitliche Standards für die finanzielle und nichtfinanzielle Berichterstattung entwickeln.

7.1.3 Wesentlichkeit

Bei der Bestimmung der Wesentlichkeit ist zwischen nichtfinanziellen Erklärungen und Nachhaltigkeitsberichten zu unterscheiden. Auch unter Nachhaltigkeitsgesichtspunkten ist die Wesentlichkeit das zentrale Instrument zur Auswahl von Prüfungs- und Berichtsbestandteilen.

Für die nichtfinanzielle Erklärung gilt die dem Berufsstand bekannte Wesentlichkeitsdefinition der Lageberichterstattung, so dass die Angaben zu machen sind, die für das Verständnis von Geschäftsverlauf, Geschäftsergebnis, Lage und Auswirkungen der Tätigkeiten auf die nichtfinanziellen Aspekte erforderlich sind.

Für Nachhaltigkeitsberichte sind die jeweiligen Wesentlichkeitsdefinitionen maßgeblich. Gemäß GRI sind die Themen zu behandeln, die erhebliche ökonomische, ökologische oder soziale Auswirkungen der berichtenden Organisation aufzeigen oder die Beurteilungen und Entscheidungen der Stakeholder erheblich beeinflussen. Gemäß DNK legt das Unternehmen offen, welche Aspekte der eigenen Geschäftstätigkeit wesentlich auf Aspekte der Nachhaltigkeit einwirken und welchen wesentlichen Einfluss die Aspekte der Nachhaltigkeit auf die Geschäftstätigkeit haben. Themen sind wesentlich, die für die Entscheidungen der Stakeholder eine besondere Bedeutung haben oder deren Verhältnis zum Unternehmen prägen.

Die dem Berufsstand bekannte finanzielle Wesentlichkeit richtet sich an die Kapitalgeber und betrachtet die Auswirkungen (beispielsweise des Klimawandels) auf das Unternehmen. Die ökologische und soziale Wesentlichkeit richtet sich an diverse Stakeholder wie

Konsumenten, Gesellschaft, Arbeitnehmer und Kapitalgeber und betrachtet die Auswirkungen des Unternehmens auf den Klimawandel.

7.1.4 Wirtschaftsprüfer als „Green Auditor"

Wirtschaftsprüfer mit umfassender Erfahrung in Prozessanalysten sind für Aufträge aus dem Bereich der Nachhaltigkeit prädestiniert. Die Prüfung nichtfinanzieller Informationen ist den Wirtschaftsprüfern durch die Prüfung von Lageberichtsbestandteile vertraut. Dennoch ergeben sich aus den ESG-Themen auch neue Herausforderungen.

Prozessanalysen unter Nachhaltigkeitsaspekten erfordern neben den üblichen Überlegungen einen Fokus auf spezielle Nachhaltigkeitsrisiken. Hierfür ist ein entsprechendes Fachwissen unerlässlich. Wird beispielsweise die Ermittlung der Treibhausgasbilanz nachvollzogen, so sind nicht nur die Verbrennungsprozesse fossiler Brennstoffe zu betrachten, sondern auch kleinere Emissionsquellen dürfen unter Umständen nicht vernachlässigt werden, da sie aufgrund der hohen Äquivalenzfaktoren gewisser Treibhausgase wesentliche Emissionsquellen darstellen können. Zu nennen wären beispielsweise Deponiegase, Emissionen der Aluminiumherstellung oder Kühlmittelleckagen. Insbesondere in Betriebsstätten außerhalb der hochentwickelten Industrienationen können diese Emissionsquellen aufgrund geringer technischer Standards wesentlich sein.

Während der Berufsstand damit vertraut ist, die Auswirkungen externer Faktoren auf das geprüfte Unternehmen zu beurteilen, ist bei der Prüfung von Nachhaltigkeitsbericht ein Perspektivenwechsel erforderlich, es sind die Auswirkungen der Unternehmenstätigkeit auf externe Faktoren zu würdigen. Herausfordernd kann so beispielsweise die Beurteilung von Missständen am Ende komplexer internationaler Lieferketten sein, wenn die betroffenen Produktionsmengen gering, die Missstände aber eklatant sind.

WP StB Katharina Völker-Lehmkuhl, Heiligenhaus

(Quelle: IDW Life, Heft 01/2021, Seite 5 ff.)

7.2 ISA [DE] 720 (Revised): Verantwortlichkeiten des Abschlussprüfers im Zusammenhang mit sonstigen Informationen

Zusammenfassung:

ISA [DE] 720 (Revised) ist die um spezifische Modifikationen zu Einzelaspekten (sog. „D.-Textziffern") ergänzte autorisierte deutsche Übersetzung von ISA 720 (Revised). Der Standard definiert „sonstige Informationen" als die im Geschäftsbericht einer Einheit enthaltene Finanzinformationen oder nichtfinanzielle Informationen (außer dem Abschluss selbst und dem dazugehörigen Vermerk des Abschlussprüfers). Im Umkehrschluss wird der Begriff des „Geschäftsberichts" als ein Dokument oder eine Kombination von Dokumenten definiert, welche den Abschluss und den dazugehörigen Vermerk des Abschlussprüfers beinhalten müssen.

Der Standard enthält zunächst die Anforderung, dass der Abschlussprüfer Vorkehrungen zur Erlangung von sonstigen Informationen zu treffen hat. Auch wenn diese keine Prüfungspflicht unterliegen, hat der Abschlussprüfer die sonstigen Informationen zu lesen und dabei zu würdigen, ob eine wesentliche Unstimmigkeit zum Abschluss oder zu den bei der Abschlussprüfung erlangten Informationen des Abschlussprüfers vorliegt. Wenn der Abschlussprüfer dabei den Schluss zieht, dass eine wesentliche falsche Darstellung der sonstigen Informationen vorliegt hat er das Management zur Vornahme einer Korrektur aufzufordern. Der Standard enthält weitere Anforderungen, falls das Management die Vornahme einer Korrektur verweigert.

Weiterhin enthält der Standard die Anforderung, dass der Vermerk des Abschlussprüfers einen gesonderten Abschnitt mit der Überschrift „Sonstige Informationen" zu enthalten hat, wenn der Abschlussprüfer zum Datum des Vermerks sonstige Informationen erlangt hat (oder bei PIEs: deren Erlangung erwartet).

Hinsichtlich der Prüfungsdokumentation wird vorgegeben, dass die nach ISA [DE] 720 (Revised) durchgeführten Handlungen zu dokumentieren sind und die endgültige Version der sonstigen Informationen in die Prüfungsdokumentation aufzunehmen ist.

Verweise:

- ISA [DE] 210: Vereinbarung der Auftragsbedingungen für Prüfungsaufträge
- IDW PS 400 n.F. (10.2021): Bildung eines Prüfungsurteils und Erteilung eines Bestätigungsvermerks

ISA [DE] 720 (Revised): Verantwortlichkeiten im Zusammenhang mit sonstigen Informationen

Anwendungsbereich und Zielsetzung (1-9, 11)

ISA [DE] 720 (Revised) behandelt die Verantwortlichkeit des APr im Zusammenhang **mit anderen** – als dem Abschluss und dem dazugehörigen Vermerk des APr – **im Geschäftsbericht** einer Einheit **enthaltenen Informationen**.

D.1.1 » Im Folgenden ist mit dem Begriff „Abschluss" auch der (Konzern-)Lagebericht umfasst.

» Ein Prüfungsurteil zum Abschluss erstreckt sich <u>nicht</u> auf die sonstigen Informationen. » ISA [DE] 720 (Revised) verlangt <u>nicht</u> die Erlangung von Prüfungsnachweisen, die über die zur Bildung eines Prüfungsurteils zum Abschluss erforderlichen hinausgehen.	ABER	ISA [DE] 720 (Revised) verlangt, dass der APr die sonstigen Informationen **liest und würdigt**.

Die Verantwortlichkeiten des APr im Zusammenhang mit sonstigen Informationen gelten unabhängig davon, ob er die sonstigen Informationen **vor oder nach dem Datum des Vermerks** erlangt.

Das Ziel des APr besteht darin,
- zu würdigen, ob eine wesentliche Unstimmigkeit zwischen den sonstigen Informationen und **dem Abschluss** vorliegt,
- zu würdigen, ob eine wesentliche Unstimmigkeit zwischen den sonstigen Informationen und den bei der Abschlussprüfung **erlangten Kenntnissen** des APr vorliegt,
- **angemessen zu reagieren**, wenn er identifiziert, dass solche wesentlichen Unstimmigkeiten vorzuliegen scheinen, oder wenn er anderweitig erkennt, dass sonstige Informationen wesentlich falsch dargestellt erscheinen,
- einen Vermerk in Übereinstimmung mit diesem ISA [DE] zu erteilen

Definitionen (12)

Sonstige Informationen	**Im Geschäftsbericht** einer Einheit enthaltene Finanzinformationen oder nichtfinanzielle Informationen (außer dem Abschluss und dem dazugehörigen Vermerk des Abschlussprüfers). ↳ **Außerhalb eines Geschäftsberichts** veröffentlichte andere finanzielle oder nichtfinanzielle Informationen sind keine sonstigen Informationen im Sinne von ISA [DE] 720 (Revised).
Geschäftsbericht	Ein Geschäftsbericht umfasst den **Abschluss** und den dazugehörigen **Vermerk des APr** oder ist diesen beigefügt. ↳ Veröffentlichungen der Einheit, die den Vermerk des APr nicht umfassen, sind kein Geschäftsbericht im Sinne von ISA [DE] 720 (Revised). Ein Geschäftsbericht ist ein Dokument oder eine Kombination von Dokumenten, » das/die typischerweise jährlich vom Management oder den für die Überwachung Verantwortlichen in Übereinstimmung mit Gesetzen, anderen Rechtsvorschriften oder dem Handelsbrauch aufgestellt wird, » dessen/deren Zweck darin besteht, den Eigentümern (oder ähnlichen Interessengruppen) Informationen über die im Abschluss dargestellte(n) Geschäftstätigkeiten, Ergebnisse sowie Vermögens- und Finanzlage der Einheit zur Verfügung zu stellen. Ein Geschäftsbericht enthält normalerweise Informationen über die Entwicklung der Einheit, deren Zukunftsaussichten und Risiken sowie Unsicherheiten, eine Erklärung des Überwachungsgremiums der Einheit und Berichte zu Überwachungssachverhalten.
Falsche Darstellung der sonstigen Informationen	Die sonstigen Informationen sind unrichtig angegeben oder anderweitig irreführend (einschließlich, weil sie für ein angemessenes Verständnis eines in den sonstigen Informationen angegebenen Sachverhalts notwendige Informationen unterlassen oder verschleiern).

ISA [DE] 720 (Revised) 2/8

Erlangung der sonstigen Informationen (13)

Zur Erlangung der sonstigen Informationen hat der APr …

… durch Diskussion mit dem Management **festzustellen**,
- aus welchen Dokumenten der Geschäftsbericht besteht
- die geplante Vorgehensweise und zeitliche Einteilung der Einheit zur Herausgabe dieser Dokumente.

… mit dem Management geeignete Vorkehrungen zu treffen, um in angemessener Zeit und – wenn möglich – vor dem Datum des Vermerks die **endgültige Version der Dokumente zu erlangen**, aus denen der Geschäftsbericht besteht.

… wenn einige oder alle der festgestellten Dokumente nicht vor dem Datum des Vermerks zur Verfügung stehen werden, das Management zur **Abgabe einer schriftlichen Erklärung** aufzufordern, dass die endgültige Version der Dokumente sobald verfügbar und vor deren Herausgabe durch die Einheit dem APr zur Verfügung gestellt wird, sodass er die nach diesem ISA [DE] erforderlichen Handlungen abschließen kann.

Lesen und Würdigung der sonstigen Informationen (14-15)

Der APr hat die sonstigen Informationen zu lesen und dabei zu würdigen, ob …

… eine **wesentliche Unstimmigkeit** zwischen den sonstigen Informationen **und dem Abschluss** vorliegt.

Als Grundlage für diese Würdigung sind ausgewählter Angaben in den sonstigen Informationen mit diesen Angaben im Abschluss zu vergleichen.

… im Zusammenhang mit den bei der Abschlussprüfung erlangten Prüfungsnachweisen und gezogenen Schlussfolgerungen eine **wesentliche Unstimmigkeit** zwischen den sonstigen Informationen **und den** bei der Abschlussprüfung **erlangten Kenntnissen** des APr vorliegt.

Beim Lesen der sonstigen Informationen hat der APr für Anzeichen aufmerksam zu bleiben, ob die nicht mit dem Abschluss oder den bei der Abschlussprüfung erlangten Kenntnissen zusammenhängenden sonstigen Informationen wesentlich falsch dargestellt erscheinen.

Reaktion, wenn eine wesentliche Unstimmigkeit vorzuliegen scheint oder sonstige Informationen wesentlich falsch dargestellt erscheinen (16)

Wenn der APr beim Lesen und Würdigen von sonstigen Informationen feststellt, dass eine wesentliche Unstimmigkeit vorzuliegen scheint oder sonstige Informationen wesentlich falsch dargestellt erscheinen hat der APr den Sachverhalt **mit dem Management zu erörtern** und, falls notwendig, **andere Handlungen durchzuführen**.

Der APr muss den Schluss ziehen, ob …

- eine wesentliche falsche Darstellung der sonstigen Informationen vorliegt (→ Tz. 17-19)
- eine wesentliche falsche Darstellung des Abschlusses vorliegt (→ Tz. 20)
- es notwendig ist, das Verständnis des APr von der Einheit und ihrem Umfeld zu aktualisieren (→ Tz. 20)

Reaktion, wenn der APr den Schluss zieht, dass eine wesentliche falsche Darstellung der sonstigen Informationen vorliegt (17-19) (1/2)

Wenn eine wesentliche falsche Darstellung der sonstigen Informationen vorliegt, hat der APr **das Management zur Korrektur** der sonstigen Informationen **aufzufordern**.

- Management ist mit Vornahme der Korrektur einverstanden. → Der APr hat festzustellen, ob die Korrektur vorgenommen wurde → Keine wesentliche falsche Darstellung
- Management verweigert die Korrektur. → Der APr hat mit **den für die Überwachung Verantwortlichen** über den Sachverhalt **zu kommunizieren** und zu fordern, dass eine Korrektur vorgenommen wird. → Der APr hat weitere geeignete Maßnahmen zu ergreifen (→ Tz. 18-19)

ISA [DE] 720 (Revised) 4/8

Reaktion, wenn der APr den Schluss zieht, dass eine wesentliche falsche Darstellung der sonstigen Informationen vorliegt (17-19) (2/2)

Vorliegen einer wesentliche nicht korrigierten falsche Darstellung in **vor dem Datum des Vermerks** erlangten sonstigen Informationen

Reaktion des APr (18)	» Würdigung der Auswirkungen auf den Vermerk des APr und Kommunikation mit den für die Überwachung Verantwortlichen darüber, wie der APr plant, die wesentliche falsche Darstellung im Vermerk des APr zu behandeln, » Niederlegung des Auftrags, sofern dies nach den maßgebenden Gesetzen oder anderen Rechtsvorschriften möglich ist.
D.18.1	» Der APr hat festzustellen, ob die wesentliche falsche Darstellung einen schwerwiegenden Verstoß gegen gesetzliche Berichterstattungspflichten der gesetzlichen Vertreter darstellt, über den nach § 321 Abs. 1 Satz 3 HGB zu berichten ist. » Auch in anderen Fällen kann eine Berichterstattung im Prüfungsbericht in Betracht kommen. » Je nach Art und Gewichtigkeit der wesentlichen falschen Darstellungen in den sonstigen Informationen kann es sachgerecht sein, den Vermerk nicht herauszugeben, bis die Unstimmigkeiten geklärt sind.
D.A46.1	Eine Niederlegung des Mandats ist nur bei freiwilligen Abschlussprüfungen zulässig. Bei gesetzlichen Abschlussprüfungen ist die Kündigungsmöglichkeit des Abschlussprüfers gemäß § 318 Abs. 6 HGB eingeschränkt

Vorliegen einer wesentliche nicht korrigierten falsche Darstellung in **nach dem Datum des Vermerks** erlangten sonstigen Informationen

Reaktion des APr (19)	Unter Berücksichtigung der gesetzlichen Rechte und Pflichten hat der APr geeignete Maßnahmen zu ergreifen, um darauf hinzuwirken, dass die Nutzer, für die der Vermerk bestimmt ist, in angemessener Weise auf die nicht korrigierte wesentliche falsche Darstellung aufmerksam gemacht werden.
D.19.1	Der APr hat nach Erteilung seines Vermerks grundsätzlich keine Verpflichtung den Vermerk aufgrund von nach dessen Erteilung in den sonstigen Informationen identifizierten wesentlichen falschen Darstellungen zu widerrufen oder eine Nachtragsprüfung vorzunehmen, da die sonstigen Informationen keiner inhaltlichen Prüfung unterliegen.
D.A50.1	Der Anforderung nach Tz. 19 kann nur entsprochen werden, wenn der APr wirksam von seiner Verschwiegenheitspflicht entbunden wurde.

ISA [DE] 720 (Revised) 5/8

Reaktion, wenn eine wesentliche falsche Darstellung im Abschluss vorliegt oder eine Aktualisierung des Verständnisses von der Einheit und ihrem Umfeld durch den Abschlussprüfer notwendig ist (20, A51)

Der APr hat in Übereinstimmung mit anderen ISA [DE] angemessen zu reagieren:

- Mögliche Auswirkungen auf das Verständnis des APr von der Einheit und ihrem Umfeld, den maßgebenden Rechnungslegungsgrundsätzen und dem IKS der Einheit, und dementsprechend auf die Notwendigkeit der Berichtigung seiner Risikobeurteilung (→ ISA [DE] 315 (Revised 2019))
- Beurteilung der Auswirkungen festgestellter falscher Darstellungen auf die Abschlussprüfung und etwaiger nicht korrigierter falscher Darstellungen auf den Abschluss (→ ISA [DE] 450)
- Mögliche Verantwortlichkeiten des APr im Zusammenhang mit nachträglichen Ereignissen (→ ISA [DE] 560)

Vermerk (21-24) (1/2)

Der Vermerk des APr hat **einen gesonderten Abschnitt** mit der Überschrift „Sonstige Informationen" zu enthalten, wenn der APr zum Datum des Vermerks sonstige Informationen erlangt hat (oder bei PIEs: deren Erlangung erwartet).

Eingeschränktes Prüfungsurteil	Würdigung ob die sonstigen Informationen zu demselben Sachverhalt oder einem zusammenhängenden Sachverhalt wie der das eingeschränkte Prüfungsurteil zum Abschluss begründende Sachverhalt auch wesentlich falsch dargestellt sind.
Versagtes Prüfungsurteil	Ein versagtes Prüfungsurteil zum Abschluss in Bezug auf einen oder mehrere bestimmte im Abschnitt „Grundlage für das versagte Prüfungsurteil" beschriebene Sachverhalte rechtfertigt nicht das Unterlassen der Angabe identifizierter wesentlicher falscher Darstellungen der sonstigen Informationen im Vermerk
Nichtabgabe eines Prüfungsurteils	Wenn der APr die Nichtabgabe eines Prüfungsurteils zum Abschluss erklärt, enthält der Vermerk keinen Abschnitt „Sonstige Informationen"

ISA [DE] 720 (Revised) 6/8

Vermerk (21-24) (2/2)

Gesonderten Abschnitt mit der Überschrift „Sonstige Informationen“ (22, Anlage D.2 – Beispiele)

Verantwortlichkeit des Managements	Die gesetzlichen Vertreter sind für die sonstigen Informationen verantwortlich.
Bezeichnung der sonstigen Informationen	Die sonstigen Informationen umfassen [genaue Bezeichnung, z. B. „die nicht inhaltlich geprüften Bestandteile des Lageberichts“, „die Erklärung zur Unternehmensführung nach § 289f Abs. 4 HGB (Angaben zur Frauenquote)“ oder „den Corporate Governance Bericht nach Nr. 3.10 des Deutschen Corporate Governance Kodex“], aber nicht den Jahresabschluss, nicht die in die Prüfung einbezogenen Lageberichtsangaben und nicht unseren dazugehörigen Bestätigungsvermerk.
Abgrenzung zum Prüfungsurteil	Unsere Prüfungsurteile zum Jahresabschluss und Lagebericht erstrecken sich nicht auf die oben genannten Informationen, und dementsprechend geben wir weder ein Prüfungsurteil noch irgendeine andere Form von Prüfungsschlussfolgerung hierzu ab.
Beschreibung der Verantwortlichkeit des APr	Im Zusammenhang mit unserer Prüfung haben wir die Verantwortung, die oben genannten sonstigen Informationen zu lesen und dabei zu würdigen, ob die sonstigen Informationen » wesentliche Unstimmigkeiten zum Jahresabschluss, zu den inhaltlich geprüften Lageberichtsangaben oder unseren bei der Prüfung erlangten Kenntnissen aufweisen oder » anderweitig wesentlich falsch dargestellt erscheinen.
Erklärung des APr zu den sonstigen Informationen	Falls wir auf Grundlage der von uns durchgeführten Arbeiten den Schluss ziehen, dass eine wesentliche falsche Darstellung dieser sonstigen Informationen vorliegt, sind wir verpflichtet, über diese Tatsache zu berichten. Wir haben in diesem Zusammenhang nichts zu berichten. ↳ D.22.2 Dieser Absatz ist nur einschlägig, wenn der APr von seiner Verschwiegenheitspflicht (§ 43 Abs. 1 WPO, § 323 Abs. 1 Satz 1 HGB, § 203 Abs. 1 Nr. 3 StGB) wirksam entbunden wurde.

ISA [DE] 720 (Revised) 7/8

Dokumentation (25) → ISA [DE] 230

In die **Prüfungsdokumentation** sind aufzunehmen:

- Dokumentation der nach diesem ISA [DE] durchgeführten Handlungen
- Die endgültige Version der sonstigen Informationen, zu denen der APr die nach diesem ISA [DE] erforderlichen Tätigkeiten durchgeführt hat.

ISA [DE] 720 (Revised) 8/8

(Quelle: „GoA visuell – Strukturierte grafische Darstellung aller vom IDW herausgegebenen Grundsätze ordnungsmäßiger Abschlussprüfung", 2. A., Düsseldorf 2023)

7.3 Green and More: Sicherung der Zuverlässigkeit nichtfinanzieller Informationen durch eine EU-weite Prüfungspflicht

Von WP Alexander Glöckner und WP StB Georg Lanfermann

Große Ereignisse werfen ihre Schatten voraus: Auch wenn der Vorschlag für eine Überarbeitung der europäischen CSR-Richtlinie erst für Anfang 2021 zu erwarten ist, wird derzeit auf europäischer Ebene intensiv über die Ausgestaltung einer gesetzlichen Prüfungspflicht für nichtfinanzielle Informationen durch den Abschlussprüfer diskutiert.

7.3.1 Überarbeitung der CSR-Richtlinie

Die Europäische Kommission überarbeitet derzeit die Richtlinie über die nichtfinanzielle Berichterstattung (Richtlinie 2014/95/EU – CSR-Richtlinie). Ursprünglich sollte die Überprüfung im vierten Quartal 2020 abgeschlossen werden; dies wurde im Mai 2020 auf das erste Quartal 2021 verschoben.[1] Hintergrund für die Überarbeitung der CSR-Richtlinie ist die mit der Sustainable-Finance-Gesetzgebung der EU beabsichtigte Umlenkung von Finanzströmen in umwelt- bzw. klimafreundliche Investitionen.

Hier kommt der Bereitstellung von aussagekräftigen und glaubhaften nichtfinanziellen Informationen ein immer höherer Stellenwert zu. Die Unternehmen der Realwirtschaft sollen dazu angehalten werden, in ihrer Breite ein erhöhtes Spektrum an nichtfinanziellen Informationen den anderen Finanzmarktteilnehmern zumindest als Rohdaten zur Verfügung zu stellen. Diese anderen Finanzmarktteilnehmer – beispielsweise Vermögensverwalter – können derartige Informationen für eigene Risikosteuerungs- oder Offenlegungszwecke weiterverarbeiten. Um die Markteffizienz zu sichern, misst der Vizepräsident der Europäischen Kommission Valdis Dombrovskis der Zuverlässigkeit solcher Daten besondere Bedeutung zu; dies hat er in seinen öffentlichen Reden wiederholt betont[2]. Bei der zuverlässigen Informationsversorgung will Dombrovskis sich aber nicht in erster Linie auf Rating-Agenturen und andere Informationsintermediäre verlassen. In der eingangs erwähnten, von der Europäischen Kommission von Februar bis Juni 2020 durchgeführten Konsultation zur Überarbeitung der CSR-Richtlinie wurde eine Pflicht zur Prüfung der nichtfinanziellen Berichterstattung von der Mehrheit der Befragten unterstützt, und zwar vor allem von den Nutzern dieser Informationen, beispielsweise Asset-Managern. Interessanterweise findet sich aber auch auf Seiten der berichterstattenden Unternehmen eine mehrheitliche Unterstützung.[3]

1 Siehe Europäische Kommission, COM(2020) 440 final, 27.05.2020 (https://ec.europa.eu; Abruf: 21.09.2020).
2 Siehe stellvertretend die Rede von Dombrovskis anlässlich einer Tagung der IFRS Foundation am 19.02.2020 in Brüssel (https://ec.europa.eu; Abruf: 21.09.2020).
3 Europäische Kommission, Summary Report of the Public Consultation on the Review of the Non-Financial Reporting Directive, 20 February 2020 – 11 June 2020, S. 33–39 (https:// ec.europa.eu; Abruf: 21.09.2020).

7.3.2 Pflichtprüfung durch den Aufsichtsrat nur als erster Schritt

In Deutschland wird derzeit die nichtfinanzielle Erklärung von bestimmten Unternehmen von öffentlichem Interesse inhaltlich durch den Aufsichtsrat geprüft. Die Prüfung durch den Aufsichtsrat umfasst neben der Ordnungsmäßigkeit der Berichterstattung auch deren Zweckmäßigkeit. Der Abschlussprüfer muss nach heutiger Gesetzeslage lediglich das Vorhandensein der nichtfinanziellen Erklärung bestätigen. Diese Regelung zur Prüfung durch den Aufsichtsrat ist eine Besonderheit der Umsetzung der CSR-Richtlinie im deutschen Corporate-Governance- System. Eine inhaltliche Prüfung auf dem Niveau der gesetzlichen Abschlussprüfung würde eine im Vergleich zu Finanzdaten gleichwertige Datenqualität und Verlässlichkeit der nichtfinanziellen Informationen voraussetzen.

In der Praxis greifen die Aufsichtsräte häufig freiwillig auf die Unterstützung durch den gesetzlichen Abschlussprüfer oder einen anderen externen Prüfer zurück, um ihren gesetzlichen Prüfungsauftrag bewältigen zu können. [4] Derzeit sind es im DAX 30 mehr als 90 Prozent der Unternehmen und bei den einhundert größten deutschen Unternehmen etwa drei Viertel, bei denen eine externe Prüfung der nichtfinanziellen Erklärung – zumeist durch eine Wirtschaftsprüfungsgesellschaft – erfolgt. Der Inhalt und der Umfang der Beauftragung des Abschlussprüfers mit einer Prüfung der nichtfinanziellen Erklärung haben sich allerdings noch nicht abschließend herausgebildet – so kann sich beispielsweise der Grad der Zusicherung (assurance) durch den Abschlussprüfer erheblich unterscheiden. Viele Aufsichtsräte begnügen sich – auch mit Blick auf die Kosten – mit einer geringen Prüfungstiefe mit begrenzter Sicherheit („limited assurance"); andere, mehr risikoaverse Aufsichtsräte verlangen bereits ein höheres Zusicherungsniveau, also eine Prüfungstiefe mit hinreichender Sicherheit („reasonable assurance"). Im DAX 30 fragen derzeit etwa 80 Prozent der Unternehmen eine Prüfung mit begrenzter Sicherheit nach, während es bei den größten einhundert deutschen Unternehmen etwa 90 Prozent sind.

Im europäischen Kontext zeichnet eine jüngere Erhebung der Dachorganisation der europäischen Berufsstände Accountancy Europe vom Februar 2020 ein gemischtes Bild. In den 26 von Accountancy Europe untersuchten Ländern wird zwar auf freiwilliger Basis geprüft; eine Prüfungspflicht besteht bisher allerdings in nur drei Ländern, und zwar in Frankreich, Italien und Spanien.[5]

7.3.3 Auf Augenhöhe mit der Prüfung der Finanzberichterstattung

Für Anfang 2021 ist zu erwarten, dass die Europäische Kommission eine Prüfungspflicht für die künftig ausgeweitete nichtfinanzielle Berichterstattung vorschlagen wird. Bei einer stärkeren Verortung der nichtfinanziellen Berichterstattung im Lagebericht wäre

[4] Für mehr CSR-Sachverstand im Aufsichtsrat sprachen sich zuletzt Simon-Heckroth/Borcherding, WPg 2020, S. 1104, aus.

[5] Accountancy Europe, Towards Reliable Non-Financial Information Across Europe, Februar 2020 (www.accountancyeurope.eu; Abruf: 20.09.2020).

nicht nur in Deutschland, wo bereits heute nach IDW PS 350 n. F. lageberichtstypische Angaben mit hinreichender Sicherheit zu prüfen sind, eine Prüfung durch den gesetzlichen Abschlussprüfer die nächstliegende Lösung. Auch ließe sich die Prüfung durch den Abschlussprüfer mit der von der Europäischen Kommission angestrebten Gleichstellung von finanzieller und nichtfinanzieller Berichterstattung begründen. Diese Gleichstellung bedarf jedoch einiger Weichenstellungen im Gesetzgebungswerk, um auch ein vergleichbares Niveau der Prüfungssicherheit sicherzustellen. Im Vordergrund dürften dabei die Anforderungen an die Systeme und Prozesse zur Generierung von nichtfinanziellen Informationen stehen. Die Unternehmen, die heute eine nichtfinanzielle Erklärung abgeben, haben in ihren Umsetzungsprojekten bereits Erfahrungen mit der Integration in die Welt der finanziellen Berichterstattung gemacht. Dieser Trend dürfte sich fortsetzen.

Darüber hinaus dürften inhaltliche Aspekte der nichtfinanziellen Berichterstattung besondere Herausforderungen bergen. Dies gilt beispielsweise für die Bestimmung der Wesentlichkeit von zu berichtenden nichtfinanziellen Sachverhalten. Herangehensweise und Prozesse werden sich hier von der klassischen Wesentlichkeitsbestimmung in der Finanzberichterstattung unterscheiden werden. Angesichts des von der Europäischen Kommission vertretenen Ansatzes einer doppelten Wesentlichkeit ist voraussichtlich besonders die Inside-out- Perspektive zu beachten, also die erwarteten Wirkungen des Unternehmens auf sein Umfeld. Diese neue Perspektive hat auch Auswirkungen auf die Bestimmung relevanter Risiken.[6]

Andere Aspekte betreffen die Ausgestaltung der Berichterstattung über zukunftsbezogene Informationen, unter anderem erforderlich bei Szenario-Analysen. Hier müssen sich die Abschlussprüfer auf neue Prüfungsaufgaben vorbereiten. Mit der allgemeinen berufsständischen Vorgabe im internationalen Standard ISAE 3000 (revised)[7] verfügen Wirtschaftsprüfer bereits heute grundsätzlich über ein geeignetes Instrumentarium. Es wird jedoch im Detail zu untersuchen sein, ob in Reaktion auf die konkreten EU-Vorgaben an die Berichterstattung und deren Prüfung mit konkreteren Standards nachjustiert werden muss. Auf globaler Ebene hat der internationale Prüfungsstandardsetzer, der International Auditing and Assurance Standard Board (IAASB), zwischen März und Juli 2020 eine Konsultation zur Erarbeitung einer spezifischen Guidance zu „Extended External Reporting (EER) Assurance“ durchgeführt.[8] Die Ergebnisse dieser Konsultation sollen in Kürze veröffentlicht werden.

6 Vgl. Richter/Meyer, WPg 2020, S. 1340.

7 International Standard on Assurance Engagements (ISAE) 3000 revised, Assurance Engagements other than audits or reviews of historical financial information, Dezember 2013 (www.iaasb.org; Abruf: 20.09.2020).

8 IAASB Consults on Extended External Reporting (EER) Assurance, 13.03.2020 (www.iaasb.org; Abruf: 20.09.2020).

7.3.4 „Hinreichende Sicherheit“ bedarf einer Übergangsphase

Eine Einbeziehung der nichtfinanziellen Berichterstattung in die Abschlussprüfung dürfte kurzfristig bei vielen Unternehmen eine Herkulesaufgabe sein, wenn der Abschlussprüfer – wie bei der Finanzberichterstattung – das Zusicherungsniveau der hinreichenden Sicherheit erlangen soll. Einem Abschlussprüfer wird dies mit angemessenem Aufwand jedoch umso eher gelingen, je eindeutiger die zu prüfenden Inhalten standardisiert vorgegeben und je stärker sie in einem durch Systeme und Prozesse geprägten Umfeld erhoben werden. Daher erscheint es geboten, in dem für Anfang 2021 erwarteten EU-Gesetzgebungsvorschlag diesen organisatorischen Transformationsprozess mittels einer geeigneten Übergangsregelung für die Prüfung zu unterstützen.

(Quelle: Die Wirtschaftsprüfung, Heft 20/2020, Seite 1227 ff. (Reihe „Green and more“))

7.4 Green and more: Künftige Pflicht zur Prüfung der Nachhaltigkeitsberichterstattung im Lagebericht – eine Herausforderung nicht nur für den Berufsstand

Von WP StB Dr. Christian Orth und WPin Yvonne C. Meyer[1]

Die künftige Corporate Sustainability Reporting Directive (CSRD) der EU regelt neben der Berichterstattung auch deren Prüfung. Ab dem Berichtsjahr 2024 wird es eine gesetzliche Pflicht zur Prüfung der Nachhaltigkeitsberichterstattung im Lagebericht geben. Wir stellen zentrale Inhalte der Regelungen zur Prüfungspflicht vor.

7.4.1 Ausgangslage

Am 21.06.2022 wurden die Trilog-Verhandlungen zur CSRD beendet. Die Schluss-Abstimmung im EU-Parlament steht noch aus. Hiernach sind noch Änderungen möglich. Die Mitgliedstaaten sind verpflichtet, die Vorgaben innerhalb von 18 Monaten nach Inkrafttreten umzusetzen.

Derzeit unterliegen nachhaltigkeitsbezogene Angaben nur zum Teil der gesetzlichen Prüfungspflicht. Große Kapitalgesellschaften (KapGes) müssen bedeutsamste nichtfinanzielle Leistungsindikatoren im Lagebericht (LB) angeben. Die Angaben dazu sind im Rahmen der gesetzlichen Abschlussprüfung mit hinreichender Sicherheit zu prüfen. Bislang besteht ausschließlich für kapitalmarktorientierte Unternehmen mit mehr als 500 Arbeitnehmern eine Pflicht zur Aufstellung einer nichtfinanziellen Erklärung (nfE)[2]. Das Mitgliedstaatenwahlrecht der Non-Financial Reporting Directive (NFRD) der EU in Bezug auf die externe Pflichtprüfung wurde in Deutschland seinerzeit nicht ausgeübt. Bezogen auf die nfE hat der Abschlussprüfer (APr) ausschließlich zu prüfen, ob diese vorgelegt wurde. Diese Pflicht greift auch bei einer im Vergleich zum LB zeitversetzten Veröffentlichung eines gesonderten nichtfinanziellen Berichts (nfB) innerhalb der gesetzlichen Fristen.

LB und nfE sind (aber) beide Gegenstand der Prüfungspflicht des Aufsichtsrats (AR). Diese Pflicht besteht unabhängig davon, ob die nfE in den LB integriert, dort als eigener Abschnitt einfügt oder ein nfB veröffentlicht wird.

Dem AR steht es frei, eine externe inhaltliche Prüfung zu beauftragen. Im Falle einer solchen freiwilligen Prüfung ist der Prüfungsvermerk pflichtgemäß in gleicher Weise wie die nfE öffentlich zugänglich zu machen. Anders als bei der gesetzlichen Abschluss-

[1] Die Verfasser geben ihre persönliche Meinung wieder.
[2] Ferner sind bestimmte Kreditinstitute und Versicherungsunternehmen davon betroffen.

prüfung gibt es keine gesetzliche Haftungsbegrenzung für die Prüfung einer nfE. Im Prüfungsvermerk wird daher üblicherweise auf eine Verwendungsbeschränkung des Vermerks hingewiesen, wonach der Vermerk nicht dazu bestimmt ist, dass Dritte darauf gestützt (Vermögens-)Entscheidungen treffen. Die Verantwortung des Prüfers besteht allein der Gesellschaft gegenüber.

7.4.2 Einführung einer externen Prüfungspflicht

7.4.2.1 Überblick

Ziel der CSRD sind u.a. einheitliche Prüfungspflichten für die in den verschiedenen EU-Staaten ansässigen Unternehmen. Als weiteres Ziel soll bei der Finanz- und bei der Nachhaltigkeitsberichterstattung ein vergleichbares Maß an Prüfungssicherheit erreicht werden. Nichtfinanzielle Informationen sollen an das Niveau der finanziellen Informationen herangeführt werden, wobei deren Prüfung das Vertrauen in die Nachhaltigkeitsinformationen stärken soll.

Die CSRD ist eine Änderungsrichtlinie der Rechnungslegungsrichtlinie (2013/34/EU); sie ändert aber auch die Abschlussprüfungsrichtlinie (2006/43/EG) und die Abschlussprüferverordnung (VO (EU) Nr. 537/2014). Neben der Umsetzung im Handelsrecht besteht auch Umsetzungsbedarf in berufsrechtlichen und berufsständischen Anforderungen (vor allem Aus- und Fortbildung, Ausweitung WP-Examen).

7.4.2.2 Betroffene Unternehmen

Die künftige Prüfungspflicht knüpft 1:1 an die Berichterstattungspflicht an. Die CSRD erweitert signifikant den derzeitigen Anwenderkreis für die Nachhaltigkeitsberichterstattung. Künftig sind alle kapitalmarktorientierten Gesellschaften (außer Kleinst-KapGes) und alle großen KapGes von der Berichterstattungspflicht betroffen. Bei Einbeziehung in einen übergeordneten Konzernbericht greifen künftig Befreiungsregeln (nur noch) für nichtkapitalmarktorientierte Unternehmen. Konzernmutterunternehmen in Drittstaaten können ebenfalls unter Berücksichtigung einer äquivalenten Berichterstattung befreiend berichten. Für sie gelten künftig eigene Berichtspflichten, sofern sie in der EU Unternehmen oder Betriebsstätten betreiben, die zur Offenlegung verpflichtet werden.

7.4.2.3 Prüfung mit begrenzter Sicherheit

Die Prüfungspflicht setzt bereits mit der Erstanwendung der stufenweise neu eingeführten Berichtspflichten ein:

- Unternehmen, die zur nichtfinanziellen Berichterstattung nach der NFRD verpflichtet sind: ab Geschäftsjahr 2024;
- sonstige kapitalmarktorientierte und große Unternehmen: ab Geschäftsjahr 2025;
- gelistete kleine und mittelgroße Unternehmen: ab Geschäftsjahr 2026 (mit Möglichkeit zur Verschiebung um zwei weitere Jahre).

Die Trilog-Ergebnisse sehen einen schrittweisen Übergang von bedingter zu hinreichender Prüfungssicherheit bis spätestens 01.10.2028 vor. Bis dahin soll bewertet worden sein, ob hinreichende Sicherheit für Prüfer und Unternehmen zu erlangen ist. Bis 01.10.2028 soll die EU-Kommission zudem Standards für die Prüfung der Nachhaltigkeitsberichterstattung mit hinreichender Sicherheit annehmen. Die Übergangslösung soll die schrittweise Entwicklung eines Markts für die Prüfung von Nachhaltigkeitsinformationen ermöglichen.

7.4.2.3.1 Negativ formuliertes Prüfungsurteil

Das Ergebnis der Prüfung mit begrenzter Sicherheit umfasst im Prüfungsurteil die Aussage, dass keine Sachverhalte bekannt geworden sind, die den Prüfer zu der Auffassung gelangen lassen, dass die Berichterstattung in allen wesentlichen Belangen nicht in Übereinstimmung mit den einschlägigen Standards aufgestellt worden ist. Bei der Prüfung liegt der Fokus auf der Zuverlässigkeit der Prozesse zur Datenerhebung und Berichterstattung (samt IKS).

Im Vergleich zur Prüfung mit hinreichender Sicherheit ist die Prüfung mit begrenzter Sicherheit weniger umfangreich. Keinesfalls ist der Aufwand einer solchen Prüfung zu unterschätzen. Der wesentliche Unterschied zwischen beiden Prüfungssicherheiten liegt in der Menge der zu erlangenden Prüfungsnachweise auf Basis substantieller Prüfungshandlungen des IKS (vor allem IT-Testing) und von Stichprobenprüfungen.

7.4.2.3.2 Prüfungsstandards

Bislang wird eine solche Prüfung unter Beachtung des International Standard on Assurance Engagements (ISAE) 3000 (Revised): „Assurance Engagements other than Audits or Reviews of Historical Financial Information“ durchgeführt. Dabei handelt es sich um einen prinzipienorientierten Standard, der beide Niveaus an Prüfungssicherheiten abdeckt. Die Auswahl der Prüfungshandlungen liegt im pflichtgemäßen Ermessen des Wirtschaftsprüfers (WP).

Voraussetzung für eine mit der Abschlussprüfung vergleichbare Prüfung der Nachhaltigkeitsberichterstattung ist die Standardisierung des Prüfungsvorgehens. Vor allem soll einer zu hohen Erwartung an diese Prüfung vorgebeugt werden. Die Gefahr einer neuen Erwartungslücke droht aufgrund der unterschiedlichen Kategorien von Nachhaltigkeitsinformationen, beispielsweise bei zukunftsgerichteten und qualitativen Angaben – dies gilt es zu verhindern.

7.4.2.4 Prüfung mit hinreichender Sicherheit

Künftig ist die Nachhaltigkeitsberichterstattung in den Konzern-LB aufzunehmen. Die Berichtsalternative einer gesonderten Aufstellung entfällt. Im Übergangszeitraum der Prüfung mit begrenzter Sicherheit wird der LB zum Teil mit hinreichender Sicherheit nach IDW PS 350 *n.F. (10.2021)* und zum Teil (bezogen auf den nfB) mit begrenzter

Sicherheit nach ISAE 3000 geprüft. Um eine mögliche Signalwirkung zu vermeiden, dass die Nachhaltigkeitsberichterstattung nicht so verlässlich ist wie die Finanzberichterstattung, können sich Unternehmen für eine höhere Prüfungssicherheit entscheiden und diese beauftragen.

7.4.2.5 Aufstellung immer mit umfassender Sorgfalt

Auch wenn übergangsweise mit „zweierlei Maß" geprüft wird, bedeutet dies nicht, dass mit unterschiedlicher Sorgfalt aufgestellt werden kann. Jedes Unternehmen muss ausreichend interne Kontrollen implementieren und leben, um die Aufstellung eines fehlerfreien Berichts zu ermöglichen, mithin frei von wesentlichen – beabsichtigten oder unbeabsichtigten – falschen Angaben. Dies stellt Unternehmen in der Einführungsphase neuer Berichtspflichten oft vor große Herausforderungen.

7.4.3 Anforderungen an den Nachhaltigkeitsprüfer

7.4.3.1 Auswahl an Prüfern

Nach der CSRD besteht eine von der gesetzlichen Abschlussprüfung grundsätzlich losgelöste Prüfungspflicht. Nach unserem Verständnis des CSRD-Entwurfs i.d.F. der Trilog-Verhandlungen sollte die Prüfung vom APr durchgeführt werden (Regelfall). Je nach Ausübung des Mitgliedstaatenwahlrechts können auch andere WP oder unabhängige Erbringer von Bestätigungsleistungen derartige Prüfungen durchführen. Für Letztere soll ein EU-Passporting-Regime nach vier Jahren eingeführt werden. Die CSRD regelt auch die Frage der öffentlichen Aufsicht der Prüfer.

7.4.3.2 Kompetenzprofil

Im Zuge der Trilog-Kompromissfindung wurden Anforderungen an die Beauftragung des „verantwortlichen Nachhaltigkeitsprüfers" gestellt. Als dessen Kompetenzprofil fordert die CSRD explizite Kenntnisse zu

a. rechtlichen Anforderungen an Berichtserstellung und -standards,
b. Nachhaltigkeitsanalysen,
c. nachhaltigkeitsbezogenen Due-Diligence-Prozessen,
d. rechtlichen Anforderungen an Prüfung und Prüfungsstandards.

Als Berichtsstandards sind die künftig verbindlichen European Sustainability Reporting Standards (ESRS) sowie die Anforderungen der Berichterstattung nach Art. 8 Taxonomie-VO (EU) 2020/852 zu beachten. Letztere knüpfen an den Anwenderkreis der CSRD an.

Als weitere Voraussetzung für die Durchführung von Prüfungen verlangt die CSRD, dass der Nachhaltigkeitsprüfer über mindestens acht Monate Praxiserfahrung in der Prüfung der Nachhaltigkeitsberichterstattung oder nachhaltigkeitsbezogenen Dienstleistungen verfügt. Daher sollten sich WP möglichst frühzeitig in Projekte zur Vorbereitung der Anwendung der neuen Berichtspflichten einbringen.

7.4.3.3 Zusammenspiel mit der Abschlussprüfung

Führt die Prüfung nicht der für die Abschlussprüfung beauftragte WP (bzw. Prüfungsgesellschaft) durch, hat der Nachhaltigkeitsprüfer ein eigenständiges Prüfungsurteil über die Nachhaltigkeitsinformationen abzugeben. Ein Zusammenwirken mit dem APr ist nicht vorgesehen. Eine Doppelarbeit soll nach dem CSRD-Text explizit ausgeschlossen werden.

Eine Überschneidung der Prüfungsgebiete wird in der Praxis aber nicht zu vermeiden sein. Im Rahmen der Abschlussprüfung ist zunehmend auf die Auswirkungen von Nachhaltigkeitsaspekten auf die Rechnungslegung zu achten. Ein Grundverständnis zu Nachhaltigkeitsthemen ist künftig für alle gesetzlichen APr unabdingbar.

7.4.4 Ausblick

Künftig sind Nachhaltigkeitsinformationen ausnahmslos im LB zu veröffentlichen und Gegenstand einer externen Prüfung. Unternehmen müssen bei der Umsetzung neuer Berichtspflichten auch deren Prüfbarkeit sicherstellen. WP obliegt es, ausreichend Personal auszubilden. Die sich aus der auf die Berichtsjahre 2024/2025 verschobenen Erstanwendung ergebende Chance sollten Unternehmen und Prüfer gleichermaßen nutzen.

(Quelle: Die Wirtschaftsprüfung, Heft 16/2022, Seite 909 ff. (Reihe „Green and more“))

Kapitel 8: ESG-Auswirkungen auf übrige Kontrollaktivitäten

Bezüglich der inhaltlichen Prüfung der nichtfinanziellen Erklärung gibt es im deutschen Recht eine Besonderheit: Nicht der Abschlussprüfer war bisher dafür zuständig, sondern durch § 171 Abs. 1 Satz 4 HGB wurde der Aufsichtsrat zur inhaltlichen Prüfung der nichtfinanziellen Erklärung beziehungsweise des nichtfinanziellen Berichts verpflichtet. Das heißt, er musste die Prüfung auf Ordnungsmäßigkeit und Zweckmäßigkeit vornehmen und durfte sie nicht (vollständig) auf den Prüfungsausschuss übertragen. Eine vorbereitende Prüfung durch den Prüfungsausschuss war zwar zulässig, die ungeprüfte Verwendung seiner Ergebnisse durch den Aufsichtsrat aber nicht. Dies stellte den Aufsichtsrat vor besondere Herausforderungen und erforderte von den Mitgliedern ein fundiertes Fachwissen in ökologischen und sozialen Belangen, das nicht per se vorausgesetzt werden konnte. Die Frage nach dem notwendigen CSR-Sachverstand im Aufsichtsrat bleibt ein wichtiges Thema.

Nachhaltigkeitsaspekte gewinnen bei Unternehmenserwerben auch durch Private-Equity- oder institutionelle Investoren wie auch in ähnlichen Zusammenhängen zunehmend an Bedeutung. Die ESG-Aspekte finden verstärkt Eingang in die in solchen Fällen üblichen Due-Diligence-Prüfungen. Die ESG Due Diligence ist daher als besonderes Thema mit zu beleuchten.

WP StB Katharina Völker-Lehmkuhl, Heiligenhaus

8.1 Green and more: CSR-Sachverstand im Aufsichtsrat

Von WP StB Ellen Simon-Heckroth und WP StB Nils Borcherding

Müssen Unternehmen eine nichtfinanzielle (Konzern-)Erklärung bzw. einen gesonderten nichtfinanziellen (Konzern-) Bericht nach §§ 289b bis 289e HGB und §§ 315b und 315c HGB aufstellen, hat der Aufsichtsrat nach § 171 Abs. 1 Satz 1 und Satz 4 AktG die nichtfinanzielle (Konzern-)Erklärung bzw. den gesonderten nichtfinanziellen (Konzern-) Bericht inhaltlich zu prüfen. Die Erfüllung dieser Aufgabe setzt eine Expertise des Aufsichtsrats über ökologische und soziale Zusammenhänge sowie deren unternehmensindividuellen Auswirkungen voraus.

8.1.1 Einleitung

Die persönlichen Voraussetzungen für Mitglieder des Aufsichtsrats kapitalmarktorientierter Unternehmen i. S. von § 264d HGB sowie bestimmter Kreditinstitute und Versicherungsunternehmen werden vom Gesetzgeber in § 100 AktG geregelt. Nach § 100 Abs. 5 AktG muss der Aufsichtsrat mindestens mit einem Mitglied besetzt sein, das über Sachverstand auf dem Gebiet der Rechnungslegung oder Abschlussprüfung verfügt. Sofern nach § 107 Abs. 3 Satz 2 AktG ein Prüfungsausschuss eingerichtet wurde, muss für diesen nach § 107 Abs. 4 AktG diese Voraussetzung entsprechend erfüllt sein.

Die persönliche Voraussetzung für Aufsichtsratsmitglieder wurde durch das BilMoG (2009), das die Abschlussprüferrichtline 2006/43/EG[1] in nationales Recht umsetzte, kodifiziert. Die Abschlussprüferrichtlinie verweist dabei auf eine Empfehlung der EU-Kommission vom Februar 2005 zu den Aufgaben von Aufsichtsratsmitgliedern börsennotierter Gesellschaften[2], die u. a. den notwendigen Sachverstand des Aufsichtsrats betont.[3] Ein Erwägungsgrund dieser Empfehlung führt die Wiederherstellung des Vertrauens in die Finanzmärkte nach mehreren Bilanzskandalen an und betont die besondere Wichtigkeit der Aufsicht über Vorstandsmitglieder.[4] Ein gründlicher Sachverstand von Aufsichtsräten wird dabei als unabdingbare Voraussetzung angesehen.[5]

8.1.2 Aufgaben des Aufsichtsrats

Eine zentrale Aufgabe des Aufsichtsrats besteht nach § 111 Abs. 1 AktG in der Überwachung des Vorstands, nach dem DCGK zusätzlich in dessen Beratung.[6]

---

1 Richtlinie 2006/43/EG vom 17.05.2006, ABl. EU Nr. L 157/87 vom 09.06.2006.
2 EU-Kommission, Empfehlung vom 15.02. 2005, ABl. EU Nr. L 52/51 vom 25.02.2005.
3 EU-Kommission, a.a.O. (Fn. 3), Rn. 11.1 f.
4 EU-Kommission, a.a.O. (Fn. 3), Erwägungsgrund (3).
5 EU-Kommission, a.a.O. (Fn. 3), Erwägungsgrund (15) f.
6 DCGK i. d. F. vom 16.12.2019, BAnz vom 20.03.2020, Grundsatz 6.

Ein wesentlicher Teil der Aufgabe ist gemäß § 171 Abs. 1 Satz 1 AktG die inhaltliche Prüfung der Rechnungslegung des Unternehmens (Jahres- und Konzernabschluss sowie (Konzern-)Lagebericht), wozu nach § 171 Abs. 1 Satz 1 und Satz 4 AktG auch die nichtfinanzielle (Konzern-)Erklärung im (Konzern-)Lagebericht oder der gesonderte nichtfinanzielle (Konzern-)Bericht[7] zählt.

Getreu dem Motto „Ignorantia non excusat" kann eine wirksame Prüfung der Finanzberichterstattung – ungeachtet gesetzlicher Vorgaben – stets nur mit vorhandenem Sachverstand erfolgen. Nichts anderes kann für die Prüfung nichtfinanzieller Erklärungen gelten.

Dieses Erfordernis besteht umso mehr, da im Gegensatz zur Finanzberichterstattung, bei deren Prüfung der Aufsichtsrat vom Abschlussprüfer unterstützt wird, das HGB keine Pflicht zur inhaltlichen Prüfung der nichtfinanziellen Erklärung durch den Abschlussprüfer vorsieht. Eine derartige Pflicht obliegt allein dem Aufsichtsrat.

Der Aufsichtsrat kann sich z. B. durch eine freiwillige Beauftragung zur Prüfung der nichtfinanziellen Erklärung auf das Prüfungsergebnis eines externen Dienstleisters stützen. Wenn aber de lege lata für die Prüfung der Finanzberichterstattung das Erfordernis eines sachkundigen Aufsichtsrats besteht, obwohl sich dieser regelmäßig auf das Ergebnis einer gesetzlich vorgeschriebenen externen Prüfung stützen kann, muss dieses Erfordernis umso mehr für Fälle gelten, in denen der Aufsichtsrat – vorbehaltlich einer Beauftragung zur Prüfung durch einen externen Dienstleister – auf sich allein gestellt ist. Zudem ist beachtlich, dass etwaige freiwillig beauftragte Prüfungen der nichtfinanziellen Erklärung in der Praxis durch externe Dienstleister – i.d.R. durch Wirtschaftsprüfer – in weit überwiegendem Ausmaß nicht mit hinreichender Sicherheit für das Prüfungsurteil (wie bei der Prüfung der Finanzberichterstattung), sondern mit begrenzter Sicherheit für das Prüfungsurteil erfolgen.

8.1.3 Vielfältige Herausforderungen für den Aufsichtsrat

Die damit zusammenhängenden Herausforderungen können beträchtlich sein. Für viele Aufsichtsräte bestehen bei der Prüfung des breiten Spektrums von Berichtsanforderungen zu Umwelt-, Arbeitnehmer- und Sozialbelangen, zur Achtung der Menschenrechte und zur Bekämpfung von Korruption und Bestechung[8] in nichtfinanziellen Erklärungen erhebliche Hürden u. a. durch die Art der geforderten Informationen, die Vielzahl und Komplexität von Rahmenwerken zur nichtfinanziellen Unternehmensberichterstattung und die rasanten Entwicklungen im CSRBereich. Eine Änderung der dem CSR-Richtlinie-Umsetzungsgesetz (CSR-RL-UmsG) zugrunde liegenden Richtlinie 2014/95/EU soll bereits Ende 2020 erfolgen. Zudem wurde z. B. die Taxonomie-Verordnung mit weite-

[7] Nachfolgend: „nichtfinanzielle Erklärung".
[8] Auch als „nichtfinanzielle Aspekte" bezeichnet.

ren nichtfinanziellen Berichtserfordernissen bereits am 18.06.2020 auf EU-Ebene verabschiedet.[9]

So unterscheiden sich die zur Aufstellung einer nichtfinanziellen Erklärung erforderlichen Informationen erheblich von denen der Finanzberichterstattung. Neben einem grundsätzlich anderen inhaltlichen Schwerpunkt auf ökologischen und sozialen Themen liegt der Fokus bei der nichtfinanziellen Erklärung auf den Auswirkungen des unternehmerischen Handelns auf die nichtfinanziellen Aspekte. Dieser Unterschied wird besonders bei der Betrachtung der Risiken deutlich. Die Beschreibung von Risiken im (Konzern-)Lagebericht gemäß § 289 Abs. 1 Satz 4 HGB und § 315 Abs. 1 Satz 4 HGB stellt auf die wirtschaftlichen Auswirkungen auf das Unternehmen ab, wohingegen in der nichtfinanziellen Erklärung solche Risiken darzustellen sind, die sich aus der Geschäftstätigkeit des Unternehmens sowie aus dessen Geschäftsbeziehungen oder Produkten/ Dienstleistungen ergeben und die sich auch auf die nichtfinanziellen Aspekte – etwa Umwelt- und Arbeitnehmerbelange – auswirken.

Bei der Beschreibung der Risiken fällt auch die Unterscheidung des Zeithorizonts ins Gewicht. Während sich in der Finanzberichterstattung Risiken auf einen eher kurzfristigen Zeitraum von grundsätzlich nur einem Jahr[10] beziehen, können berichtspflichtige Risiken in Bezug auf nichtfinanzielle Aspekte auf sehr viel längere Zeiträume, u.U. von mehreren Jahrzehnten, wirken, etwa im Falle des Klimawandels oder des unumkehrbaren Verlusts an Biodiversität.

Neben der Darstellung unterschiedlichster Leistungskennzahlen – z. B. für (in-)direkte CO_2-Emissionen oder Verletzungsraten – ist die nichtfinanzielle Erklärung auch stark von qualitativen Inhalten geprägt. Teils fehlende oder mangelhafte IKS zur Erhebung von Leistungskennzahlen mit Nachhaltigkeitsbezug machen Kennzahlen etwa zum Abfallaufkommen oder zur Zahl an menschenrechtlichen Vorfällen unter Einbeziehung der Lieferkette einerseits fehleranfällig. Andererseits benötigen Aufsichtsräte ein breites Fachwissen, wenn es darum geht, quantitative und qualitative Sachverhalte zu den verschiedenen nichtfinanziellen Aspekten inhaltlich zu prüfen. Ein fundiertes Fachwissen ist ferner nötig, um die unternehmensindividuelle Festlegung wesentlicher und damit berichtspflichtiger Sachverhalte abschätzen zu können. Gleiches gilt, um die Angemessenheit von Zielen sowie die Effektivität von Maßnahmen (samt Ausmaß bzw. Inhalt und Zeitbezug), die im Rahmen der nichtfinanziellen Erklärung in Bezug auf jeden wesentlichen nichtfinanziellen Aspekt darzustellen sind[11], verlässlich beurteilen zu können.

9 Verordnung (EU) 2020/852 vom 18.06.2020, ABl. EU Nr. L 198/13 vom 22.06.2020.
10 DRS 20.156; Grottel, in: Beck Bil-Komm., 12. Aufl., München 2020, § 315 HGB, Tz. 144.
11 DRS 20.265ff.

Für die Aufstellung der nichtfinanziellen Erklärung sieht § 289d HGB die Möglichkeit zur Nutzung eines Rahmenwerks vor. Entsprechend häufig werden Rahmenwerke – teils auch mehrere – zur Aufstellung der nichtfinanziellen Erklärung genutzt[12]. Die Vielzahl und mitunter Komplexität solcher Rahmenwerke, die ihrerseits aber nicht vollständig den Anforderungen in §§ 289b bis 289e HGB und §§ 315b und 315c HGB entsprechen – z. B. das Rahmenwerk der GRI, die Prinzipien des UN Global Compact, die Prinzipien von AccountAbility oder der Kodex des Rats für nachhaltige Entwicklung –, stellen Aufsichtsräte vor große Herausforderungen bei der Würdigung von Auswahl und Anwendung.

Darüber hinaus sind die sich rasant entwickelnden politischen und gesellschaftlichen Rahmenbedingungen im CSR-Bereich für den Aufsichtsrat beachtlich. Mit der Verabschiedung großer Meilensteine – z.B. der Millennium Development Goals im September 2000[13], der darauf aufbauenden Sustainable Development Goals imJahr 2015[14] sowie des Pariser Klimaschutzabkommens im Dezember 2015[15] – haben sich die UN auf das Ziel einer nachhaltigen Entwicklung verständigt. Diverse Leitlinien der UN (z.B. Leitprinzipien für Wirtschaft und Menschenrechte[16]) unterstreichen diese Entwicklung. Auch auf EU-Ebene wird das Thema Nachhaltigkeit – vor allem mit dem Aktionsplan zur Finanzierung nachhaltigen Wachstums[17] und dem European Green Deal[18] – vorangetrieben. Für Deutschland ist neben dem CSR-RLUmsG beispielhaft der Nationale Aktionsplan „Wirtschaft und Menschenrechte“[19] zu nennen, auf dessen Grundlage in naher Zukunft ggf. weitere regulatorische Maßnahmen im Hinblick auf die unternehmerischen Sorgfaltspflichten in der Wertschöpfungskette umgesetzt werden.

8.1.4 Fazit

Sachverstand in Bezug auf CSR wird zur unabdingbaren Voraussetzung für Aufsichtsräte mit Blick auf die Erfüllung der ihnen obliegenden inhaltlichen Prüfungspflichten. Dieses Sachverstands bedarf es nicht nur für die Prüfung, sondern auch für eine wirksame Beratung des Vorstands im Kontext der nichtfinanziellen Erklärung.

Unternehmen bzw. ihren Anteilseignern ist – analog zur gebotenen Expertise von Aufsichtsratsmitgliedern in Bezug auf Fragen der Rechnungslegung und Abschlussprüfung – zu empfehlen, auch für CSR-Expertise bei mindestens einem Aufsichtsratsmitglied zu

12 BDO/Kirchhoff, Das CSR-Richtlinie-Umsetzungsgesetz im DAX 30, S. 5 (www.kirchhoff.de; Abruf: 31.08.2020).
13 Siehe www.un.org (Abruf: 31.08.2020).
14 UN, Resolution der Generalversammlung A/RES/70/1, 25.09.2015 (www.un.org; Abruf: 31.08.2020).
15 Siehe https://ec.europa.eu (Abruf: 31.08.2020).
16 Siehe etwa www.bmwi.de (Abruf: 31.08. 2020).
17 EU-Kommission, Mitteilung „Aktionsplan: Finanzierung nachhaltigen Wachstums“, 08.03.2018, COM(2018) 97 final (https://eur-lex.europa.eu; Abruf: 31.08.2020).
18 EU-Kommission, Mitteilung „Der europäische Grüne Deal“, 11.12.2019, COM(2019) 640 final (https://eur-lex.europa.eu; Abruf: 31.08.2020).
19 Siehe www.bundesregierung.de (Abruf: 31.08.2020).

sorgen. Darüber hinaus können Aufsichtsräte (neben dem Prüfungsausschuss) auch die Einrichtung eines CSR-Ausschusses erwägen. Nur auf diese Weise kann eine wirksame Überwachung der unternehmerischen Nachhaltigkeitsleistung und eine Beratung durch den Aufsichtsrat in CSR-Fragen sichergestellt werden.

(Quelle: Die Wirtschaftsprüfung, Heft 18/2020, Seite 1104 ff. (Reihe „Green and more"))

8.2 Green and more: Welche Bedeutung hat eine ESG-Due-Diligence?

Von StB WP Nils Borcherding und York Schwertschlag[1]

Das Themengebiet ESG (Environmental, Social, Governance) erfährt derzeit eine bislang nicht gekannte Aufmerksamkeit. Zunehmend befassen sich Unternehmen mit ihren spezifischen ESG-Aspekten und berichten darüber. Verschiedenste Anspruchsgruppen, verstärkt aber vor allem Investoren, fordern Informationen über die unternehmensindividuellen ESG-Aspekte, um nachhaltigere Entscheidungen treffen zu können. Vor diesem Hintergrund etabliert sich am Markt neben der klassischen finanziellen, steuerlichen und rechtlichen Due Diligence zunehmend auch eine ESG-Due-Diligence, die einen maßgeblichen Einfluss auf Investitionsentscheidungen ausüben kann.

8.2.1 Wachsende Bedeutung von Environmental, Social, Governance

Die Relevanz von ESG in den Unternehmen hat im Verlauf der letzten Jahre stetig zugenommen. Immer mehr Unternehmen berücksichtigen ESG-Aspekte im Rahmen ihrer Geschäftstätigkeit und legen darüber hinaus freiwillig oder gesetzlich[2] geforderte nichtfinanzielle Rechenschaft in Form von Nachhaltigkeitsberichten oder nichtfinanziellen (Konzern-)Erklärungen ab. Damit reagieren die Unternehmen auf das steigende Bedürfnis ihrer Anspruchsgruppen nach einem transparenten, ESG-konformen Verhalten, also der Berücksichtigung von ökologischen und sozialen Kriterien sowie einer verantwortungsbewussten Unternehmensführung, einschließlich der Berichterstattung darüber.

Für die Anspruchsgruppe der Investoren ist von Interesse, dass vermehrt nationale und internationale Institutionen und Initiativen vor allem die Einbeziehung von ESG-Aspekten in das Risikomanagement der Unternehmen fordern[3]. Die Bundesanstalt für Finanzdienstleistungsaufsicht (BaFin) stellt beispielsweise den von ihr beaufsichtigten Unternehmen ein Merkblatt zum Umgang mit Nachhaltigkeitsrisiken[4] zur Verfügung, in welchem dargelegt wird, wie nachhaltigkeitsbezogene Risiken im bisherigen Risikomanagement integriert werden können. Auch die Europäische Kommission hat mit dem Aktionsplan zur Finanzierung nachhaltigen Wachstums[5] eine verstärkte Verankerung von ESG-Aspekten im Risikomanagement von Unternehmen zum Ziel.

1 Die Autoren stellen ihre persönliche Auffassung dar.
2 Die Überarbeitung der dem CSR-Richtlinie-Umsetzungsgesetz zugrunde liegenden CSR-Richtlinie 2014/95/EU wird für das erste Quartal 2021 erwartet und führt voraussichtlich zu einem erweiterten Kreis von Unternehmen, die der Aufstellung einer nichtfinanziellen (Konzern-)Erklärung unterliegen.
3 Vgl. Richter/Meyer, WPg 2019, S. 1340.
4 Vgl. BaFin vom 20.12.2019 (www.bafin.de; Abruf: 09.01.2021).
5 Vgl. EU-Kommission, Mitteilung an das Europäische Parlament, den Europäischen Rat, den Rat, die Europäische Zentralbank, den Europäischen Wirtschafts- und Sozialausschuss und den Ausschuss der Regionen, Aktionsplan: Finanzierung nachhaltigen Wachstums, COM(2018) 97 final, 08.03.2018 (https://ec.europa.eu; Abruf: 09.01.2021).

Zudem treten Investoren zunehmend selbst Initiativen bei, beispielsweise der internationalen Investoreninitiative UN Principles for Responsible Investment (UNPRI)[6], die sich für ein nachhaltiges internationales Finanzsystem einsetzt und Investoren durch entsprechend zu beachtende Prinzipien bei verantwortungsvollen Investments unterstützt.

Vor diesem Hintergrund etabliert sich am Markt für Mergers & Acquisitions – neben der klassischen finanziellen, steuerlichen und rechtlichen Due Diligence[7] – verstärkt eine ESG-Due-Diligence.

8.2.2 ESG-Due-Diligence

Die Erkenntnis, dass ESG-Aspekte und damit verbundene Risiken[8] auch entscheidende Auswirkungen auf einen potenziellen Erwerbsgegenstand mit sich bringen, hat zur Folge, dass Investoren diese auch bei Kaufentscheidungen zunehmend zum Gegenstand einer Due Diligence erheben. Dabei verfolgen Investoren durch eine Due Diligence („sorgfältige Prüfung") das Ziel, zur Entscheidungsqualität und Genauigkeit der Wertermittlung des Erwerbsgegenstands beizutragen[9].

Im Gegensatz zur klassischen Due Diligence ist bei einer ESG-Due-Diligence die Analyse und Bewertung von nachhaltigkeitsbezogenen Risiken, die negative Folgen auf die Unternehmenstätigkeit sowie auf den Unternehmenswert haben können, der Schwerpunkt der Prüfung. Zudem ist es möglich, Chancen in Bezug auf eine spätere potenzielle Steigerung des Unternehmenswerts durch eine ESG-Due-Diligence zu identifizieren. So wird beispielsweise im Aspekt „Environment" untersucht, welche Umweltstandards und -regulierungen in der entsprechenden Branche einzuhalten sind und in welchem Umfang diese vom Unternehmen erfüllt werden. Der Aspekt „Social" deckt unter anderem die Themen Mitarbeiter- wie auch Kundenzufriedenheit ab, und der Aspekt „Governance" beschäftigt sich mit Fragestellungen beispielsweise zum Aufbau des Managements sowie zu Korruption und Bestechung.

Die Aspekte „Environment" und „Social" können dabei je nach Branche sehr stark variieren. Darüber hinaus ist eine klare Zuordnung einzelner Kriterien zu den Aspekten „Environment", „Social" und „Governance" häufig nicht möglich, da diese miteinander verwoben sind und insoweit gleich mehrere Aspekte gleichzeitig abdecken können.

6 Vgl. die Website unter www.unpri.org (Abruf: 09.01.2021); zur Entwicklung der Anzahl von Unterzeichnern der PRI-Initiative siehe www.unpri.org (Abruf: 09.01.2021).

7 Zum Status quo der Due Diligence in Deutschland vgl. Knauer/Herrmann/Wagener, WPg 2017, S. 1278.

8 Für den Begriff der ESG-Aspekte besteht keine einheitliche Definition. Aus Investmentsicht könnten darunter alle Faktoren, die im Geschäftsleben von Bedeutung sind, sich aber auch außerhalb der Finanzbuchhaltung niederschlagen, verstanden werden. ESG-Risiken können die Vermögens-, Finanz- und Ertragslage eines Unternehmens sowie deren Bewertung beeinflussen.

9 Vgl. Fey, in: Beck´sches Steuer- und Bilanzrechtslexikon, Edition 53, München 2020, Stichwort „Due Diligence (DD)", Rn. 3.

Da es eine Vielzahl an ESG-Kriterien gibt, welche im jeweiligen Unternehmenskontext in Erscheinung treten, ist entscheidend, die Due Diligence auf die wesentlichen ESG-Aspekte des jeweiligen Unternehmens zu beschränken. Hier können bereits die Branche, die Region bzw. der Standort und das Geschäftsmodell des Unternehmens eine grobe Abgrenzung aufzeigen. Da der Prozess einer ESG-Due-Diligence mit einem nicht zu unterschätzenden zeitlichen Aufwand und fachlichen Herausforderungen einhergeht, bietet es sich für Investoren an, dazu unabhängige Berater (beispielsweise Wirtschaftsprüfer bzw. Wirtschaftsprüfungsgesellschaften mit einer entsprechenden ESG-Expertise) heranzuziehen.

Derzeit besteht noch kein einheitlicher Standard, der die Schritte zur Durchführung einer ESG-Due-Diligence konkret vorgibt, sodass die Bewertungen von ESG-Risiken unterschiedlich ausfallen können. Unabhängig davon kann jedoch eine ESG-Due-Diligence Vorteile für Investoren mit sich bringen.

Zu den möglichen Vorteilen einer ESG-Due-Diligence zählen unter anderem:

- die Aufdeckung von Reputationsrisiken,
- die Identifikation kostenrelevanter Haftungs- und Compliance-Risiken,
- die Aufdeckung von Risiken, welche nicht aus der Finanzberichterstattung ersichtlich sind,
- die Ermittlung von Wertsteigerungsmöglichkeiten,
- Argumente für Preisverhandlungen,
- die Bewertung von Kosten, die nach der Akquisition durch die Integration im M&A-Prozess anfallen.

Die Durchführung einer ESG-Due-Diligence geht in der Regel vom Investor aus. Ein proaktiver Ansatz mittels einer Vendor-Due-Diligence[10], die auch ESG-Aspekte berücksichtigt, kann sich jedoch ebenso als vorteilhaft erweisen. So kann eine Vendor-Due-Diligence den Verkäufer dabei unterstützen, eine Vertrauensbasis zu potenziellen Deal-Partnern aufzubauen bzw. zu stärken. Dies wird umso mehr gelingen, indem der Verkäufer offen aufzeigt, welche Risiken und Schwachstellen ggf. auch im Rahmen einer ESG-Due-Diligence identifiziert wurden.

8.2.3 ESG-Aspekte künftig als Standard

Die Einbeziehung von ESG-Aspekten in die Geschäftstätigkeit von Unternehmen wird immer mehr zur alltäglichen Praxis. In diesem Zusammenhang wird eine ernsthafte Auseinandersetzung mit den nachhaltigkeitsbezogenen Risiken und deren Integration

10 Zu Einsatzbereichen und Erfolgswirkungen der Vendor-Due-Diligence vgl. Knauer/Klein/Sommer, WPg 2019, S. 108.

in das bisherige Risikomanagement von Unternehmen immer häufiger von Institutionen und Initiativen gefordert.

Studien zufolge ist davon auszugehen, dass bereits in naher Zukunft ein Großteil von beispielsweise institutionellen Investoren ESG-Aspekte zum Standard im Portfoliomanagement erheben wird[11]. So hat etwa der Vermögensverwalter BlackRock im Jahr 2020 angekündigt, dass die nachhaltigen Versionen der Modellportfolien künftig ESG-Kriterien-optimierte – statt traditionell kapitalisierungsgewichtete – Indexpositionen verwenden und dass der Analyse von ESG-Risiken im aktiven Anlageprozess künftig die gleiche Bedeutung beigemessen werden soll wie traditionellen Kennzahlen, beispielsweise dem Kredit- und Liquiditätsrisiko[12].

Mit diesen Entwicklungen gewinnt auch indirekt die Einbeziehung von ESG-Aspekten in eine Due Diligence zunehmend an Bedeutung und bietet sowohl Investoren als auch Verkäufern Vorteile. Von dieser Entwicklung könnten vor allem häufig mit der Durchführung einer Due Diligence beauftragte unabhängige Wirtschaftsprüfer bzw. Wirtschaftsprüfungsgesellschaften mit ESG-Expertise profitieren.

(Quelle: Die Wirtschaftsprüfung, Heft 04/2021, Seite 252 ff. (Reihe „Green and more"))

---

11 Vgl. beispielsweise die Studie von Natixis Investment Managers, Looking for the Best of Both Worlds, 16.05.2019 (www.im.natixis.com; Abruf: 09.01.2021).

12 Vgl. Blackrock, Sustainability as BlackRock's New Standard for Investing (www.blackrock.com; Abruf: 09.01.2021); dazu etwa Schmidt, WPg 2020, S. 685.

Anhang

Kategorien und Themen nach GRI

GR- Index	Kategorie	Beschreibung
102-1	Allgemeine Angaben Organisationsprofil	Name der Organisation
102-2	Allgemeine Angaben Organisationsprofil	Aktivitäten, Marken, Produkte und Dienstleistungen
102-3	Allgemeine Angaben Organisationsprofil	Ort des Hauptsitzes
102-4	Allgemeine Angaben Organisationsprofil	Betriebsstätten
102-5	Allgemeine Angaben Organisationsprofil	Eigentum und Rechtsform
102-6	Allgemeine Angaben Organisationsprofil	Bediente Märkte
102-7	Allgemeine Angaben Organisationsprofil	Größenordnung der Organisation
102-8	Allgemeine Angaben Organisationsprofil	Informationen über Angestellte und andere Mitarbeiter
102-9	Allgemeine Angaben Organisationsprofil	Lieferkette
102-10	Allgemeine Angaben Organisationsprofil	Signifikante Änderungen in der Organisation und ihrer Lieferkette
102-11	Allgemeine Angaben Organisationsprofil	Vorsorgeprinzip oder Vorsichtsmaßnahmen
102-12	Allgemeine Angaben Organisationsprofil	Externe Initiativen
102-13	Allgemeine Angaben Organisationsprofil	Mitgliedschaft in Verbänden
102-14	Allgemeine Angaben Strategie	Aussagen der Führungskräfte
102-15	Allgemeine Angaben Strategie	Wichtigste Auswirkungen, Risiken und Chancen
102-16	Allgemeine Angaben Ethik und Integrität	Werte, Richtlinien, Standards und Verhaltensnormen
102-17	Allgemeine Angaben Ethik und Integrität	Verfahren für ethische Beratung und Bedenken
102-18	Allgemeine Angaben Führung	Führungsstruktur
102-19	Allgemeine Angaben Führung	Befugniserteilende Stelle

GR- Index	Kategorie	Beschreibung
102-20	Allgemeine Angaben Führung	Verantwortung der Führungsebene für ökonomische, ökologische und soziale Themen
102-21	Allgemeine Angaben Führung	Einbindung der Stakeholder bei ökonomischen, ökologischen und sozialen Themen
102-22	Allgemeine Angaben Führung	Zusammensetzung des höchsten Kontrollorgans und seiner Gremien
102-23	Allgemeine Angaben Führung	Vorstand des höchsten Kontrollorgans
102-24	Allgemeine Angaben Führung	Nominierung und Wahl des höchsten Kontrollorgans
102-25	Allgemeine Angaben Führung	Interessenkonflikte
102-26	Allgemeine Angaben Führung	Die Rolle des höchsten Kontrollorgans bei der Bestimmung von Aufgaben, Werten und Strategien
102-27	Allgemeine Angaben Führung	Gemeinwissen des höchsten Kontrollorgans
102-28	Allgemeine Angaben Führung	Bewertung der Leistung des höchsten Kontrollorgans
102-29	Allgemeine Angaben Führung	Bestimmung und Management ökonomischer, ökologischer und sozialer Auswirkungen
102-30	Allgemeine Angaben Führung	Effektivität des Risikomanagementprozesses
102-31	Allgemeine Angaben Führung	Prüfung von ökonomischen, ökologischen und sozialen Themen
102-32	Allgemeine Angaben Führung	Die Rolle des höchsten Kontrollorgans bei der Nachhaltigkeitsberichterstattung
102-33	Allgemeine Angaben Führung	Kommunikation kritischer Bedenken
102-34	Allgemeine Angaben Führung	Art und Gesamtzahl kritischer Bedenken
102-35	Allgemeine Angaben Führung	Vergütungspolitik
102-36	Allgemeine Angaben Führung	Verfahren zur Festsetzung der Vergütung
102-37	Allgemeine Angaben Führung	Die Beteiligung der Stakeholder an der Vergütung
102-38	Allgemeine Angaben Führung	Verhältnis der Jahresgesamtvergütung
102-39	Allgemeine Angaben Führung	Verhältnis der prozentualen Erhöhung der Jahresgesamtvergütung
102-40	Allgemeine Angaben Stakeholder-Einbeziehung	Liste der Stakeholder-Gruppen

GR- Index	Kategorie	Beschreibung
102-41	Allgemeine Angaben Stakeholder-Einbeziehung	Tarifverhandlungen
102-42	Allgemeine Angaben Stakeholder-Einbeziehung	Bestimmen und Auswählen von Stakeholdern
102-43	Allgemeine Angaben Stakeholder-Einbeziehung	Ansatz für die Stakeholder-Einbeziehung
102-44	Allgemeine Angaben Stakeholder-Einbeziehung	Schlüsselthemen und Anliegen
102-45	Allgemeine Angaben Vorgehensweise bei der Berichterstattung	Entitäten, die in den Konzernabschlüssen erwähnt werden
102-46	Allgemeine Angaben Vorgehensweise bei der Berichterstattung	Bestimmung des Berichtsinhalts und Themenabgrenzung
102-47	Allgemeine Angaben Vorgehensweise bei der Berichterstattung	Liste der wesentlichen Themen
102-48	Allgemeine Angaben Vorgehensweise bei der Berichterstattung	Neuformulierung der Informationen
102-49	Allgemeine Angaben Vorgehensweise bei der Berichterstattung	Änderungen bei der Berichterstattung
102-50	Allgemeine Angaben Vorgehensweise bei der Berichterstattung	Berichtszeitraum
102-51	Allgemeine Angaben Vorgehensweise bei der Berichterstattung	Datum des aktuellsten Berichts
102-52	Allgemeine Angaben Vorgehensweise bei der Berichterstattung	Berichtszyklus
102-53	Allgemeine Angaben Vorgehensweise bei der Berichterstattung	Kontaktangaben bei Fragen zum Bericht
102-54	Allgemeine Angaben Vorgehensweise bei der Berichterstattung	Aussagen zu Berichterstattung in Übereinstimmung mit den GRI-Standards
102-55	Allgemeine Angaben Vorgehensweise bei der Berichterstattung	GRI-Inhaltsindex
102-56	Allgemeine Angaben Vorgehensweise bei der Berichterstattung	Externe Prüfung

GR- Index	Kategorie	Beschreibung
103-1	Managementansätze Managementansätze	Erklärung der wesentlichen Themen und ihre Abgrenzungen
103-2	Managementansätze Managementansätze	Der Managementansatz und seine Komponenten
103-3	Managementansätze Managementansätze	Prüfung des Managementansatzes
201-1	Wirtschaft Wirtschaftliche Leistung	Direkt erwirtschafteter und verteilter wirtschaftlicher Wert
201-2	Wirtschaft Wirtschaftliche Leistung	Durch den Klimawandel bedingte finanzielle Folgen und andere Risiken und Chancen
201-3	Wirtschaft Wirtschaftliche Leistung	Verpflichtungen aus leistungsorientierten und anderen Pensionsplänen
201-4	Wirtschaft Wirtschaftliche Leistung	Finanzielle Unterstützung vonseiten der Regierung
202-1	Wirtschaft Lohnstruktur und regionale Beschäftigung	Verhältnis der nach Geschlecht aufgeschlüsselten Standardeintrittsgehälter zum lokalen Mindestlohn
202-2	Wirtschaft Lohnstruktur und regionale Beschäftigung	Anteil der lokal angeworbenen Führungskräfte
203-1	Wirtschaft Indirekte ökonomische Auswirkungen	Infrastrukturinvestitionen und geförderte Dienstleistungen
203-2	Wirtschaft Indirekte ökonomische Auswirkungen	Erhebliche indirekte ökonomische Auswirkungen
204-1	Wirtschaft Beschaffungspraktiken	Anteil der Ausgaben für lokale Lieferanten
204-1a	Wirtschaft Beschaffungspraktiken	a. Prozentsatz des für die Beschaffung verwendeten Budgets an Hauptgeschäftsstandorten, das für lokale Lieferanten an dem jeweiligen Standort ausgegeben wird (z. B. Prozentsatz der vor Ort eingekauften Produkte und Dienstleistungen).
204-1b	Wirtschaft Beschaffungspraktiken	b. Die geografische Definition der Organisation für „lokal“.
204-1c	Wirtschaft Beschaffungspraktiken	c. Die Definition, die für „Hauptgeschäftsstandorte“ verwendet wurde
205-1	Wirtschaft Korruptionsbekämpfung	Geschäftsstandorte, die in Hinblick auf Korruptionsrisiken geprüft wurden
205-2	Wirtschaft Korruptionsbekämpfung	Informationen und Schulungen zu Strategien und Maßnahmen zur Korruptionsbekämpfung
205-3	Wirtschaft Korruptionsbekämpfung	Bestätigte Korruptionsvorfälle und ergriffene Maßnahmen

GR- Index	Kategorie	Beschreibung
206-1	Wirtschaft Fairer Wettbewerb	Rechtsverfahren aufgrund von wettbewerbswidrigem Verhalten oder Kartell- und Monopolbildung
301-1	Umwelt Materialien	Eingesetzte Materialien nach Gewicht oder Volumen
301-2	Umwelt Materialien	Eingesetzte rezyklierte Ausgangsstoffe
301-3	Umwelt Materialien	Wiederverwertete Produkte und ihre Verpackungsmaterialien
302-1	Umwelt Energie	Energieverbrauch innerhalb der Organisation
302-2	Umwelt Energie	Energieverbrauch außerhalb der Organisation
302-3	Umwelt Energie	Energieintensität
302-4	Umwelt Energie	Verringerung des Energieverbrauchs
302-5	Umwelt Energie	Senkung des Energiebedarfs für Produkte und Dienstleistungen
303-1	Umwelt Wasser	Wasserentnahme nach Quelle
303-2	Umwelt Wasser	Durch Wasserentnahme erheblich beeinträchtigte Wasserquellen
303-3	Umwelt Wasser	Zurückgewonnenes und wiederverwendetes Wasser
304-1	Umwelt Biodiversität	Eigene, gemietete oder verwaltete Betriebsstandorte, die sich in oder neben Schutzgebieten und Gebieten mit hohem Biodiversitätswert außerhalb von Schutzgebieten befinden
304-2	Umwelt Biodiversität	Erhebliche Auswirkungen von Aktivitäten, Produkten und Dienstleistungen auf die Biodiversität
304-3	Umwelt Biodiversität	Geschützte oder renaturierte Lebensräume
304-4	Umwelt Biodiversität	Arten auf der Roten Liste der Weltnaturschutzunion (IUCN) und auf nationalen Listen geschützter Arten, die ihren Lebensraum in Gebieten haben, die von Geschäftstätigkeiten betroffen sind
305-1	Umwelt Emissionen	Direkte THG-Emissionen (Scope 1)
305-2	Umwelt Emissionen	Indirekte energiebedingte THG-Emissionen (Scope 2)
305-3	Umwelt Emissionen	Sonstige indirekte THG-Emissionen (Scope 3)

GR- Index	Kategorie	Beschreibung
305-4	Umwelt Emissionen	Intensität der THG-Emissionen
305-5	Umwelt Emissionen	Senkung der THG-Emissionen
305-6	Umwelt Emissionen	Emissionen Ozon abbauender Substanzen (ODS)
305-7	Umwelt Emissionen	Stickstoffoxide (NO X), Schwefeloxide (SO X) und andere signifikante Luftemissionen
306-1	Umwelt Abwasser und Abfall	Abwassereinleitung nach Qualität und Einleitungsort
306-2	Umwelt Abwasser und Abfall	Abfall nach Art und Entsorgungsmethode
306-3	Umwelt Abwasser und Abfall	Erheblicher Austritt schädlicher Substanzen
306-4	Umwelt Abwasser und Abfall	Transport von gefährlichem Abfall
306-5	Umwelt Abwasser und Abfall	Von Abwassereinleitungen und/oder Oberflächenabfluss betroffene Gewässer
307-1	Umwelt Umwelt-Compliance	Nichteinhaltung von Umweltschutzgesetzen und -verordnungen
308-1	Umwelt Bewertung Lieferanten hinsichtlich ökologischer Kriterien	Neue Lieferanten, die anhand von Umweltkriterien überprüft wurden
308-2	Umwelt Bewertung Lieferanten hinsichtlich ökologischer Kriterien	Negative Umweltauswirkungen in der Lieferkette und ergriffene Maßnahmen
401-1	Soziales Anstellungsbedingungen	Neu eingestellte Angestellte und Angestelltenfluktuation
401-2	Soziales Anstellungsbedingungen	Betriebliche Leistungen, die nur vollzeitbeschäftigten Angestellten, nicht aber Zeitarbeitnehmern oder teilzeitbeschäftigten Angestellten angeboten werden
401-3	Soziales Anstellungsbedingungen	Elternzeit
402-1	Soziales Arbeitgeber-Arbeitnehmer-Kommunikation	Mindestmitteilungsfrist für betriebliche Veränderungen
403-1	Soziales Arbeitssicherheit und Gesundheitsschutz	Repräsentation von Mitarbeitern in formellen Arbeitgeber- Mitarbeiter-Ausschüssen für Arbeitssicherheit und Gesundheitsschutz
403-2	Soziales Arbeitssicherheit und Gesundheitsschutz	Art und Rate der Verletzungen, Berufskrankheiten, Arbeitsausfalltage und Abwesenheit sowie Zahl der arbeitsbedingten Todesfälle

GR- Index	Kategorie	Beschreibung
403-3	Soziales Arbeitssicherheit und Gesundheitsschutz	Mitarbeiter mit hohem Auftreten von oder Risiko für Krankheiten, die mit ihrer beruflichen Tätigkeit in Verbindung stehen
403-4	Soziales Arbeitssicherheit und Gesundheitsschutz	Gesundheits- und Sicherheitsthemen, die in formellen Vereinbarungen mit Gewerkschaften behandelt werden
404-1	Soziales Aus- und Weiterbildung	Durchschnittliche Stundenzahl für Aus- und Weiterbildung pro Jahr und Angestelltem
404-2	Soziales Aus- und Weiterbildung	Programme zur Verbesserung der Kompetenzen der Angestellten und zur Übergangshilfe
404-3	Soziales Aus- und Weiterbildung	Prozentsatz der Angestellten, die eine regelmäßige Beurteilung ihrer Leistung und ihrer Karriereentwicklung erhalten
405-1	Soziales Vielfalt und Chancengleichheit	Vielfalt in Leitungsorganen und der Angestellten
405-2	Soziales Vielfalt und Chancengleichheit	Verhältnis des Grundgehalts und der Vergütung von Frauen zum Grundgehalt und zur Vergütung von Männern
406-1	Soziales Gleichbehandlung	Diskriminierungsvorfälle und ergriffene Abhilfemaßnahmen
407-1	Soziales Vereinigungsfreiheit und Recht auf Kollektivverhandlungen	Geschäftsstandorte und Lieferanten, bei denen das Recht auf Vereinigungsfreiheit und Tarifverhandlungen bedroht sein könnte
408-1	Soziales Kinderarbeit	Geschäftsstandorte und Lieferanten mit einem erheblichen Risiko für Vorfälle von Kinderarbeit
409-1	Soziales Zwangs- und Pflichtarbeit	Geschäftsstandorte und Lieferanten mit einem erheblichen Risiko für Vorfälle von Zwangs- oder Pflichtarbeit
410-1	Soziales Sicherheitspersonal, das in Menschenrechtspolitik und -verfahren geschult wurde	Sicherheitspersonal, das in Menschenrechtspolitik und -verfahren geschult wurde
411-1	Soziales Rechte der indigenen Bevölkerung	Vorfälle, in denen Rechte der indigenen Völker verletzt wurden
412-1	Soziales Menschenrechtsprüfung	Geschäftsstandorte, an denen eine Prüfung auf Einhaltung der Menschenrechte oder eine menschenrechtliche Folgenabschätzung durchgeführt wurde
412-2	Soziales Menschenrechtsprüfung	Schulungen für Angestellte zu Menschenrechtspolitik und -verfahren
412-3	Soziales Menschenrechtsprüfung	Erhebliche Investitionsvereinbarungen und -verträge, die Menschenrechtsklauseln enthalten oder auf Menschenrechtsaspekte geprüft wurden

GR- Index	Kategorie	Beschreibung
413-1	Soziales Lokale Gemeinschaften Soziale Themen	Geschäftsstandorte mit Einbindung der lokalen Gemeinschaften, Folgenabschätzungen und Förderprogrammen
413-2	Soziales Lokale Gemeinschaften Soziale Themen	Geschäftstätigkeiten mit erheblichen tatsächlichen oder potenziellen negativen Auswirkungen auf lokale Gemeinschaften
414-1	Soziales Bewertung Lieferanten hinsichtlich sozialer Aspekte	Neue Lieferanten, die anhand von sozialen Kriterien überprüft wurden
414-2	Soziales Bewertung Lieferanten hinsichtlich sozialer Aspekte	Negative soziale Auswirkungen in der Lieferkette und ergriffene Maßnahmen
415-1	Soziales Politisches Engagement	Parteispenden
416-1	Soziales Kundengesundheit und -sicherheit	Beurteilung der Auswirkungen verschiedener Produkt- und Dienstleistungskategorien auf die Gesundheit und Sicherheit
416-2	Soziales Kundengesundheit und -sicherheit	Verstöße im Zusammenhang mit den Gesundheits- und Sicherheitsauswirkungen von Produkten und Dienstleistungen
417-1	Soziales Kennzeichnung und Vermarktung	Anforderungen für die Produkt- und Dienstleistungsinformationen und Kennzeichnung
417-2	Soziales Kennzeichnung und Vermarktung	Verstöße im Zusammenhang mit den Produkt- und Dienstleistungsinformationen und der Kennzeichnung
417-3	Soziales Kennzeichnung und Vermarktung	Verstöße im Zusammenhang mit Marketing und Kommunikation
418-1	Soziales Schutz der Privatsphäre von Kunden	Begründete Beschwerden in Bezug auf die Verletzung des Schutzes und den Verlust von Kundendaten
419-1	Soziales Compliance	Nichteinhaltung von Gesetzen und Vorschriften im sozialen und wirtschaftlichen Bereich

WP StB Katharina Völker-Lehmkuhl, Heiligenhaus

Dr. Christian Reisinger, Berlin

Glossar

Begriff	Erläuterung
Angaben zum Managementansatz	Hierunter versteht man die Beschreibung des unternehmensseitigen Umgangs mit den wesentlichen Nachhaltigkeitsthemen und ihren Auswirkungen. Liefert den Rahmen für die Angaben zu den themenspezifischen Standards.
Aufwendungen für Umweltschutz	Es sind alle Aufwendungen gemeint, die dazu dienen, ökologische Aspekte zu berücksichtigen sowie negative Auswirkungen und Risiken zu verhindern, zu reduzieren und zu dokumentieren. Hierzu gehören auch Aufwendungen für die Entsorgung, Aufbereitung, Sanierung und Reinigung.
Austritt schädlicher Substanzen	Es handelt sich um den versehentlichen Austritt von Substanzen, die für die menschliche Gesundheit, für Böden, Flora, Gewässer oder Grundwasser schädlich sind.
Auswirkung	Auswirkung gemäß GRI-Standards ist der Effekt, den ein Unternehmen auf die Wirtschaft, die Umwelt beziehungsweise die Gesellschaft hat und der wiederum auf den positiven oder negativen Beitrag des Unternehmens auf die nachhaltige Entwicklung hindeuten kann. Der Begriff ist sehr allgemein gefasst. Auswirkungen können positiv, negativ, tatsächlich, unmittelbar, kurzfristig, langfristig, beabsichtigt oder unbeabsichtigt sein. Sie können Konsequenzen für das Geschäftsmodell und den Ruf des Unternehmens oder die Erreichung der Unternehmensziele haben.
Carbon Footprint	Der Carbon Footprint, auch CO_2-Bilanz, CO_2-Fußabdruck, Klimabilanz, Treibhausgasbilanz oder THG-Bilanz genannt, ist die Bilanz aller Treibhausgasemissionen, die durch ein Unternehmen, ein Produkt oder eine Dienstleistung verursacht werden. Unternehmen, Produkte und Dienstleistungen emittieren entweder selbst oder sie verursachen durch die Verbrennung fossiler Energieträger und anderer Aktivitäten indirekt Treibhausgasemissionen. Der Carbon Footprint gibt Auskunft über die Höhe dieser Emissionen und identifiziert gleichzeitig Reduktionspotenziale. Zudem bildet er die Grundlage für Klimaneutralität. Der Carbon Footprint darf keinesfalls mit dem ökologischen Fußabdruck verwechselt werden, da dieser neben der globalen Erwärmung weitere Umweltauswirkungen berücksichtigt.
Clean Development Mechanism	Der Clean Development Mechanism (deutsch: Mechanismus für umweltverträgliche Entwicklung, kurz CDM) ist ein wichtiges, im Kyoto-Protokoll vorgesehenes Instrument, das der wirtschaftlich effizienten Verringerung von Treibhausgasemissionen dient. Ökologisch kann es sinnvoll sein, Projekte zur Emissionsvermeidung und -reduzierung in Schwellen- und Entwicklungsländern und nicht in Industrienationen durchzuführen. Die Klimaschutzprojekte werden dort auf Basis von CDM-Kriterien entwickelt und fördern somit die ökologisch nachhaltige Entwicklung vor Ort. Für die eingesparten Treibhausgasemissionen werden nach strengen Kriterien Emissionsminderungszertifikate ausgestellt. Akteure aus Industrieländern können diese Zertifikate erwerben und sich auf ihre eigenen Reduktionsziele anrechnen. Diesem Instrument liegt die Tatsache zugrunde, dass Treibhausgase global wirken und es daher für den Klimaschutz irrelevant ist, an welchem Ort der Erde Treibhausgase verursacht oder vermindert werden.

Begriff	Erläuterung
CO_2-Äquivalente	Mittels CO_2-Äquivalenten werden die im Kyoto-Protokoll reglementierten Treibhausgase Methan (CH_4), Lachgas (N_2O), Schwefelhexafluorid (SF_6), teilhalogenierte Fluorkohlenwasserstoffe (HFCs) Perfluorcarbone (PCFs) sowie Stickstofftrifluorid (NF_3) auf ein einheitliches Maß umgerechnet. CO_2 ist das mit Abstand wichtigste Treibhausgas, da es für etwa 60 % des vom Menschen verursachten Klimawandels verantwortlich ist, und dient daher als Referenzwert für die Umrechnung aller Treibhausgase. In der Praxis wird oft vereinfachend von CO_2-Emissionen oder Triebhausgasemissionen (THG-Emissionen) gesprochen, wenn eigentlich CO_2-Äquivalente gemeint sind.
CO_2-Ausgleich	Der Ausgleich unvermeidbarer Emissionen, auch Emissionsausgleich oder Kompensation genannt, stellt nach zuvor zwingend notwendigen Maßnahmen der Emissionsvermeidung und -reduktion den letzten Schritt und einen wichtigen Baustein ganzheitlichen Klimaschutzengagements dar. Es handelt sich um die rechnerische Kompensation der unvermeidbaren Treibhausgasemissionen durch Emissionsminderungszertifikate aus Klimaschutzprojekten. Auf diese Weise können Unternehmen, Produkte und Dienstleistungen klimaneutral gestellt werden.
Dauerhaftigkeit	Dauerhaftigkeit ist eines der vier grundlegenden Kriterien für Klimaschutzprojekte, die sicherstellen müssen, dass ausgewiesene Emissionseinsparungen langfristig erfolgen. So dürfen beispielsweise aufgeforstete Gebiete nicht nach wenigen Jahren abgeholzt oder gerodet werden, da dies die gespeicherte Menge CO_2 wieder freisetzen würde. Daher werden bei Waldschutzprojekten regelmäßig Garantien über 30, 50 oder 100 Jahre gefordert.
Direkte THG-Emissionen	Direkte THG-Emissionen des Scope 1 stammen aus Emissionsquellen, die sich im Besitz des Unternehmens befinden oder von diesem kontrolliert werden, wie beispielsweise Verbrennungsanlagen oder Fahrzeugen mit Verbrennungsmotor.
Diversitätsindikator	Indikator, für den das Unternehmen Daten zu Alter, Abstammung, ethnischer Herkunft, Staatsbürgerschaft, Religion, Behinderung und Geschlecht sammelt.
Doppelzählungen	Der Ausschluss von Doppelzählungen ist eines der vier grundlegenden Kriterien für Klimaschutzprojekte. Die Emissionseinsparungen dürfen nur einmal angerechnet werden, ein Weiterverkauf von Emissionszertifikaten ist nicht zulässig.
Emissionsfaktor	Emissionsfaktoren geben Auskunft darüber, wie viele Treibhausgasemissionen in Relation zu einer bestimmten Menge eines Produkts oder Rohstoffs verursacht werden, und bilden neben Verbrauchsdaten die Grundlage für die Berechnung von Carbon Footprints. So hat beispielsweise Steinkohle einen Emissionsfaktor von 0,335 kg CO_2 pro Kilowattstunde.
Energieeffizienz	Effizienz liegt vor, wenn ein bestimmter Nutzen mit minimalem Aufwand erreicht wird. Die Energieeffizienz wird demnach dann verbessert, wenn ein Produkt mit vermindertem Energieaufwand entsteht.
Erneuerbare Energiequelle	Energiequellen, die sich innerhalb eines kurzen Zeitraums durch ökologische Kreisläufe oder landwirtschaftliche Prozesse erneuern, wie z. B. Erdwärme, Wind, Sonne, Wasser und Biomasse. Im Gegensatz hierzu sind Kohle, Erdöl und Erdgas nicht erneuerbar, da sie über einen im Verhältnis zu ihrem Abbau und Verbrauch sehr langen Zeitraum entstanden sind. Kernenergie zählt ebenfalls zu den nicht erneuerbaren Energiequellen.

Begriff	Erläuterung
Fossile Energieträger	Fossile Energieträger wie Braun- und Steinkohle, Erdöl, Erdgas und Torf sind vor langer Zeit aus dem Abbau toter Tiere und Pflanzen entstanden. Der in ihnen enthaltene Kohlenstoff setzt bei der Verbrennung Energie frei und stellt derzeit den mit weitem Abstand bedeutsamsten Energieträger weltweit dar. Das bei der Verbrennung aus der chemischen Verbindung von Kohlenstoff und Umgebungssauerstoff entstehende CO_2 wurde lange als für die Umwelt unschädlich angesehen, da CO_2 auch zur natürlichen Zusammensetzung der Atmosphäre gehört. Mittlerweile weiß man, dass eine zu hohe Konzentration von CO_2 in der Atmosphäre zu Klimaveränderungen führt.
Freiwilliger Markt	Unternehmen, die nicht gesetzlich verpflichtet sind, Emissionen zu reduzieren, können dies freiwillig tun. Hierfür besteht ein freiwilliger Markt für Emissionsminderungszertifikate. Der dem zugrunde liegende Mechanismus funktioniert analog dem Clean Development Mechanism für den verpflichtenden Markt, der im Kyoto-Protokoll verankert ist.
Gesamtwasserentnahme	Die Gesamtwasserentnahme umfasst die gesamte Wassermenge aus allen Quellen wie Oberflächenwasser, Grundwasser, Regenwasser, Hydranten und Leitungswasser.
Gold Standard	Der im Jahr 2003 von WWF und 40 weiteren Nichtregierungsorganisationen entwickelte Gold Standard ist der weltweit umfassendste Standard für Klimaschutzprojekte. Neben den grundlegenden Kriterien für Klimaschutzprojekte stellt er besonders strenge Anforderungen an die Zusätzlichkeit, nachhaltiger Entwicklung und Einbeziehung der lokalen Bevölkerung.
Greenhouse Gas Protocol	Das Greenhouse Gas Protocol (GHG Protocol) ist ein international anerkannter Standard zur Berechnung von Corporate und Product Carbon Footprints. Es wurde vom World Resources Institute und dem World Business Council for Sustainable Development entwickelt und dient als Grundlage vieler weiterer Standards im Carbon-Management-Bereich. Die grundlegenden Prinzipien der Carbon-Footprint-Berechnung nach dem GHG Protocol sind Relevanz, Vollständigkeit, Konsistenz, Genauigkeit und Transparenz sowie die Einteilung der Emissionen in Scope 1 bis 3.
Intergovernmental Panel on Climate Change	Das Intergovernmental Panel on Climate Change (IPCC, auch „Weltklimarat") wurde 1988 von den Vereinten Nationen ins Leben gerufen und fasst für politische Entscheidungsträger den Stand der wissenschaftlichen Klimaforschung zusammen. Die regelmäßigen IPCC-Berichte repräsentieren den neuesten Stand der weltweiten Klimaforschung. Die Berechnung von Carbon Footprints basiert häufig auf den vom IPCC ermittelten Emissionsfaktoren.
Joint-Implementation-Projekte	Joint-Implementation-Projekte ermöglichen die Durchführung von Klimaschutzprojekten in Industriestaaten, die Emissionsreduktionsverpflichtungen gemäß dem Kyoto-Protokoll eingegangen sind. Der Mechanismus sieht vor, dass Projektentwickler bei den jeweils zuständigen Stellen Klimaschutzaktivitäten anmelden. Nach einem festgelegten Zeitraum werden Emissionszertifikate ausgestellt, die der Menge der Emissionsminderung bzw. des gespeicherten Kohlenstoffs entsprechen, sofern strenge Kriterien eingehalten wurden.

Begriff	Erläuterung
Klimaneutralität	Unternehmen, Produkte und Dienstleistungen sind klimaneutral, wenn ihr Carbon Footprint berechnet und durch den Ankauf von Emissionszertifikaten ausgeglichen wurde. Wissenschaftlicher Hintergrund der Klimaneutralität ist die Tatsache, dass es für den Treibhauseffekt keine Rolle spielt, wo Emissionen ausgestoßen oder eingespart werden, da sich Treibhausgase langfristig gleichmäßig in der Atmosphäre verteilen. Der Ausgleich von Treibhausgasemissionen findet mittels handelbarer Emissionsminderungszertifikate statt. Diese Zertifikate werden durch Klimaschutzprojekte generiert, die Treibhausgase einsparen und entsprechende Kriterien erfüllen.
Klimaschutz	Klimaschutz zu betreiben bedeutet, dem vom Menschen verursachten Klimawandel und der globalen Erwärmung entgegenzuwirken. Dies geschieht durch die Verminderung des Treibhausgasausstoßes oder durch die Wiederherstellung von Wäldern und Mooren. Klimaschutz ist ein Teilbereich des Umweltschutzes und des Nachhaltigkeitsengagements. Ganzheitlicher Klimaschutz bedeutet die Vermeidung unnötiger Emissionen, Reduzierung bestehender Emissionen sowie Ausgleich unvermeidbarer Emissionen.
Klimaschutzprojekt	Zertifizierte Klimaschutzprojekte sparen effektiv Treibhausgasemissionen ein. Emissionsminderungszertifikate machen diese Einsparung handelbar. Der Emissionshandel ermöglicht global die Förderung einer nachhaltigen Entwicklung und die kostensparende Vermeidung von Treibhausgasen. Die Einsparung erfolgt häufig, indem fossile Energieträger durch erneuerbare Energien ersetzt oder natürliche Kohlenstoffsenken wie Wälder und Moore auf- und ausgebaut werden, z. B. im Rahmen von Projekten mit Biomasseanlagen, Windparks oder Wasserkraftanlagen sowie Aufforstungs- und Waldschutzprojekten. Klimaschutzprojekte müssen strengen internationalen Kriterien und Standards genügen. Sie sollen neben der Emissionseinsparung vier grundlegende Kriterien erfüllen: Ausschluss von Doppelzählungen, Dauerhaftigkeit, Überprüfung durch unabhängige Dritte und Zusätzlichkeit.
Kompensation	Vgl. CO_2-Ausgleich.
Korruption	Unter Korruption versteht man den Missbrauch von Macht und Vertrauen zum privaten Nutzen oder Vorteil. Korruption kann durch einzelne Personen oder Organisationen erfolgen. Sie umfasst Bestechung, Schmiergeldzahlungen, Betrug, Erpressung, betrügerische Absprachen, Geldwäsche, die Tätigung, Aufnahme oder Annahme von Schenkungen, Krediten, Gebühren, Belohnungen und andere Handlungen, die unehrlichem oder illegalem Verhalten Vorschub leisten.
Kyoto-Protokoll	Das 1997 in Kyoto, Japan, vom UNFCCC beschlossene und von 193 Staaten unterzeichnete Kyoto-Protokoll ist ein bedeutendes internationales Klimaschutzabkommen. Es verpflichtet Industrieländer, ihre Treibhausgasemissionen innerhalb eines gewissen Zeitraums zu reduzieren. Zusätzlich soll es Entwicklungs- und Schwellenländern eine nachhaltige Entwicklung ermöglichen. Es enthält Mechanismen des Emissionshandels, den Clean Development Mechanism sowie den Joint Implementation Mechanism.

Begriff	Erläuterung
Lieferant	Lieferanten sind Unternehmen oder Personen, die Produkte oder Dienstleistungen bereitstellen, die vom belieferten Unternehmen verwendet werden, z. B. Rohstofflieferanten und -produzenten, Großhändler, Auftragnehmer, Distributoren, Heimarbeiter, Subunternehmer Freelancer, Hersteller, Berater oder Makler. Neben direkten Lieferanten sind auch die Lieferanten der Lieferanten usw. gemeint, sofern deren Produkte und Dienstleistungen in die Lieferkette eingehen.
Lieferkette	Gemeint ist die Reihe der Lieferanten, deren Produkte und Dienstleistungen vom Unternehmen bezogen werden.
Menschenrechtsklausel	Verbindliche Mindestanforderungen an Menschenrechte als Voraussetzung für Investitionen, die schriftlich vereinbart wurden.
Mitarbeiter	Neben den Angestellten des Unternehmens können auch Praktikanten, Auszubildende, Freelancer, Mitarbeiter von Subunternehmern und Lieferanten dazuzählen.
Nachhaltigkeitsziele	Die 17 Nachhaltigkeitsziele der Vereinten Nationen umfassen die relevanten ökonomischen, sozialen und ökologischen Ziele bis 2030 und sind für die globale Politik maßgebend.[1]
Ökostrom	Unter Ökostrom (auch Strom aus erneuerbaren Energien oder Grünstrom genannt) versteht man Strom aus erneuerbaren Energiequellen wie beispielsweise Wind, Sonne oder Wasserkraft. Da diese Art der Stromerzeugung keine direkten Treibhausgasemissionen verursacht, ist das Umstellen auf Ökostrom eine der wichtigsten Maßnahmen zur Vermeidung von Treibhausgasemissionen.
Ozonloch	In der zweiten Hälfte des 20. Jahrhunderts haben Emissionen von Fluorchlorkohlenwasserstoffen zu einer starken Ausdünnung der Ozonschicht geführt. Die meisten Ozon abbauenden Substanzen werden durch das Umweltprogramm der Vereinten Nationen kontrolliert. Globale Maßnahmen haben zu einer wesentlichen Reduzierung des Ozonlochs geführt. Man geht davon aus, dass sich die noch in der Atmosphäre befindlichen Fluorchlorkohlenwasserstoffe im Laufe des 21. Jahrhunderts abbauen werden und das Ozonloch sich wieder nahezu vollständig schließen wird. Aus heutiger Sicht handelt es sich bei den Maßnahmen zur Bekämpfung des Ozonlochs um ein sehr erfolgreiches globales Umweltschutzprojekt.
Renaturiertes Gebiet	Gebiet, das für Geschäftstätigkeiten genutzt oder beeinträchtigt und durch Sanierungsmaßnahmen wieder in seinen ursprünglichen Zustand mit intaktem Ökosystem versetzt wurde.
Schutzgebiet	Ein vor negativen Auswirkungen geschütztes Gebiet, das sich in seinem ursprünglichen Zustand mit intaktem Ökosystem befindet.

[1] Vgl. die ausführliche Darstellung Kapitel 1.

Begriff	Erläuterung
Treibhausgase	Treibhausgase entstehen vorrangig bei der Verbrennung fossiler Brennstoffe zur Energieerzeugung (Kohle- oder Gaskraftwerke) oder im Dienst der Mobilität (Verbrennung von Treibstoffen im Fahr- oder Flugzeug), können aber auch das Ergebnis chemischer oder physikalischer Prozesse sein. Bezogen auf das ausgestoßene Gesamtvolumen ist Kohlendioxid (CO_2) das bedeutendste Treibhausgas. Neben CO_2 werden im Regelfall auch Methan (CH_4 aus Viehzucht, Reisanbau, Deponien), Lachgas (N_2O aus Stickstoffdüngung und Deponien), Schwefelhexafluorid (SF_6 durch Hochspannungsleitungen) und Fluorkohlenwasserstoffe (FKW und H-FKW durch Kühlmittelleckagen und aus der chemischen Industrie) berücksichtigt. Diese Treibhausgase werden in das Treibhauspotenzial von CO_2 in CO_2-Äquivalente (CO_2e) umgerechnet. So hat Methan einen Äquivalenzfaktor von 21, Lachgas von ca. 300, Fluorkohlenwasserstoffe von bis zu 9.200 und Schwefelhexafluorid von 23.900.
Treibhauseffekt	Treibhausgase sind ein wichtiger Bestandteil unserer Atmosphäre und tragen durch den natürlichen Treibhauseffekt dazu bei, ein lebenserhaltendes Klima auf unserer Erde zu schaffen. Durch den hohen zusätzlichen Ausstoß an Treibhausgasen seit Beginn der Industrialisierung hat sich die Konzentration an Treibhausgasen in der Atmosphäre jedoch signifikant erhöht, was zu einer zusätzlichen Erwärmung unserer Atmosphäre führt. Dieser vom Menschen induzierte („anthropogene") Treibhauseffekt bedroht langfristig unsere Lebensgrundlage. Daher hat sich die Weltgemeinschaft zuletzt im Pariser Abkommen von 2015 das Ziel gesetzt, die Erderwärmung auf maximal 2 °C zu begrenzen.
United Nations Framework Convention on Climate Change	Unter UNFCCC versteht man die 1992 auf der Konferenz für Umwelt und Entwicklung der Vereinten Nationen in Rio de Janeiro verabschiedete UN-Klimarahmenkonvention. Sie wurde bisher von 193 Staaten ratifiziert und ist am 21. März 1994 in Kraft getreten. Das Sekretariat der Klimarahmenkonvention ist in Bonn angesiedelt. 1997 verabschiedeten die Unterzeichnerstaaten das Kyoto-Protokoll, in dem konkrete Maßnahmen zum Klimaschutz erarbeitet wurden – unter anderem der Clean Development Mechanism.
Verified Carbon Standard	Der Verified Carbon Standard (VCS) ist der weltweit am weitesten verbreitete Standard für Klimaschutzprojekte. Er wurde 2005 unter Beteiligung des Weltwirtschaftsforums und des World Business Council on Sustainable Development gegründet. Heute sind mehr als die Hälfte aller freiwilligen Emissionsreduktionen nach dem VCS validiert und verifiziert.
Weltklimarat	Dies ist eine im Deutschen verwendete Bezeichnung des Intergovernmental Panel on Climate Change (IPCC).
Zusätzlichkeit	Zusätzlichkeit ist eines der vier grundlegenden Kriterien für Klimaschutzprojekte. Es bedeutet, dass ein Klimaschutzprojekt nur auf Basis der zusätzlichen Finanzierung durch den Verkauf von Emissionsminderungszertifikaten verwirklicht werden kann. So soll sichergestellt werden, dass das Projekt nicht sowieso, also auch ohne zusätzliche Finanzierung durch den Verkauf von Klimaschutzzertifikaten, realisiert worden wäre. Staatlich subventionierte Anlagen zur Stromerzeugung können aus diesem Grund keine Klimaschutzprojekte werden.

Begriff	Erläuterung
Zwangs- oder Pflichtarbeit	Arbeiten, die nicht freiwillig, sondern unter Androhung von Strafe ausgeübt werden. Auch wenn Sklavenarbeit offiziell weltweit abgeschafft ist, gibt es zahlreiche Formen moderner Sklaverei wie Schuldknechtschaft, politische Gefangenschaft, Kinderarbeit, Zwangsprostitution, Rekrutierung von Kindersoldaten sowie die klassischen Formen der Leibeigenschaft und wirtschaftlichen Ausbeutung, die Millionen von Menschen leiden lassen. Hinweise auf Zwangsarbeit sind die Einbehaltung von Ausweispapieren, Verpflichtung zu obligatorischen Kautionen, Verpflichtung zu Überstunden. Die global gültige Vereinbarung zur Vermeidung der Zwangsarbeit ist die Forced Labour Convention aus dem Übereinkommen 29 der Internationalen Arbeitsorganisation von 1930.

WP StB Katharina Völker-Lehmkuhl, Heiligenhaus

Dr. Christian Reisinger, Berlin

Literaturverzeichnis

Adams, Tim: Epidemics and Society by Frank M Snowden review – illuminating and persuasive, Buchbesprechung auf www.theguardian.com, zuletzt abgerufen am 12.10.2022.

Beckmann, Kai Michael: Banken auf dem besten Weg zu Sustainable Finance, in: Die Wirtschaftsprüfung, Heft 06/2021, Seite 375 ff. (Reihe „Green and more")

Beckmann, Kai Michael: Investitionen sind zunehmend an Nachhaltigkeitsaspekte gekoppelt, in: Die Wirtschaftsprüfung, Heft 18/2021, Seite 1552 ff. (Reihe „Green and more")

Beckmann, Kai Michael: Deutlicher Nachhaltigkeitsfokus im Entwurf des DCGK 2022, in: Die Wirtschaftsprüfung, Heft 08/2022, Seite 473 ff. (Reihe „Green and more")

Berger, Jens: CSRD – ein neues Berichtsregime für Nachhaltigkeitsinformationen, in: IDW Life, Heft 12/2022, Seite 1111 ff.

Borcherding, Nils / Schwertschlag, York: Welche Bedeutung hat eine ESG-Due-Diligence?, in: Die Wirtschaftsprüfung, Heft 04/2021, Seite 252 ff. (Reihe „Green and more")

Borcherding, Nils / Seufert, Janina: Die Taxonomie-Verordnung der EU, in: Die Wirtschaftsprüfung, Heft 16/2021, Seite 1009 ff. (Reihe „Green and more")

Borcherding, Nils / Beck, Mario: Aktualisierung der GRI-Standards, in: Die Wirtschaftsprüfung, Heft 06/2022, Seite 336 ff. (Reihe „Green and more")

Castor, Tanja: Integrierte Berichterstattung als Hebel für die Transformation zu nachhaltigem Wirtschaften, in: Die Wirtschaftsprüfung, Heft 20/2021, Seite 1291 ff. (Reihe „Green and more")

Deloitte (Hrsg.): ESG-Navigator – Kuratierte Materialsammlung, Düsseldorf 2022

Fink, Hendrik: Investoren wünschen sich standardisierte ESG-Reportings, in: Die Wirtschaftsprüfung, Heft 24/2021, Seite 1553 ff. (Reihe „Green and more")

Lanfermann, Georg / Glöckner, Alexander: Sicherung der Zuverlässigkeit nichtfinanzieller Informationen durch eine EU-weite Prüfungspflicht, in: Die Wirtschaftsprüfung, Heft 20/2020, Seite 1227 ff. (Reihe „Green and more")

Gnändiger, Jan-Hendrik / Wiegand, Timo / Redenz, Anja / Meng, Sascha: Nicht-finanzielles IKS – Sicherheit und Transparenz für nicht-finanzielle Kennzahlen, in: Die Wirtschaftsprüfung, Heft 10/2022, Seite 595 ff. (Reihe „Green and more“)

Hartke, Volker: Nachhaltigkeitsberichterstattung bald auch im Mittelstand, in: Die Wirtschaftsprüfung, Heft 22/2021, Seite 1404 ff. (Reihe „Green and more“)

Hartke, Volker: Das Lieferkettensorgfaltspflichtengesetz hat Konsequenzen für den Mittelstand, in: Die Wirtschaftsprüfung, Heft 12/2022, Seite 675 ff. (Reihe „Green and more“)

Hartke, Volker / Wilhelm, Benjamin: Nachhaltigkeitsberichterstattung im Mittelstand – Hintergründe und Umsetzung europäischer Vorgaben, Düsseldorf 2022.

IDW (Hrsg.): Kreditinstitute, Finanzdienstleister und Investmentvermögen (WPH Edition) Düsseldorf 2020.

IDW (Hrsg.): Assurance – Vertrauensleistungen außerhalb der Abschlussprüfung (WPH Edition), 2. Auflage, Düsseldorf 2021.

IDW (Hrsg.): Fragen und Antworten zur Berücksichtigung von ESG-bezogenen Aspekten in IFRS-Abschlüssen (Stand: 21.12.2021), auf www.idw.de, zuletzt abgerufen am 25.10.2022.

IDW Knowledge Paper „Green Bonds – Auf dem Weg zu einem verlässlichen Markt für grüne Anleihen“ (Stand 16.02.2021), auf www.idw.de, zuletzt abgerufen am 25.10.2022.

IDW Knowledge Paper „Bilanzierung von „grünen“ Finanzierungen“ (Stand 19.07.2021), auf www.idw.de, zuletzt abgerufen am 25.10.2022.

IDW Positionspapier „Sustainable Finance als Teil der nachhaltigen Transformation. Auswirkungen auf Kreditinstitute“ (Stand 30.09.2020), auf www.idw.de, zuletzt abgerufen am 25.10.2022.

IDW Prüfungshinweis (IDW PH) 9.350.2 Die Behandlung der nichtfinanziellen Berichterstattung nach §§ 289b bis 289e, 315b und 315c HGB durch den Abschlussprüfer (Stand 22.09.2020).

ISA [DE] 720 (Rev.), Verantwortlichkeiten des Abschlussprüfers im Zusammenhang mit sonstigen Informationen, in: IDW (Hrsg.): GoA visuell. Strukturierte grafische Darstellung aller vom IDW veröffentlichten Grundsätze ordnungsmäßiger Abschlussprüfung, 2. Auflage Düsseldorf 2022.

Meldau, Anne / Glöckner, Alexander: Ist eine nachhaltige Stimmrechtsausübung etabliert?, in: Die Wirtschaftsprüfung, Heft 08/2021, Seite 527 ff. (Reihe „Green and more")

Meyer, Yvonne C. / Herder, Ina: Künftige Klimaberichterstattung im (Konzern-)Lagebericht, in: Die Wirtschaftsprüfung, Heft 04/2022, Seite 194 ff. (Reihe „Green and more")

Meyer, Yvonne C. / Welz, Hans-Georg: Does materiality matter? Was wirklich zählt, in: Die Wirtschaftsprüfung, Heft 14/2021, Seite 885 ff. (Reihe „Green and more")

Orth, Christian / Meyer, Yvonne C.: Künftige Pflicht zur Prüfung der Nachhaltigkeitsberichterstattung im Lagebericht, in: Die Wirtschaftsprüfung, Heft 16/2022, Seite 909 ff. (Reihe „Green and more")

Praum, Kai: CR, CSR und Nachhaltigkeit. Nicht dasselbe, aber das Gleiche?, in: Corporate Responsibility, Jubiläumsausgabe Nr. 10 (2015): Bestandsaufnahme und Zukunftsperspektiven für Corporate Responsibility, S. 40 ff.

Richter, Nicole / Meyer, Yvonne C.: ESG-Risiken? In das Risikomanagementsystem!, in: Die Wirtschaftsprüfung, Heft 24/2019, Seite 1340 ff. (Reihe „Green and more")

Richter, Nicole / Meyer, Yvonne C.: EU-Standard für Green Bonds – aktuelle Entwicklungen, in: Die Wirtschaftsprüfung, Heft 16/2020, Seite 970 ff. (Reihe „Green and more")

Rieth, Lothar / Schmidt, Matthias: Erstmalige Umsetzung der Sustainable-Finance-Taxonomie, in: Die Wirtschaftsprüfung, Heft 12/2021, Seite 769 ff. (Reihe „Green and more")

Schäfer, Nina / Schönberger, Martin W.: Die EU-Taxonomie – (weit) mehr als drei Kennzahlen, in: Die Wirtschaftsprüfung, Heft 10/2021, Seite 633 ff. (Reihe „Green and more")

Schäfer, Nina / Schönberger, Martin W.: Klimaberichterstattung nach ISSB und EFRAG, in: Die Wirtschaftsprüfung, Heft 14/2022, Seite 798 ff. (Reihe „Green and more")

Schmidt, Matthias: Zur Relevanz der SASB-Standards für deutsche Unternehmen, in: Die Wirtschaftsprüfung, Heft 12/2020, Seite 685 ff. (Reihe „Green and more")

Schmidt, Matthias: Sustainable-Finance-Taxonomie der EU, in: Die Wirtschaftsprüfung, Heft 24/2020, Seite 1495 ff. (Reihe „Green and more")

Schmidt, Matthias: Wie verankert man Nachhaltigkeit in der Finanz-Funktion?, in: Die Wirtschaftsprüfung, Heft 02/2022, Seite 100 ff. (Reihe „Green and more“)

Siegel, Daniel P. / Stibi, Bernd: Nachhaltigkeit: Bedeutung für den Berufsstand, in: IDW Life, Heft 01/2021, Seite 8 ff.

Simon-Heckroth, Ellen / Borcherding, Nils: Verankerung der Corporate Social Responsibility im Geschäftsmodell, in: Die Wirtschaftsprüfung, Heft 4/2020, Seite 210 ff. (Reihe „Green and more“)

Simon-Heckroth, Ellen / Borcherding, Nils: Sachverstand im Aufsichtsrat, in: Die Wirtschaftsprüfung, Heft 18/2020, Seite 1104 ff. (Reihe „Green and more“)

Völker-Lehmkuhl, Katharina: Praxis der Bilanzierung und Besteuerung von CO_2-Emissionsrechten, Berlin 2019.

Völker-Lehmkuhl, Katharina / Reisinger, Christian: Wegweiser Nachhaltigkeit: Praxisorientierter Überblick zur Berichterstattung und Prüfung, Düsseldorf 2019.

Völker-Lehmkuhl, Katharina: Praxisleitfaden unternehmerischer Klimaschutz, Berlin 2021.

Völker-Lehmkuhl, Katharina: Herausforderung Nachhaltigkeit, in: IDW Life, Heft 01/2021, Seite 5 ff.

Stichwortverzeichnis

Mehr Nachhaltigkeit und weniger Klimawandel – diese Ziele zu erreichen, gilt als eine der größten gesellschaftlichen und wirtschaftlichen Herausforderungen unserer Zeit.

Dieses Buch bringt Unternehmen, Prüfer, Berater und Aufsichtsräte auf den aktuellen Stand und ermöglicht das zeitige und proaktive Aufbauen und Fortentwickeln von Know-how, um im Wettbewerb jetzt und zukünftig erfolgreich zu sein.

Enthalten sind verschiedene Beiträge aus dem IDW, die thematisch geklammert, übersichtlich und lösungsorientiert Antworten geben auf bestehende Fragen und die das Verständnis für dieses unumgängliche Thema erhöhen.

Die Themen im Überblick:

- Nachhaltigkeit: Game Changer für Wirtschaft und Berufsstand?
- EU als treibende Kraft
- Sustainable Finance als ESG-Treiber
- Erfordernis eines umfassenden ESG-Managements
- ESG-Auswirkungen auf die Jahresabschlüsse
- Nichtfinanzielle versus integrierte Berichterstattung
- Auswirkungen auf die Abschlussprüfung
- ESG-Auswirkungen auf übrige Kontrollaktivitäten

IDW
IDW VERLAG GMBH

ISBN 978-3-8021-2772-4
Preis 59,00 € (D)
www.idw-verlag.de
9 783802 127724